U0397806

1. 2. Kleine Poschen / Geigen ein Octav höher. 3. Discant-Geig ein Quart höher. 4. Rechte Discant-Geig. 5. Tenor-Geig. 6. Bas-Geig de bracio. 7. Trumscheit. 8. Scheitholt.

The Making and Restoring

提琴的制作与修复

of

陈元光 编著

the Violin Family

上 海 教 育 出 版 社
SHANGHAI EDUCATION PUBLISHING HOUSE

The Making and Restoring of the Violin Family

序
Forward

非常高兴地看到由陈元光先生编著的《提琴的制作和修复》得以成书并出版。

小提琴制作在我国的历史并不长久。20世纪30年代，以谭抒真先生为代表的我国第一代小提琴制作家开始制作小提琴。到50年代后，逐渐发展成为一个重要的行业。其间制作、生产了大批符合标准的小提琴，使小提琴成为我国人民普遍喜爱并乐于演奏的一种乐器。正是因为有了琴——这一从事音乐演奏最基本的前提条件，才使我国的音乐事业得以发展，满足了人民对于文化的需求，并涌现出一大批优秀的小提琴家，驰誉世界。现在，我国已成为产量世界第一的小提琴制造大国。我国生产的小提琴大量出口，成为全世界人民喜爱的乐器。尽管如此，我们却非常缺乏小提琴制作方面的书籍资料。虽然有许多外文书籍、资料，但对于大多数人来说，还是更乐于见到中文的书籍。陈元光先生的工作，正好适应了人们的这个需求。

陈元光先生是个资深的科技工作者。1998年，到我们班上进修，学习小提琴制作。在这本书中，他运用学习到的小提琴制作的知识，并参照国外小提琴制作的专著，把小提琴制作、修理、修复的基本原理都作了详细的论述。相信凡是认真阅读此书的读者，都会从中受益。

小提琴诞生至今大约五百年。作为一件完全的人工制品，五百年来，基本保持原样，很少有根本的变化。当然在这期间，数不清有多少人做了多少试验，希望能改变小提琴。但是，人们还是普遍喜爱传统的小提琴。这种情况，在今后相当长的时间里，看来不会有太大的变化。这同时也表明，小提琴制作作为一种专门的技艺，有其长期的传统和严格的规范，不经过长期的学习和严格而规范的训练，很难得其要领。这就更需要从事这项工作的人认真学习和研究，需要更多这方面的书籍资料。当然书籍不能代替鲜活的手工技艺，通读文字不等于学会了实际制作。但是如果一个制作者满足于手工操作，不去了解小提琴的历

史文化知识，不研究古今制作大师的作品，也很难达到很高的制作水平。把实际的制琴技艺转为文字，以及把文字描述转为实际的制琴技艺都不是一件容易的事。这都是我们需要做的事。忽视任一方面，都是不明智的。

目前我国是小提琴制造的大国，但并不是小提琴制造的强国。我们希望能提高我国小提琴制作的水平，期盼能制出更多高质量的小提琴。在这个过程中，陈元光先生的这本书，无疑是起了一个重要的促进作用。我们期盼有更多这样的书籍问世。

华天礽

2004.4.28 于上海音乐学院

前言
Preface

中国已是个制作提琴的大国，不仅国内市场的销售量与日俱增，而且外销的数量也在增加。从事这一行业的人愈来愈多，音乐和艺术院校也设立了相应的专业和课程，而且我国已有多位世界著名的提琴制作大师。随着我国音乐事业的发展，演奏提琴的人愈来愈多，对于提琴保养和调整方面知识的需求也随之增加。但与此不相适应的是有关的中文参考书籍甚少，对于提琴制作行业的整体水平提高，以及有关知识的普及甚为不利。因此尽可能地收集了一些有关文献，并结合本人有限的制作经验，尽最大努力编著了本书。另外，还着重介绍了提琴修理和修复的方法，虽然国内需要用修复技艺恢复的老琴可能甚少，但是国内老一辈的提琴制作大师，也有人已经作古，他们的佳作也已有近百年的历史，随时间的推移，修复提琴的技艺也将愈来愈受到人们的重视。希望本书能够起到抛砖引玉的作用，更希望诸位提琴制作和修复大师，能够提笔著书介绍毕生的经验，如此也就不枉本人的一番苦心了。

全书分为十二章，共有图片 56 幅，表格 35 个，共计 290 多页，近 27 万字。尽可能列出手头已有的有关资料和数据，而且尽力避免与国内已介绍过的中文资料相互重复。不过提琴制作的基本步骤已近乎标准化，还由于资料出处的同源化，初学做提琴的读者对此可能有些新鲜感，但提琴制作大师们可能会感到是老生常谈。书中第一、二和三章介绍提琴的发展史，古代著名的提琴制作家族，以及制作和修复提琴的基础知识。第四到第七章介绍样板和模具、琴体的制作步骤、面板和背板的修复方法。第八、九章是琴颈和旋首的画法和样板，各种配件的制作，以及嫁接和修复琴颈的方法。第十章介绍组装和调音的过程，关于音色的讨论，及克雷莫那学派的经典制琴方法。第十一章介绍常用工具和专用的工具。第十二章介绍各种各样的漆和刷漆的基本方法，仿

古沉淀染料和茜素颜料的制作及使用方法。

作者的提琴制作技艺，曾受到上海音乐学院华天礽教授和华一志先生的亲切指导，以及张立女士的辅导。此外，曾得到蒋智坚、张新民、王建华和王密智等多位先生的帮助，特此一并致谢。

陈元光

2004.4 于上海寓所

目录
Contents

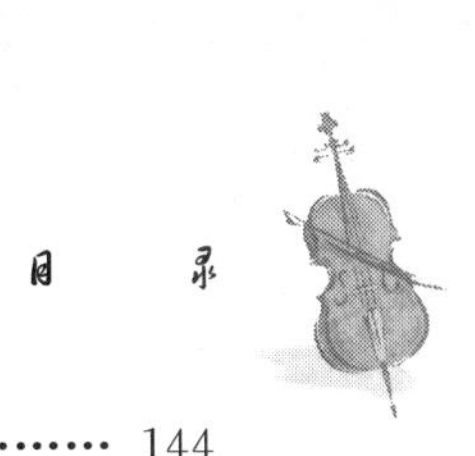

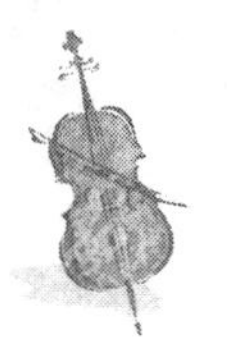

第一章
历史的回顾

1.1　提琴发展的社会背景

自16世纪中叶，西班牙统治意大利后的一百四十年间，从政治上来讲意大利没有历史，那段时期的历史可以说是音乐史。西班牙在政治上统治了意大利，但意大利的音乐影响着全世界。在那些年代中，从情歌演唱进化到歌剧的诞生和发展，以及古典室内乐的兴起和乐队配器的标准化，到18世纪初意大利音乐和卓越的意大利歌剧，对整个欧洲的音乐产生了极大的影响。当然，其他国家也有伟大的作曲家，但最通用的国际音乐语言是意大利文，不管作曲家是什么国籍，乐曲中都渗透着意大利风格的影响。

17世纪时意大利音乐的兴旺发达和广泛普及，必然会影响到各种各样乐器的制作和发展，与意大利提琴制作业更有不可分割的渊源。当威尼斯人把歌剧推向商业化演出时，就不能只把各种各样乐器凑在一起就算是个交响乐队，而是在弦乐四重奏的基础上进行标准化。17世纪的意大利演奏者发展了小提琴演奏艺术，作曲家为小提琴谱写独奏乐曲。约在1600年之后使音乐改变的最重要因素，是音乐家对节奏看法的改变，新看法以加强音调和重音的感觉为基础。对于这种新的音乐类型，提琴是理想的乐器。随着歌剧的普及，到16世纪末意大利人对音乐的激情，几乎达到令人难以想象的程度，尤其是在威尼斯、那不勒斯和博洛尼亚。整个17世纪和18世纪的大部分年代，可以认为威尼斯是欧洲的音乐中心，而且是唯一的歌剧具有商业基础的城市。

17世纪是巴洛克建筑风格的世纪，那时期的绘画和雕刻艺术达到顶峰，乐器也如家具那样，表现的是那个时代的建筑线条。小提琴是典型的巴洛克乐器，它的外形曲线，以及背板和面板的拱形都是典型的巴洛克风格。以至于有人认为，它们的

形状更多考虑的是艺术性，而不是声学效果。实际上小提琴与音乐本身的艺术特征，有着异乎寻常的紧密关系。巴洛克艺术的精髓是热烈的情感，小提琴的音色华丽、抒情、明亮、饱满，不论是在剧院、厅堂，或者广场上演奏都是十分动听的。

意大利的克雷莫那是小提琴的发源地，但那里的音乐文化依赖于学院，学院每星期有文学、自然和道德哲理的演讲会，在演讲会的前后有音乐演奏。不过，这样的音乐活动，几乎难以为克雷莫那的提琴制作者提供生计。但是，交响乐团的标准化和乐队的增加，对乐器的需求，特别是对小提琴的需求明显增加。除著名艺术家和贵族收藏家，需要优秀提琴制作艺人的杰作之外，专业音乐队伍中地位较低的演奏员，则需要大量价格较低廉的提琴。克雷莫那几个有名望的提琴制作家族，以及大批不知名的或其他城市中的提琴制作者，为器乐音乐的高度发展提供了物质条件。

意大利许多杰出的独唱家和歌剧演唱家，教会了提琴家一些新的艺术表达方式，即精湛的歌唱艺术。提琴的独奏乐曲、奏鸣曲和协奏曲，使小提琴升华为乐队中的标准乐器。与此同时在奥地利、波西米亚和德国，兴起了一支庞大的器乐家队伍。而且随着弦乐四重奏和乐队交响乐的兴起，音乐中心从威尼斯转移到了维也纳。因此，大量意大利制作的提琴，流传到了其他欧洲国家之中。而且随着时光的消逝，这些琴中的精品，特别是大师们的作品，其价格爆炸式地以几何级数上涨。

克雷莫那提琴制作行业的黄金时代，是与文艺复兴时期良好的环境结合在一起的产物。当时，活跃的文化和艺术活动遍及整个大陆，教堂和名门望族争相资助技艺高超的提琴制作者，琴中的一些精品可以说都是为此而制作的。即便如此，伟大的提琴制作者斯特拉第瓦利，也要为了生计而大量制作提琴，甚至琴盒和各种配件等。其他知名度低的提琴制作者所做的琴，只能卖到他的琴一半以下的价格，而且也较难得到资助，在得不到资助时就制作廉价琴或演奏乐器等维持生活。例如，瓜内利家族中的佼佼者瓜内里·德·杰苏制作的提琴，经历一个世纪之后，经著名小提琴演奏家帕格尼尼演奏之后，才逐渐身价百倍，实际上他一生的生活极其拮据。随着阿玛蒂、斯特拉第瓦利纪元的消逝，克雷莫那提琴制作业也随之衰落，君主和贵族不再为自己和乐队从克雷莫那订购乐器，提琴制作世家的后辈也没有人再从事这一行业。

1.2　提琴的发展过程

1.2.1　概述

谈到提琴的发展，就必然要涉及古提琴原始设计者的艺术观点和技术方法。现代的数学是技术学的工具，但在文艺复兴时期数学是艺术的启蒙，比例和序列是美学研究的要素，并且为所有的艺术家所采用。大师级的提琴制作者，不

仅仅是个方法学家，而且是个真正的艺术家，提琴的整体协调和一致主宰着整个设计。

提琴的外形可以认为是由许多弧形线条构成的，用圆弧可以近似地画出提琴轮廓的草图，但也并非都是圆弧。原始设计者先用圆规画出各段相联的弧，再用艺术的眼光修正和弯曲成最终形状的弧线。用笔和刀在制作时修改图样，修光修滑一条由足够数量的圆弧所构成的曲线。提琴顶部和底部的曲线，就是采用经典的设计桥拱的方法设计的，也有人认为像篮子提把的形状。琴板拱的形状像垂链线，旋首则是仿照古希腊柱子上优美的螺旋形设计的。当然，除去使用圆弧之外，也可能采取一些其他的线条。

圆规和直尺既是古代几何学家又是中世纪建筑学家的工具，也是设计乐器的工具。一般的乐器设计者，试着在不同的位置处安放圆心和圆弧，经多次试验画出乐器的轮廓。但大师级的乐器设计者是经过缜密的构思后，才设计出既美观而又符合演奏要求的外形，同时还周密地考虑到内外的一致性，以及声学的谐和性，使制作的提琴不仅外形优美、演奏方便，更重要的是具有动听而又感人的音色、洪亮而又丰满的力度、极具穿透力的音量和抑扬顿挫控制如意的品质。

1.2.2　琵琶和古提琴

毫无疑问提琴的发展源于古代的乐器，文艺复兴之前早期琵琶的形状是简单地用圆规在中心线上画两个直径不同的圆。再把下部的大圆与上部的小圆，用弧线相联成上窄下宽的卵圆形。音孔的圆心正好在大圆上侧半径中点处的中心线上，其直径与小圆的半径一样大。

16 世纪中叶制作的古高音提琴，中腰的曲线成弓形，没有琴角，它的构成方法用简图表示(图 1.1)如下：

1) 先定下琴体长度为 356 毫米，画一条此长度的中心直线。

2) 把直线四等分，每一段的长度就是 89 毫米。

3) 以琴体中心为圆心画出底部的弧，即半径是 178 毫米的弧。

4) 以琴体上部 89 毫米等分处为圆心画出顶部的弧，半径 89 毫米也就是琴体上部宽度的一半，所以上部的最大宽度(上宽)是 178 毫米。

5) 在琴体下部四等分处画两个半径为 72 毫米、内切底部圆弧的圆，圆心在离中心线 36 毫米处。所以下部的最大宽度(下宽)是(72＋36)×2＝216 毫米。

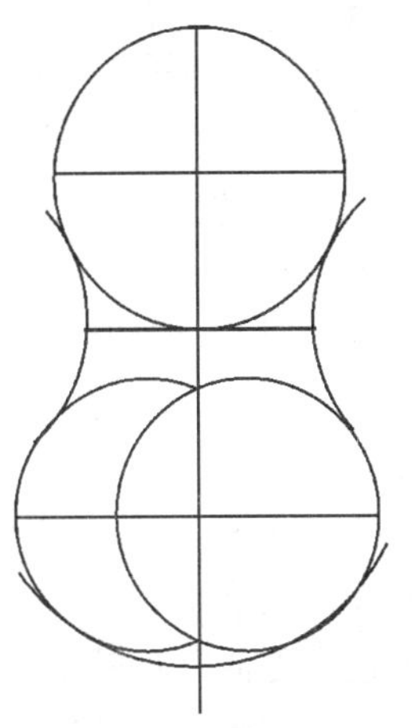

图 1.1　古高音提琴

6) 在琴体中心处画直径为 110 毫米的内弯弧，正切上部和下部的曲线即成中腰曲线。中腰的宽度约 72×2＝144 毫米。

7) 值得注意的是 71.2＝(4/5)×89，而 111＝(5/4)×89，中腰的半宽度是 72 毫米。

1.3 小提琴形状的剖析

1.3.1 概述

小提琴的设计思想基本上是按照古典的设计加以发展，但要想剖析古代各位大师的作品，或者具体到某个琴，人们会看到各个琴之间既有相互的一致性又有不符合性。所以这是个既令人着迷又让人困惑的题目，往往是推理和历史观的透视多于理性剖析。

提琴及其他弦乐器的设计，常常会牵涉到一些数学比例，如果人们只用圆规和直尺设计乐器，就很自然地会选用这些比例：

1）用圆规两等分一根线条，即得二比一。

2）在线条上连接一段与本身长度一半相等的线段，即有三比二。

3）二比一的直角三角形(图 1.2)：

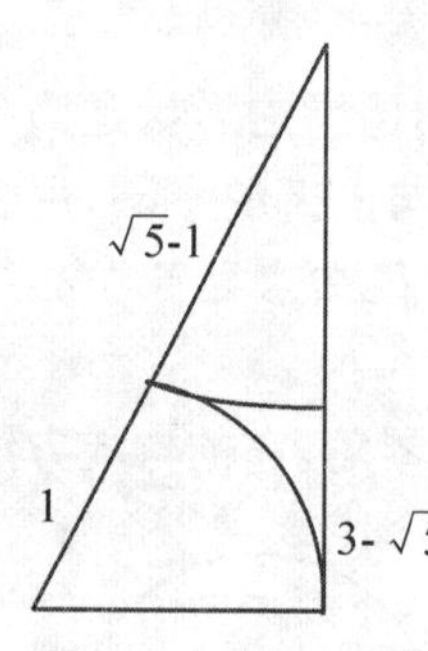

图 1.2 二比一直角三角形

根据勾股定律，两条直角边的平方和，等于斜边的平方($\sqrt{5}$)。用圆规以底边为半径，在斜边上截取一段，斜边长减去此段后的值是$\sqrt{5}-1$，故这两段长度的比值是$(\sqrt{5}-1)/1=1.236$，近似于$5/4=1.25$。

再用圆规以$\sqrt{5}-1$为半径，在对边上截取一段，对边长度减去此段后得到的值是$2-(\sqrt{5}-1)=3-\sqrt{5}=0.764$。这两段的比值是$1.236/0.764=1.618$，是美学家喜用的“黄金分割”。人们的视觉常会选择长和宽成这样比例的矩形，这是个使艺术家、建筑学家和提琴制作者们入迷的数值。

另有“黄金中值”即较短段与较长段的比值等于较长段与总长的比值，$1/1.618=1.618/(1+1.618)=0.618$，以及$(1.618)^2=2.618$等。

斯特劳勃(1992)剖析了琴体长度方向上各处的比例关系，发现有十七处是黄金分割的比例，即 1.618 比 1。另外发现码的位置在琴体长度的 5/9 处，也即其余长度占 4/9，所以长度比是“5/4”。若琴体长 356 毫米，则有 197/159，也就是码位在顶部向下 197 毫米处，现在采用的标准码位是在 196 毫米处，若从琴颈侧面的面板边缘处向下量是 195 毫米。

他还剖析了琴体宽度方向的比例，琴体下部最宽处(下宽)是 204 毫米，上部最宽处(上宽)是 164 毫米，两者的比例近乎“5/4”或 1.25∶1。中腰的位置处于上宽和下宽的中间，宽度为上部宽度的“2/3”是 110 毫米。若取中腰半宽度$55\times1.618=89$毫米，正好是 2/1 三角形的宽度。实际上，长度方向的黄金分割和宽度方向的 5/4 和 3/2，其间的关系体现了 2/1 三角形的本质，也是画出小提琴外形的基础。

另外，中腰弧形的半径长度，正好是上腰的半宽度。琴体弦长 195 毫米与琴颈弦长 130 毫米是 3/2 的关系，但这是 1815 年以后的事情，因为古代琴的颈较短。

1.3.2　以 2/1 三角形为基础设计的内模具

用圆规和直尺画以 2/1 三角形为基础的提琴内模具时，先规定琴体长度是 356 毫米，再上、下各扣除琴边宽度 3 毫米和侧板厚度 1 毫米，故内模的全长是 348 毫米。中腰(C 腰)弧度的半径是上部宽度的一半，下宽与上宽的宽度比是 5/4，其他各处也完全按比例画出，不标数值尺寸。小圆圈定位弧的圆心和琴体的中心，描出琴体的外形。下部的宽度由下侧弧的圆心决定，水平移动圆心位置就可改变宽度。角木块的尺寸显然偏小，而且靠近角木块处的曲线要作些调整，以便与外形的基本曲线相匹配，所以画时常包含各种各样的随意性。图 1.3 只是为了图解如何用圆规和直尺，由 2/1直角三角形画提琴模具的最简单方法，与真实的提琴外形并不符合。但从图中可看到模具的几个重要尺寸的位置，都处在各大小虚线三角形的黄金分割点处。因此了解此图后，对斯特拉第瓦利内模的剖析和设计提琴轮廓的方法会理解得更快。

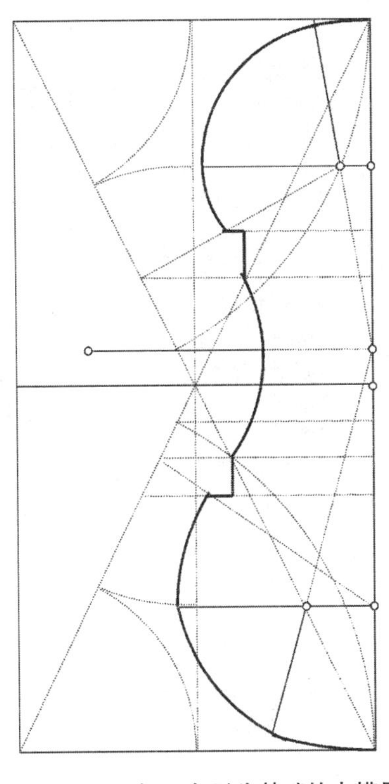

图 1.3　以 2/1 三角形为基础的内模具
(Strobel，1992)

1.3.3　以黄金分割为基础的提琴形状

斯特劳勃(1992)在剖析琴体垂直方向的黄金分割时，注意到 68 毫米是个循环数，如 68 毫米是下部半宽度 102 毫米的2/3。上部半宽度是下部半宽度 102 毫米的 4/5 即 82.5 毫米。中腰半宽度是上部半宽度 82.5 毫米的 2/3 即 55 毫米，又是 68 毫米的 4/5。

若琴体长度取 356 毫米，356/68＝5.24 近似于 5.25。如果把 68 分成 4 个单元，4 乘以 5.25 正好把琴体长度分割成 21 个单元，每个单元是 356/21＝16.95 毫米，从图底部(图 1.4)向上编码单元，则有：

1) 下部最宽处的高度是 4 个单元，宽度是 6 个单元即 101.7 毫米。故宽度相当于高度 4 个单元的值再乘以 3/2。

2) 上部最宽处在 17 单元处，宽度等于“4/5”下部宽度。

3) 中腰在 11＋3/4 单元处，宽度等于上部宽度的 2/3。

4) 顶部弧的圆心在 13 单元处，半径是 8 个单元长。

5) 底部弧的圆心在 13 单元处，半径是 13 个单元长。

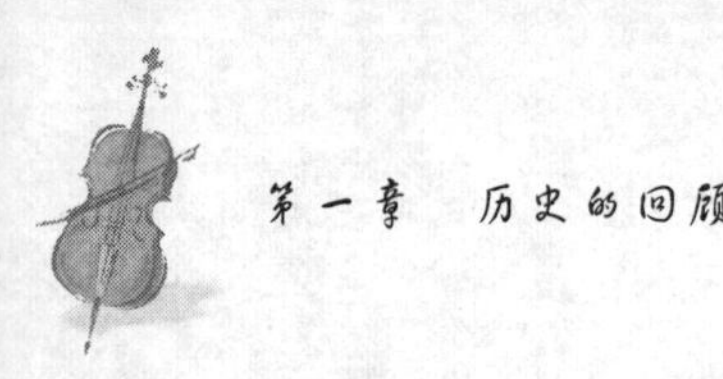

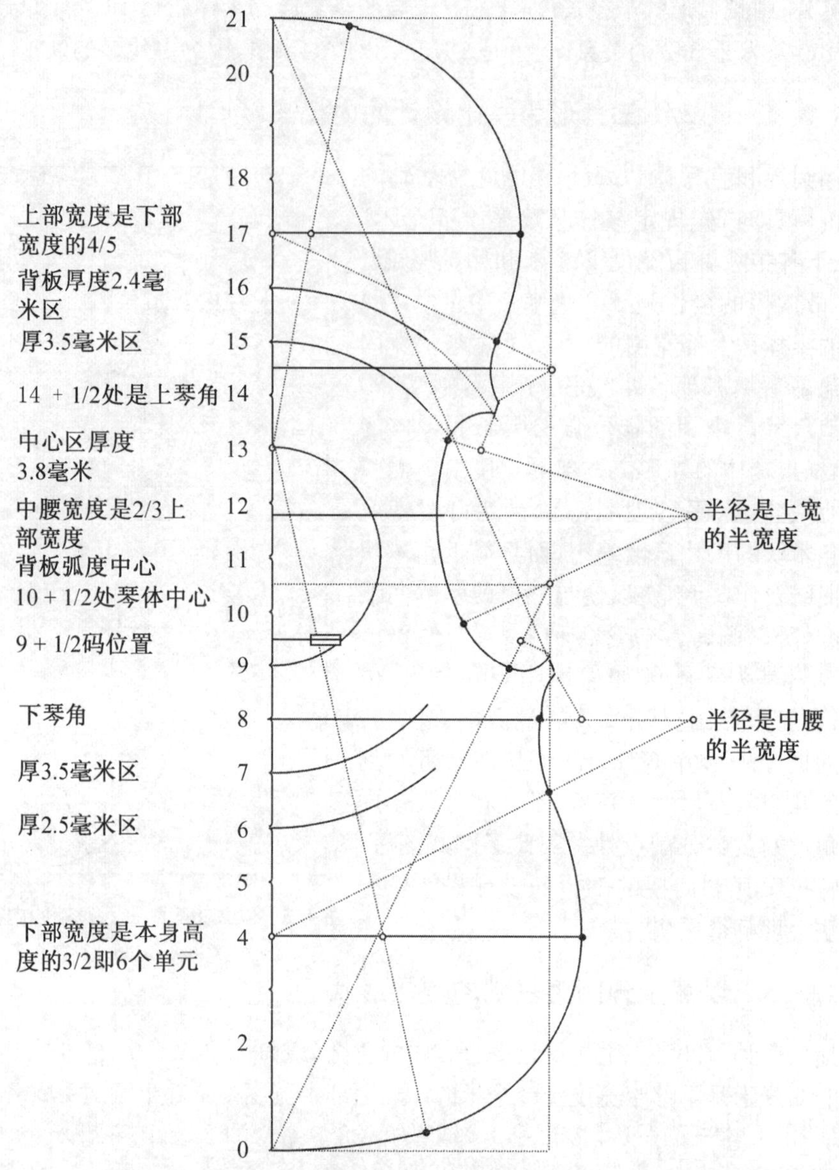

图 1.4　以黄金分割为基础的提琴形状

6）从上部最宽处向上的弧，圆心在 17 单元处的横线上，半径略小于上部半宽度的 4/5，连接顶部弧线和上部的最宽处。

7）从上部最宽处向下的弧，圆心刚好在 17 单元处，半径与中腰半宽度相等，连接中腰最宽处和上琴角处的圆弧。

8）从下部最宽处向下的弧，圆心在 4 单元处的横线上，半径约为下部半宽度除以黄金分割(1.618)。

9）下部最宽处向上的弧，圆心在 4 单元处，半径与下部半宽度相同，连接下琴角下端的圆弧。

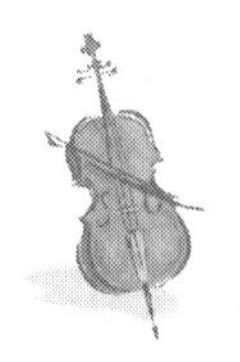

10）中腰内弯弧的主要弧段，圆心在 11+3/4 单元的横线上，半径与上部半宽度相同。

11）码位于 9+1/2 单元处，故琴体弦长是 11+1/2 单元。

12）上琴角上侧内弯弧的圆心在 14+1/2 单元的横线上，弧的半径约 20 毫米*。

13）下琴角下侧弧，向上的那段弧圆心在 8 单元的横线上，半径约 17 毫米（接近一个单元长度）*。

14）下琴角下侧弧，向下的那段弧圆心也在 8 单元的横线上，半径与中腰半宽度相同*。

15）中腰上端的琴角弧，半径约 10 毫米*。

16）中腰下端的琴角弧分为两段，下段的半径约 11 毫米，上段约 30 毫米*。

* 琴角的形状有些错综复杂和任意性，只是用画圆弧的方法来近似。琴角的弧还与中腰的形状相关联，这里的中腰形状与阿玛蒂琴的中腰更为相似。琴角、中腰、音孔、嵌线和旋首都极具个性化，也是提琴制作者能充分发挥艺术构思的部位。琴角尖端处的斜度，上琴角是用直尺从中心线底端斜向琴角尖端，在规定的琴角长度处画一条直线来确定。下琴角则由中心线顶端斜向琴角尖端画直线。

1.3.4　斯特拉第瓦利的小提琴模具

萨柯尼（1979）剖析了斯特拉第瓦利遗留的 1715 年制作的 G 型小提琴内模具的几何构造。实际上也是阐明了古代提琴制作者，如何用直尺和圆规设计小提琴。虽然这里的例子是内模具不是小提琴的外形，但是制作小提琴时，内模具就大致地限定了小提琴制成后的形状，即使有些变化也只是在一定的范围之内。具体的剖析内容（图 1.5）如下：

1）内模的长度是 36.27 厘米*，长度除以 9 再乘 4 就是上部宽度（T－U）16.12厘米。长度除以 9 再乘 5 就是下部宽度（V－Z）20.15 厘米，上、下部的宽度比是 4 比 5。克雷莫那学派常把琴体长度 9 等分，并依此安排琴体结构。中腰宽度（P－Q）10.3 厘米，是上部宽度的 2/3。

2）先在图纸上画一条中心线，再画两个高度与底边长度相等，但相互颠倒的三角形 Y－W1－W2 和 W－Y1－Y2。此时就有四个二比一的直角三角形。

3）以 W1－W 为半径，以 W1 为圆心，在 W1－Y 上截取一点 B1；以 W2 为圆心，在 W2－Y 上截取一点 B2。连接此两点画一条直线，与中心线相交的点即 B 点，码也就在此位置处。

4）以 W1－W 为半径，以 W1 为圆心，与 W－Y1 相交的点即 O1；W2 为圆心，与 W－Y2 相交的点是 O2。

5）以 Y1－Y 为半径，Y1 为圆心，在 Y1－W 上截取一点；Y2 为圆心，在Y2－W 上截取一点。连接此两点画一横线，与中心线相交的点即是 C 点，与 W1－Y 相交得 C1 点，与 W2－Y 相交得 C2 点。

6）取中心线 WY 长度的一半，即琴体的中心点 A。

7）以 A 为圆心，A－C1 为半径画出 A1、A2、B1 和 B2 点。

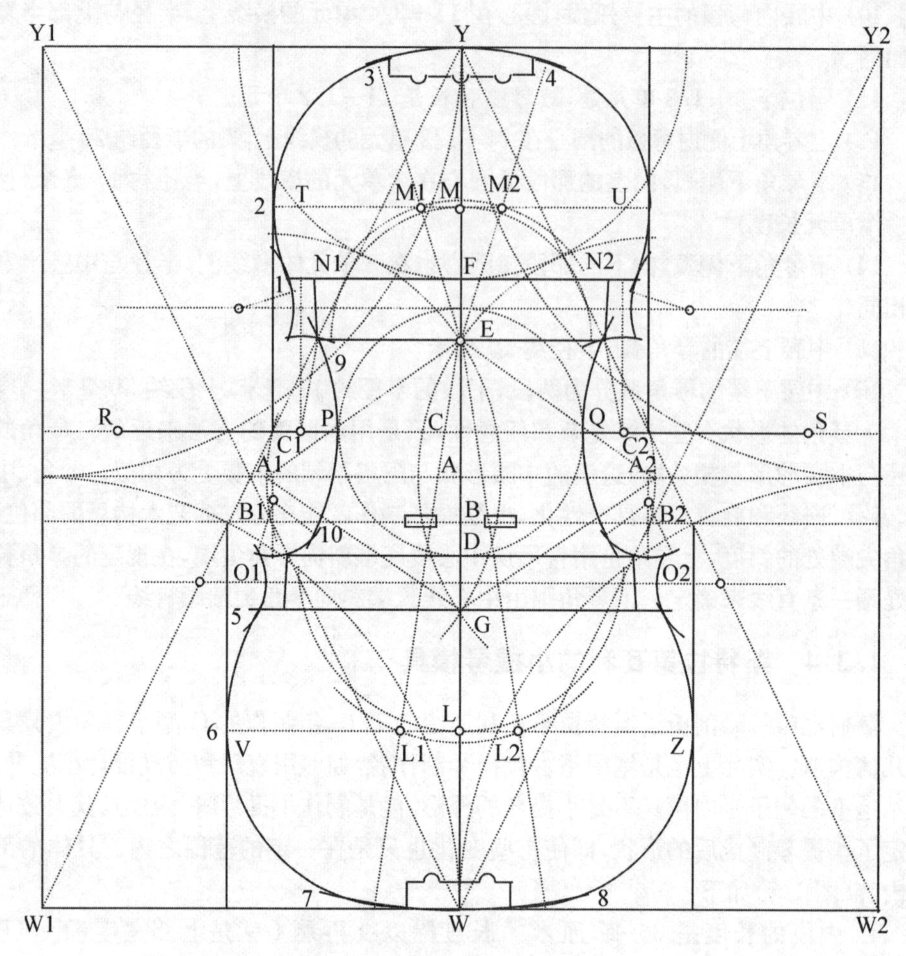

图 1.5　斯特拉第瓦利的小提琴内模具(Strobel，1992)
(Sacconi，1979)

8）E 点和 G 点是以 A1 为圆心，以下部半宽度 V－L 为半径画得，同时也在 W1－Y 上画出 N1 点。再以 A2 为圆心，V－L 为半径，在 W2－Y 上画出 N2 点。

9）F 点是以 Y 点为圆心，A1－E 为半径画得。

10）D 点是以 E 为圆心，E－C1 为半径画得。D 点处的横线与 Y1－W 和 Y2－W的交点确定了矩形的面积，D－G 是矩形的高度。角木块的尺寸也可由此大致确定。

11）M 点是以 E 为圆心，E－N1 为半径画得。

12）L 点是以 D 为圆心，D－O1 为半径画得。

13）中腰处的宽度是以 C 为圆心，C－D 为半径画得 P 和 Q 两点。

14）M1 和 M2 点是以 E 为圆心，C－F 为半径画得。

15）L1 和 L2 点是以 D 为圆心，C－G 为半径画得。

16）中腰的弧线是用 F－Y 长度，在 C 点的横线上确定 P－R 和 Q－S 的长度。分别以 R 为圆心画出左侧中腰(9－10)的弧线，以 S 为圆心画出右侧中腰弧线。

17）1－2 的弧是以 M 为圆心，M－T 为半径画得。

18）2－3 的弧是以 M1 为圆心，M1－T 为半径画得。

19）3－4 的弧是以 E 为圆心，EY 为半径画得。

20）5－6 的弧是以 L 为圆心，L－V 为半径画得。6－7 的弧是以 L_1 为圆心，L_1－V为半径画得。

21）7－8 的弧是以 E 为圆心，E－W 为半径画得。

22）上琴角上侧的弧是以 E－F 为半径，圆心在 E 和 F 中心点的横线上，从 1 点处画起。

23）下琴角下侧的弧是以 D－G 为半径，圆心在 D 和 G 中心点的横线上，从 5 点处向上画。

24）上琴角下侧和下琴角上侧的弧，按图上所示通过试画与中腰的弧圆滑地相连接。

25）图中的小圆标明各弧的圆心，各条弧线的交接处除标明数字外，可见到弧线的重叠。

*斯特拉第瓦利 G 型内模的实测长度是 35.4 厘米，与各宽度的比例按克雷莫那学派的原则计算会略有出入，现在是根据各宽度计算出长度。

模具的几何结构决定了提琴的声学效果，并体现黄金分割的美学平衡。F－E 和 D－G 之间的区域，确定了角木块的位置和尺寸。M 点在上宽处，L 点在下宽处。Y、F、E、D、G 和 W 各点体现了黄金分割：Y－F 乘黄金分割（1.618）就是上部宽度；G－W 乘黄金分割是下部宽度；D－E 乘黄金分割即模具中间部分 F－G 的长度。

B 点代表琴体的声学中心，把琴体分成面积、重量和空气体积大致相等的两半，并定位音孔内侧的缺口，也就是码的位置。C 点是与 B 点相对的一点，也是背板最厚的部位。所以背板的起振点，也就是音柱的位置不在背板的最厚处。

各文献中对斯特拉第瓦利遗留的模具作了种种细致的分析，这显然很有必要，他的设计概念既有意义又有实用之处。但不要过于推敲细节，一个特定的图只对应于一个模具，有时同一本书中都会有不相符之处。即使同一个模具，在大师们的手中会制作出形状略有差异的提琴。

第二章
制作和修复的基础知识

2.1 概　　述

提琴的特别之处是制琴者都在有限的形状和尺寸范围内制作提琴，所以对于一般人来说提琴的外观和声音都很相似。但对于演奏家、鉴赏家和制作者来讲，能够辨别出琴的风格细节和声音的差异。不过无论是制作新琴或修理旧琴，都按公认的调音和尺寸范围工作。首先要符合基本标准，这对每个演奏者都是一样的，然后才是做些小的调整，以满足个别演奏者的习惯。然而，可演奏性调整的标准化，并不排斥制作者的艺术个性，只是建立了一个基本的共同背景，提琴的声学性能和艺术品质始终是第一位的。

2.1.1　制作

制作提琴的手艺是修理和修复提琴的基础，有了精湛的技艺和必要的理论知识，才能胜任精细的修理和修复工作。提琴是功能性的艺术品，给人们带来视觉和听觉的美感。获得一个做工精美、音色动人、色彩美丽、演奏自如的乐器，是每个提琴演奏者和收藏家梦寐以求的。古代大师们的优秀作品，会令演奏者感到兴奋和追求，以及陶醉于占有的愉快。即使得不到名琴，能够演奏一下名琴，也会感到无上光荣。提琴也是雕刻品，对于仅仅会雕几下，眼睛和头脑没有辨别立体形状效果的人是把握不好的。

因此，提琴制作大师们是真正的艺术家，但一般的提琴制作者缺少艺术眼光，所以自然而然地顺从于古典的样式，甚至毫无独创性，以及为了商业需要而复制古董。由于老琴对人们具有吸引力，就把新制作的提琴做旧得像个“古董”，以满足那些得不到真品，就找个真品的替身来填补占有欲望的人们。优秀的提琴制作者能够创造一种艺术效果，有他本人的特色，表现的是他的自我，又具有继往开来、推陈出新的效果。

手工制作的提琴与机器加工的有本质区别，机器调整好之后会精确地重复每一步工序，做出千篇一律的产品，当然谈不上是艺术品，也不是手工艺品。大师们一生中制作的提琴，不同时期都会有些风格变化和技艺的发展。而且制作每一个提琴时，随着当时的艺术构思而操作，因此都可以认为是一个创作过程。如果提琴制作者不是刻意模仿别人的作品，实际上制作的提琴也是各有差别的。倘若是个好琴，它的种种特征就成为识别它的依据，也是拥有者引以自傲的根据。具有艺术眼光的制作者，往往要求精益求精，对自己的作品会看到许多缺陷。但过于挑剔将会没有一个手工制作的琴能够完成，所以只能对发现的每一个缺陷探究其产生的原因，在以后制作的过程中尽量避免。

2.1.2　修理

修理的艺术效果与制作有所不同，但经常能在同一个人身上找到这样的素质。不过制作者可以在符合标准的范围内充分地表现自我，而修理工作者常常是匿名的，相反地力图使他自己的工作痕迹消失，或者不显眼地融合在原作者的工作中。制作者完全可以控制制作的过程，而且全面地掌握因改变而产生的效果。修理者是在众多制作者所做的许多提琴上工作，他必须解决各种各样的问题，以及同样问题的前后关系。不仅工作要做得尽善尽美，而且要得到物主的认可才行。

修理者必须精通制作的细节，需要充分了解修理部分的功能原理。本人应当是个提琴制作者、演奏者和挑剔的听众，必须训练有素，有按行业传统在许多琴上工作过的经验。修理者又分艺术修复者和仅是功能修理者，前者具有最高的艺术水平和受过高度的训练，有资格修理精美的乐器。后者虽不是干粗活的工匠，但只适合修理大量生产的练习琴。

修理工作可以分为两类，但其间也有交叉。其一是因意外或环境条件引起的结构或完美性受到损坏的修理，如折断、碎裂和擦伤等。其二是原有的缺陷或以前修理得不恰当，或者长时间地使用，以及粗心大意保管不善，而影响音色或可演奏性，因而需要更换和修削码、音柱、低音梁和指板等。此外，如恢复拱的形状、琴颈的角度和琴弓的上翘度等，或者更换消耗性附件如旋轴、弦和弓毛等，以及重新做琴板的弧度和厚薄。

2.1.3　修复

超越修理的方法称之为修复，修复是一门复杂的艺术，在字典内修理和修复的定义几乎是一样的，但在提琴制作者的词汇内是不一样的。修理只是把损坏的地方修好、更换或调整妥当，而修复则要求对一个琴做多方面的修理，使琴恢复到原来的条件，严格保持原作者的风格特征。必须是艺术修复者，而且是他们之中的佼佼者，才能从事精美的修复工作。修复者必定能制作高品质的提琴，而且这些琴往往是他们自己设计的。对于琴的声学原理充分地理解，必须具备能识别大师们作品风貌的全面知识，尊重大师们的风格理念，决不把自己的风格理念强加在他们的作品上。修复名琴时要珍惜琴上的每一片木料，尽量保持漆面的完整性，必须更换木料时要做到尽可能匹配，使修复工作达到天衣无缝的效果。修复的概念是近代发展起来的，由于古代大师们的传世之作愈来愈少，其身价骤然上升，修复工作的必要性也就应运而生。

2.2 木材的基本知识

人们总是期望制成的琴具有美妙的声音和美丽的外观，琴是用木材制作的，木材的品质和声学性能必然对琴有举足轻重的影响。早期的制作者使用弦切木料，对木料的选择也不太讲究，甚至尺寸不够就拼上一块，有瑕疵就贴上一块。但古代大师们对木料是有选择的，尤其是木材的声学性能。以至于人们认为老提琴声音优美的秘密，在于大师们用的是一种现在已经灭绝的云杉，或者由于几世纪前地球经历了一个小冰川期，使那时生长的木材特别适合于制作提琴。不管是何种猜测，总之以选用声学性能优良，木质结构匀称的木料制作提琴为好，免得白费工时和木料。

2.2.1 木材的组织结构

1）年轮

木材是由细胞组成的，植物细胞的胞壁富含纤维素，细胞内除水分外含有蛋白质、糖类、脂肪、植物碱和萜烯类化合物，细胞间有自由水和果胶。水分中自由水的比例约60%，结合水35%，化学结合水5%。树皮分韧皮部和形成层，韧皮部输送光合作用生成的养料，形成层使木材向外长粗。树干中心有维管束，输送从根部吸收的水分和肥料。树干顶部有生长尖，使树向上长高。树木的横断面上可见到颜色深浅相间的环就是年轮，年轮每年生长一圈，每圈由两层组成。春夏季因气温较高、雨量充沛、树木生长较快，形成的细胞胞壁较薄、木质疏松、含水量高、颜色较浅、显得较宽一些，称为春材。秋冬季气温较低、降水量减少、树木生长缓慢、细胞较小且壁厚、颜色较深、质地密而坚硬，称为秋材。树木在干旱、贫瘠和高山寒冷的环境条件下生长缓慢，年轮就会密而窄，若是冬长夏短地区，春材就会狭些，木材的质地会坚硬些。在密林中生长的树木，由于树的密度高，为获得更多的光照，都长得较为挺拔。生长在海边的树木，因受海风的影响会斜向一边，树冠成旗形。树木经锯切成材后，年轮在纵切面上表现为深浅相间的木纹。

所以树木因地区、环境、气候和海拔等因素而发生的变异，都会反映在年轮上。树木年代学，就是对年轮变异作系统研究，根据系统资料的对比，可以推断过去的气候和生态条件。树木年代学的派生学科就是树木考古学，把木材年轮宽窄的排列次序与树木年代表作对比，就可以知道木材的年龄和生长地点，以及木制品是什么年代制成的，这对考证古琴制作的年代和出处是很有用的。

由于木材是由内向外生长，所以越靠外的越年轻，含水量也会高些。树干中心

的木材最老，常常会出现腐朽现象。制琴用的木料应选用横截面上处于中间的那部分木料，这部分是树木青壮年时期生长的木材，整棵树则以中间一段树干最佳。木材的强度主要取决于秋材，年轮疏密和春秋材的比例，会影响材质的软硬和声学性能，尤其是用作面板的云杉木料。

2）髓线

髓线是树木水平面上的营养系统，也称为髓束，在树干横断面上与年轮成垂直方向辐射，是拉长了的长方形缎带样条纹。无图纹枫木的木纤维平直，使髓线在木材的径切面上清楚可见，表现为斑点或条纹（熊爪）。无图纹枫木因其木纤维平直，木质更坚硬，髓束也明显，常用于制作码。当木材完全径切时，码的背面与切面平行故髓束成长条形，正面为斜面因髓束被切断而表现为斑点。

3）图纹

木纤维的生长方向与树木长高的方向一致，但有图纹的枫木纤维成波浪形卷曲生长。在树干的纵切面上因木纤维波浪起伏，对入射光线的吸收和反射发生差异，表现为明暗相间或形态多样的图纹称为卷曲纹或火焰纹，有时像水泡状或像编制的篮子表面那样的波纹。若缓慢地转动木料，因光线的入射和反射角度改变，图纹的明暗度会发生变化，在刷漆后的琴表面上会看到色泽也有变化。有时为了具有高度的装饰性和与众不同的图纹，把木材半径切或弦切，弦切的木材会呈现鸟眼样的图纹。通常图纹越明显或波纹越深，或者成宽波浪形的枫木，木材的强度就越低，制成的背板其强度和弹性都会变差。为增加强度势必要增加厚度，这不仅会减弱振动影响声学效果，而且会增加琴的重量。制作侧板时因要刨成1毫米的厚度，刨面上的木纤维都被切断成短纤维，以至于稍加压力就会碎裂。但往往图纹漂亮的琴卖价更贵，因为这样的木料价格贵，制作者做琴时格外仔细地操作，精工细作必然会有好的声学效果。斯特拉第瓦利时代，有钱的贵族们买琴是作为艺术品收藏，所以为他们制作的琴图纹都很美丽，由于斯特拉第瓦利的技艺高超，琴声都是很动人的。所以人们往往认为，无论是美学甚至声学上，具有漂亮图纹的琴都是最佳的选择。

2.2.2　木材的预处理

1）采伐

一般在冬天采伐木材，因此时气候寒冷干燥，树木处于休眠期。制琴用的木材都生长在海拔2000～3000米的山上，冬季的山上一般都有积雪，有利于木材的运输。伐下的木材还处于存活状态，不易发霉腐朽，也不会发芽生枝条。最好伐下后就去掉树皮，因在以后的运输和储存环节中，树皮会影响木材的干燥，而且易生虫和发霉。夏季伐木若林间温度在25～30摄氏度，相对湿度80%上下，伐下的树木一天之内就会发霉。在平均气温较高的地区，木材伐下后往往因发霉和木材变质发黑而不符合制琴的要求。

2）选择

选择树龄长、胸径粗的树木，可根据年轮的圈数估计树的年龄。树干要挺拔，

生长健康无虫蛀和发霉的迹象，不要有节疤和树脂囊，否则在制作时会由于这些缺陷而中途废弃，既白费了工时又赔了料。树干横断面上看到的年轮不要成过分弯弯曲曲的环形，间距均匀不要局部变宽或变窄，春材和秋材的比例相差不要过于悬殊。而且横断面上木材的色泽要一致，不同年代生长的年轮不要几圈深几圈淡，这会影响到木材的强度均匀性和声学性能。云杉要求树干纵剖面上的木纹挺直，没有曲曲弯弯和涡纹。生长在山南坡的树木品质较好，整棵树以中段和向阳侧的树干质地最佳。虽然枫木的粗枝干或树桩会有好的花纹，但由于结构的不规则性故不宜做琴。

枫木的选择往往是以图纹漂亮为优先条件，木材结构的其他方面要求就不必过于严格，只要求木材的软硬和质量适中就予以选用。

由于云杉用于制作面板，是琴体上最关键的发声部件，质地过于坚硬不利于振动，材质过软又振动无力，都不会发出洪亮而又优美的声音。年轮宽度和春秋材的比例，直接影响到面板料的硬度和弹性。也就是面板的木纹要选择每毫米一条到两毫米一条之间的为好，而低音梁和音柱则选用每毫米一条木纹的云杉木料。

3）锯切

圆木在锯切之前要在温暖、干燥和通风的条件下放置几年，不要日晒雨淋，以避免木材开裂和裂缝中渗入雨水而腐朽。尤其不要把圆木放在高温和不通风的环境下，如高温时用集装箱长途运输，木材内部的水分和养料，在微生物的作用下会发酵和霉变，使木材很快变色和变质。

木材锯成板材时有几种处理方法，但主要是径切和弦切。弦切是从圆木的切线方向下锯，锯条与年轮相切锯出一片片平板。形象化地讲，弦切下的第一片木板，外侧成弧形像弓把，内侧平直像弓弦，锯条就在弦的位置处。制作家具和建筑用的木材，就是这样处理的。17世纪时制作的提琴都使用弦切的板材，以后面板都不再使用弦切木料。由于弦切的枫木板有特殊美丽的图纹，并可对称排列图案格外增加美感，所以背板还有采用弦切的木料，弦切的背板往往是整板的，同时也配用弦切的侧板。此外，低音提琴的背板需要大面积的板材，一般都采用弦切的板材，不够宽时还用几块板拼起。

径切是沿着圆木直径的位置下锯，就如切圆饼那样。也称为四等分锯切，因为常是先把圆木锯成四等份，成为四块内侧是三角形而外侧是圆弧形的楔形大木料。由于弦切方向的收缩大于径切方向，所以弦切板材在干燥的过程中，会因表里和两侧收缩不一而翘曲。径切的木料比弦切的硬而坚固，干燥过程中不会翘曲，据说抗压力比弦切的要大一倍多。尤其是真正径切木料制作的面板，它的年轮可制成与琴板的底平面或拱垂直，抗压力大，拱不易因弦的压力而变形，面板就可以做得薄些，弹性好振动幅度大，而且可看到与年轮垂直的髓束花纹，增加面板的美观。

枫木由于它的用途较多，为节省木料在同一段圆木上采取不同的锯切方法，可以得到符合各种需求的木料。图2.1中图A就是斯特劳勃(1992)介绍的一种方法，图中圆木的顶部采取弦切法，可得到弦切的背板料。沿半径方向径切可得到独

板的背板料和侧板料，而锯得的楔形木料就是拼板的背板料。如果圆木的半径足够大，还可从楔形料的顶部取得琴颈料。若与年轮成斜的交角锯切就是半径切料，会呈现不同的或更明显的图纹。图 B 是威依斯哈勒等（1988）介绍的另一种能得到最大量真正径切木料的锯切方法，先从圆木中间锯下十字形的木料，可用于制作琴颈和侧板。同时因稍偏离中心锯切，故可得到四块真正径切的楔形料。

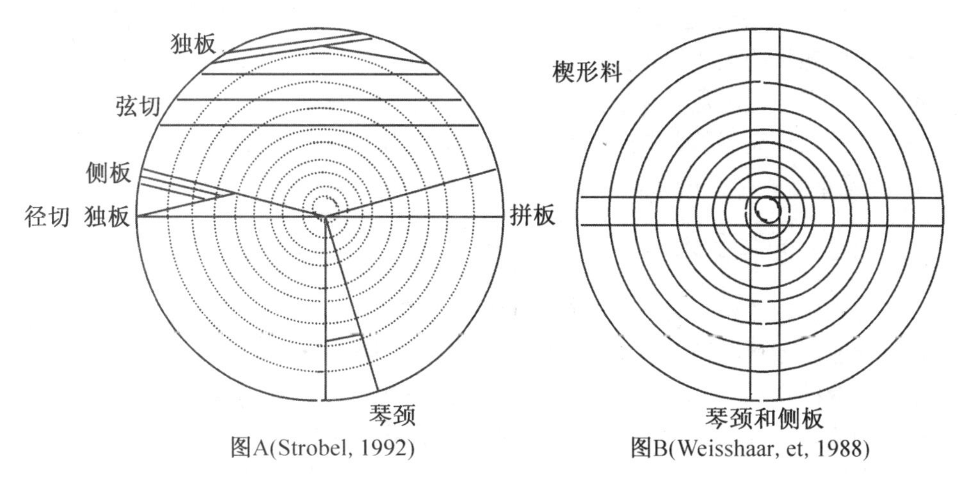

图 2.1　圆木锯切方法示意图

另外一种要求更高的处理方法是把树干按径切方向劈开，因为木纤维的生长方向与树长高的方向一致，劈时木材会沿着劈口处纤维的走向顺势而下地裂开。木材的纤维与劈开面平行，不会出现断的纤维，可得到绝对径切的木料，而且制成的共鸣板其木纤维与琴板的底面平行。如果木材是锯开的，即使是按真正径切的方向锯，锯开的表面很难保证与木纤维的自然走向一致，纤维走向与切面成一角度相交，会有很多纤维被切断。故用径向劈开的云杉料做面板，拱的强度更大，共鸣也更好。但是劈开的木料利用率只有 33％，而锯开的可达 74％。所以劈开的木料很少见，价格比锯开的木料贵。云杉较易劈开，因木纤维挺直可保证劈开时走向平直，而且较少枝杈和木节，常选用劈开的木料做面板。修复提琴时一般用料不多，严格的要求是与原来的木料匹配，使用劈开的木料既保证了品质又便于匹配。

4）干燥

圆木经几年自然干燥后，先把它径切成四块后继续让它干透。再根据制琴的要求，锯切或劈开成小提琴、中提琴、大提琴和低音提琴的用料。长度和厚度都要按实际用料放出余量，因干燥过程中木材会收缩，而且纵向收缩小于横向收缩，在木料的横断面上，也就是顶头丝处因收缩不平衡而出现裂缝和细裂纹。故木材截成需要的长度后，立即在顶头丝处涂抹漆或蜡以减缓这里的水分蒸发。实际上木材在干燥过程中不仅是水分蒸发，同时伴有其他物质的挥发和干缩。在温度适当的自然干燥条件下，木材内含物的变性和降解会减到最小程度，可挥发性物质的挥发和非挥发性物质的成形，在温和的条件下同步进行，使木材的组织结构均匀、色泽变化不大、木纤维不会脆弱。树脂挥发需要 2～3 年的时间，水分蒸发更慢些，未

干透的木材加工时会闻到木材特有的气味。用高温快速烘干的方法，绝对达不到自然干燥的效果，制成的琴就不可能存放几百年。

木材的含水率是木材干燥程度的指标，木材干燥到一定程度就与空气中的含水量达到平恒。空气中的湿度因地区和存放条件而不同，北方比较干燥，一般空气中的含水量约12%以下，南方地区就会达到18%。刚伐下的木材含水率可达75%，若经水路或漂流运输的湿材含水率会更高。含水率的测定方法有电测法和称重法。电测法的工作原理是同样长度的木材，因含水率不同其电导率也就不同，含水率高者电阻低电流容易通过，电导率高。用表面标成含水率的电流表，测量规定长度的木材样品，就可读出木材的含水率。称重法的原理是称取木材的湿重和干重，将湿重减去干重的余数除以干重，再乘上百分率就是含水率。

2.2.3　制琴的木料

地球上树木的种类繁多，有许多品种适合于制作优良的提琴。古代由于交通运输不便造成地域隔离，不同地区的制琴者用的树种往往是本地的品种。随着商业和运输业的发达，人们逐渐可以选用世界各地的木料，不过木材商常常会任意称呼他们的货物名称。而且进口的木材价格必然高于本地的木材，只有制作精品的名家才有条件选用，我国的制琴者大多还是采用国产木料。

树种的选择固然重要，但制琴用的树木都要生长少则近百年，多则几百年。地球的变迁虽然相对于树龄是缓慢的，可是些微的变化都会影响气候，使地球的生物圈和自然环境发生变异。树种会因土壤条件、气候要素、纬度和海拔高低的差异而分布在不同的地区。同一地区的同一树种，生长在同一片树林中，也会因小气候和微生态系统的不同，引起树木生长上的差异，如阴坡和阳坡、林中和林边、林木密度、混生林或纯种林、动植物群落、土壤肥力和水源条件等。同一棵树的不同部位，材质也会有明显不同。当然最简便的办法是看到那块木料就以料论料，不去考虑那么多的因素，但这往往有局限性。若想制作精品琴，木料是先决条件。精良的制作技术和渊博的理论知识，只能使木料的所有优点尽可能地充分发挥，或者退一步讲弥补掉一些缺陷。

1）面板

几乎全世界都用云杉制作提琴的面板，主要是由于它的质地轻而硬，声学性能良好。它的传声速度可达5116米/秒以上，比空气中的传导速度快十四倍多，而且对3000～5000赫以上的高频有阻尼作用，对不协调的高次谐波有极强的阻尼，使琴声清晰明亮。选择楔形料时常用听叩击声的经验方法，以声音清脆如铃声、音调较高的为上品。但叩击声与楔形料的厚度和含水率是相关联的，挑选时要把这些因素考虑进去。

各地区都有适合于制琴的云杉树种，制作者如果不是因特殊需求都会选择当地的品种。人们一般都认为最理想的云杉木料出产于欧洲的阿尔卑斯山脉，古代意大利的制作大师们，在制作精品时就会采用从欧洲进口的木料。如冷云杉 *Picea abies*、高云杉 *Picea excelsa* 和塞尔维亚云杉 *Picea ormorika* 等。欧洲人当然

得天独厚地可就地取材，如捷克、斯洛伐克、德国和法国等制作的琴也有好品质的。北美则有西特卡云杉 *Picea sitchensis*、安琪儿云杉 *Picea engelmannii* 和红云杉 *Picea rubens*。其他树种还有牛津雪松 *Chamaecyparis lowsoniana*，偶尔也用阿拉斯加黄雪松 *Chamaecyparis nootkatensis*，但它们的年轮不清晰故不美观。国内制作者常用产于我国东北、云南和四川的树木，如鱼鳞云杉（臭松、白松）*Picea jezoensis* 和杉松冷杉 *Abies holophylla* 等。

2）背板

选用有图纹的枫木，可制作提琴的枫木种类很多，北半球就有上百个品种，只要软硬适中、质地不太重、图纹美丽的都可以选用。事实上枫木的选用，图纹漂亮是主要的选择因素。产于南斯拉夫的波西尼亚枫木的价值极高，假挪威槭 *Acer pseudoplatanus* 是典型的制琴者用的欧洲枫木，美洲枫木中选用的有糖枫 *Acer saccharum*，产于美国东部和加拿大的有俄勒岗大叶枫 *Acer macrophyllum* 等。我国采用东北产的色木槭 *Acer mono*、白牛槭（白扭子）*Acer mandshuricum* 和产于四川及云南的川滇三角枫 *Acer sp* 等。除去枫木之外具有精美木纹的梨树 *Pyrus communis* 也可采用，而且用它制作琴头容易雕刻。杨树 *Populus italica* 可以制作中提琴和大提琴的背板。

3）琴头和侧板

往往选用与背板同一块木料，以求色泽和图纹一致。有时为了节省漂亮而又昂贵的进口枫木，把最好的枫木用于制作背板。或者因图纹过于明显、木纹卷曲太深，制作侧板时极易碎裂，就会选用相似图纹的其他枫木料制作侧板和琴头。

2.2.4　配件的木料

提琴的配件种类比较多，各有各的用途，因用途不同对木材的品种和质地的要求也各异。不过基本上以云杉、枫木和乌木为主，也还用柳木如大青柳 *Populus ussuriensis* 和大黄柳（红心柳）*Salix raddeana*、椴木如糠椴 *Tillia mandshuria* 和紫椴 *Tilia amurensis*，以及榉木和泡桐木。

1）旋轴、指板、弦枕、尾枕、弦总和腮托

常用乌木，木块细腻而纯黑的乌木产于斯里兰卡 *Diospyros ebenum*。其他品种和产地的乌木也可使用，色泽从纯黑到带有棕色条纹或斑点，可以用染黑头发的染发剂染成黑色。除指板一定要用乌木，其他可用枣木制作，色泽从淡棕色到深棕色，可用酸处理来调色。因质地不如乌木坚硬，用它制作旋轴可使琴头的旋轴孔更耐久。而且色泽高雅，与琴漆的基本色调甚为谐和，在高级琴上也予以采用。国外也有采用巴西红木 *Dalbergia nigra* 和欧洲黄杨木 *Buxus sempervirens*，这类木材也稀有昂贵，前者是紫棕色，后者是淡棕色。偶然也有用象牙弦枕，或用药用木 *Guaiacum officinale* 做弦枕，色泽是淡棕色，木质耐压且有自我润滑作用。

2）低音梁和音柱

可选用与面板同一块云杉木料，最早采用低音梁时可能就是在面板上雕出来的，与面板成为一个整体。但一般要求使用木纹细密的云杉木料，以 1 毫米 1 条年

轮最为理想。

3）支撑木块

有角木块、上木块和下木块，它们的作用就如房屋的柱子，面板、背板、侧板、琴头和尾枕都由它们来支撑和联结成整体。木材都选用云杉，不论是哪个品种只要轻而结实、木纹正直、用劈开方法制备的木料都合用。

4）衬条

用于加固侧板和联结支撑木块，木料采用云杉，也有用木材颜色深红棕色的柳木，质地坚硬。国内制作者还用泡桐木，其木质轻而又有适当的强度，声学性能也很好，可以减轻整个琴的重量。

5）嵌线

一般由三层组成，外面两层黑色，中间一层接近白色，用胶粘贴在一起。外层是染成黑色的枫木木皮，用羊毛染料酸性黑 ATT 水溶液加入少许醋酸染色，木皮浸泡在溶液内并加热数小时，之后用清水漂洗至不再褪色为止，晾干后待用。偶尔也有用乌木。内层用近乎白色的枫木、山毛榉或冬青木皮。也可不用木材，而是用鲸骨或人造黑纤维制作。镶嵌装饰提琴则是用珍珠母镶嵌在乳香脂内，斯特拉第瓦利的镶嵌装饰琴就是这样制作的。也有用三层黑色夹两层白色的木皮制成，嵌线也是体现制作者艺术风格的部位。

6）码

码对提琴的声学性能有举足轻重的作用，码的选材和修削是提琴调音时的主要工作之一。要选用木质坚硬、无图纹但木纹顺直、髓束明显的枫木。码的背面要精确地径切，这不仅在声学上是重要的，对码的美观也很必要。码的选材和修削，体现制作者的艺术和制作水平，制作者会引以自傲地打上自己的烙印。

2.2.5　修琴的木料

修琴用的木料除掉其基本性质要符合制琴要求外，对木材的质地、外观、色泽和图纹，要根据待修琴原有的木料作特殊选择，以求达到尽可能的匹配。尤其是修复名贵提琴时，要一丝不苟地做到天衣无缝的效果。作为有心人平时就不断地积累各种木料和边角余料，甚至于分类保存以备不时之需。因为刷漆掩盖不了木材选择不当的缺陷，理想的替换木料意味着在刷第一遍漆之前，就已无法与原来的木料区分开。

1）云杉

要求年轮的形态（木纹）与原来的木料一致，包括木纹间距、春秋材宽度比、顶头丝斜度，以及春秋材色泽的“淡出”。淡出是美术画图的术语，也就是深浅颜色的渐变过渡，由于春秋材的颜色不同，秋材深而春材浅，从春材到秋材就有个色泽过渡的问题。从深色木材渐渐地向淡色的木材淡出，也包括不同年份年轮之间色泽的过渡。面板的上下两头可明显地看到垂直向的木纹（顶头丝），其斜度因径切的方向和拼板时要求与拱还是与琴边垂直而不同，必要时劈开木料来匹配原有木料的顶头丝斜度。

2）枫木

先观察待修琴上的木料是弦切、半弦切还是径切的，要选用与其一样锯切方向的木料。对枫木料来讲匹配图纹优先于木纹，木纹只要与原来木料平行就可以了，其他条件不必像云杉那么严格，除非原来木料的木纹非常显眼，不过一经刷漆后图纹就会比木纹明显得多。如果原来的木料是无图纹的枫木，匹配髓束（髓线）和颜色就成为关键。倘若找不到图纹完全匹配的木料，就采用图纹比原来更明显的木料。

匹配图纹时先把替换木料的表面刨成光滑的平面，然后将原来木料与替换木料并排放在同一平面上对光旋转，要选择不仅图纹相似，而且对光线反射的明暗变化也一致的木料。这样两块木料的木纤维，它们的波纹宽度和深度全相一致，嫁接部分侧板时就有这样的要求。

3）老化

老的木料由于年代久远，时间赋予它特殊的色泽，修琴时要用同样的老木料与它匹配。如果没有合适的老木料就要用人工老化的方法，使木料的色泽尽可能地与老木料一致。光用颜料涂在表面使颜色一致是不完美的，尤其是更换琴角和琴边这些易于磨损的部位，只要表面稍有磨损就会露出木材的本色。所以要对木料进行老化处理，使色泽渗入木材内部。老化的方法有氨熏法和热处理法，或者两者结合使用。

◇ 氨熏法　因为氨液既臭又有毒，所以要在通风的条件下操作。在密闭容器的底部放一架空的纱网，以免氨液（氢氧化氨，俗称阿摩尼亚）碰到木材。容器内倒入氨液，要放入一定数量的木片，因为每隔两小时要取样作刷漆效果试验。检查时把木片沾湿一角，模拟刷清漆后的效果，并与要匹配的木料作比较。室温高时处理时间可缩短，处理后木片成灰绿色。

◇ 热处理　把木片架空放在约175摄氏度的烘箱内处理，由于烘烤不会得到里外一致的颜色，表面总会深一些，所以木片的厚度不可超过6毫米。同样要多放些木片用于刷漆试验，隔几分钟就要检查一次，并掉换受热面的位置，以免木片过于翘曲，热处理后的木材成棕色。

如果先氨熏再热处理，效果会更令人满意，但人工老化较难得到完全一致的颜色，最好人工老化到略浅一点颜色时就停止，再用颜料染色。

4）漂白

木材中常会有黑斑、棕色条纹（血筋）和因雨水渗入使木材局部变色，可以用漂白的方法使色泽变浅。但这些方法只能使木材表面褪色，所以要在刷漆前才加以处理。

◇ 双氧水　用30％的双氧水处理，双氧水是强氧化剂，使色素氧化而褪色。双氧水中滴入1～2滴10％的氨液可加快反应，因为液体有腐蚀性要用牙签棉条涂刷在欲漂白的表面，涂后立即会反应起泡，若一次褪得不够可多涂几次。

◇ 漂白粉　把漂白粉溶于60摄氏度温水中，将溶液涂抹在欲处理的表面，待干后再涂双氧水。如此反复进行几次，效果比单用双氧水更为显著，也可涂漂白

粉后再涂0.5%的稀醋酸，置于60摄氏度下待干，反复地交替涂刷，褪色效果也很好。

◇ 硫磺熏蒸　在密闭的容器内加热硫磺使它升华，产生的二氧化硫使木材漂白，而且对木材无损害。注意要在通风良好的条件下操作。

5）润色

修琴时要用到红、黄、蓝色的色素和染料，配成各种各样颜色的酒精液用于润色。方法是交替地刷颜色层和清漆层，涂层越薄用色越浅越容易控制和修正颜色。酒精清漆是最佳的润色用漆，干得快又可刷得薄而光滑。油漆比酒精漆稠而不易干燥，漆层较厚不能刷太多层，这样就必须在每层间涂上较深的颜色，使配色更难控制，故不推荐用油漆润色。在修琴开始时，就要结合木料的选择和制备考虑润色问题，即使最好的润色技术，也隐盖不住没有选择好的替换木料。

2.3　修琴前的准备工作

2.3.1　概述

修琴的第一步就是要对待修的提琴作全面检查，观察琴的各个部分受损的程度、损坏的原因和与其相关的部件。然后制定修琴的主流程和各步骤的顺序，良好的策划会减少不必要的返工，修修拆拆对琴的损害会大于原有的损坏。检查的内容如下：

1）检查琴颈的中心度。

2）检查琴颈翘起的高度，以指板末端上沿离开面板表面的高度为准。可以把码贴住指板末端后粘在面板上，用铅笔把指板末端的轮廓画在码上，以后无论是粘回面板、琴颈或指板都以它为准。当然，如果原有的高度不合适也可改正，按照常规的高度安装。

3）检查琴颈的左右倾斜度。

4）全面检查琴体状况，设计拆卸的次序，可参考以下各点：

◇ 如果琴颈和面板都要卸下，就先拿掉琴颈。

◇ 如果背板和面板都要拆卸和修理，先拆卸和修理面板。在粘回面板之前用开琴刀，从内外两侧交替地松开背板与各支撑木块的结合点，但并不松开侧板和卸下背板。必须重新粘上面板后才可卸下背板，这样既使侧板框不变形，又可安全而方便地拆卸背板。

◇ 如果背板和面板都需拆卸，则先拆卸面板。用薄的三夹板锯成面板的轮廓，将它点状地粘在侧板和木块上，然后拆卸背板。

◇ 使用开琴刀时要注意对琴和对人体的安全，决不可以漫不经心地操作，略有失误造成的危害，对人和对琴都可能会有永久性的影响。

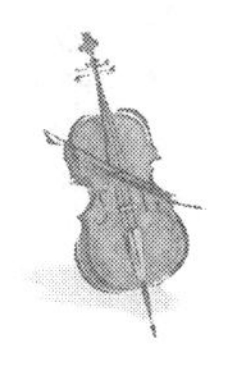

5）取下的配件和卸下的部件要放在有标记的抽屉或盒子内，以免不必要的寻找或丢失。

2.3.2　拆卸面板

1）开琴刀和西餐刀是拆卸面板的主要工具，刀刃要薄而光滑，涂些肥皂可使刀口更滑些。

2）拆卸尾枕：

◇ 用开琴刀使尾枕的左右两侧与面板松开，注意绝对不要让琴边受损开裂。

◇ 在尾枕与侧板结合点处插入开琴刀，使尾枕松动而脱落。如果这样拆不开，可在面板上放一纸板紧抵住尾枕，将琴放在膝上，用小槌敲尾枕向着面板的直角边使它脱落。

3）松开琴颈两侧与面板粘合的部位，同样要注意别把面板弄裂。

4）分离面板与侧板的接缝时，先找一下是否已有裂开处，可以从这里插入开琴刀。一般最脆弱点常在琴的上部左侧和腮托的位置处，因为这里常与人体接触，会沾上汗水而有脱胶的可能。不管在哪里下刀，如果右手持刀，都应把右手掌靠住侧板和背板边缘，左手的大拇指要刚好放在开琴刀上面的面板边缘处。这样左手就可以随时感觉到开琴刀插入时，可能会使面板开裂的压力。一旦打开了个小裂缝，就轻柔地摇动开琴刀，使裂缝不断地加长。如果原先用的胶是优质明胶（动物皮制作的食用明胶），就会听到轻微的嘶嘶……噗噗裂开声，粘合缝会很顺利地不断延长，接缝处不会粘连很多碎木料。

5）如果面板上有老的裂缝存在，就要把开琴刀放在裂缝处的面板下面，尽可能使裂缝两侧的接缝同时脱开，以免老裂缝再度裂开。顺着木纹走动开琴刀时，若发现面板趋向顺着木纹破裂，就从相反的方向走刀。这往往是因为面板的平面与木纤维不平行，劈开的木料就不会有这样的问题。

6）脱开中腰时，如果中间的接缝容易脱开，就从中间向琴角方向走刀，别忘了把大拇指放在插刀处上方的面板边缘处，在琴角尖处要特别注意轻柔地摇动开琴刀。如果中腰的中间不易打开，就从琴角开始，但千万不要在尖端处开始，让开琴刀尽可能横穿过角木块，尽量避免尖端断裂。音孔的下端，因为与琴边之间的木料极少，老的裂缝常常会出现在这里，修补裂缝的木楔可能会阻挡开琴刀。

7）面板与上、下木块粘合处也是容易裂开的区域。脱开下木块时开琴刀从下木块任一侧的面板与侧板接缝开口处插入，再将刀片从木块内侧向外走刀，用长刀片的开琴刀更方便些。如果粘得很牢，可先用宽口平凿在尾枕的豁口处，将凿的平面向下贴住下木块，刃口切入接缝形成一个楔形口子，其大小只要能插入开琴刀即可。注意这里常常会有木销，如果还在就把它切断或轻摇开琴刀使面板向上脱开销子。

8）最后脱开上木块，一定要在面板与其他各处都已脱开后才可脱开上木块。此时可略提起面板下端，从尾枕处向前看找出进刀处，同样要由内向外走刀。或者可把面板提得更高些，利用张力使面板噗地一声一下脱开。大提琴是不可能用这

样的方法脱开面板的，要制作一个专用工具，用一根扁平的木棒或铝棒，长度要比琴体长，从琴体后端一直伸到上木块处，还有足够的长度可以让手抓住棒，棒的前端固定一块大小与上木块宽度相似的长方形刀片。将大提琴倒立起来，旋首放在软垫上，提起面板后端，把棒伸入琴体内，将刀口插在面板与上木块的接缝处，在棒的末端用锤快速一击使面板脱开。

9）面板整个脱离后把它平放在工作台上，检查面板的里边一面哪里掉了碎木片。收集琴体内的碎片，找到它们在面板上的位置，立即粘回到面板上。再取下侧板上的碎片，也粘回到面板上。如果碎片在侧板上粘得很牢，可将湿布盖在碎片上，用电烙铁或加热过的刀放在湿布上，产生的热蒸汽会使胶溶化，就能完整地取下碎片。

2.3.3 拆卸背板

1）修琴时不是特别必要一般不拆卸背板，因为枫木的卷曲纹使它更易受损，拆卸的过程基本上与拆卸面板相似，不过先后的次序有些不同。如果同时要修理琴颈，就先把琴颈卸下，这样更易接近上木块。

2）先从琴颈上分离背板的钮，把开琴刀插入钮与颈的接合缝，别忘了大拇指感受开琴刀压力的重要作用，以免把钮弄断。开始时可以轻敲开琴刀，一旦缝隙开始扩展，就改从上肩处沿着接缝向上木块走刀，使背板脱离上木块。再让刀横贯钮与琴颈的粘合缝，使钮脱离琴颈。千万注意不要在嵌线槽处把钮弄断，这里是背板上最薄弱的地方。

3）下木块是最后脱开的部位，一定要在其他各处都脱离后才脱离下木块。下木块处同样要把开琴刀斜插到下木块的里侧，刀口从内向外横贯背板与下木块的粘合缝，使背板完全脱开。由于非常卷曲的枫木小碎片极易裂成更小的碎片，不如不要从侧板上取下碎片，而是以后直接把背板重粘在这些碎片上，除非以后粘的位置有变动则又当别论。

2.3.4 拆卸琴颈

1）试探琴颈的侧面、背面和前面，寻找粘接得最弱的点。如果琴颈粘得很牢固，指板也粘得很结实，而且上木块也是牢固地粘在面板和背板上，就从2)步骤开始，再按3)方法操作。否则就不用3)方法，接着从4)开始。

2）用开琴刀使琴颈与钮脱离，但是背板仍然粘牢在上木块上。再在面板容纳琴颈的槽两侧，脱开琴颈侧面与面板相连接的两点，注意要防止面板顺木纹裂开。此刻千万不要打开侧板与琴颈两侧的接合缝，否则插入开琴刀很容易使琴颈两侧上木块的木料裂开。

3）把琴侧躺在垫有软布的工作台面上，沿琴体上侧面用手臂结实地按住琴体，用另一手的拳头下侧软肉垫，从侧面果断地敲击旋轴盒。再把琴换一侧躺在工作台上，用拳敲另一侧。重复这样的操作，当琴颈部分或全部脱开时会听到散裂声，快速敲击常会使胶的接点干净利落地脱开，使琴颈连指板一起卸下。

4）因修琴的情况不同可分别作如下处理：

◇ 指板粘得不牢固或需要拿掉指板就不用3)步骤的办法，因为指板有加固琴颈的作用。如果粘得不牢固或取掉指板后，拳击时就可能使琴颈受损。上木块粘得不牢固也不可用拳击的方法，否则可能发生灾难性的后果。可取下指板后完成2)步骤，然后在面板容纳琴颈的槽中间处，即面板和上木块与琴颈根部的粘合面，插入开琴刀使面板和上木块与琴颈脱离。

◇ 如果同时要修指板和上木块，就取掉指板后卸下面板，再劈掉上木块，劈时注意不要损坏琴颈根和侧板。如果侧板已有损伤，即使卸下面板后，也不可用拳击的方法。

2.3.5 取下弦枕

1）弦枕受到的是弦向下的压力，不需要粘得很牢固，一般只是点状粘合即可。小提琴和中提琴的弦枕可用开琴刀，从弦枕与指板连接的任一个角处插入，轻柔地摇动并加上向下的压力，横着挤入接缝就应该会使弦枕脱开。如果不能奏效，可用长方形的硬木棒平放在指板上，一头抵住弦枕，用锤敲另一端使弦枕脱开，注意不要碰坏旋轴盒。还不行的话，就把琴颈的一侧抵住垫有软布的工作台边，用凿子劈或切的方法把弦枕去掉。

2）取下大提琴的弦枕时，把琴侧躺在垫有软布的工作台上，人站在旋首的顶端，用身体挡住旋首。用一根长方形的硬木棒，顺着指板侧面抵住弦枕，用一尺寸合适的锤子，对木棒的另一端坚定地一击使弦枕脱开。绝对不要碰到旋轴盒，也不要把木棒抵住弦枕顶端架弦的部位，以免意外的损坏。

2.3.6 取下指板

使指板脱开需要用较大的力量，指板又不知道什么时候会突然地脱离，开琴刀一旦失控滑开就会伤及人和琴，操作时要非常小心。始终要保持有一个大拇指压在指板上，处于防止指板脱落伤及面板的位置，最好在面板上包裹软布。

◇ 取下弦枕后，把开琴刀前端斜横在指板的上角处。如果右手握开琴刀，就用左手连琴颈一起拿住指板，大拇指压在指板的上端，再把右手的大拇指叠压在左手大拇指上。把刀前端轮番地从指板两个上角斜着插入指板与琴颈的接缝，使指板局部脱离。

◇ 两个角都脱开后，把刀前端按指板宽度横嵌入接缝内，并使刀向下移动。用两把刀交替地嵌入和下移，使粘合缝不断地向下脱开，必要时可用锤轻敲开琴刀。当指板已脱开一半时，可以把刀当作支点，用力压指板已脱开的那端，刀也不断地向下移动，直到指板完全脱开。随时要注意把手保持在当指板突然噗地一声脱开时，能够把它抓住的位置。

◇ 如果操作过程中乌木出现纰裂，把开琴刀沿着纰缝处的指板与面板接合缝移动。假如乌木继续裂开，就必须改从琴颈的宽端向窄端操作，但操作更为困难，而且琴颈的边缘易遭损坏。

2.3.7 更换支撑木块

若是更换上木块，要先取下指板，然后卸下面板。如果是更换其他木块，就只需要卸下面板。之后把琴放在稳固的软垫上，木块的区域一定要垫结实，如果垫上按拱的形状制作的支架，那是最妥当的。手持凿子，手掌下端的肉垫靠住木块的顶端。左右摇动凿子，使少量木料劈开去掉，这样可防止凿子的刀刃伤及背板。

当凿子接近侧板时，必须保持凿子笔直地往下切割木料，要防止侧板扭曲和破裂。最后一层薄薄的木料用刮刀刮掉，不要用湿润的办法，否则侧板会翘曲。

2.3.8 去掉低音梁

先卸下面板，把面板刷漆的那面平放在软垫或支架上。用一弧度合适的圆凿切削低音梁的木料，直到只留下薄薄的一层木料，再用刮刀刮掉剩下的木料。能看到胶层的痕迹时，取一块大小与低音梁相似的布条放在热水中浸一下，然后铺在低音梁的位置上，经几分钟待胶溶化后，去掉剩下的薄木料和胶。

第三章 古代制琴大师

文艺复兴时期的时代背景，促使文学和艺术创作活动遍及整个欧洲大陆。音乐事业的发展，为意大利的乐器制作业带来了巨大商机。教堂、宫廷和富有的收藏家，争相资助和订购有名望提琴制作大师的乐器，使意大利的提琴制作业步入黄金时期，繁荣了将近两个世纪。意大利各地涌现了不少提琴制作学派，如克雷莫那、布雷西亚、威尼斯、佛罗伦萨和托斯卡等学派，另外还有许多分散的提琴制作者。精美提琴的制作工艺全靠手工，太阳和环境对漆和木材的干燥起着重要的作用，因此制作速度缓慢使提琴的价格昂贵。当时克雷莫那的提琴价格，又比其他地方贵将近三倍。所以精美提琴只有教会、富有者和贵族才有能力购买，是提琴业能得到资助和资金的主要来源。

但是随着提琴制作大师们相继作古，他们的后代不是因为有了富裕的生活而不再做提琴，就是因才能平平无所建树。斯特拉第瓦利的后辈和徒弟，由于他的长寿和名声过大，始终在他的庇荫之下工作，被他的辉煌成就所掩盖，使他们的才能未能为人们赏识。斯特拉第瓦利去世后，克雷莫那的制琴业也随之衰落。虽然杰苏比他多活了几年，但瓜内利家族与其他有些名望的制琴者一样，始终淹没在斯特拉第瓦利成功的阴影之下。随着阿玛蒂、斯特拉第瓦利纪元的消逝，克雷莫那的黄金时代已成过去。意大利的提琴业也从顶点趋向衰落，对高标准优秀提琴的需求也已消逝，不再有富人给予资助。过去制作的大量精美意大利提琴仍在流通，但已不是兴旺繁荣的景象。而在法国、德国、英国和西班牙，以及其他地方出现了许多仿造者。然而廉价的意大利琴仍有需求，由于价格低廉势必要改变老的工艺，采用酒精漆之后即达到了这一目的。故意大利中部和北部的提琴生产活动仍然是活跃的，威尼斯更甚。但生产的都是价格较低的提琴，符合大批不出名的演奏者和学院派学者的需求。实质上那时候大部分演奏者都还未意识到，伟大的克雷莫那制琴大师们制作的提琴，所具有的优秀声学品质和精美的制作工艺。

一些早期的古代提琴制作者，由于相隔的年

代久远，故传世的提琴简直是凤毛麟角，更无文字记载能够让后人对他们的工作有所了解。好在一些史学家、收藏家和制作家，追溯寻源地予以考证。如威廉姆·亨利·黑尔等（William Henry Hill, et., 1931 & 1902）和西蒙·萨柯尼（Simone F. Sacconi, 1979）等。虽然收集的资料难免零星而缺乏系统，但具有极大的参考价值，使古代一些似乎久已失传，被人们认为难以破解的秘密，终于大白于天下让世人一睹为快。对于现代提琴的制作和改进，具有特别重要的意义。即使目前制作的提琴还无法达到古代的水平，但随着科学的昌盛发达一定会有新的发展。

3.1 布雷西亚学派

16世纪时人们需求音域比古提琴高，更接近女高音的小提琴。当时意大利布雷西亚学派的代表人物，伽斯帕罗·达·萨罗（Gaspalo da Salo, 1542—1609），知道琴的尺寸对音域起主要作用。他做了第一个大尺寸的真正小提琴，之后又设计了较小尺寸的小提琴。当他发现较小的小提琴更能吸引演奏者时，就继续采用这样的尺寸。由于相隔了几个世纪，他的乐器除中提琴外已很少流传至今。但从一些精心完美保存的中提琴，可见到琴的尺寸和外形设计的协调性，以及结构和用材的简洁。清楚地表明伽斯帕罗已制成了令人满意的提琴，也可能是首创地把琴声处理得如此完美。他的得意弟子乔·帕罗·玛基尼（Gio Palo Maggini, 1580—1632）也以同样的思路工作，并发展了师傅的原则，极注重风格和完美性。不过他主要制作大尺寸的小提琴，仅做了几个较小尺寸的小提琴和略小些的中提琴。师徒俩制作的琴都具有洪亮的声音，音色华丽而丰满，赋有叙事般的音质，情调风格犹如优美的女高音歌唱动人的歌曲。玛基尼的小提琴音色又有了新的发展，有点像阿玛蒂的小提琴。

随着玛基尼的去世（1632），在布雷西亚兴旺了近两个世纪的乐器制作业，曾一度衰落长达半个多世纪。之后由劳盖利家族（Giovanni Battista Rogeri 和 Pietro Giacomo Rogeri）再度兴起。在这段时期内曾经由几代布雷西亚人成功地制作过的各种类型的古提琴逐渐遭淘汰，被真正的小提琴、中提琴和大提琴所取代。

表3.1　古代制琴者的一些提琴尺寸*

单位：毫米

制琴者	种类	日期	体长	下宽	上宽	下侧板	上侧板	琴体弦长
伽斯帕罗·达·萨罗	大型中提琴		445	257	219	40	38	229
斯坦因纳	小型中提琴	1660	406	241	198	48	46	216
安德里埃·瓜内利	小型中提琴	1676	416	246	198	38	35	221
	小型中提琴	1676	414	248	197	35	32	

（续　表）

制　琴　者	种　类	日　期	体　长	下　宽	上　宽	下侧板	上侧板	琴体弦长
傅琅柴斯库・劳遏	大提琴	1667	770	467	377.8	117	114	422
	大提琴	1670	794	486	381	130	124	419
	小型大提琴		733	448	365	113	110	390
劳盖利	大提琴	1700	737	445	364	119	113	391
玛基尼	小型小提琴		362	208	168	29	29	

* 本表数据引自黑尔(Hill，1902)所著《斯特拉第瓦利的生活和工作》一书。

3.2　克雷莫那学派

克雷莫那学派的奠基人是安德里埃・阿玛蒂(1520—1581)，他的传人和家族成员所培养的徒弟，都是著名的提琴制作大师。除本家族外还包括赫赫有名的斯特拉第瓦利家族、瓜内利家族和劳盖利家族，以及德国的提琴制作大师斯坦因纳，而且填补了自布雷西亚学派衰落到斯特拉第瓦利出山这段时间的空白。

3.2.1　阿玛蒂家族

安德里埃・阿玛蒂是阿玛蒂家族的创始人，也是克雷莫那学派的奠基人。从他所遗留的为数不多的作品，可以证明他曾受过良好的训练，是个有成就的提琴制作者，无论手艺和思路都领先于同时代的同行。根据具有权威性的乐器上的标签(1560—1570)，证明他制作的小提琴有两种尺寸，一种是常规的尺寸 355.6 毫米，另一类小一些 330.2～342.9 毫米。阿玛蒂家族制作的中提琴尺寸是 470 毫米，大提琴大于 790 毫米(现代 760 毫米)。从这些琴可见到阿玛蒂提琴都具有非常迷人的外形和工艺。阿玛蒂家族的提琴制作者共有四代人，与同时代的布雷西亚学派共处约七十年，但比布雷西亚学派长了半个多世纪。四代人都遵循同一个阿玛蒂原则，技艺和风格无大的变化。做的小提琴琴体较小，从未超过 355.6 毫米的模式，故音色不太深沉和丰满，但容易发声便于演奏。声音具有轻快和明亮的特色，然而削弱了传远性和雄壮气概。

使用内模是阿玛蒂系统的核心，是克雷莫那制作法的基石。17 世纪时很难找到克雷莫那以外的提琴制作者使用内模，德国的斯坦因纳曾经在意大利跟随尼古拉・阿玛蒂学习制琴故也使用内模。提琴的外形也是设计中的一个重要方面，阿玛蒂提琴的模样是围绕着琴边有深的槽，面板的槽略浅些。琴边较宽而侧板较低，琴角细长形状优雅。嵌线很有质感，斜接角有些突然转向琴角。中腰成圆形，下部曲线成优美的勺子样向外延伸。用的是黄棕色油漆，f-孔珠的直径较大，翅较小，但后来珠的直径减小了些。

表 3.2　阿玛蒂家族提琴的尺寸*

单位:毫米

类　型	尺寸	日期	体长	下宽	上宽	下侧板	上侧板	琴体弦长
小提琴	宽　体	1648	355.6	210	171	30	27	
	宽　体	1658	355.6	206	168	30	30	
	小尺寸	1671	352	202	162	30	28.6	
	宽　体	1682	354	210	170	30	28.6	
中提琴 A&H 兄弟	大尺寸	1592	452	268	219	41	38	248
	大尺寸	1620	451	265	216	40	38	248
	小尺寸	1616	413	241	197	33	31.7	222
大提琴			787	476	368	119	114	425

* 表格的数据引自黑尔(Hill, 1902)所著《斯特拉第瓦利的生活和工作》一书。

表 3.3　阿玛蒂家族小提琴共鸣板的厚度*

单位:毫米

制作者	日　期	背　板		面　板
		中　部	厚度向周围渐变成	厚度变动状况
安德里埃	1574	4.0～4.4	3.2	中部 3.2 向周围渐成 2.4
		4.4	周围 3.2 再渐减到边缘 2.8	中部 3.2、周围 2.8、边缘 2.0,厚度不规则
阿玛蒂兄弟	1596	4.8	从周围 3.2 到极边缘成 1.6	中部 2.4、周围 1.6
尼古拉	1648	4.0	从周围 3.2 到极边缘成 2.0	中部 2.8 渐向边缘减薄到 2.0
	1670－1684	4.4	减到 2.4	全部 2.8

* 本表数据引自黑尔(Hill, 1902)所著《斯特拉第瓦利的生活和工作》一书。

安德烈・阿玛蒂有两个儿子从事提琴制作,即安东尼奥(Antonio;Antonius, 1540—?)和祁罗拉莫(Girolamo;Hieronymus, 1564—1630)。兄弟俩都是卓有成就的手艺人,相互合作了一辈子。他们共同签名的作品,日期从 1590 到 1630 年,即祁罗拉莫去世的那年为止,实际上安东尼奥比他更早病逝,但日期不详。祁罗拉莫单独签名的乐器甚少,但安东尼奥就不一样。父子们的努力和心血结合在一起,奠定了提琴制作的定义和原理,从此以后没有太大的背离。也没有人能超过他们的手艺,他们的琴不仅制作精良,而且等高线美观。

安德烈和他的两个儿子都没有收过徒弟,可能是他们不愿把技艺和知识外传。祁罗拉莫和他的妻子及两个女儿,都是 1630 年克雷莫那鼠疫流行的牺牲者。但他有一个儿子尼古拉・阿玛蒂(Nicolo;Nicolaus Amati, 1596—1684),继承了家族的事业,成为工场的掌门人。在步步高升的六十年中,获得了比祖先们更高的威望。

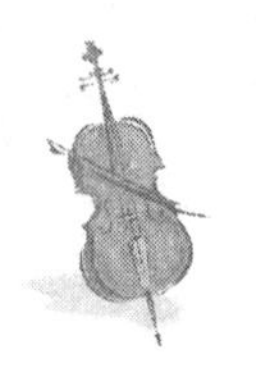

回顾1630年前后的这段时期，因歌剧的发展、古代室内乐的兴起和交响乐团的标准化，提琴成为主要的乐器之一，故对提琴的需求日益增长。克雷莫那制作提琴的名望，也随时日而不断地传播开。阿玛蒂家族的技艺和敬业得到了丰硕的回报，从意大利各个公国，甚至更远的地方来的订单与日俱增。形势发展需求更大的产量，但大师仅孤身一人，工作局限于家族之内，没有人能帮助他。提琴需求量的形势逼人，因此收徒弟的决策势在必行，这一决策对提琴制作史也具有特别重要的意义。它使本是家族秘传的提琴制作技艺，传播到了其他家族之中。著名的有斯特拉第瓦利家族、瓜内利家族和布雷西亚学派的劳盖利家族，而且包括德国的斯坦因纳大师。他的第一个徒弟是1602年出生在克雷莫那的傅琅柴斯库·劳遏(Francesco Ruger)，于1630—1632年间进入阿玛蒂的工场。几年之后(1636)是少年的安德里埃·瓜内利(Andrea Guarneri)，1641年尼古拉家的户籍中有他的名字，当时他是十八岁。斯特拉第瓦利开始学徒的时间，约在1656—1658年之间。可惜的是阿玛蒂家族的第四代传人(Hieronymus)，由于家庭富有而贪图悠闲的生活，故一生既未继承祖业也无任何作为。

3.2.2 瓜内利家族

瓜内利家族的名声，在卓越的意大利提琴制作者中也是名列前茅的。但像其他制作者一样，命运的安排使他们的名声总是略逊于最伟大的提琴制作者安东尼奥·斯特拉第瓦利。瓜内利家族的创始人是安德里埃·瓜内利(Andrea Guarneri，1626—1698)，也是家族中最勤劳的。他有两个儿子继承父业，即约瑟夫(Giuseppe Giovanni Battista Guarneri；Joseph Guarnerius Filius Andrea，1666—1740)和孟图阿的彼得罗(Petro Giovanni Guarneri，1655—1720)。约瑟夫也有两个儿子从事提琴制作，即家族中最负盛名的杰苏(Joseph Guarnerius del Gesu，1698—1744)和威尼斯的彼得罗(Petro Guarneri；Peter Guarnerius of Venice，1695—1762)。家族中的五位都是大师级的提琴制作者，他们在工作的初期都是与家族在一起。但是这种封闭式的关系，并未阻止每个人作出自己的贡献，他们留给后世的乐器都有鲜明的个性。

1) 安德里埃·瓜内利

他师从尼古拉·阿玛蒂，学徒时和前期工作都在师父的工场内。他与师父合作了近二十年，正处于尼古拉的顶峰预期，1645年迁居岳父家。但他远不如他的师父，无论是思路和做工都达不到师父的最佳水平。他是师父的忠诚追随者，满足于遵循师父明确指出的途径。不过他有两方面的进展和创新，即极好的小尺寸中提琴的设计思路，及较小尺寸的大提琴。他主要做小提琴，中提琴不超过四个，大提琴约十四个。做的琴不够严格和精确，甚至有些草率。但他一身中所做的琴都油漆得很好，为了仓促地使漆硬化有时使用催干剂。漆的颜色以栗棕色为主，也有浅橘黄色，偶尔是棕红色。

2) 孟图阿的彼得罗

他既是提琴制作者，又是位有修养的音乐家，善于演奏古提琴和小提琴。他制

作的琴基本上是阿玛蒂模式，并受到斯特拉第瓦利的影响。提琴的音色带有斯坦因纳的那种酸酸甜甜的韵味，琴声既甜美、圆润和温馨，又具有穿透力。琴的制作工艺精良，音孔的位置正确，琴角形状精美，熟练的嵌线技艺，优美的拱和深的槽，漆的组织结构和色泽特别优美。他一生做的琴数量不多，但至今还为著名的小提琴演奏家所乐用，说明琴声非常符合现代音乐的要求。

3）约瑟夫

他也忠实于父亲传给他的阿玛蒂思路，所有作品都具有明显的瓜内利格调，还受到哥哥即孟图阿的彼得罗的影响。他以意大利制作者特有的那种非常自由的工作方法做琴，最大限度地在作品的细节上创新，所以他做的琴个个都各不相同。他与他的父亲虽然都活了近七十多岁，但做的琴并不太多，选用的材料和加工的手艺都一般而已。琴的价格也相对较低，而且18世纪时他们的作品也未引人注目。其后果是这些作品都流落到那些不细心保管的人手中，因此19世纪之前这些琴都已受到严重的损伤。1720—1740年间即约瑟夫的最后二十年，做的琴出奇的少。1731年之后得不到人们的资助，也竞争不过同行们。但是他的两个儿子继承了父业，尤其是卓越的杰苏特别突出。

4）瓜内利·台尔·杰苏

他是家族中的佼佼者，由于他的名声使家族能够与斯特拉第瓦利几乎并驾齐驱。在他十五至二十年工作期内制作的小提琴，具有难以超越的魅力和原创性。他制作的琴显然也受到了斯特拉第瓦利的影响，但背板和面板都平坦得多，使人们想起了玛基尼。他在1722年离开父亲的工场，成为一名包身工直到1728年。1731年杰苏开始使用自己的IHS标签，奠定了杰苏本人的工作风格。此后的七八年内他似乎具有巨大的能量，始终不渝地努力工作着，制作了大量的提琴。但1736年后杰苏的事业出现衰败，每年做琴的数量似乎不超过十个。1740年后在他生命的最后四年中，好像在不断地做试验，非常相似的琴出现二至三组，又突然转向另一种想法，经二至三种尝试后又有转变。他的工作生命不到二十四年，估计他一生制作的琴在150～200把之间，而且只做过小提琴。当时他的琴不是为贵族和富有的收藏家们做的，而是为那些演奏得很辛苦报酬却很少的音乐家，以及不富有的平民们制作的。由于猛烈的使用和不经心的保管，这些琴都过早地磨损或毁坏，故仅有相当少的琴能完美保存。

意大利人自由而悠闲的工作方法，同样也表现在他的工作之中。在音孔的位置和切削上充分地体现出来，他只是粗糙地定下上珠和下珠的位置，其他完全由当时的想象来操作。音孔有各式各样不同的长度，有的孔体削得很大，音孔的位置放得偏高或太斜，完全是毫无拘束地发挥。琴头的雕刻也变化多端，但把各个琴头的虚线轮廓重叠起来，又不缺乏精确性。旋轴盒的形状总是很完美，但决不会缺少匆匆忙忙地用刀和锉加工过的痕迹，显示出真正的瓜内利特征。不过即使做得最粗糙的琴，他也从来不会忘掉遵循基本原则和好的结构。他在工作的早期是认真的，但随着岁月的消逝而越来越不仔细。

杰苏使小提琴发出了最大的音量，琴声明亮是他的主要特征，但并不丰满。19

世纪初有几位意大利小提琴演奏家来到克雷莫那，演奏了杰苏的小提琴，识别出琴声中有一些不同于迄今为止所认可的音质。但真正使杰苏的作品风靡于世的，是小提琴演奏家帕格尼尼，他让杰苏的琴发出了洪亮的声音，演奏出高贵而又生气勃勃的音色。使杰苏成为斯特拉第瓦利之外，第二个伟大的小提琴制作大师，此后杰苏琴成为小提琴家们寻觅的对象。演奏者的天赋和技能，对琴的音色和音量具有决定性的作用。杰苏琴演奏时弓毛要把弦咬得紧紧的，用强有力的左手按住弦，整个琴的声音潜力就可发挥出来。有才华的小提琴家用他的琴解释古典的和现代的音乐，演绎出乐曲中最高贵的灵感和灵活多变的旋律。瓜内利琴在18世纪只值斯特拉第瓦利琴的一半价格，但自它们的卓越音色优点被广泛认可后（1800—1840年间），身价立即上升到伟大的大师级水平。而且由于留存的琴比斯特拉第瓦利琴少得多，所以物以稀为贵更抬高了价格。

表3.4　瓜内利家族的小提琴尺寸*

单位：毫米

制作者	日期	体长	下宽	上宽	下侧板	上侧板
安德里埃（1628—1698）	1638	356	208	168	30	28.6
	1655	354	203	165	30	28.6
	1660	349	200	160	29	27
	1670	351	203	162	30	28.6
	1676	356	206	167	30	28.6
	1678	348	208	159	29	27
	1690	354	203	165	30	28.6
孟图阿的彼得罗（1655—1720）	1676	354	205	167	30	27
	1685	354	203	167	30	27
	1698	352	206	168	30	27
	1703	354	206	167	30	28.6
	1709	356	206	168	30	27
约瑟夫·菲里斯（1666—1740）	1696	352	186	160	29	28.6
	1700	352	200	162	29	27
	1702	356	203	167	32	30
	1709	356	203	165	30	28.6
	1710	359	203	167	30	28.6
	1710	352	200	162	32	30
	1712	357	206	168	30	28.6
	1716	359	210	165	29	28.6
	1720	356	203	167	32	30
	1720	359	210	168	30	30

（续　表）

制作者	日期	体长	下宽	上宽	下侧板	上侧板
威尼斯的彼得罗（1695—1762）	1721	357	205	168	30	28.6
	1730	354	203	165	32	30
	1734	356	208	168	32	30
	1735	359	208	170	29	27
	1740	357	208	168	32	28.6
	1745	359	210	170	32	28.6
	1754	356	208	167	30	28.6

本节中表3.4、3.5和3.6的数据是参考黑尔(Hill，1931)所著《瓜内利家族的提琴制作者》一书。

表3.5　瓜内利家族的大提琴尺寸

单位:毫米

制作者	日期	体长	下宽	上宽	下侧板	上侧板	琴体弦长
安德里埃	1669	806	470	383	152	146	439.7
	1690	744	448	365	114	110	393.7
		743	448	362	114	114	394
	1692	740	448	368	114	108	393.7
约瑟夫·菲里斯	1700	743	445	359	127	127	400
	1708	743	447	359	124	114	400
	1709	749	457	368	124	121	400
	1712	727	429	348	109	108	387
	1721	737	447	352	114	108	400
	1731	737	447	359	124	117	400
威尼斯的彼得罗	1725	749	445	343	124	114	403
	1730	748	441	362	121	117	403
	1735	705	419	340	124	114	371
	1735	708	419	330	121	113	381
	1739	756	451	364	121	114	406
	1740	752	448	349	121	121	400

表3.6　瓜内利·台尔·杰苏小提琴的尺寸

单位:毫米

日期	体长	下宽	上宽	下侧板	上侧板
1726	356	205	167	32	30
1730	352	205	167	32	30

（续 表）

日　期	体　长	下　宽	上　宽	下侧板	上侧板
1731	352	203	165	32	30
1732	352	203	165	30	28.6
1733	354	206	168	30	30
1734	352	206	165	30	28.6
1735	351	206	167	30	27
1736	349	203	164	30	28.6
1737	356	208	168	33	31.7
1740	354	206	165	30	30
1742	348	208	168	28.6	28.6
1742	354	208	168	33	30
1743	356	206	170	33	30
1744	352	208	167	28.6	28.6

表 3.7　杰苏小提琴的共鸣板厚度*

单位:毫米

日　期	背　板			面　板	
	中　部	音柱区	周　围	中　部	周　围
1730	4.8	4.4	2.0～2.8	3.2	3.2
1733	4.4	4.4	2.4～4.0	2.4～2.8	2.4～3.2
1735	4.8	4.4	2.8	3.2	3.2
1736	4.8	4.8	2.8～4.0	3.2	3.2
1741	4.8	4.8	2.4～3.2	3.2	2.4～3.2
1742	4.0	5.2	2.8～3.2	2.8～3.2	2.8～3.2
1742	4.8	4.8	2.8～3.2	2.4～2.8	2.4～2.8
1742	4.0	5.2	2.8～3.2	2.8～3.2	2.8～3.2

* 表中的数据引自黑尔(Hill，1902)所著《斯特拉第瓦利的生活和工作》一书。

5）威尼斯的彼得罗

他是约瑟夫的第二个儿子，也是瓜内利家族的最后一位提琴制作者。1719 年离开父亲的工场，但仍然留在克雷莫那，1722 年后迁居威尼斯。他的琴较少瓜内利特征，外形使人想起斯特拉第瓦利早期的工作。但琴边、嵌线和琴角是阿玛蒂式那样的匀称，嵌线细而靠近琴边的外缘。音孔长而直立，孔体开口较大，位置靠近琴边，所以有较宽的放码的平台。面板和背板上周围的槽全是瓜内利式的，琴头雕

得像孟图阿的叔叔的风格。他用的都是进口木料,而且也为克雷莫那的杰苏提供这样的木料。

当时威尼斯的音乐活动非常活跃,需要训练有素的提琴制作者和修理者,不断地供应新的乐器和周期地为弦乐器作调整和修理。但是对于彼得罗来讲是个陌生的环境,也得不到什么资助,初来威尼斯时作品极少。直到1730年后才制作更多的小提琴,他制作的大提琴使他有资格跻身于最有成就的意大利提琴制作者的行列。他死后儿子并未继承父业,威尼斯的其他提琴制作者的后代也都未成大业。就如意大利其他地方的提琴制作业一样,最繁荣的时期已经过去。

3.2.3 斯特拉第瓦利家族

安东尼奥·斯特拉第瓦利(Antonio Stradivari, 1644—1737)曾师从尼古拉·阿玛蒂学习提琴制作,但他与劳遏和劳盖利一样都不是入门的弟子。在阿玛蒂的户籍中没有他们的名字,说明与师父并不同吃同住。学徒时的年龄约在十二至十四岁之间(1656—1658),十六岁时学成。在1660—1665年间印刷了自己的标签,就是说能够把琴直接卖给顾客了。安德里埃·瓜内利是入门弟子,常使用"尼古拉·阿玛蒂满师徒弟"(Alumnus Nicolai Amati)的标签。但斯特拉第瓦利很少用这样的标签,据考证他仅在1666年的一个标签上写有上述字样,自1667年后再也没有提到过他的师父。

1) 经历

斯特拉第瓦利学成后并未离开阿玛蒂的工场,可能是阿玛蒂雇用了他,直到1684年88岁的尼古拉·阿玛蒂去世为止。他那时能把琴卖给顾客,只是说明他有能力做琴,也有把琴卖给顾客的自由。实际上很少见到他早期的作品,因为那时他还是个不知名的新手,所以订购精美乐器的订单不会到他的手中。经考察1665—1670年之后,阿玛蒂的作品很少出自这位七十七岁老人之手,而是由他的徒弟们和儿子所制作的。

斯特拉第瓦利并不是个突然闪出光芒的天才,并非天生赋有前辈们具有的才能和经验。恰好相反他是在不断钻研的过程中,逐渐成长起来的。开始表现为勤恳和热心,能够坚持自己的想法,纵然这些想法可能是对的,也可能是错的。他最初采用的尺寸,是阿玛蒂1660—1670年间常用的小尺寸小提琴,仅仅是在这里或那里略作些修改。这种琴的声音明亮,且响应快,但音量较轻。到1670—1680年间可看到他本人原始风格的开始,制作的琴线条粗犷较少圆滑感。特别是琴角和中腰的琴边更为厚而宽,由于琴边加宽使嵌线显得更靠里。琴角短而成钝角,音孔的线条更有棱角,两个音孔的位置靠得更近。阿玛蒂琴的琴边窄而轻巧,细长的琴角,精心雕刻的琴头,仔细切削的音孔,一切都显得非常工整、精巧和雅致。

由于他早期做的琴报酬不高,选用的木料虽然声学性能没有缺点,但枫木的图纹不显著,而且那时的木料都是弦切的。选用的云杉却都是优质的,1670年后用

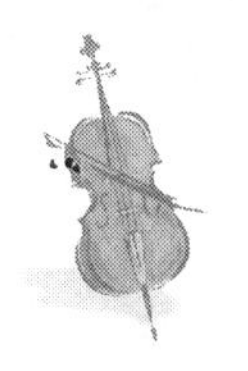

的面板木纹的宽度适中，趋近1680年木纹都很密，比一般想象的要密得多，接近一毫米一条木纹。到17世纪末1680年他已小有名声，1684年恩师去世后他的作品明显增加，促使他更快地明白了自身的价值。他不仅保持了克雷莫那过去的辉煌，不断提高的技艺使他生活的城市获得了更高的声望。1684—1685年间提琴的外形和结构，显现出前所未有的决定性发展。琴的尺寸增大，接近大尺寸的阿玛蒂琴，琴边加厚加宽，使人想起1640—1650年间阿玛蒂的工作特征。1683—1689年间制作的小提琴是典型的例子，大部分琴的面板中部是高的，优美地向边缘凹下，中腰处更为明显。琴头没有明显的倒角或特殊的斜边，相对琴体而言常常显得小了些，琴体与琴头间的匀称性平衡有些欠缺。

1690年是他生涯中最有意义的年代，标志着对外形、结构和尺寸作了全面的革新，创制了“长形斯琴”，琴声丰满深沉，有较大的音量潜力，但发声迟钝，长的弦长增加了演奏的难度。从1680—1696年作为一位手艺人，已经达到了羽毛丰满的年华。1691—1692年曾制作了几个特大的小提琴，不仅长而宽，侧板也加高，尺寸几乎接近较小型的玛基尼琴。但1692—1695年又回到了原来的宽度，显然感到加宽对既要音色明亮，又要接近玛基尼琴浑厚的力度，是没有什么效果的。直到1698年他一直制作长形小提琴，仅少数几个例外。但此后就再也没有看到长形琴，不过他保留了长形琴的宽度，长度回到了1690年前的尺寸(355.6毫米)，即阿玛蒂1640—1650年间的模样，一直到1704年。

1700年是黄金时代的开始，此时他的工作经历已有四十年。这样的年龄是人们沉浮的关键时期，但他却是处于一个新的起点，并意味着将付出更大的努力。虽然年近花甲，但仍然眼不花手不抖，不仅手艺高超，而且头脑敏锐具有充沛的潜力。开阔的思路常常能与他师父的那种令人钦佩的完美性结合在一起。因此1700年他占据了阿玛蒂家族的地位时，并不需要经过激烈的竞争。尼古拉的儿子可能因父亲的去世而富有，选择了悠闲的生活。两位先驱安德里埃·瓜内利和佛琅柴斯科·劳遏已停止工作，而且显然他们的一切都竞争不过斯特拉第瓦利。彼得罗·瓜内利已迁居到孟图阿，劳盖利定居在布雷西亚。

1703年他逐渐脱离了阿玛蒂的影响，1704年琴的标志是有显著长的琴角，但以后也很少见。1705—1710年间的琴具有形状和结构简洁的特点，每个部分都以精确的比例关联在一起。琴边和琴角的外形显得轻巧，各处的琴边都同样端正地围着侧板，琴角短而不那么钝，增加了弯度和下垂度。嵌线紧靠外缘，斜接角指向琴角尖。拱的形状较高，显得更圆，但从整体来看还是平坦的拱。音孔切削得更大些，上、下珠都不太圆已成为一个规则，形状更像梨子或一滴水珠。琴头加宽并雕得粗壮，显得阳刚气，由于倒边加宽而更加重了这种效果。

之后十至十二年可以看到他更老练的变化，尺寸基本保持355.6毫米(14英寸)，很少超过357毫米。1709—1712年他比任何时候都更频繁地变换长度和宽度的尺寸。但经测量发现，侧板高度与长度和宽度的变化没有什么固定的比例关系。常用的侧板高度是下侧板30毫米和上侧板27毫米，以及下侧板32毫米和上侧板30毫米。极端的例子为下侧板35毫米，上侧板32毫米。

表 3.8　斯特拉第瓦利小提琴的内模具

单位:毫米

名称		厚度	长度	上宽	中腰	下宽
MB	好的模具	14	343	156	101	193
S	第二种	14	346	154	98	195
P	第一种	15	346	161	102	196
T	第三种	14.5	340	151	97	190
Q	第四种	14	331	145	95	183
PG 1689	第一种大型	14	348	161	103	200
SL 1691	第二种长型	13	350	153	100	194
B 1692	好的长型	13	352	153	102	194
B 1692	好　的	13	347	154	102	195
S 1703	第二种	14	345	157	102	196
P 1705	第一种	13	348	161	102	200
G 1715	大　型	14.5	354	161	103	201

表 3.9　斯氏小提琴的支撑木块和琴角等尺寸

单位:毫米

模具	下木块	上木块	下琴角		上琴角		侧板高度		
			尺寸	弧半径	尺寸	弧半径	下	中	上
MB				23		23			
S	48×13.5	58×13.5	11×25	25	11×25	25	32	30	29
P	48.5×12.5	65×14	12×24.5	25	11.5×27	27			
T	47×13.5	65×12	10.5×24.5	24	10×27.5	27			
Q	46×12.5	66×11	8.5×25.5	25	7.5×26	25	30		28.5
PG	49×12.5	61×14	13×24	24	11×26.5	26			
SL	46×13.5	59.5×14	13×24	24	11.5×25	25			
B	46×13.5	63×15	10.5×24		10×25				
B	46×13.5	63×15	10.5×24	25	10×25	25			
S	47×12.5	64.5×13	11×25	25	8.5×27.5	28			
P*	49×13	61.5×14.5	12.5×25	25	12×28	27			
G*	38.5×13	63×14	13×23	24	10×26	25	31.5		29.5

* P模具　下珠直径 9,间距 120。上珠直径 7,间距 46。基准并行线间距 7.5 毫米。
* G模具　下珠直径 10,间距 119。上珠直径 8,间距 49。基准并行线间距 8 毫米。

表 3.10　斯氏提琴的模具和各部件的尺寸

单位:毫米

名称		小提琴	小提琴	中提琴	中提琴	中提琴	大提琴
		* *l'Aliglon*	小　的	女低音	女低音	男高音	B模具
模具	日　期	1734		1672	1690	1690	
	长　度	260	157	403	403	468	
	下　宽	144	89	241	233	257	
	上　宽	117	63	184	177	207	
	中　腰	77	48	124	118	137	
	厚　度	12	8	16	17	17	
	下木块		23.5×75	59×14.5	54×15.5	57×16	113.5×20.5
	上木块		24.5×8	60×15	60.5×15	70×16.5	120×19
下琴角	尺　寸		6.5×11.5	13.5×31	13×29	13.5×31	13×16
	弧半径	18	11.5	30	29	30.5	
上琴角	尺　寸		5×14.5		12×31.5	12×32	12×36
	弧半径	22	14	30.3	32	31	
侧板高度	下	26	18	43	39	42	127
	中			40			
	上	24	16.5	38	37	39.5	122.5
音孔	下珠直径				11	12.4	19
	下珠间距				135	152.5	202
	上珠直径				8	9.5	14
	上珠间距				50	65.5	88
	并行线间距				7	8.5	11
	音孔高度		36		85	88	137
	音孔中部宽度		4		7.5	7.5	11
琴颈和旋首	两耳间距				52	53.3	68
	倒边宽度				2	2	2.5
	旋首顶到弦枕	63					188
	弦枕到接榫面	126					286
指板	长　度		145		236	251	424
	弦枕处宽度		24		24	30	35
	末端宽度		34		46	46	65.5
码	底部宽度				45	57.5	87
	中间高度				37	41	75

表 3.8、3.9 和 3.10 是参考萨柯尼(Sacconi，1979)所著的《斯特拉第瓦利的秘密》一书。表 3.11 和 3.12 的数据是参考黑尔(Hill，1902)所著的《斯特拉第瓦利

的生活和工作》。

表 3.11　斯特拉第瓦利小提琴的尺寸

单位:毫米

琴　名	类　型	日　期	体　长	下　宽	上　宽	下侧板	上侧板
		1667	349	198	159	30	28.6
		1669	352	200	159	41	35
		1672	356	203	165	32	28.6
Soleil*	装饰琴*	1677	357	206	165	32	28.6
L'Hellier	装饰琴	1679	359	213	173	32	30
Cipriani Potter*	装饰琴*	1683	351	203	162	32	30
		1684	349	200	160	32	30
		1684	359	211	171	32	30
		1686	356	210	168	30	28.6
		1688	356	206	165	30	30
		1689	357	210	171	32	30
		1690	356	206	165	30	28.6
		1690	356	210	170	32	30
		1690	362	210	170	30	28.6
Tuscan	典型长型	1690	363.5	205	164	32	30
		1691	362	210	170	32	30
	典型长型	1694	363.5	203	164	30	30
		1698	356	210	170	32	30
		1698	356	203	168	32	30
		1698	357	211	170	30	28.6
		1699	356	203	164	30	28.6
		1700	356	210	170	32	30
		1702	356	208	168	32	30
Emiliani*		1703	356	208	162	30	28.6
Betts		1704	356	210	170	32	30
		1707	356	210	168	30	30
		1708	359	210	170	32	30
La Pucelle*		1709	359	210	170	35	32
Halles*		1709	356	210	170	32	30
Greffuble*	装饰琴*	1709	356	203	165	32	30
		1710	356	210	170	32	30
Kreisler*		1711	359	210	170	30	30

(续　表)

琴　名	类　型	日　期	体　长	下　宽	上　宽	下侧板	上侧板
		1712	354	210	168	32	30
Boissier		1713	357	210	168	32	30
Dolphin(Soil)		1714	356	210	168	30	30
		1716	356	210	168	32	30
		1716	354	210	168	32	30
		1718	359	210	170	32	30
		1720	357	210	168	32	30
Rode*	装饰琴	1722	357	210	170	32	30
		1727	356	208	168	32	30
		1732	359	210	170	32	30
L'Aiglon		1734	359	211	171	33	31.8
Habeneck*		1736	356	205	165	32	30

* 这些琴只是与表中所列的年份同一年制作的，但尺寸与表中的数据可能不一样。

表 3.12　斯氏小提琴共鸣板的厚度

单位：毫米

年　份	背　板		面　板
	中　部	厚度从周围向边缘渐成	厚度变动情况
1672	5.6	2.0～2.4	全部 2.0～2.4
1680～1684	6.4	2.4	从 3.2 渐成 2.8
1686	4.8	2.4	中部 2.8 向周围渐成 2.4
1689	4.4	周围 2.4 到边缘成 1.6	在 2.0～2.4 之间变动
1690	4.4	2.8	从 2.4 变到 2.8
1693	4.8	2.8	全部 2.4
1698	4.4	2.8	在 2.4～2.8 之间变动
1700	4.8	周围 3.2 到极边缘成 2.4	全部 2.4
1704	4.0	2.4	在 2.0～2.8 之间变动
1709	3.6	2.4	在 2.4～2.8 之间变动
1711	4.0	2.4	全部 2.4
1714	4.4	2.4	在 2.4～2.8 之间变动
1715	4.0	2.4	在 2.4～2.8 之间变动
1716	4.4	2.4	全部 2.4
1722	4.0	周围 2.4 到极边缘成 1.6	全部 2.4
1727	3.6	在 2.4～2.6 之间	从 2.4 变到 2.8
1733	3.6	2.4	从 2.4 变到 2.8
1736	3.6	2.4	在 3.2～2.4 之间变动

1710年他已六十六岁，尽管上了年纪做的琴仍然简洁端正，但整个特征变得更宽更有质感，可能是年事增高感觉变差的缘故，虽然他有好的天赋也难免衰退。琴边和嵌线做得比以前宽了，有时厚度略显不规则。琴角也变宽，使它看起来比实际长度要短些，特别是向中腰延伸的部分，看起来像小的方形体。拱的样子基本未变，但显得不太规正。音孔开得更大，线条也不锐利。琴头的倒边和中心线都变宽，喉部张得更开，旋首雕得不太利索。之后逐年向这方面变化，但变的过程是细微的、慢慢渐进的。有意思的是他的年事越高生产力也越高，1710—1720的十年间做的琴比任何其他十年都要多。大部分最出名而现在还存在的琴，都是那时候做的。1715年制作了不少于六个头等的小提琴，其中"Alard"毫无疑问是既优质又高超，具有无与伦比的声学特性。1716年制作了非凡的"Messie"，琴的结构轻巧，好像回到了十年前的样子，音孔、琴角和琴边的处理别具风格，琴边的轮廓鲜明而不圆润，音孔倾斜而富有朝气。1717—1718年的小提琴外形和手艺没有什么发展，只是许多细节的结构轻巧，音孔特别端正，切削干净利落，位置安放正直。

1720年他已是七十六岁，但仍然体格健壮，精力充沛，能敏锐地操作工具。两个儿子佛琅柴斯库(Francesco)和奥莫保莫(Omobomo)，以及徒弟卡罗·贝尔贡齐(Carlo Bergonzi)，显然都帮助他工作，使他的高超技艺能充分发挥。可能是他们帮助他做粗加工，然后由他精加工覆盖了所有帮他做过的痕迹。1720—1725年间琴的主要特征是上部和下部的外形变宽，拱从嵌线处很快升起。常用355.6毫米的尺寸，偶尔用358.8毫米。琴边、琴角、嵌线、音孔的切削和位置，都或多或少地缺乏常见的那种精确性。

1725—1730年他仍然勤劳工作，但作品数量减少，手艺表现出不稳定性，常常缺乏准确性和一致性。不过制作的琴无可非议仍是高档的，在完成的琴上贴的标签，自豪地亲手写上"fatto de Anni;83"，即八十三岁制成。1730—1736年他仍然不懈地工作，但视力明显下降，手也发抖，在侧板上会留下砂纸印，嵌线槽宽到要用大提琴的嵌线才能填满。不过要把列年的琴摆在一起，才能发现这些逐渐的变化。提琴的基本形状已牢牢地印在他的眼里长在他的手上，不需要什么样板信手做来即得。

2) 漆

早期的琴都漆成黄色，与阿玛蒂用的颜色一样，但已可看到他用的色泽较深。实际上1684年已开始使用暖色的漆，1690年后漆的颜色更深也更浓艳。1720—1725年间漆的特点是色泽不太浓艳，临终前几年时常能见到漆涂得很厚。有时色泽混浊和有花条纹，说明老人在调油漆和刷漆时有缺陷。

3) 木料

早期琴用的都是当地生长的木料，质地一般，枫木几乎没有图纹或有些小的卷曲纹，都是弦切的独板。云杉是优质的，1670年后面板的木纹宽窄较适中，近1680年时木纹都很密，比一般想象的要密，所选用的木料在共鸣上都是优质的。1685年后的背板独板和拼板都有，拼板的纹理平直，有中等宽度的卷曲纹。独板的纹理清晰，卷曲纹较小，图纹方向为从左向右倾斜。1690年后已很少用弦切的枫木做背板，云杉还是采用细木纹的。1704 年所用的木料其美丽的程度，已无法对此作更多的要求，背板和侧板采用具有非常明显卷曲纹的漂亮枫木。面板的木纹比以前要稀一些，靠近拼缝处较细渐向边缘变宽，到边缘处宽 1.588 毫米。1705—1709 年他偏爱用独板，1707—1709 年的背板都取材于同一棵枫树，具有显著的宽卷曲纹，图纹从右向左或从左向右斜。另一些独板是平直纹的枫木，卷曲纹不明显，常把卷曲纹平直放置。1709 年他有幸获得一段枫木，具有宽而强烈的卷曲纹，无论是美观和声学性能都没有超过它的，用它做了许多漂亮的独板背板。这样的背板一直用到 1716 年，但很少看到与它相配的侧板和琴头。可能他认为没有必要用这么好的材料，而且漂亮的侧板弯曲起来更困难。1714 年他曾用云杉独板做面板，木材具有宽阔的木纹，而且宽的木纹放在高音端，虽然非正统但音质是好的。1720—1725 年用的枫木没有前十年美丽，带有小的卷曲纹。1722 年之后都用这种本地生长的，带小卷曲纹的枫木做独板或拼板的背板，可能他感到能力衰退，没有必要用更贵的木料。他总是采用木纹排列整齐的云杉做面板，这是个必然遵循的规则。

4）中提琴

斯特拉第瓦利制作的中提琴数量不多，总数不会超过十个。开始采用的设计和尺寸是伽斯帕罗·达·萨罗和安德里埃·阿玛蒂在世纪初设计的样子，只是在整体比例上略作变动，形状比其他中提琴要小，琴体长 425 毫米。但小型中提琴不是他首创，遵循的还是阿玛蒂的传统，但缺少阿玛蒂琴的优美性。由于演奏中提琴的人十之八九是小提琴家，演奏大型中提琴时会感到疲劳，而且会扰乱他们的指法技术。新时代的音乐要求高把位的演奏，也可能导致小型中提琴的采用。小提琴是继小型中提琴演化而来，缩小的大提琴也是从试验中提琴的基础上制作的。因此制作者有理由认为，中提琴能符合这两方面的需求。斯特拉第瓦利的中提琴声音清晰透亮，能迅速地发声，特别是 G 和 C 弦。但是这两条弦在声音浑厚和持续方面有缺陷，往往感到声音发紧缺少共鸣。因此他的小提琴和中提琴的音色极为相似，所用的木料、漆的颜色和主要风格特点，也与相应年代制作的小提琴相一致。中提琴的琴颈形状与大提琴相似，两颊向外凸出，但演奏者的左手会感到很别扭。

表 3.13　斯特拉第瓦利中提琴的尺寸*

单位:毫米

琴　名	类　型	日　期	体　长	下　宽	上　宽	下侧板	上侧板	琴体弦长
	小尺寸	1672	411	252	197	33	33	216
	大尺寸	1690	479	273	219	43	40	260
	小尺寸	1690	414	243	194	40	36.5	222
Archinto	小尺寸	1696	414	240.3	184	34.6	31.7	224
Macdonald	小尺寸	1701	414	243	186	38	35.8	219

* 引自黑尔(Hill, 1902)的著作《斯特拉第瓦利的生活和工作》。

5）大提琴

真正的大提琴是安德里埃·阿玛蒂与他的两个儿子制作的，再早就说不准了。但他们的大提琴都是大尺寸的。随着演奏技巧的发展，过分长的弦长，笨重的体形和尺寸，声音的传播又较慢，钳制了演奏者演奏快速乐曲的速度。但从1600年最早类型的真正大提琴问世，到变革成小尺寸大提琴，经历了将近一个世纪。斯特拉第瓦利在1680—1700年间制作了三十把大提琴，都是大尺寸的，可能因为是教堂的订货。后来学院派演奏家向他订货，他就以全部精力和创造力设计新型大提琴，以满足他们的需要。1707年大提琴作为独奏乐器刚刚开始，对小尺寸大提琴的需求日益增加。1707—1730年间他做了不下二十把大提琴，琴的整体结构紧凑，完全没有多余的木料，内部的支撑木块和衬条，只要强度够就用最小的尺寸。侧板刨得尽可能地薄，只要不变形或破裂，并用麻布条加固。侧板的高低与木材的强度及面板的厚度，保持一定的比例关系，但小提琴就没有这样的想法和规则。琴边端正，嵌线细巧，面板和背板出奇的平坦，琴头和音孔都做得非常紧凑。琴的音色圆润，具有歌唱性的效果，A弦哀诉似的音质，D和G弦圆润洪亮，C弦深沉而有管风琴般的效果，非常适合于解释室内乐。他把大提琴做得如此完美，要想对他的大提琴作实质性的改进，决不是一件轻而易举的事情。

表3.14　斯特拉第瓦利大提琴的尺寸

单位：毫米

琴　　名	日　期	体　长	下　宽	上　宽	下侧板	上侧板	琴体弦长
Tuscan	1690	797	470	368	121	114	425
Aylesford	1696	806	467	365	111	114	425
Cristiani	1700	775	460	359	121	117	413
Spanish Court	1700	768	457	356	114	111	413
Servais	1701	791	470	365	127	124	425
Gore-Booth	1710	759	441	365	124	117	400
Duport*	1711	759	441	365	117	105	400
Ex Adam	1713	760	435	359	127	121	400
Batta*	1714	756	441	365	122	121	400
Piatti*	1720	759	438	365	127	124	400
Ex Gallay	1725	759	444	359	121	116	400
Mr. Murray	1730	749	419	327	124	117	400
M. de Munck		749	422	329	121	117	400

* 这些是优秀的大提琴。本表引自黑尔（Hill，1902）所著《斯特拉第瓦利的生活和工作》一书。

3.3 斯坦因纳

加柯勃斯·斯坦因纳(Jakobus Stainer，1617—1683)是位德国提琴制作大师，1617 年诞生在阿萨姆(Absam)一个矿工的家庭。人们对他前三十年的生涯知之甚少，传说他是跟一位农夫学的雕刻和制琴。但经考证在一个贴有"Fratelli Amati"标签的小提琴内，靠琴颈处有第二个标签可证明，他曾师从尼古拉·阿玛蒂学习制作提琴。一生中曾做过小提琴、中提琴、大提琴和低音提琴，但他不制作弹拨乐器。第一个知名的小提琴可追溯到 1638 年，到 1668 年他的琴首次可卖到四十个金币。他制作的提琴除了在意大利较少外，几乎遍及整个欧洲。18 世纪初斯坦因纳的提琴在欧洲极其流行，售价高于阿玛蒂和斯特拉第瓦利琴。巴哈也有斯坦因纳的提琴，而且价格是他拥有的普通琴的四倍。斯坦因纳的小提琴声如长笛，很适合于室内乐的要求，因此直到 18 世纪末一直受到人们宠爱。随着新交响风格音乐的发展，要求小提琴的声音洪亮而又辉煌。19 世纪初，帕格尼尼使瓜内利·杰苏的小提琴风靡欧洲，斯坦因纳的名声随之下降。虽然现在市场上也充斥着许多他的复制品，但购买他的琴的收藏家比音乐家更为活跃。

斯坦因纳小提琴的音质源于琴的特殊结构和技术，他的琴比意大利琴略微短而窄些，用的木料都经过仔细挑选。背板都用拼板，背板和面板的拱狭而高，从琴的水平面位置观察特别明显。共鸣板的中部极厚，但向周围迅速减到极薄，采用极细的低音梁。面板上 *ff* -孔长度比意大利琴短，中部弯曲，靠琴角处指向外侧，具有增加面板感应性的特殊功能。琴颈的长度与现代琴有些相似，既用胶又用两个钉子固定在上木块上。旋首雕刻精细，常用狮子头或怪物的形状替代。颈是直的，故在指板下配上楔形木块，使指板有个角度，让弦在码上有必要的高度。漆的颜色是琥珀黄，与阿玛蒂的漆相似。模具有大、中和小三种，小型的效果最好。开始时采用高拱，1665 年后加进了小拱的模板。这样的结构形成了特有的音色，E 弦清亮透彻，A 弦轻快活泼音色介于黑管和双簧管之间，D 和 G 弦深沉而又洪亮。但强力演奏时 G 弦缺乏强度，而且产生背景振动声。由于混有些喉音，使整个音色呈蒙眬状。黑尔(Hill)收藏的一个斯坦因纳小提琴的尺寸，琴的全长 585 毫米，琴体长 358 毫米，上部宽 167 毫米，中腰 110 毫米，下部宽 206 毫米，侧板 28 毫米和 30 毫米，指板长 267 毫米，弦长 324 毫米。

第四章
提琴的形状和模具

提琴的外形和内部结构经历了许多代优秀制琴者的修饰,可以修改和变动的余地极窄,所以一般都是以历代名琴的样式制作提琴样板。或者将一些优秀琴上本人欣赏的特点汇总到自己的样板上,但决不会偏离时间已经证明是完美的设计。小提琴尤其如此,可以说是已经高度标准化的乐器,但中提琴和低音提琴的样式和尺寸变异较大。不过提琴制作者是艺术家不是机器,在容许的范围内会在每个亲手制作的琴上表现自己的个性。但是必须随时测量琴上每个细节的尺寸,以免过于偏离基本标准。测量时可以用常规的测量工具,也可制作一些专门的样板直接对比,每个制琴者都会制作一些符合其本人审美观点和制作方法的样板。

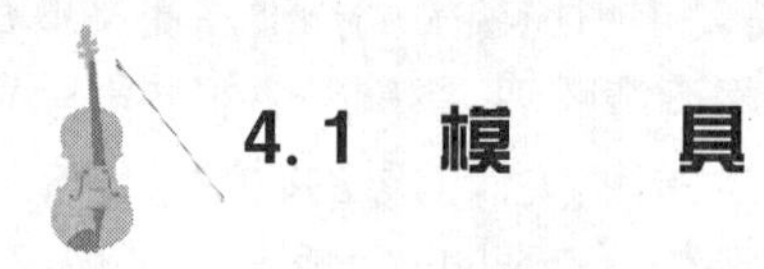

4.1 模　　具

制作提琴时究竟是先设计外形再派生模具,还是先设计模具再衍生出外形,问题就如"先有鸡还是先有蛋"那样。一般认为外形设计应该先于模具,制作提琴时根据外形样板制造模具样板,然后是模具和在模具上制作提琴。当然也有不用模具的制作方法,现对各种方法作个简明的介绍。

4.1.1　不用模具

1) 在背板上制作

如果一种琴的样式只在做一把时特别有用,那么这样做就既节省时间又使制成的提琴更有手工制作的韵味。制作方法是先在背板和面板木料上画出提琴的外形,沿轮廓锯下背板和面板,并把各部分的细节都加工好,然后把各个支撑木块和侧板粘到背板上,这种制作方法是十分高效的。但是由于没有模具支撑,有可能各木块和侧板粘得未与背板垂直,或者背板有些翘曲变形,会造成背板与面板的尺寸和位置发生偏移,并且因受到传统做法的影响,现在已不采用这样的方法。

2）在平板上做琴

将背板的外形画在一块平板上，再在侧板位置处的内侧画出侧板框的轮廓，六块修削成形的支撑木块，用少量稀胶粘在相应的位置上，再粘上侧板和衬条，制成的侧板框在用之前一直保留在平板上。这种方法通常称为"英国法"。

3）在面板上制琴

与在背板上制作的方法相似但顺序不同，先按常规方法做好侧板框，面板先粘到侧板框上，并镶嵌上琴颈。侧板框面向背板的那面与颈根一起磨平，这样可较方便而精确地控制琴颈的角度。

4.1.2　使用模具

1）内模法

这是意大利克雷莫那学派的经典制作方法，由学派的创始人阿玛蒂首创，经几代人的使用证明是行之有效的方法。由于前辈们的作坊和遗物在他们去世后未能很好保存，年代久远后大多已流失。其中保存得较多的是斯特拉第瓦利工场中的遗物。经萨柯尼(1979)的整理和凭他修理大量斯特拉第瓦利提琴的经验，写成《斯特拉第瓦利的秘密》一书，书中介绍了克雷莫那市博物馆中所收藏的，小提琴和中提琴的各种内模具，并对模具的几何构造作了剖析。内模法的特点是侧板框围着内模具制作而成。先把六个木块粘在内模上，修削成形后再粘上侧板和衬条，所以制作琴角时可以控制它的形状和尺寸。由于内模是用一块厚的木板制成，位置处于侧板框的中部，当侧板干燥收缩时使侧板的中部略微凸起，所形成的美丽弧形与琴体其他处的弧形浑然一体，极其符合美学要求。

2）外模法

这种方法适用于工厂规模化生产，也称为"法国方法"，特点是制作时模具围着侧板框，最大的优点是能够正确地控制侧板框的外形，并能保证侧板的垂直度。缺点是较难观察和保证琴角尖端两侧板交接处相互交叉的正确性，以及固定角木块时准确性也较差，而且琴角的形状基本固定，较难进一步作艺术处理。

4.2　样板的制作

设计好琴体的形状后，就按图纸上的轮廓画出外形样板图，若使用模具还要根据外形样板画出模具样板图，然后着手制作样板。虽然从艺术角度来讲并不过于追求对称性，但对于初学者来说，由于提琴的形状和尺寸还未印在眼内长在手上，所以准确的样板就是唯一的依靠。为使制成的提琴保持一定程度必要的对称性，样板按琴体一半的轮廓制作，用半面样板画整个琴体的轮廓，只要中线对准，轮廓的对称性是有保证的。

4.2.1 外形样板

几乎所有的新手都想标新立异地制作具有个人特色的样板，但有经验的制作者不再自找这种麻烦，因为可变动的余地不大。而且现在已有很多出版物按照1∶1的比例印刷出名琴的外形和拱的形状，所以可按这些图形制作外形样板。另外可以选择一把制琴者本人感到各方面都较满意的琴，把它的外形复制在硬纸板上，按此图形制作外形样板。因此本书中的插图大多是示意图，具体尺寸在叙述过程和表格中列出，以作设计和制作时的参考。

用实物复制的方法并不困难，选一张软硬适中的硬板纸，在纸的中间画一条比琴体长的直线作为中线。再把纸的中间部分大致地按琴体背板的形状镂空，使纸板能套在背板的拱上，纸的周边可较平正地覆盖在琴边上。把纸上的中线与背板上的中缝对成一线，然后沿着琴边描绘背板的外形，特别要注意琴角的形状和特色。由于老琴的琴角和琴边会遭到磨损，而且琴的外形也可能不对称，所以还要具体测量琴体各部分的尺寸（直线距离），或者参考本书提供的尺寸表上的数值，对图形作些必要的修改。如小提琴琴角顶端的宽度是7毫米，这里的误差不能以毫米计算，正负误差要小于0.1毫米，然后把外形图从硬纸板上剪下。如果不是刻意模仿老琴制作复制品，一般制作的新琴都希望它是比较对称的，因此选用纸板上较满意的那一半图形制作外形样板。

样板的材料可选用木板、0.5～1毫米厚的塑料板或0.3毫米厚的薄铝板。只要材料的硬度适中，尽可能用薄一些的板料，既便于加工又可减少误差，因为厚的板较难保证边缘精确地垂直，如果不直的话上下两面的形状就不一致，而且以后画出的整体图会歪斜不对称。在样板材料上画一条中线，离中线10毫米处再画一条一样长度的并行线。将剪下的图形对准中线，而板上的另一条线留在图形的外侧，然后点状地粘贴在样板材料上。尽量少用胶水或用固体胶，因为纸板吸水后会变形。把图形画到样板材料上，再按照图4.1的样子切割下外形样板，切割时要把画的线条刚好去掉，否则样板会大于图形。如果以后制作模具时也留下线条，就会愈来愈大。外形样板要做两块，其中一块要改制成模具样板。图4.1是外形样板与模具样板重叠在一起的示意图，为的是能更清楚地表明两者的关系。

有了外形样板就可确保制作的琴无论是尺寸或艺术审美都符合基本标准。但是每个人或同一个人在不同的时期，即使用的是同一样板制琴，制成的琴也会因人或时期的不同而表现出不同的个性。

4.2.2 模具样板

无论制作内模具或外模具都先要做一块模具样板，这块样板实际上是勾画出了侧板框的形状，内模具样板勾画的是侧板框内侧的形状，外模具样板则是外侧的形状。在制作模具和修削各支撑木块时都会用到它，可在一块外形样板上直接画出模具样板图，小提琴由于琴边宽度3毫米和侧板厚度1毫米，故内模具样板是用

圆规或其他画线工具，在外形样板的周围画出 4 毫米的一圈。圆规的一个脚贴住外形样板的边缘，另一个脚向样板内张开离边缘 4 毫米，然后围绕外形的边缘移动一圈，勾画出侧板框的形状(参见图4.1)，在琴角交汇点处正好成尖角形，尖角处外形样板的宽度是 8 毫米。外模具因处在侧板框的外侧，不需要留出侧板的厚度，故离边缘 3 毫米处勾画线条。去掉边缘的余料，但不要把图形外侧留下的 10 毫米直边去掉。值得一提的是，虽然琴边和琴角会磨损，但嵌线的轮廓是不会磨损的，而嵌线的轮廓正好是内模具样板的形状。所以画出嵌线轮廓图也就是内模具样板图，可用它直接制作样板或作为参照修改的依据。

中提琴的模具样板制作方法与小提琴一样，琴边宽度 3.2 毫米，侧板厚度 1.1 毫米，相差并不悬殊，仅大 0.3 毫米。大提琴因为形体较大，使用外模具显然既不方便又费料，所以都是使用一块或几块板制成的内模具。内模具样板的制作方法也一样，只是琴边宽度 4 毫米，侧板厚度约 1.6 毫米，故周边比外形样板缩小 5.6 毫米，但具体尺寸会依琴体的大小而有差异。

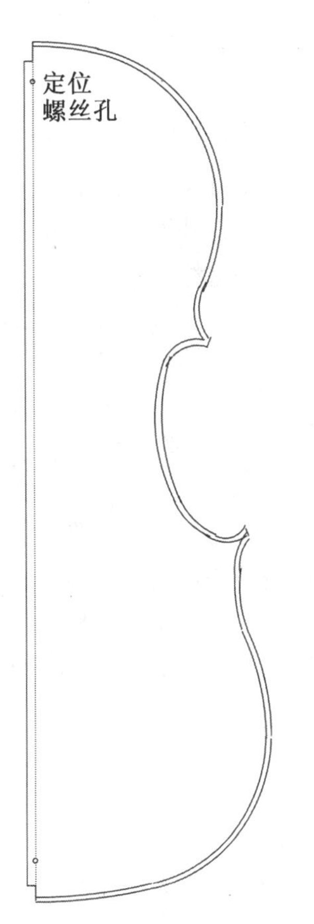

图 4.1 外形样板和模具样板

4.3 模具的制作

模具都是用木料制成，可以是充分干透的厚木板或多层胶合板。胶合板更为合用，有各种规格的胶合板可选用，而且制成后不易变形。

4.3.1 小提琴和中提琴模具

究竟是用外模还是内模，有的依传统，也可由使用要求来决定。因此制作者可根据自身的条件和需要进行选择，一般手工制作倾向于采用意大利克雷莫那学派的内模具。现对两种模具都作些比较具体的介绍，制作方法可以是多种多样的，所以介绍的方法也只是仅供参考。

1) 外模具

由于外模具主要用于制作小提琴，制作中提琴时也可参照使用，故以下介绍的内容是针对小提琴的。

1. 制作一块厚 33 毫米、长 450 毫米和宽 300 毫米的木板或胶合板，一定要刨得平正，尺寸准确，成为方方正正的长方形，周边一定要与两个平面垂直。

2. 在木板长的方向正中，正反两面都用硬铅笔画一条中心线，用角尺测量正反两面的中心线是否处于同一位置。再用钢针画出中心线，然后用软铅笔沿着线槽勾画成黑色。用角尺对准正、反面的中心线，在上、下侧面同样画槽连接两条中心线，并用软铅笔勾成黑色。

3. 把外模具样板放在木板的正面，对准两者的中心线，样板的顶端和底端距木板上、下边缘的距离应该相同。在样板的顶端和底端各画一条与中心线垂直的横线。再在木板的反面同样位置处画两条横线，用角尺检验两面的横线是否处于相同的位置。检验的同时，在木板的两侧面，用钢针画出正反两面横线的连线，并用软铅笔勾黑。

4. 由于小提琴的侧板高度顶端是 30 毫米，底端是 32 毫米，所以模具上端和下端的厚度必须与此相适应。以木板正面为基准面，在上端侧面左右两条横线的连线上，向反面方向量出 30 毫米画上标记。在下端侧面左右两条连线上量出 32 毫米，同样作上标记。在两侧分别连接此两点画直线，从模具的下边缘一直到上边缘，这样就标出了侧板框的坡度，用木刨和砂纸加工出模具反面的这个坡度。

5. 把外模具样板放在木板的正面，对准中心线和上下距离后，沿着样板边缘先描绘一侧的图形，翻转样板后描绘另一侧图形，即可得到一幅对称的侧板框图。

6. 用钢丝锯或带锯沿着侧板框图形内侧，距线条 1～2 毫米处锯下中间的木块。然后用刀、锉和砂纸修整内壁，修整时以正面为基准面，不断地用角尺测量内壁的垂直度，不仅要刚好把图形的线条修掉，而且要使它与木板的正面垂直。这样才能使做出的侧板框与面板垂直，背板处则有正确的坡度。

7. 为了固定琴角的支撑木块，在离开琴角尖所指的方向一定距离处钻孔，距离和孔径根据所用的 C 形夹或其他类型的夹子而定。上木块和下木块的夹子支撑点，就是模具的上侧边和下侧边。

2) 内模具

小提琴和中提琴的内模具形状完全一样，只是尺寸不同，中提琴犹如放大了的小提琴，故制作的方法也基本相同。由于中提琴的尺寸不如小提琴那样标准化，所以为介绍方便仍然是以小提琴作为例子。

1. 小提琴模具选用厚度 12～13 毫米的木板或胶合板，长 380 毫米和宽 220 毫米。中提琴模具选用厚度 17～20 毫米的板材，长度和宽度根据琴的外形而定，把板材加工成平正而又方方正正的长方形。

2. 在板材正面沿长的方向用钢针画一条中线，所画的线条用软铅笔勾黑。把内模具样板放到板材上对准两者的中线，在板材的上下端留出相似长度的空间后，用合适的夹子把样板固定在板材上。

3. 用直径 3 毫米的中心钻，距内模具样板顶端和底端各 30 毫米处，在中线的正中连同板材一起钻孔。这两个孔的上下位置有些偏差问题不大，但必须钻在中线的正中。若有偏离，样板翻面后画出的另一半图形就不对称，模具正反两面的图形也会各自偏向相反的一方，而且在以后的加工过程中会不断地利用这一对孔固定样板，指导模具的制作和支撑木块的修削成形，累积的误差会愈来愈多。如果孔钻偏就利用钻正确的那个孔作补救，用 3 毫米的钻头或其他圆棒插入正确的孔中，

使样板定位在正确的位置上，再在钻偏孔的附近位置处另钻一个正确的孔。当然也可图方便，先把样板的一面对准后钻一对孔，孔的位置只要不偏离中线过远即可，再把样板翻一面放在板材的另一侧，对准中线和上下位置后另钻一对孔。但以后使用时会比较麻烦些，必须记住哪一对孔是左面的，哪一对是右面的，而且板材(模具)翻面后，这两对孔的左右位置正好相反。

4. 用 3 毫米的钻头或圆棒插入孔中，使样板与板材的位置对准固定在一起，画上一侧的图形。翻转样板放在另一侧，同样固定后再画另一半图形。把板材翻一面，用同样方法画出反面的图形。

5. 画出中间需要镂空的长方形和准备粘住各支撑木块的凹槽轮廓，及各钻孔和攻丝扣孔的位置。凹槽角处若开孔则可容纳木块的角，便于木块对准和与模具的粘合面贴住。槽中部的孔是为了减少粘合面，并且便于以后拆卸做好的侧板框。攻丝的孔拧入 M4 的螺丝可使整个模具架空，在粘支撑木块和制作侧板框的坡度时会用到它们，见图 4.2 模具中部的四个攻丝孔。

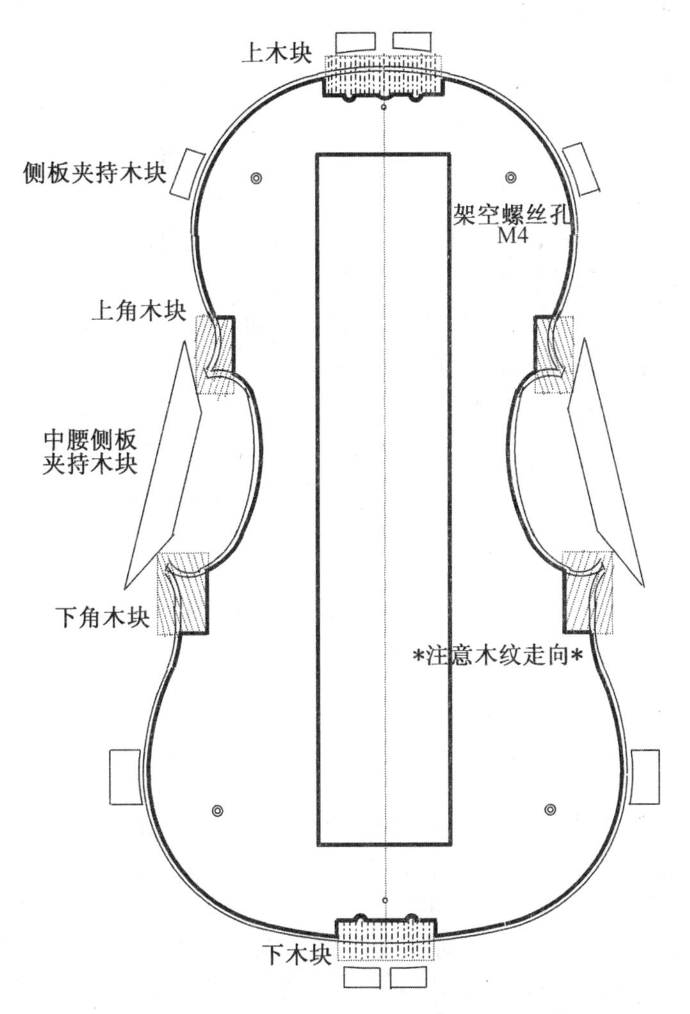

图 4.2 小提琴内模具、支撑木块和夹持木块

6. 钻好孔和攻好丝扣后用钢丝锯或带锯，离图形周围 1～2 毫米去掉余料。再用刀、锉和砂纸修光模具的侧边，要不断地用角尺检查侧边与两个平面的垂直度。既要刚好把线条去掉，又要保证垂直度和线条的流畅。如果板材的厚度不均匀，两个平面不平正，就很难达到要求。退而求其次也要求模具的一面务必平正，作为基准面，周边要保证与它相垂直，并标记出这一面是基准面，以后加工过程中都要以它为基准。

7. 模具必须精工细作，如果有歪斜会使支撑木块和侧板框与基准面不垂直，面板和背板相互错位或大小不一，琴边也就不能相互对准。最好先按模具样板的形状加工好，再制作各木块的凹槽，这样可更好地保证模具的顶端、底端和琴角处的线条流畅。

8. 模具完成后刷上清漆，漆干后在周边和周围表面涂上蜡或肥皂，以免将来粘木块、侧板和衬条时会与模具粘在一起，但各凹槽要暂时粘木块的那面不要涂。

4.3.2　大提琴模具

现代大提琴的标准长度是 755 毫米，7/8 琴的长度是 725 毫米，3/4 琴是 690 毫米，而 1/2 琴是 650 毫米。斯特拉第瓦利早期制作的大提琴尺寸较大，长度达 795 毫米，后来逐渐减小到 750 毫米，主要是适应演奏家们演奏方便的需要。

单层板的大提琴内模具用 30 毫米厚的木板制作，也可制成二层或三层木板的内模具。二层板的模具周边做了很多条支柱，使侧板能全高度地附在其上，因此侧板成形并粘到支撑木块上后，即使有收缩也不会有太大的变形。但是粘衬条和脱模比较麻烦，而且粘第二组衬条时要注意线条和形状的准确性。三层木板模具的优点就是粘衬条时，可更好地保证侧板框的线条和形状的准确，而且最大的好处是脱模方便。同样也是全高度的模具，便于控制整个侧板框的形状和线条的流畅。当然工具是以简单而精巧为好，三层的模具似乎复杂了一些，而且最大的缺点是模具中部的周边是脱空的，侧板没有支撑面。如果侧板弯曲时未烘得干透，当侧板粘到支撑木块上后，随着侧板的干燥和收缩，侧板中部会向内凹下，破坏了线条的流畅和圆滑。解决的办法是先粘住侧板的一端，待侧板干透后再粘住另一端。现介绍的是三层木板的大提琴内模具，因为使用时比较方便。

1. 模具的三层都用厚 18～20 毫米的胶合板制作为好。因为板的面积较大，势必要用多块板拼合才够大，而且为防止变形对木材的要求较高，用胶合板（夹层板）就可省掉许多麻烦。

2. 面层和背层的形状是一样的（图 4. 3A），制作方法和形状与小提琴的内模具也一样。中间层（图 4. 3B）的结构较复杂些，因为面层和底层，以及支撑木块等都要以正确的位置固定在其上。胶合板的长度和宽度因大提琴的尺寸而定，总之比模具样板大些即可。但三块板的大小要一样，而且要方方正正。

3. 先在三层模具板的正反面都画上中线，两面中线的位置必须对准，三层模具板的中线也必须能互相对准。把三层模具板对准中线后叠在一起，用夹子固定住后，在中线位置处的顶端和底端各钻一个直径 10 毫米的对准孔，穿入对准螺栓

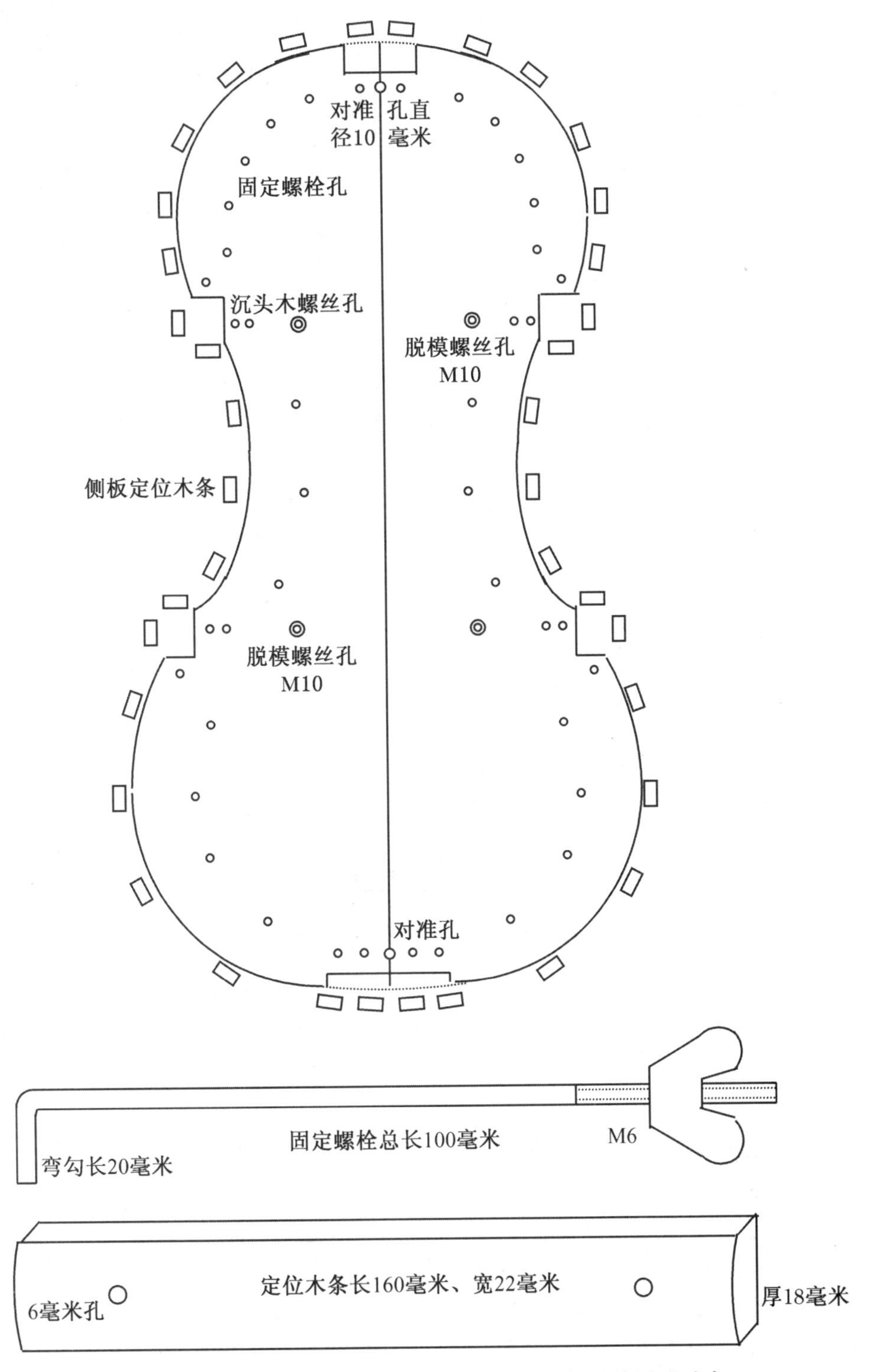

图 4. 3A　大提琴内模具的面层、背层、固定螺栓和侧板定位木条

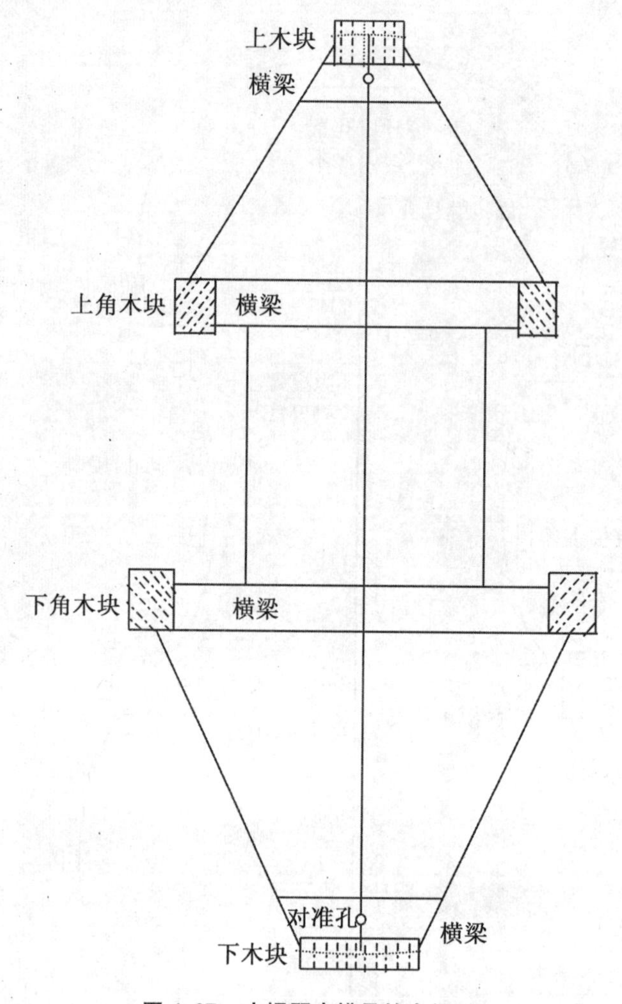

图 4.3B　大提琴内模具的中间层

或圆棍后能使三层模具板互相对准不错位。放上模具样板，对准中线及顶端和底端的位置，在各层板上画出模具的整个轮廓。用带锯或钢丝锯沿着轮廓外侧，留出1～2 毫米余量锯下各层模具板。然后把模具的侧面加工到既与平面垂直，又有流畅的曲线，而且刚好把轮廓线去掉。

4. 对准中间层上、下琴角两条固定横梁的位置处，在面层和背层上钻出固定用的沉头木螺丝孔。各用两个木螺丝固定在每条梁上，故面层和背层都要钻四个可容纳 4 毫米沉头木螺丝的孔。

5. 粘侧板时为了使侧板紧贴住模具侧面，在面层和背层的周围需要钻三十六个直径 6 毫米的孔，以容纳固定螺栓的直角弯勾。围着整个侧板框用固定螺栓(M6)把侧板定位木条紧固住，以保证侧板紧贴住模具。固定螺栓的总长度 100 毫米，在 20 毫米处弯成直角，另一端套 M6 丝扣可拧上元宝螺母。侧板定位木条长160 毫米、宽 22 毫米、厚 18 毫米，向着侧板的那面根据所在位置处的弧形，制作成

凸形或凹形后编上序号。

6. 中间层的形状基本上都是直线条,正反面都固定了四根横向的木梁,用于粘角木块、下木块和上木块,以及固定和架空面层和背层,使模具成为一个整体。架空横梁的宽度是38毫米,长度根据琴体大小而定。

7. 架空横梁的高度要根据模具板的厚度而定,而且侧板的高度在上木块处是115毫米,下木块处是118毫米。如果大提琴的面板和背板处都要做出坡度,则向着面层和背层的上侧三条横梁都要按比例降低高度。如果坡度做在背板处,就把向着背层那面的上侧三根架空横梁按比例降低高度。

8. 为了方便脱下模具的面层和背层,在面层和背层的中部对着琴角横梁的位置处,制作了四个攻丝的孔,可拧入M10的螺栓顶住横梁,使面层和背层粘好侧板后能够顶离侧板框,然后再粘衬条。

4.4　修琴用的模具

修理提琴时无论是矫正形状或粘贴补片等,都需要用模具作衬垫,也就是衬模。这样当施加压力矫正形状或用夹子固定时,即使木材已修削得非常薄,仍然可以忍受必须施加的压力,或者使夹子有个支撑点,而且漆也会得到很好的保护。如果用的是铸模还会真实地显示出修理部位的变形状况,修刮衬模矫正形状后,就可用于矫正变形的部位。现对各种衬模使用的材料和制作方法,以及各自的优缺点略作介绍,以便根据修理工作的需要予以选用。

4.4.1　石膏模

制作整个琴板的整体铸模时石膏模最好用,当然也可只制作需要修理部位的部分石膏铸模,但整体铸模有几方面好处。首先,是显示了琴板的整个弧度,更易觉察弧度的变形和不对称。用一直尺与琴体中线垂直,横架在衬模的凹面之上,灯光从顶头与直尺成垂直方向照射过来,尺的阴影投射到衬模的弧面上。如果弧面流畅则阴影的弧线光滑连贯,若有下凹或凸起,阴影的弧线就会出现缺口。由于衬模是阴模,故琴板的凹下处在衬模上表现为突起,而凸起处则表现为下洼。如果两侧的弧度不对称,直尺阴影的弧线也会不对称。其次,可适用于各种各样的修理场合,如修正弧度、粘贴补片、修理开裂、琴边加层和粘低音梁等。其唯一的缺点是干燥太慢,但一般有一两天也就会干到可以使用,或用烘箱加温促使干燥。具体制作方法如下:

1) 以面板为例,把已从琴体上取下的面板内面朝下放在厚约20毫米的胶合板上。画出面板的轮廓,画时要把上、下木块凹槽处画成弧形,并与琴边的弧形联成一体。沿轮廓线条锯下胶合板,不要留下线条,但也不可超过线条使胶合板比面板小。

2）把单面胶的包装用胶粘带粘贴在胶合板上，胶粘带的胶最好是遇水才粘的那种。然后把面板点状地粘在胶合板贴有胶粘带的那面上，为的是以后取下面板时方便。

3）清理面板漆面上的所有污物，如果拱有凹陷或音孔下沉，在粘上之前可以在内面垫上成形的木块，使它们升到合适的高度，这样可减少以后修模的时间。

4）用油性的橡皮泥封住上、下木块处的凹槽，为的是便于以后石膏模脱离面板。琴边下缘与胶合板的接缝处也用橡皮泥封住，以免石膏渗入。

5）先在面板漆面上涂抹一层十分薄的矿物油，然后把厚约0.015毫米、宽150毫米的锡箔或铝箔覆盖其上。第一条锡箔先覆盖在面板的上端，横跨在面板上，用棉布轻柔地向着自身的方向推压锡箔，同时轻轻地打着圈移动。把锡箔平滑地贴到琴板的表面上，不要留有皱纹和气泡。可以让锡箔的外缘略微翘起，稍高于琴板表面，以减少褶皱和隆起。

6）第一条锡箔贴好之后在需要对接的边缘处涂一些矿物油，再贴第二条锡箔，贴时边缘与第一条略有重叠。按此方法依次逐条贴上锡箔，直到贴满整个面板表面。由于拱的隆起和音孔的存在，中间那条是最难贴的。

7）然后修整琴边处的锡箔，使它平齐地包住琴边，但不要包住胶合板的边缘。

8）现在用厚度0.6毫米的优质硬纸板制作浇铸框：小提琴用宽7厘米、长60厘米的纸板。大提琴用宽11厘米、拼接长度达250厘米的纸板。

9）把纸板下缘与胶合板的底面对齐，围住胶合板的边缘，纸板的接合点不要放在琴角和中腰处。琴角处的形状要整整齐齐，可用一宽度与琴角相似的长方形木条帮助成形。中腰处的弧形要紧贴住胶合板的边缘，无论是凹下或凸起的琴边处，纸板都要紧贴住胶合板的边缘，可以用圆管状的物体帮助成形，纸板接缝的重叠边用钉书机钉合在一起。

10）整个浇铸框成形后用带有圆球形头的大头钉或图钉，从某个琴角处开始，把整个浇铸框钉在胶合板的边缘上。不要在纸板与胶合板边缘相接合处留有缝隙，以免浇铸时石膏从此处漏出。

11）用约20毫米厚的胶合板制作一块模具的底板，形状与面板相似但不必完全一样，不需要做出琴角，大小要刚好能方便地放入浇铸框内。板上钻些直径较大的圆孔，在浇铸时石膏能从孔中挤出，待石膏固化后就与模具结合在一起，成为模具的底板。

12）用编织成具有6～8毫米方格孔的金属丝网，制作一块与模具底板形状一样的“钢筋”结构板，在浇铸时当石膏倒入一半的时候放上，使它夹在石膏中间以增加浇铸模的强度。

13）所有以上的工作必须在浇铸之前准备就绪，因为一旦配好石膏浆后不会再有时间作任何修改。浇铸小提琴和中提琴的整体石膏模，需准备好一个4公升容量的桶、2公升石膏粉、清水1公升和备用的石膏粉1/2公升。水的温度高以及石膏浆配得稠会加快石膏的凝固，为便于控制浇铸过程，故用凉水并配稀一些以延迟凝固时间，但整个浇铸时间也随之延长。

14）桶内放入1公升清水，再倒入2公升石膏粉，戴上一次性手套后用手轻轻地捏碎浮在水面上未溶化的石膏，同时用手缓缓地搅动使石膏全溶化在水中，成为稀糊状的浆，备用的1/2公升石膏粉用于调节稀稠度。注意搅动时要轻缓，不可形成气泡，而且最后要把桶在地面上轻轻地顿，促使已有的气泡浮到表面让其消失。

15）立即用长柄勺把石膏浆一勺勺地淋在面板拱的最高处，让浆液自然地往四周流淌，这样可防止石膏浆在锡箔上形成气泡。当浆液淹没拱顶达一定厚度时放上金属丝网，之后倒入剩余的石膏浆，当石膏浆离浇铸框顶端只差10毫米时停止，留下的空间用于放模具底板，模具底板放入时要使石膏浆挤入板上的圆孔中。

16）铸模从一开始浇铸时石膏就已发热，故浇铸结束后让铸模保持15～30分钟，在此时间内不断地用手感觉浇铸框外壁的温度，一旦感到热就拿掉大头钉和纸板。把铸模颠倒过来，小心翼翼地从铸模上拿掉面板，去掉锡箔并立即清理面板。千万不可过热，否则可能会影响到面板上的漆。

17）在石膏没有完全变硬之前，用刀修削铸模的边缘，只留下很小的一圈边围住面板外形的轮廓。将铸模放置数小时，之后可放在温度为68摄氏度以下的烘箱内烘干。最后（也可预先）在底板上钉四个圆头螺丝作为铸模的腿，使铸模的下面留有放夹子腿的空间。铸模在使用之前必须完全干透，使用时要用薄玻璃纸（赛璐珞膜）衬在铸模表面，以免损伤琴板的漆面。

18）如果是制作部分铸模，可根据需要的范围确定浇铸框的长度，另外做一块横跨面板的纸板墙与浇铸框连在一起。铺锡箔时锡箔的长度要超过浇铸框的长度，让纸板墙骑在锡箔上，墙的底部用橡皮泥封住。

19）大提琴铸模因石膏用量大，可分两批配石膏浆，每批用水3公升，石膏粉6公升。倒入第一批后放上金属丝网，再配制第二批，倒入第二批后放上模具底板。

4.4.2　聚酯铸模

聚酯铸模的制作较简单，不需要浇铸框，制作速度快，不出一小时即可制成，而且立即可用。因为不用水所以不会有湿气，也不能透过湿气。由于浇铸材料会贴合修理部位的形状，故可以制成很精确的铸模，而且是透明的可看到修理的部位。适合于小面积修理时用作衬模，如部分拱的修理，尤其适合于修理侧板。铸模制成后可以修刮，可以与热砂袋一起使用，能够修正拱受损部位的细节，可保证裂缝粘得很平坦。但最大的缺点是制作过程中铸模会非常热，要随时注意检查，一旦发现过热要立即从琴上取下，处理不当会损坏漆。如果修理名贵的琴，可以先制作石膏的阴模，略作修正后再制作石膏阳模，在阳模上用聚酯制作阴模后用于修理工作。聚酯模具的制作过程如下：

1）制作一块比修理区域大的衬底木块，面对铸模的那面先大致雕刻成待修理区域那样的形状，面积要大到能包容下聚酯模，并且四周留有能用夹子封住空隙的边。

2）把锡箔或铝箔（厚约0.015毫米）裁成需要的大小：修侧板时锡箔要大到能把琴边包住；修背板和面板时锡箔要大于铸模的面积，为的是防止聚酯泄漏损坏

漆面。

3）在要放锡箔部位的漆面上涂一层矿物油，尽量少用油以免在锡箔下形成鼓泡。在琴板上开口裂缝周围涂油时要特别小心，不要让油进入裂缝，可以在放锡箔时涂一些水让这里也有些粘性。放上锡箔时用软布轻柔地挤压锡箔，赶出气泡和揉平褶皱，锡箔的四周可略微翘起一些以利于赶出气泡。

4）采用苯乙烯单体的聚酯（商品名 Tuf Carv，制造商 Freeman 公司，美国），购买时附带有固化剂，经混合后固化成聚苯乙烯。混合单体和固化剂时要戴上一次性的手套，先把单体放在硬纸板上，按说明书规定的比例加入固化剂，迅速用木质刮刀充分调和。一定要调匀，因为未与固化剂调和的单体不会聚合变硬。立即将调好的聚酯薄薄地铺在锡箔上，可制成非常精确的琴板表面的衬模。再把调好的聚酯铺在衬底木块面对铸模的那面，然后把木块准确地扣在聚酯模上，轻压木块让过量的聚酯冒出盖住的区域。这一过程要在 10 分钟之内迅速完成，因为单体遇到固化剂后会很快硬化成聚苯乙烯。

5）聚酯一碰到固化剂就开始发热，所以只要铸模足够结实时就从琴上取下。可以留一些调好的聚酯，用戴手套的手感觉它的温度，确定取下铸模的合适时机。

6）取下铸模后立即去掉琴板上的锡箔，擦干净矿物油。铸模硬化后即可使用，用时衬上薄玻璃纸（赛璐珞膜）以免损坏漆面。

4.4.3 牙科填料铸模

也不需要浇铸框，有 30 分钟时间即可制成，但不能用于需要热砂袋的场合。可用于小面积的修理工作，如嫁接钮或修理琴边时作为衬模。缺点是难于完美地修刮，液态时很难操作，制成的铸模中总会有气泡。制作过程的 1、2 和 3 步骤请参考聚酯铸模的制作方法。上述步骤完成后，取一块大小能把需要量的牙科填料包住的干净棉布，把牙科填料放入棉布内包好后一起浸入热水中，水的温度调整到能使填料变软成为稠的半流体物，不断地搅动使填料受热均匀。手上涂抹矿物油以免被填料粘住，直接从布上把软化的填料覆盖在修理面上，再放上衬底木块轻轻地加压使填料渗出到修理区之外，渗出的填料待冷却后修削掉。从琴板上取下铸模后，立即去掉锡箔并擦净矿物油。在修理时铸模上要衬上薄的玻璃纸，以保护琴漆。

4.4.4 木模

木模是最古老的衬模，在采用现代材料的铸模未问世前，是最为广泛使用的衬模。木模是用性质较软、易于雕刻和成形的木材如椴木制成。木质均匀没有硬的木纹结构，所以把琴板夹到木模上时不会在漆面上留下压纹。木材的颜色浅，在匹配形状时炭黑复写纸形成的痕迹清晰可见。制作木模所需要的时间，取决于需要覆盖的面积和制作者的雕刻技艺。木模用于侧板修理是很理想的衬模，用于修理面板和背板较大面积的拱时，如何对拱的形状和形成过程作出正确的判断，以及安全地把它夹到拱上是有一定难度的。高超的技艺、知识和品位，对于雕刻正确的木

衬模是必不可少的。木模的实际面积要大于欲修理面积，要留有足够的余地用于放夹子。制作的方法如下：

1）取下面板后把它内面朝下放在厚约 20 毫米的胶合板上，在胶合板上画出面板的轮廓。沿轮廓线锯下胶合板后，贴上单面胶的包装纸带，再把面板点状地粘在覆盖有包装纸带的胶合板上，为的是以后取下面板方便。如果拱或音孔处变形较严重，可在粘之前先在变形处的内面，垫上大致符合修正形状的木块，使变形处初步得到修正。

2）清理琴板表面，测定需要修理面积的大小，做一个比修理区域大的纸样，在其上画出与面板中缝对准的中线。如果修理区域包括琴边，没有必要考虑琴边，只需按嵌线的形状做纸样。

3）选一块大小与纸样相似、厚 40 毫米的椴木，刨平顶面和底面，这两面一定要平行，而且木纹的走向在琴上与琴板的木纹一样。木块的四周与这两面垂直，用角尺度量画出顶面、底面、前面和后面相互对齐的中线，把纸样对准中线粘贴在顶面上，按纸样锯出木模的外形。

4）用浅半圆凿雕刻底面，使其向着面板的那面大致符合修理区域的形状。雕刻时随时都要把木模的中线与面板的中缝对齐，也就是每次把木模放到面板上时，都精确地放在同一位置上。为做到这点，在雕刻到初具形状时要确定木模的前、后位置，可在面板中缝漆面上用细针凿两个分别与木模前缘和后缘对齐的小孔，孔内抹些白粉末使它们清晰可见。

5）裁剪一张比木模周边大 10 毫米的炭黑复写纸(图 4.4)，把它的炭黑面朝上铺在桌面上，将木模的顶面对着炭黑面放上。对着木模中线处，把复写纸前、后两端各剪一个三角形缺口，角尖正好对准中线。然后把复写纸的炭黑面朝上，用胶粘带贴在面板上，三角形的尖端处刚好露出抹了白粉末的针孔。

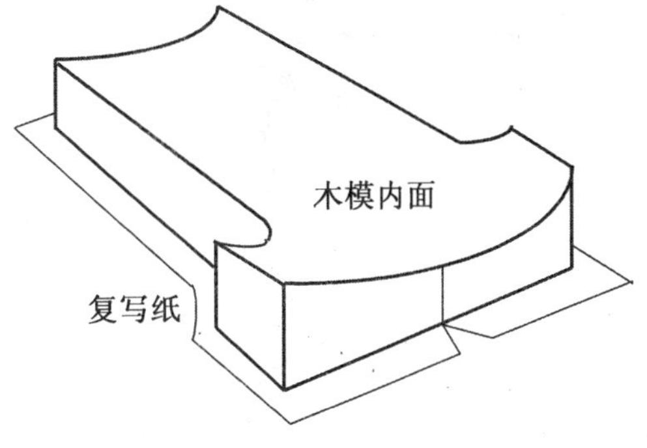

图 4.4　面板和背板用的木衬模

6）把木模具对准位置放在复写纸上，稍加压力轻轻移动木模，使炭黑转移到木模上，涂上炭黑的地方就是木模过高的地方。用拇指刨或用锐利的刮片去掉炭黑印，使它与周围的拱形融为一体。一直加工到木模的内面都出现炭黑印，这样就复制了拱的所有变形点，然后再根据需要修正木模。

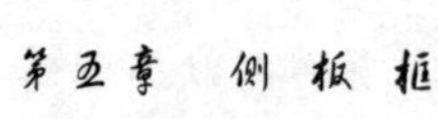

第五章 侧板框

侧板框是琴体的支架,面板、背板和琴颈都要依附其上,也是面板与背板之间传递和参与振动的重要媒介,使琴体构成一个充满空气的共鸣箱。侧板框的制作要求也是很高的,琴体是否工整与它密切相关,弧线的优美流畅,及木材的品质和美感,都会影响到整个琴体的美观、牢固度、音色和传远效果。

5.1 制作侧板框

侧板框是由支撑木块、侧板和衬条这三部分构成,制作时每一步都必须细心操作。尤其是支撑木块和侧板的垂直度,如果出现歪斜,即使面板和背板做得很端正,两者也会左右错位使琴体歪斜,在琴体的侧面从后向前看会有扭曲感。若把琴体侧放在桌面上,琴边的四个接触点不能同时站在桌面上,琴体可左右摆动,显然这样的制作工艺会影响到琴体的美观和声学性能。

5.1.1 支撑木块

1）材料

支撑木块是琴体的柱子,所以选用的木料要有一定的强度。它又有传递振动和谐振的功能,故材质的声学性能同样不能忽视。云杉是最适合的木料,它既有一定的强度又有优良的声学性能,古代也用枫木和柳木,如斯特拉第瓦利用柳木(红柳)制作支撑木块。制作工艺同样也是重要的,不然就不能充分发挥优质材料的功能。因为支撑木块的尺寸不是很大,数量也不多,一个琴总共只用到六块,所以采用劈开的木料是首选。劈开的木料可保证木纤维的走向一致,而且能确保木块的纤维与琴板垂直,这一点对保证强度和声学性能是极其重要的。退而求其次是在加工过程中使小块的木料的木纹走向垂直。由于年轮在横断面上是弧形的,所以顺着树木生长的方向刨树干的弦切面,在切面上可见到秋材的长条状纹理。如果多处出现秋材的

条纹成带尖的弧形，就可能是刨子的走向与木纤维不平行。虽然木纹的稀密和均匀度并不如制作面板那样严格要求，但是也不要过密或过稀，以年轮宽度在1.5～3毫米之间为宜。树干较粗或靠近树皮处的年轮弧度大，锯切成小块的支撑木块后，在横断面上看到的年轮接近直线。而且径切的楔形料靠树皮处宽，向着树干中心渐渐地变尖。如果树干较粗，制作面板时也以选用中间一段年轮最为理想，故靠近树皮处的那块木料，无论是宽度还是年轮的平直度，都很符合制作支撑木块的需要，而且同一块木材上的木料质地更为一致，从声学角度考虑也是比较理想的材料。

2) 尺寸

先锯切成需要尺寸的长方形木块，必须加工得方方正正，各个面之间一定要相互垂直。具体尺寸因琴的种类和琴体大小而异，请参考表5.1。

表5.1　支撑木块的尺寸表

单位:毫米

木　块	尺　寸	小提琴	中提琴		大提琴
			女低音	男高音	
上木块	长　度	52～62	60.5	70	100(120)
	宽　度	14～16	15	16.5	30(21)
	高　度	30	37～38	39.5	115(122.5)
* 角木块	长　度	30	40	40	上40,下50(45)
	宽　度	20～22	31.5	32	40(24)
	高　度	32	39～40	42	118(127)
下木块	长　度	47～50	54	57	120(114)
	宽　度	14～16	15.5	16	30(21)
	高　度	32	39～40	42	118(127)

* 表中角木块的尺寸是近似值，因为加工时要修削成形和控制高度。但上、下木块的尺寸都是加工到最后的尺寸。

表中大提琴栏括号内的尺寸是古代琴的尺寸。上、下木块的高度也就是侧板高度，备料时六块木块的尺寸都要放些余量。而且特别要注意年轮的走向，上、下木块的年轮走向要尽可能与面板的木纹平行(见图4.2)。角木块的年轮走向与长方形木块顶面和底面的轮廓成45度相交的斜线，粘贴时年轮走向与琴角所指的方向一致，这样在修削角尖时木料不会碎裂。各木块侧面的木纹走向都要与琴板的底面相垂直，因为各木块的顶面和底面是木料的横断面。之后把各木块都加工成与高度上有余量的下木块一样高。但长度和宽度都加工到各自的最后尺寸，而且尺寸是与模具各凹槽的尺寸相对应的，要注意木块的各个面必须相互垂直。

3) 粘贴

粘到模具上时使模具处在它们的中间位置，把模具的基准面朝上，调节架空螺丝，使模具站在标准平板上时基准面周边离标准平面的高度一样。粘贴支撑木块

时使用稀胶涂成点状，让支撑木块站在标准平板上，把它们推入模具的各凹口内粘住。粘贴的牢度只要在加工过程中不掉下来就可以了，粘得过于结实将来脱模时会更困难，所以也不需要用夹子夹住。

阿玛蒂和早期斯特拉第瓦利制作的琴，上、下角木块的长度和宽度一样，所以上、下琴角的弧度半径是一样的。但斯特拉第瓦利后期制作的琴，以及现代琴，上角木的长度较长，弧度半径也较长些，使上、下琴角的形状略有差异。角木块的尺寸和琴角的形状也影响到中腰 CC 的形状，使中腰的形状显得有些方形和较粗犷，而阿玛蒂琴的中腰下部有点像个勺子向外弯出。

4）加工

根据制琴要求，是背板还是面板处成斜面，或两面都制成斜面；或者下木块和角木块成同样高度，而上木块低于其他木块，在粘合面板时把面板顶部区域压成斜面。以小提琴为例，顶端侧板的高度是 30 毫米，底端侧板高度是 32 毫米。如果背板处取平就先把各木块的底部磨平，使底面与模具的基准面平行。各木块间不可参差不齐否则背板粘不牢靠，而且四周琴边会不平整，将来制成的琴体从侧面由后向前看是扭曲的，上、下琴角相互错开不在同一平面上。先把上、下支撑木块的外侧，按样板的轮廓修削成弧形。之后，根据面板坡度制作要求的不同做相应的处理：

1. 要求面板在琴体上成一斜面，就把上木块垫高 2 毫米，如果模具上有架空螺丝就把顶端的两个螺丝调节到使上木块比下木块高 2 毫米。取一片有弹性的薄塑料板，制成高 32 毫米、长 60 毫米的长方形。把塑料片横靠在各木块上，沿塑料片上缘用铅笔在木块上画出高度线。由于上木块垫高了 2 毫米，故从木块底面到线条处的高度是 30 毫米。其他各木块因底面被架空成不同高度，画出的线条是斜的。当各木块的顶面按画的线条取平时，顶面就成一斜坡。因为侧板粘上之后还要磨成一相连贯的斜坡，所以当各木块磨到线条之上还留有 0.5 毫米余量时，就留待以后加工。

2. 如果只是面板顶部区域成斜面，上木块架空 2 毫米之后，只需用塑料样板画出上木块处的 30 毫米高度线。去掉架空螺丝把模具放平，再用样板在其余各木块上画出 32 毫米高度线。先把所有木块都磨到接近 32 毫米，然后单独把上木块磨到留有 0.5 毫米余量，磨时先只让上木块接触砂纸，慢慢地模具后部会翘起来。此时让上角木块也接触砂纸，所以初步加工后上角木会略有斜度。

3. 小提琴如果斜面放在背板处，就先把各支撑木块的顶面即面板处磨平，然后制作背板处的斜面。中提琴的制作方法与小提琴一样，大提琴一般是背板处制成斜坡。背板处的斜面都是做成相连贯的斜坡，但是低音大提琴由于演奏方便的需要，必须把背板的顶部区域制成斜坡。由于枫木较硬，合琴时会困难些，而且背板的面积较大，故也用其他木料，如杨树或柳树。

5.1.2 侧板

侧板是参与谐振的重要部件，当面板随着弦的振动而上下波动，背板因音柱的传递也随之波动时，侧板配合着作横向波动，从而使整个琴体包括内在的空气发生

谐振和共鸣。所以侧板除了与支撑木块一起使面板和背板合成一体之外,它本身要有良好的弹性能参与琴体的共鸣。

1) 材料

由于侧板既要求有强度又要有良好的弹性,枫木显然是最合适的木料。而且往往是用与背板同一块的木料制作,可从背板料的屋脊面处锯出木料,图纹能够与背板和琴颈相协调一致,增加了琴体的美感。因为强度较好可以做得很薄,使它能有很好的弹性。中提琴和大提琴也有采用杨树、柳树或山毛榉,作为制作侧板的材料。

2) 尺寸

侧板在琴体上有几处连接点,如琴颈接榫处、琴角角尖和尾柱处,故侧板可分成几段制作。上侧板两片,从琴颈接榫到上琴角尖左右各一片。中腰侧板两片,分别连接上琴角尖和下琴角尖。下侧板可以是两片也可以是一片,无论是用两片或一片,对声学效果的影响不大,因为中缝处是粘在下木块上的。制作时各有各的难点,采用两片下侧板就会在中缝处有接缝,要求做得紧密而又垂直。用一片下侧板就没有接缝,但两端与琴角木块相匹配时会互相牵连,有一定的制作难度。

1. 小提琴

侧板厚度1~1.2毫米,一般采用1毫米甚至更薄些。尽量利用木料原来的长度制成宽大于33毫米以上的侧板料。在厚度加工完成之后,再物尽其用地分割出毛长180毫米的上侧板两片,长140毫米的中侧板两片和230毫米的下侧板两片。如果采用单条下侧板,则其长度不可短于440毫米。

2. 中提琴

侧板厚度也是1~1.2毫米,常用厚度是1毫米。至于各侧板的长度,由于中提琴的尺寸规格较多,不如小提琴那样标准化,所以要根据琴体大小实测一下所需要的毛长度。女低音(小型)中提琴的侧板毛宽要大于42毫米,男高音(大型)中提琴侧板,毛宽要宽于44毫米。

3. 大提琴

侧板厚度1.3~1.6毫米,斯特拉第瓦利用的侧板较薄,所以用亚麻布的画布条加固,兼顾了侧板的强度和弹性。现代琴侧板的毛宽要大于120毫米,若按古代琴的规格应宽于130毫米。大提琴的尺寸规格较多,故需要不同毛长的侧板,一般常用的上侧板毛长是380毫米、中腰侧板270毫米和下侧板490毫米各两条,琴体大时要增加长度。

3) 制作

如果背板的木料足够厚,从楔形枫木料径切面锯切下的薄木片可用于制作侧板。径切的独板枫木料有一侧较厚,从其上锯下的薄木片也可利用。从胸径较粗的枫树料上径切的楔形料,靠树皮处多余木料的宽度足够制作小提琴和中提琴的侧板。径切圆木时从中间锯下的十字形料(见图2.1B),也很适合制作侧板。

锯切时一定要从木料的径切面或半径切面处锯下侧板料,锯切恰当的侧板料,在侧板表面可见到纵向的一条条木纹,图纹与木纹成某个角度相交。锯之前先把木料一侧的表面刨得既平直又光滑，之后在侧面画上锯切线，锯下一片后再次把表面刨光然后锯另一片，每一片毛胚料的厚度约 2 毫米较为合适。这样的制作方法看似繁琐，实际上既省工又省料。锯下的薄片毛胚料的一面已是成品的表面，而且为加工另一面创造了方便条件。如果有条件使用带锯加工，就直接锯成厚约 2 毫米的薄片毛胚料。

刨光毛胚料的表面时可以将它平放在平整的工作台上，后端用夹子夹住后再刨。更方便和省料的方法是把双面胶带粘在平整的工作面上，将毛胚料已加工光滑的那面粘贴其上，然后把未加工的那面刨光滑并达到要求的厚度。枫木图纹明显漂亮或宽条图纹，都是比较难刨光滑的，而且容易脆裂或断裂。所用的刨子本身一定要制作得非常规范，最好使用史丹尼品牌的小刨子。刨铁的刃口一定要磨得既锐利又平直，刃口上绝不可有任何微小的缺口痕迹，否则都会使侧板表面不平整光滑。让刨子带些斜角推动可能会好刨些，也可留些余量最后用刮刨或平直的刮片加工到要求的厚度。必须把整片侧板刮得光滑而又厚度均匀，也只有光滑平整后图纹才会明显和美丽。

侧板图纹的宽窄和形状要尽可能与背板一致，如果取材于背板同一块木料就没有匹配的问题，否则就要挑选和匹配到满意为止。侧板上的条纹略有倾斜可增加整体的美感。倾斜的方向一般都安排成从琴体侧面看是由左向右倾斜。但如果拼板时把图纹拼成 V 形，或整板上的图纹安排成由右向左朝下倾斜，为适应人眼的观察习惯，也可让侧板的条纹自右向左倾斜。用小刨或砂纸木块把侧板加工成需要的宽度，边缘必须平直而且一样宽度，此时也可略微调整一下图纹的斜度。

5.1.3 装配

侧板框的装配质量对琴体的工整度影响极大，而且制作时有一定难度。对于初学者来讲从侧板制作到弯曲成形，即使有一定的木工基础也要经过一段时间的实践才能掌握。

1）画侧板框轮廓

模具上的支撑木块虽然已经磨平了顶面和底面，但是木块的周边都突出在模具的轮廓之外，需要修削成形后才能做出坡度和粘贴侧板。把模具样板与模具对准中线和定位孔，在定位孔内插入 3 毫米的钻头或圆棒将样板定位在模具上。沿着样板边缘用铅笔在各支撑木块上画出侧板框轮廓，角木块处尤其要画得精确，一侧画好后画另一侧。然后把模具翻一面也画上轮廓线，此时就会感到定位孔的准确性会带来很大方便。

2）修削上下木块

然后用平凿或刀沿着上下木块上的轮廓线削去多余的木料，可以先在木块上下两端削出一条斜面，然后切削中间部分的木料，这样就可大胆切削而不必担心会削过头。最后用砂纸木块或砂轮磨光表面，不要保留轮廓线否则会偏大。轮廓面必须与模具的基准面相垂直，可以将带木块的模具站立在标准平板上，用宽座角尺或刀口角尺检查垂直度。但是必须在前一道磨平的工序已经一丝不苟地完成的基

础上，才能保证本道工序的准确性。之后，磨出侧板框的坡度。

3）修削角木块

为了防止角木块的尖端在修削时碎裂，故最先粘贴的是中腰侧板。粘贴之前先把上、下角木块要粘中腰侧板的那侧修削成形。先用弧度与轮廓线相近似或略小些的半圆凿和半圆锉修削，再用曲率半径相同的细齿半圆锉或砂纸木块，把表面加工光滑而且与基准面垂直，经常用角尺检测垂直度。角木块靠模具中腰的那侧，要修削得与模具的中腰弧线圆滑地相联接。角尖处可顺着弧度向外延伸，超出角尖轮廓之外的角木料要留出 3～5 毫米余量，以免木料在角尖轮廓处碎裂。此时千万不可把角木块靠上、下侧板的那面同时加工出弧度，必须继续让它保持直边，在粘上、下侧板时再加工。

4）弯曲侧板

制作好的侧板是平直的，而整个侧板框都呈弧形，所以要弯曲成弧形才能贴合侧板框的轮廓。木片受热后就可弯曲，但需要有专用的设备和正确的方法才能事半功倍。无论弯曲或粘贴侧板时，模具上支撑木块取平为基准平面的那一面，无论是背板侧或面板侧，一定要始终放在标准平板上，也可以是磨平整的大理石或玻璃板上，为的是使侧板始终保持与模具的基准面垂直。这一点非常重要，侧板略有歪斜不仅面板与背板会错位，而且上下琴角的外沿也会相互不平行，由后向前观察琴的侧面会发现整个琴体是扭曲歪斜的。

1. 专用设备

成形烙铁是个具有弧形轮廓的金属块，材料可以是黄铜、铝、不锈钢或铁。古代用明火加热，现代都用装有控温器的电热加温。由于中腰侧板较难弯曲成形，所以把烙铁制成中腰弧度的形状是可取的办法，但提琴的规格较多，非成批生产较难个个度身定做。不过形状可以按小提琴中腰，而长度按低音大提琴侧板的高度，也就可以满足一般的需要。烙铁的形状加工好后在它的底部，按大瓦数内热式电烙铁芯的直径钻几个深孔，插入电热芯后即可加热成形烙铁。如果再装上双金属片控温开关和氖泡指示灯，就可使烙铁保持恒温。烙铁的最佳温度是在烙铁上滴洒清水，水滴不断地跳跃逐渐蒸发为宜。这样的温度既有足够的热量，又不会把侧板烤焦。

2. 侧板成形

先把加工好的侧板切割成需要的长度，并用铅笔标出上左、上右、中左、中右、下左和下右。弯曲侧板时先把侧板浸润清水或用干净的画笔涮上清水。但也有人不主张蘸水，不过水蒸气可加快热量导入木片内。用一长条的宽帆布带或薄磷铜片，把侧板平压在烙铁的弧形面上。然后拉住帆布带两端，逐渐弯转帆布带使侧板慢慢地按需要的弧度在烙铁上成形。千万不要用蛮力，否则侧板会断裂或沿图纹纰开，要顺其自然地慢慢弯曲成形，靠的是热量不是力量。侧板要弯曲得圆滑流畅，不可有折痕，否则即使琴的其他部分做得再好也不会受人欢迎。成形后要让侧板在烙铁上烘干，免得将来在侧板框上因干燥收缩而变形。

侧板的形状一定要弯曲到与模具完全匹配，不可依靠侧板夹持木块的压力把它压在模具上。因为模具最后是要拿掉的,如果侧板有应力,一旦模具去掉后它会按应力方向变形,不仅影响到下一道工序,而且这种应力始终会存在于琴体内。弯曲侧板也是对制作者耐心的极大考验,如果侧板已烘干而形状不符合要求,可蘸上水后继续弯。

5) 粘侧板

除了要粘侧板的支撑木块表面之外,还要先把模具边缘及其附近的上下表面都涂上蜡,各侧板夹持木块也涂上蜡,以免侧板与它们粘在一起。如果模具和侧板夹持木块已刷过漆,也可不再涂蜡。粘侧板必须按照下述的先后次序进行:

1. 中侧板

首先粘的必须是中侧板,这样在加工过程中琴角木块尖端碎裂脱落的可能将降到最低。中侧板按中腰的形状弯曲成形,琴角端的弧度必须与角木块已修削好的弧度一致,相互紧贴不可留有空隙。初学者如果感到较难做到紧密无缝,可以把角木块的中心部做得略微有些凹下,就较易使侧板与琴角木块的四周紧贴住。中侧板的中间一段也要紧靠住模具的中腰轮廓,不要留有空隙。

把弯曲好的中侧板放入应在的位置,在侧板两端外侧沿角木块尖端用铅笔画上标记线。取下侧板在标记线外 3~5 毫米处各画一条与侧板底边相垂直的线条,沿线条把侧板外侧的余料切掉。用电热吹风机加温角木块和中侧板两端,在侧板的标记线内侧按角木块大小涂上热胶,角木块也涂上热胶,迅速将侧板按标记线的位置粘到角木块上。由于上、下琴角的弧度是不一样的,所以千万不要把侧板的上、下两端粘反。而且因为侧板上图纹的倾斜方向是由用侧板的哪一面所决定的,所以侧板粘颠倒了往往会当时觉察不到。粘后趁胶尚未凝固时,把中腰侧板夹持木块的两个斜面对着侧板的两端压上,再用C形夹子固定在模具上。注意拧紧螺丝的力量绝对不可太紧,只要用手指的力量拧到侧板与模具和角木紧贴,多余的胶挤出,夹子不会脱落即可。用毛笔蘸上热水刷掉多余的胶,用湿的布或海绵擦干净琴角周围,放置过夜后即可取下夹子。

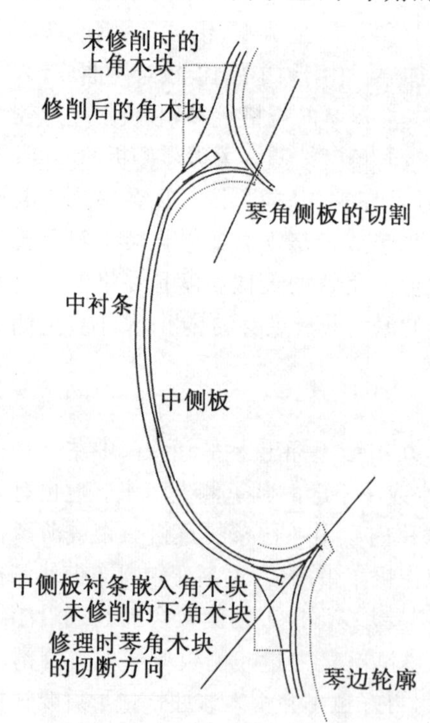

图 5.1　部分侧板框示意图

2. 上侧板

上下侧板粘的先后次序并无特别要求,现先介绍如何粘上侧板。按侧板框的轮廓修削上角木的上侧,把中侧板端头的余料,连同角木块一起修削成需要的弧度和形状。特别要注意角尖处中侧板锐边的处理(见图 5.1),锐角的角度应该与琴角上侧的弧形相连续,使上侧板搭接时能

刚好盖住它，形成紧密相连的粘合缝，并请注意图中如何把粘好的上侧板切割成琴角尖。

先弯曲上侧板靠琴角处的弧形，再弯曲其他部分。把侧板靠琴角处的弧度对准后，弯好的其他部分应该正好能自然地贴合在模具上，不留有任何应力。在琴角尖处沿角尖的边沿，用铅笔在上侧板上画出标记线，再在线外留2～3毫米余量。侧板的另一端能接近模具的中线处即够长，因为安装琴颈时要切掉多余的侧板，使它与琴颈的接榫相匹配。先粘贴两片上侧板的角木端，用电热吹风机加温角木和侧板，涂上热胶对准标记线后粘贴，放上相对应的侧板夹持木块，用C形夹夹住。同样要注意夹子的压力不可过大，只要用指头拧到够紧就可以了。然后把两侧板的另一端粘到上木块上，也用相应的夹持木块和C形夹或木工夹固定。放置过夜待干，干后把琴角尖端的侧板修削到刚好盖住中侧板的锐角。

古代的模具不是在中间开一个长方形的大开口，而是在各支撑木块边上有直径较大的圆孔，在孔中插入同样直径的圆木棒。棒的长度比支撑木块长，并用长度与棒相同的夹持木块压住侧板，然后用绳子上下缠绕把夹持木块绑住。

3. 下侧板

先修削下角木靠下侧板那侧的弧形，方法与修削上角木相同。同样先弯曲琴角处的侧板，并沿琴角尖的外沿在侧板上画上标记线，然后弯曲侧板的其他部分。如果采用两条下侧板，侧板的长度至少要能够使另一端超出模具的中线约5毫米。把两条侧板都用夹持木块和夹子，对准标记线后固定在角木块上，使两条侧板在模具中线处会合，对准中线在两侧板上分别画出垂直线。取下侧板沿垂直线切掉余料，由于侧板的直角边在弧形面上对拼时外侧会有一空隙，所以把两条侧板的边向着内侧倾斜，修削或磨成一条斜边，这样拼合后外侧就不会有空隙。若采用一条下侧板，则先弯曲一端的琴角，并沿角尖的外沿在下侧板上画出标记线，再弯曲其他部分，弯曲时要不时地对准标记线，观察其他部分是否符合模具的轮廓，最后弯曲另一端的琴角侧板。

粘两条下侧板时先粘中缝处，下木块和侧板加温后涂上热胶，对准中缝把两条侧板粘贴在下木块上，并用夹持木块和C形夹夹住。再粘两个琴角，此时琴角处的标记线可能会有些出入，因为侧板碰到水会有些膨胀，或者切割中缝处侧板时会有些误差。只要侧板与角木和模具紧密匹配，而且与模具基准面垂直就不会有问题。若是一条下侧板，夹住两角后在中缝处用铅笔画一条垂直线，以便粘贴时能对准位置，也是先粘下木块再粘两角。粘好后放置一夜，待胶干后取掉夹子和夹持木块，把琴角处的下侧板修削到盖住中侧板的锐角。

6）修整侧板框

由于支撑木块的基准面和斜坡面都已加工到接近最终尺寸，侧板的宽度会有1毫米左右的余量。所以侧板粘贴到侧板框上后，留作斜坡的那面侧板会高出支撑木块。此外，侧板与支撑木块取平的那面也不一定非常平整，故首先把作为基准面的那一面连同支撑木块和侧板一起磨平整。把大张的320～600目粒度的砂纸粘贴在平板上，放上侧板框，抓住支撑木块轻轻地推动，不要加上大的压力，也不要抓到侧板，因为侧板稍碰到砂纸就会磨掉，往往会稍一推就把侧板磨得比支撑木块

低。一定要非常注意，而且经常略推几下就应把侧板框放在标准平板上，观察是否已经平整。观察时用灯光照射侧板框侧面，观看侧板框接触标准平板处是否有光线透过，磨平整后基本上不会有光线透过。

之后加工留作斜坡的那面，先按标记支撑木块的方法，用高度样板在侧板上画出斜坡线。将侧板偏高较多的地方，先用刀、刨子和砂纸木块初步取平。然后在砂纸平板上磨平，只要先把支撑木块磨到位，侧板稍一推即可磨平。磨时要让支撑木块凑合侧板，不要单磨侧板，否则易导致将侧板磨得过低而不得不降低整个高度。

7）大提琴侧板的加固

现代大提琴的侧板高度较低，侧板的顶端高度是 115 毫米、底端高度 118 毫米、厚度达 1.6 毫米，一般不考虑再予以加固。古代斯特拉第瓦利的大提琴，顶端侧板高 122.5 毫米、底端侧板高 127 毫米、侧板厚度 1.3 毫米。背板和面板的弧度都较平坦，但发声优美洪亮。因侧板做得薄，故弹性较好，显然对共鸣和音色是有好处的，但减弱了强度。为了既保持弹性又保证强度，他在侧板上以规则的 15 毫米间距，在衬条之间粘贴高约 70 毫米和宽约 50 毫米的亚麻布画布片进行加固。上侧板每侧 4 块、中侧板每侧 3 块和下侧板每侧 5 块。画布增加了侧板的强度，而之间的间距保持了薄侧板的弹性，减少了对面板和背板垂直方向振动的阻力，使大提琴释放出洪亮深沉而优美的声音。试验证明，厚的侧板会使面板传递到背板的振动减弱，起到了弱音器的作用。但后人不理解斯特拉第瓦利的意图，甚至有些修理者认为麻布补丁是多余的而把它去掉，结果使侧板出现裂缝，尤其是下侧板的部位。

5.1.4 衬条

侧板只有 1 毫米左右的厚度，单靠它连接和支撑琴体不仅强度不够，而且与面板和背板粘合时粘贴面也太窄，显然需要用衬条加固和扩大粘贴面积才能使琴体牢固。

1）制作

制作衬条的木料可用云杉、柳木和泡桐木，为减轻琴体重量选用泡桐木是较合适的。我国的泡桐树质地甚佳，并且加工成不同厚度和宽度的泡桐木片，在航模商店内有售。

小提琴和中提琴的衬条厚度都是 2 毫米，但小提琴衬条的高度是 7 毫米，上衬条毛长 120 毫米、中衬条 150 毫米和下衬条 180 毫米各 4 条。中提琴衬条高约 9～10 毫米，各衬条的长度要根据琴的尺寸而定。大提琴衬条的厚度 3 毫米，高度约 15 毫米，需毛长 210 毫米的上衬条、300 毫米的中衬条和 390 毫米的下衬条各4 条。

2）安装

小提琴和中提琴无论使用内模具还是外模具，都可以先粘好衬条然后脱模。也可以先粘一面的衬条，脱模后再粘另一面。现大提琴采用的是三层的大提琴模具，由于模具是全高度的，故需要先取下顶层或底层的模板之后再粘贴衬条。

1. 安装中衬条时衬条的两端需要嵌入上、下角木内各 7 毫米，大提琴需嵌得更深些。上、下衬条安装时不需要嵌入支撑木块内，如果嵌入的话衬条不要绷得太紧。衬条也需要用热烙铁弯曲成形，弯曲时不仅要弧度准确不带任何应力，而且要

烘得干透，不然会发生变形。衬条安装时绷得太紧会使侧板外凸，以后在侧板外表面上会看到衬条的轮廓，而且使侧板的中间部分下凹。衬条带有应力或未烘干透，当胶干燥或衬条干缩时，侧板也会随衬条缩进变形。

2. 粘衬条时使衬条比侧板略微高一些，绝对不可比侧板低，否则再次磨平时要把它与侧板取平，就有可能会降低整个侧板框的高度。先用电热吹风机加温衬条和侧板，两者都涂上胶后迅速粘上，并用涂上蜡的木制或竹制衣夹，紧挨着排成一排把衬条和侧板一起夹住，夹子涂蜡是为了免得夹子与衬条粘在一起。由于小提琴的侧板较低，夹子的尖端往往有一段斜坡会顶住内模具，使夹子的有效部位未能正好在衬条处，所以要预先把这一段锯掉。夹的过程中可能要挪动一下夹子的位置，用蘸有热水的毛笔洗掉多余的胶时也要挪动夹子。

3. 先粘一面的衬条，待胶干后翻转侧板框再粘另一面的衬条。衬条粘好后就连同侧板、衬条和支撑木块作最后一次磨平，此时只能抓住两侧的支撑木块轻轻地磨，用细粒度的砂纸木板。观察哪里不平整就抓住靠近哪里的支撑木块轻轻地磨，不然的话很容易把衬条和侧板磨得过低，一旦有一处偏低就要一起降低高度。要注意四周必须均匀地降低高度，无论哪一侧偏低，琴体就不会端正。

4. 为避免两面衬条全粘好后脱模比较困难，制作时也可采取先把侧板框粘到背板上然后脱模的方法。就要先粘好背板面的衬条，磨平和修削好衬条后把侧板框粘到背板上。面板处的衬条先弯曲成形，临时放在各自的位置处但不粘住，待脱模后再粘。

5. 侧板框制成后如果面板和背板还未完成，不要急于修削和脱模，让其连同模具一起妥善保管待用。因为面板和背板的轮廓虽然用外形样板描出，但与加工好的侧板框不一定能完全匹配。两者在制作过程中都会有累积误差，故要用侧板框的轮廓进行协调。

5.2 修理侧板框

侧板上常会出现两种裂缝，顺着木纹开裂的称为木纹裂缝，它顺着侧板的长轴方向裂开。沿着图纹边缘开裂的缝称为图纹裂缝，在侧板上呈横向裂开，这种裂缝常常在制作侧板时就已留下隐患。支撑木块处的侧板也常会有裂缝，因为侧板的木纹在琴上是水平方向的，而支撑木块的木纹是垂直方向的，两者收缩时却都是顺着木纹方向的收缩小于横跨木纹方向的，形成的张力必然会使比支撑木块脆弱的侧板开裂。老琴拆开之后常会发现侧板比支撑木块低些，这往往是因侧板收缩和由它所引起的挠屈。用弦切木料和白杨木制作的侧板常会挠屈，特别是当侧板与支撑木块粘贴不牢固时。经长期演奏的老琴，由于手的接触摩擦侧板会变薄，强度减弱。发生了这样的损坏，若不予以及时修理会使整个琴无法正常使用。

5.2.1　修侧板用的衬模

修理侧板时常需要衬模，最实用的两种衬模是木模和聚酯模。木模可用于弄直挠屈的侧板、加高侧板、粘合图纹裂缝、侧板加层和补孔洞。聚酯模尤其适合于修理侧板，它能复制原来侧板上的图纹和不规则的地方，在保留这些外观的同时可修复挠屈。聚酯衬模制作的基本方法请参阅第四章 4.4.2 节。但也不是修理侧板一定要有衬模，简单的裂缝粘合时可用弧形的有机玻璃作衬垫。把有机玻璃切割成不同大小，经加热后弯曲成各种形状的衬垫，既方便又可重复使用。修侧板用的木模或聚酯模木衬垫的制作可参考如下方法：

1. 用薄纸板复制出欲修理侧板处的背板形状，复制时要相对于琴上的一些特征在纸板上作些标记，以便以后可以对准。因为琴边可能因磨损而变形，要想得到准确的侧板框轮廓，就要对背板轮廓线略作修正。沿着修正后的背板轮廓线剪去外侧的纸板，再将圆规张开到琴边的宽度，一个脚调长一些靠住轮廓线边缘后移动，另一个带铅笔芯的脚在纸板上画出侧板框轮廓，之后剪去外侧多余的纸板。

2. 取一块比侧板高 5 毫米，长度和宽度能包容欲修理侧板范围的椴木，刨平顶面和底面，而且两个平面要平行。将纸板上的侧板框轮廓包括位置标记都复制到木块上，距轮廓外侧约 30 毫米处画出多角形的夹子座位置线（见图 5.2）。锯掉轮廓线和夹子座线条之外的多余木料，用锉和砂纸木块把侧板框轮廓的弧形面修正到线条处，整个弧面要与底面垂直。但有些情况下背板与面板的外形不一致，就要分别画轮廓复制到木块的顶面和底面，并沿着两者的轮廓线把弧面修直。木模做好后用水溶性自粘纸带粘上作衬里，若用作聚酯模的衬垫就不粘自粘纸带。

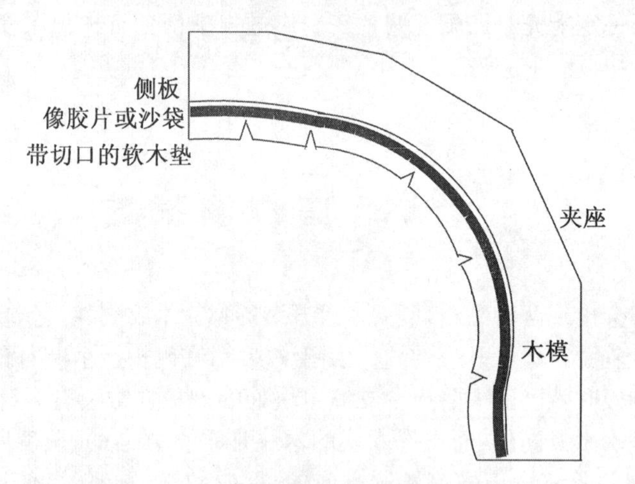

图 5.2　修复侧板用的木模

5.2.2　修侧板裂缝

侧板上的裂缝一般只需用胶粘就可使裂缝的两边合在一起，如果这样处理不能奏效就需要使用补片，方法与侧板加层相类似。

1）图纹裂缝

1. 图纹裂缝都是顺着图纹的边缘裂开，修理这样的裂缝每次只能修理一条。木模是最好的衬模，因为修理过程中必须要拿掉面板，故先取下面板，而且取下后制作木模时会更方便，然后按前节介绍的方法制作木衬模。如果裂缝不是大范围的就不需要把侧板取下，而是把衬模夹到琴上修理侧板。

2. 用草酸溶液或漂白粉和双氧水清理裂缝，在侧板干燥的过程中用木衬模定形，在侧板表面衬上平整的玻璃纸，对准所画的标记从琴体外侧把木模抵住侧板。再在侧板的内侧衬上玻璃纸并垫上沙袋，把小木块放在沙袋上作为夹子的夹座。然后用木工夹把木模、侧板、衬垫物和夹座一起夹住，夹子的压力只要能支撑住一切就可以了，千万不可过度用力。此刻要注意观察夹子拧紧后，沙袋会不会受挤压后向背板方向突出挤压背板，使背板与侧板的粘贴缝开胶，如果是这样的话就要减少沙袋内沙子的量。

3. 待侧板上的裂缝干燥定形后，用新鲜的热胶粘合裂缝，待胶成冻胶状态时，侧板内面刷上热胶粘贴已热弯成形的加固枫木片，再用同样的夹子布局夹住定形。沙袋会把裂缝和木片压得紧贴在一起。用0.8～1毫米厚的枫木片做加固木片，它的木纹走向必须与侧板一致，这样图纹也会与原侧板有同样的外观。

4. 经常会发现图纹裂缝处因丢失木碎片而参差不齐，就可能要沿着裂缝切开，用斜面边接合的方法把图纹拼合，必要时还要用加固木片加固接合面，可参考侧板嫁接的方法。但这样一来侧板会变短，要在尾柱或颈根处加上窄条形的枫木片。

2）木纹裂缝

1. 木纹裂缝的走向常与侧板的木纹并行，修理时也先拿下面板和制作侧板外侧的衬模，使用聚酯衬模最为方便。

2. 清理干净侧板内侧，千万不要把脏物弄入裂缝内。之后在裂缝的两端各粘贴上一片临时的补丁，以免清理和粘合裂缝时裂缝进一步扩大。

3. 检查聚酯衬模是否与侧板匹配得很好，作必要的修正使裂缝的各条边能平整地对准，但不要把聚酯模上的图纹细节搞掉。

4. 因为侧板是有曲率的，所以裂缝对齐后用狭长夹子头的C形夹，横跨聚酯衬模和侧板把裂缝夹平对正。或者垫上与侧板相同弧度的有机玻璃垫再夹住，其实侧板外侧也可不用聚酯衬模，而用与侧板弧度一致的有机玻璃衬垫。一切就绪后取下夹子和衬模，用热胶粘合裂缝，衬垫玻璃纸后照原样夹住。

5. 裂缝一定要对平整，而且边与边要相互碰头，不然夹子夹紧后裂缝的一条边会叠在另一条边上，或未粘合在一起，某些情况下可能要暂时取下衬条。

5.2.3 嫁接侧板

一些古琴由于使用年代久远，侧板受到较大的磨损和汗水侵蚀，因而变薄或损坏。如果是廉价琴或者在古代时，都是简单地把侧板换成新的就可以了。但现在这些古琴都是身价百倍，修复时要求尽可能保留原有的一切，它的外观更不可有什

么变样。对变薄的侧板用加层的方法，更换掉一半厚度的侧板使它增强。如果需要部分去掉原先侧板的木料，就用部分侧板嫁接的方法，这样就可完全恢复侧板的强度和外观。由于上侧左面的侧板最易受损，故以它为例：

1）先仔细观察整个琴有哪些部位需要修复

1. 如果琴颈不需要修理就只需要取下面板，从上支撑木块上脱开侧板。如果胶合面弄不开就去掉衬条，在靠近上木块处入手，小心地把侧板凿离上木块。

2. 如果要重装琴颈就取下琴颈，然后取下面板和从上木块上脱开侧板，如果弄不下侧板就需要拆卸衬条后凿下侧板。

3. 如果靠近琴颈处的侧板损坏，侧板与上木块会合处鼓起或破裂，而且琴颈也要重新安装，又需要调换上木块，就先拿下指板和面板，使钮与琴颈松开，用凿子劈掉上木块卸下琴颈和侧板(见第二章 2.3.7 节)。

2）拆卸侧板

先松开左上侧板与背板的粘合缝，以及左上角木块的底面与背板的粘合面。然后把此处背板的琴角放到一硬而又有衬垫的表面上，用刀横跨在琴角尖的侧板交汇缝处以及角木块的中心部位。把刀向下压并略微左右摇摆地劈开角木块，劈开后让一半的角木块就附着在侧板上。取下带有角木的上侧板，要保持角木的两处表面清洁干净，因为以后还要原样粘合(见图 5.1)。

3）制作木模和修正挠屈

1. 制作一个侧板外表面的木模(见 5.2.1 节)。

2. 如果侧板有挠屈，此时就要修正，修正前取下衬条并保存好，以后仍然要用它。

3. 如果漆受损或木料磨损，先除掉各种脏物，再用草酸或漂白粉和双氧水清洗。把沙加热到手背能够忍受的温度，灌入沙袋内达 3/4 满，袋口折叠后沙在袋内松松的。把侧板对准位置放在木模上，用海绵蘸水弄湿需要修正的区域。用玻璃纸盖住侧板内侧以免侧板粘在沙袋上，放上热沙袋，用小木块或木片放在沙袋上作为夹子的夹座。夹子放到位，一边拧紧夹子一边轻轻地敲夹子或木块，使沙袋能紧贴住侧板并保证压力均匀。沙袋冷却后观察侧板的挠屈是否已修正，侧板是否已干燥，必要时再重复这一过程。

4）切割侧板

侧板的嫁接点最好放在演奏时手不会直接碰到的地方，接合面放在图纹处顺着图纹的斜面，就可利用人眼的错觉把接合面隐藏起来。切割时让刀口与图纹斜度平行，使刀口两侧的图纹都能保持完整。

5）选择嫁接木料

1. 先按原侧板图纹的宽度和构形选择枫木料，图纹的斜度和木纹走向也要一致。

2. 纵向旋转侧板观察图纹的光线折射变化，嫁接木料要根据它来选择。把木料的表面刨平滑，把原侧板与新侧板料并排放在一起旋转，观察光学折射是否一致，必要时用水湿润新侧板料表面模拟刷了清漆后的效果。

3. 两者的木料颜色也要一致，必要时要老化处理。

4. 木料选定后制作的新侧板料要比原侧板厚 0.5 毫米，而且要宽一些。切断时按需要的长度，再加上 25～30 毫米嫁接时叠合所需的长度。

5. 把新侧板料热弯成需要的弧形，对接上原侧板后就是整条原侧板的形状。

6）对准嫁接部位

把原侧板叠在新侧板上，叠合处的长度约 25 毫米，原侧板斜切断处的图纹要与新侧板的图纹相吻合，再检查一下两者的光学折射效果是否一致。位置对准后用铅笔在两块侧板上都画上对位的标记线条，标记线的位置就是另一条侧板的切断处。原侧板画在内面是直线，因为新侧板的断口是直边。新侧板画在外表面上是斜线，因为原侧板是顺着图纹的斜形断口。

7）制作坡度

取一段 30 毫米长的水溶性胶粘纸带，贴在原侧板断口刷漆的那面上，目的是保护加工成羽毛边的边缘。把侧板固定到木模上，固定时用软木或厚纸板作为衬垫放在侧板的内面，再放上小木块作为夹子座。纸带干燥后取下侧板，沿着斜的切断端去掉多余的纸带。然后把原侧板的内面，在标记线（直线）处开始，向着切断端制作出一个约 25 毫米长度的斜坡面。标记线处接近侧板的原有厚度，到切断端处时成为薄得只剩几丝厚度的羽毛边，也就是几乎只留下了漆膜粘贴在胶粘带上。减薄的过程总是从厚处向薄的方向加工，而且要横跨整个侧板宽度一起逐渐减薄。用刮片是最为安全的工具，木模是最好的衬垫，最后用带弧度的细砂纸木块磨平整。

8）制作铰链

为了以后粘贴两条侧板时不会错位，所以要做一个水溶性胶粘纸带的铰链。把原侧板固定在木模中，再把新侧板对准标记线叠在原侧板上后固定住，固定时要留出粘胶粘纸带的位置。取一片长度约 40 毫米、比原侧板略窄的水溶性胶粘纸带，把它跨在侧板叠合处。粘时先粘新侧板那面，并在切断端处用指甲下压，先让纸带粘住新侧板端头的切断边之后，再让纸带粘住原侧板的内面。这样就形成一个纸铰链，可翻动新侧板露出两条侧板的粘合面。

9）修改木模

为了使嫁接处将来能够非常平整，就要先让它略凸起一些，以后再磨平。因此在嫁接处两侧各向外 4 毫米的位置处，在木模上作出标记。取下已铰合在一起的侧板，把木模上原来粘贴的衬垫胶粘纸带也去掉，然后把标记之间的区域略微挖凹些。木模修改完成之后重新贴上衬垫胶粘纸带。

10）粘合侧板

把铰合的侧板再次放回木模上，取一张略大于侧板的玻璃纸盖在侧板上，以免将来侧板粘在沙袋上。放上松松的沙袋，用小木片作为夹座，试着把侧板固定在木模上。嫁接面和接头处一定要有夹子，若木模上的夹座位置不合适要作修改。一切就绪后取下夹子、沙袋和玻璃纸，准备粘合侧板。

轻轻地掀起铰合的新侧板，在两个侧板的叠合面上都涂上新鲜的热胶。再折

回叠粘在一起，用蘸热水的毛笔洗掉余胶，用湿布或蘸水的海绵擦干净。放上玻璃纸、沙袋和小木片后用夹子固定，收紧夹子时轻敲夹子或夹座，使沙子紧密而且压力均匀。

11）完成侧板

胶干后取下侧板，用水弄湿原侧板漆面处的水溶性胶粘纸带，使胶溶化后取下纸带。侧板外表面用细砂纸木块加工光滑。再弄湿胶粘纸铰链使胶溶化，取下纸带后把侧板放在木模上，以它为衬垫把新侧板嫁接处的内面，加工到与原侧板一样厚，而且端头的台阶也加工平整光滑，使整条侧板浑然一体。

12）装到琴体上

1. 把新侧板靠背板的那边刨得与原侧板一样平，要放在标准平面上作检查。把靠面板的那边，刨到留出 0.5 毫米的余量。

2. 以原来侧板的长度为参考，再加长几毫米余量后切断。再次修正一下侧板的弧度并放到琴上，把角木处的接口对准捏在一起，盖上面板观察侧板的形状和弧度是否合适。不过此时侧板略长一些，如果琴颈未拆卸的话，因侧板顶住琴颈会使琴边的裙边变得窄一些。

3. 调整合适后把侧板放到木模上，以木模为依托粘贴下衬条，胶干后把衬条与侧板下沿取平。如果用的是新衬条，还要把衬条修削成原来衬条的风格。

4. 如果面板因磨损而上半部曲率变小，侧板就要作相应的调整，需要另做一个小的修正木模。如果不需修正就可在原木模上粘上衬条，然后调整侧板长度。调整长度时要注意琴边的裙边宽度，以及与琴颈相接处侧板端头的斜度。侧板缩短长度，当然衬条的长度也要随之缩短。

5. 先粘合角木块，再粘角木块和部分侧板与背板的粘合缝。之后粘侧板其余接缝，以及把侧板粘贴到上木块上，并使端头边缘斜度与琴颈根相匹配。如果琴颈也已卸下要重装，就在做接榫时调整。胶干后把侧板上边缘刨到最后高度，粘上面板。最后一道工序是刷漆和润色。

5.2.4 侧板加层

侧板加层是修理过程中经常要做的事，因选用的木料和侧板厚薄的原因，天长日久地经受氧化和弦的压力，侧板会出现收缩、挠屈和裂缝。无论侧板受到哪种损坏，往往是侧板本身的强度先天不足，或者外因削弱了它的强度。从前述的修理过程中，就可了解侧板加层的重要性，故有必要作更为详细的叙述。侧板加层的最简单方法是在侧板内面粘贴一片枫木片，虽然增加了侧板的强度，但使侧板变得过厚而影响了它的声学功能。而且一旦侧板已损坏到必须修理的地步，卸下侧板往往是必不可少的工序。卸下侧板后侧板加层的工作能做得更为精细完美，能够不增加侧板的厚度而加固侧板，显然对声学效果也是有益的。

1）修理前的检查

仔细观察琴体哪里的侧板需要修理，一般左上侧板因演奏者的手经常接触和汗水的影响，侧板常会变薄和受到腐蚀。小提琴和中提琴的右下侧板，因腮托的压

力或古琴因不用腮托而导致汗水的侵蚀，故也易受到损坏。大提琴的中腰侧板，因不良的拿琴习惯也会造成损坏。因受损部位和损坏程度的不同，要拆卸和修理的部件会牵涉到面板、琴颈、支撑木块、衬条和侧板本身，当然一切都复位后润色和补漆也是必不可免的。

2）卸下侧板

先取下面板，松开侧板与背板的粘合缝。无论卸下哪条侧板都要先松开之后再劈开角木块。把松开角木块后的背板琴角放在一平整而又有衬垫的平面上。把刀的刃口放在琴角尖的侧板接缝和角木块的中间部位处，向下压刀，并轻柔地向左右两侧摇动刀，使角木块一分为二，而且两片侧板在斜接缝处分离（见图 5.1）。保持好角木块两处表面的完整和干净，因为以后还要精确地原样粘合。如果衬条也能干净利落地取下，就可以再用或作为新衬条的样品。

3）制作木模或聚酯模

因椴木的纹理细腻均匀，有很好的加工性能便于雕刻，故用它制作木模或聚酯模的衬底。

1. 由于面板已经卸下，所以用它来复制出侧板框轮廓更为方便。把面板放在一张薄纸板上，画出待修侧板部位处的面板外形轮廓，同时要相对于琴上的一些特征在纸板上作些标记以便以后可以对准。如果面板磨损严重就要对轮廓作必要的修正，以保证侧板的弧形正确。沿着轮廓线条剪去外侧的纸板余料。再将圆规张开到琴边的裙边宽度，一个脚调长一些靠住轮廓线边缘后移动，另一个带铅笔芯的脚在纸板上画出侧板框轮廓，之后剪去外侧的纸板。如果背板和面板形状差异较大或错位较多，就要先从背板复制轮廓制作木模。在侧板粘回到背板上之后，再按面板制作一个小的木模，用于矫正侧板上缘的弧形。

2. 取一块比侧板高 5 毫米、长度和宽度能包容欲修理侧板范围的椴木，刨平顶面和底面，而且两个平面要平行。将纸板上的侧板框轮廓包括位置标记都复制到木块上，距轮廓外侧约 30 毫米处画出多角形的夹子座位置线（见图5.2）。锯掉轮廓线和夹子座线条之外的多余木料，用锉和砂纸木块把侧板轮廓的弧形面修正到线条处，整个弧面要与底面垂直。但有些情况下背板与面板的外形不太一致，就要分别画轮廓复制到木块的顶面和底面，并沿着两者的轮廓线把弧面修直。木模做好后用水溶性自粘纸带粘上作衬里，若用作聚酯模的衬垫就不粘自粘纸带。

4）制作加层

1. 确定有多少长度的侧板需要加层，并测量一下侧板的厚度。用厚纸板或软木盖在侧板内面作为保护层，把侧板夹到木模上，夹时让出要加层的区域。从加层区的两侧之外各 20 毫米处开始，用刮片均匀地向加层区做出斜坡，并把加层区减薄到侧板厚度的一半，再用砂纸木块磨成光滑的表面。

2. 用枫木片作加层材料，如果与原侧板有同样外观就更合适。木料切割得比原侧板宽一些，厚度比原侧板的一半厚度略厚些，长度正好能盖住整个区域，热弯成需要的弧形。

3. 把准备好的枫木片盖在加层区上，对好位置并作好标记，把木片的两端做出与斜坡匹配的坡度。再次把木片对准位置放上后，取一片长约 30 毫米、宽度比侧板略窄的水溶性胶粘纸带粘住木片的一端，并用指甲向下压使纸带粘住边缘，再粘住侧板做成纸铰链，以便粘贴时定位木片。

4. 掀起带纸铰链的木片，在侧板和木片的粘合面上涂新鲜的热胶。粘贴后用蘸热水的毛笔洗掉余胶，用湿的布或海绵擦干净后盖上玻璃纸。放上松松的沙袋和小木块夹座后夹住，拧紧夹子时轻敲夹子或木块，使沙子紧密压力均匀。

5. 胶干后把木片的下边做成与侧板一样平，侧板放回到木模上以它为衬垫把内面刮平磨光，然后粘上衬条。修平侧板和衬条的下边后，把琴角木块按原样粘合并粘到背板上，与此同时粘贴好部分侧板与背板间的接合缝。放上面板观察侧板上缘的弧度和面板琴边的裙边宽窄是否恰当，如果弧度需要修正就要按面板形状做一个小修正木模。侧板夹上修正模后粘贴上衬条，并把衬条修正到与原侧板的上边平齐，此时要注意千万不要减低侧板的高度。如果琴边的裙边太窄，就要把侧板修短一些，而且要匹配好琴颈脚跟处的斜度。

6. 如果不需要修正，就把侧板粘回到支撑木块上，并粘合其余的接合缝，粘贴上衬条修平后就可粘合面板。

5.2.5 加高侧板

弦的压力把面板向下推，弦的张力沿着琴体纵向一起拉，两种力量都会使琴的中部凹下。把眼的视线放在平面处观察侧板和拱的形状，就可看到这种现象。如果在修理面板时已把它的琴边底面修平，当把平整的面板放回到有些弓形的侧板上时，侧板的中间部分与面板之间会出现空隙，若不作修正就把面板粘回去后，中腰就会有拉力再次把面板弄弯。

最简单的修理方法是用枫木片填补到中侧板中间部分的衬条之上，让侧板恢复平整而使高度回升。但更为妥善的应是用羽毛边加层的方法加高侧板，具体介绍如下：

1) 方法与嫁接侧板相似，所不同的是嫁接侧板时，羽毛边接合缝是沿着侧板的宽度方向，所以接缝较短。侧板加高时接合缝是沿着侧板的长度方向，接缝的长度是随要加高的侧板长度增加而增长。而且要与多条图纹相匹配，所以难度较大。

2) 操作步骤包括先取下面板、松开中侧板与背板的接合缝、松开角木块并劈开角木块和侧板的斜接缝、取下整条中侧板和把衬条从侧板上取下并保存好。制作整条侧板用的木模，木模的高度要比初步拼合后的侧板高，而且要包括沙袋受压后胀开的部分，此木模上不需要衬垫自粘纸带，具体方法请参阅本章的前面几节。

3) 使用径切的枫木片，厚度比原侧板厚些，颜色、图纹、光学折射和髓束尽可能与原侧板匹配，如果没有合适的可以选用图纹比原侧板更明显的，或者用无图纹的枫木片。木片的长度要比原侧板长些，以便匹配图纹。把原侧板的漆面对着自己，木片放在它的后面也就是侧板的内面，内面是以后制作羽毛边的那面。由于一般都是加高侧板的上边缘，故木片的上边缘也就是将来要与羽毛边相接壤的部位，

需超出原侧板 4 毫米左右，尽可能使两者的图纹对齐。然后把侧板与木片叠在一起翻个面，使侧板内面朝着自己，在两者的内面画上几条定位标记的线条。同时标出接口左右两端的位置线，即标出侧板需要加高部位的长度。然后把枫木片按原侧板的形状热弯曲成形，并再次对准一下位置和标记线。

4）在原侧板需要加高部位的漆面处，粘贴上水溶性的胶粘纸带。然后把侧板放到木模上，在靠近角木块处把它固定住。在木模的衬托下把侧板的上边，即要加高的那边制作成羽毛边。从侧板下部向上逐渐均匀地减薄，到侧板顶部时薄如蝉翼几乎只剩下漆膜。在与木片接壤的两端，就如侧板加层那样也做成斜坡面。如果把各接合缝留在衬条位置之下，好处是粘上衬条后就把它们隐藏了起来，而且也加固了接合缝。

5）把匹配好坡度的枫木片对准标记放到侧板上，在木片的一端粘一片比侧板窄些，长约 30 毫米的水溶性胶粘纸带。粘贴时纸带一半先粘在木片上，并在木片端头用指甲压成台阶形粘住边缘，另一半粘住原侧板形成一个纸铰链。木模上衬垫玻璃纸、放上粘好铰链的侧板、盖上玻璃纸、用松松的沙袋和小木块夹座，先试夹一下，也可采用衬垫玻璃纸、橡胶片、带有楔形切口的软木条和小木片夹座。

6）试好后取下所有物件，在木模上衬垫玻璃纸，以防侧板与它粘在一起。之后放上用纸铰链粘在一起的侧板和木片，掀起木片用吹风机加温粘合面后，刷上新鲜的热胶，对准位置粘合，再把所有物件按原样放上。拧紧夹子时轻敲夹子或夹座，使沙子紧密并均匀分布。待胶干几个小时后，取掉夹子，用毛笔蘸热水洗掉多余的胶，用湿布或海绵擦干净，若有必要就再压回木模上待干。

7）胶干后以木模为衬托，把整片粘贴好的侧板修刮到原来的厚度，上下边缘都刨到接近正确的高度。还是以木模为衬托粘贴下衬条，如果是新制的衬条还要热弯成形，粘贴好后与侧板一起取平到正确高度，并按原衬条的风格修削好衬条。

8）从角木块处开始把侧板粘回到背板上，先粘合角木块，再把角木块和部分侧板与背板粘合。夹上面板观察侧板上部的弧形和面板裙边宽窄是否满意，必要时制作一个小修正木模作校正，并当修正木模还在时粘贴上衬条。它的长度要正好能镶入角木块，然后粘合侧板与背板的其余部分接缝。按原衬条的风格修削好衬条，最后粘上面板，并完成润色和补漆。

5.2.6 更换上、下木块

老琴琴板的裙边常会变窄，这是因为木材的木纹方向收缩较小，年轮方向的收缩较大，而春材比秋材更易收缩。所以琴板是水平方向左右收缩大，琴板收缩后宽度变窄，琴边的裙边必然变窄。侧板是环着琴边上下收缩，故侧板收缩后则是变低，长度变化不大。时间一长这种差异越变越显著，以至于拆开修理后要想让裙边有正常宽度，就会嫌侧板长而不得不缩短侧板。侧板的修理往往牵涉到要触动或更换上、下支撑木块，修理琴颈有时也需要更换上木块，所以有必要介绍一下如何更换上、下木块。

1）请参考5.2.3节和2.3.7节内更换上木块的方法，本节介绍如何更换下木块，但其中的内容在更换上木块时也可参考。拿掉面板之后测量原来下木块的长度、宽度、高度和检查所用的木料。用铅笔在背板上标出原来下木块的位置，然后劈掉原下木块。脱开从下木块到两个下角木块之间侧板与背板的粘合缝，但不要让角木块脱开。

2）根据原来的木块选择木料，一般支撑木块都选用云杉或柳木，采用劈开的木料最理想。制作支撑木块时要注意年轮和木纹的走向（请参考图4.2），木块顶面看到的顶头丝条纹是年轮，侧面与背板垂直的条纹是木纹。制作木块时，厚度留5毫米余量，高度留1.5毫米余量。如果原来粘在下木块上的侧板有裂缝，先清理和粘合裂缝，并考虑让新木块在裂缝侧加长些，以加固带裂缝的侧板，加长处用铅笔画上标记线。最后支撑木块必须做得尺寸准确，方方正正，各个边相互垂直，表面平整。

3）在背板上画出侧板框的轮廓，向内让出侧板的厚度，并注意木块处背板裙边的宽窄是否一致。按上述轮廓画出新木块向着侧板那面的弧形，把木块按此弧形加工好。对准原来的标记线把木块放到背板上，根据背板的中缝在木块上画出垂直的中线，并标出尾柱孔的位置。由于可能要缩短侧板，或者原来的尾柱孔位置偏离中线，就可能要作一些协调。之后钻好尾柱孔，它可为以后用夹子固定下木块时提供夹子的夹座，而且又能让背板琴边的裙边清楚可见。

4）把C形夹固定端的夹子头，改制成与尾柱孔直径一样的半圆柱形，内侧扁平外侧半圆。把半圆柱塞入尾柱孔内，螺栓端垫上软木抵住背板就可固定下木块。不仅背板靠下木块处的裙边清楚可见，还可放上面板同时检查面板的裙边宽窄。现先检查背板在下木块处的裙边宽窄是否一致，宽度是否合适。调整下木块的弧形面使裙边的宽窄一致，移动下木块的位置可调节宽度，调整好后用夹子固定住。

5）调整裙边的宽窄时先调整靠近下木块处的裙边，然后是角木块到下木块之间的裙边。因下木块处的背板裙边已调整好，现在要调整面板的裙边。把面板放到正确的位置上，由于此时下木块还高出1.5毫米，所以用夹子固定面板时只要面板不会移位就可以了，夹得过紧面板会破裂。先观察下木块处面板的裙边宽窄是否一致，如果不一致就修削下木块的弧形面，使下木块处的面板裙边一样宽窄，此时不必考虑裙边宽度是否合适，留待下一步作调整。弧形面经修削后会使曲面有些不规则，上下曲线不再平行，从顶到底也不再是直上直下。千万不要修削到底缘的曲线，因为它是已经与背板裙边匹配好了的，但又要注意使侧板在木块的弧形面上能粘服帖。

6）然后观察面板在下木块处裙边的宽度是否合适，如果嫌窄就把下木块的底面修斜使它向内倾斜，即下木块的内缘修低些，但底面仍应该是平整的斜面。下木块上端向内倾斜，就会使下木块处面板裙边变宽。如果裙边嫌宽就作相反的处理。

7）观察从角木块到下木块之间的背板裙边是否因侧板嫌长而变窄。如果嫌长就在下侧板的接缝处调整，但缩短侧板后侧板上的尾柱孔会变成椭圆形，最后需要修圆。古琴的上、下侧板如果未经修理过都是整条的，缩短侧板时在中缝处切

断。因靠下木块处的侧板已经脱离木块和背板，故可以用锐利的刨子修正长度，但刃口要调到极薄，每次只刨掉极薄的一片，而且刨时从两端向中间刨，这样可防止侧板角尖处碎裂，不时地检查端边与底边之间的垂直度，以及侧板的长度是否已合适。因面板与背板收缩程度的差异，可能要把侧板端边的上下刨得不一样长度。此时就不必用角尺检查垂直度，代之以经常把面板夹到位，逐段检查面板和背板的整个裙边宽度是否合适，并作相应的调整。由于衬条没有从侧板上取下，所以衬条的长度也要调整。最后侧板应在中缝处整齐地相接合。

8）沿侧板的顶部边缘在下木块上画一条线，确定下木块应有的高度。为防止用刨子刨顶头丝时木块的边缘纰裂，用刀沿高度线修成斜边，并用水弄湿顶头丝。木块的最后高度，要在木块粘到背板上之后再作调整。

9）先把下木块准确地粘到背板的应在位置上，再检查一次裙边的宽度和一致程度。制作两块侧板夹持木块，把侧板粘贴到下木块上，用夹持木块定位和夹住侧板。胶干后按原琴的风格修削下木块内侧面的曲线，顶部加工到最后高度，而且要非常平整，再把面板粘合。

10）之后把侧板与面板和背板粘贴好，并作最后的修整和补漆。

第六章 背 板

背板是琴体的共鸣板之一，演奏时面板的振动通过音柱传递到背板，使背板与面板发生谐振。背板的木料过软会振动无力，过于硬而重又会削弱谐振的幅度，选材恰当就能最大效能地发挥背板的作用。自古以来都是首选枫木作为背板的材料，它的软硬度和重量合适，而且有漂亮的图纹使琴体既美观大方又富于艺术性。但枫树的品种甚多，即使同一品种由于生长的环境和气候条件不同，木质也会有很大的差异，一般选轻而硬的较为理想。枫木的图纹差异也很大，从没有图纹、细密图纹到宽波浪形，取决于木纤维的卷曲和波浪起伏的程度。木纤维卷曲程度愈烈，光线照射后就会从愈多个角度反射，所产生的视觉效果会令人感到图纹具有深度和立体感。这种效果与透明带色的清漆结合在一起，形成的色彩变幻莫测煞是美观。随着天气的阴晴、时辰的早晚和光源的不同，同一个提琴会表现出不同的色彩，若转动琴体更可看到虚幻的二色效应。

但是从声学角度来考虑，木纤维长而又排列整齐会有较好的共鸣效果。琴板在加工过程中由于制作拱和厚度就会切断很多纤维，使琴板的木纤维在很多地方不再是连续的。显然木纤维越卷曲被多处切断的机会就越多，纤维也就越短，使整个背板的强度和弹性都受到影响，对声学效果的不利影响也是不言而喻的。人们为了追求美学效果，还会采用弦切的枫木制作背板，因为它有对称而又美丽的花朵样图案。但只适合制作独板的背板，用它制作拼板的背板极易裂开。可能也是为了迎合古代一些收藏家的需要，一些达官贵人把提琴当作艺术品收藏，美丽的图纹增添了观赏价值。不过演奏家和制作者们也喜欢图纹漂亮的提琴，因为有较好的艺术形象。图纹漂亮而又品质优良的枫木不易多得故价格昂贵，只有制琴的名家才买得起，由于制作技艺精湛，所以声学效果也是极优美的。

古代琴如斯特拉第瓦利中提琴的背板，偶尔也用白杨木。大提琴主要用枫木，但有一部分是用白杨木或红柳木。红柳木的木质较硬，制成的大提琴音色也很丰满。

6.1 背板的制作

背板是琴体的两块共鸣板之一，它的重要性仅次于面板，制作过程有一定的要求和复杂性。而且整块板上的厚度分布，是多代提琴制作名家钻研和试探的结果，经用现代科学技术手段剖析，发现非常符合声学原理。提琴的形态具有当时巴洛克时代的风格，内部构造符合建筑学和结构学原理，能够承受琴弦的巨大张力。

6.1.1 初步加工

1）备料

选择枫木料时先观察木材上有无节疤和因腐蚀而产生的黑色斑点，楔形料两端的裂缝是否太深而使木料的长度不够。把外形样板放到木料上，比划一下大小、图纹的安放是否美观、木料上的疵点能否避开，并计划一下如何开料。提起木料用手指叩击，听到的声音应该是音调高而明亮、清脆悦耳如铃声的比较理想。由于枫木的纤维是卷曲的，所以不可能要求纵切面上的木纹是平直的。如果是制作仿古的克隆琴（复制品），就需要与古琴对比图纹、特殊的涡纹和木材的色泽，愈是相近复制的琴愈是逼真。

2）锯切

若是购买整套的提琴料，一般都已初步加工到表面光洁，拼板料已经锯成两片仅一端略有联接的毛坯料，只需把它们分开就可进一步加工。若仅是锯成楔形料未经任何加工，就要先把木料的两面刨平整，然后围绕纵的方向画一圈锯切线。线条不一定要在中间位置，而是依木料的具体情况和如何充分利用为准则。虽然枫木的木纤维并不平直，但也要尽可能地减少被切断的几率，应在径切面上能见到尽可能多的完整木纹。循着线条把楔形料锯成厚薄适中的背板料，所谓适中就是板的厚度要比拱的最高弧度高些，但因各人手艺的高下可留厚些或薄些。

初学者可以把木料夹在木工台钳上，窄侧对着自己宽侧对着一面镜子，这样可以监视两侧的锯条走向以免锯偏。要保证锯条平直，锯条两端的钮在收紧锯条时，不可使锯条的端头出现弯曲，锯条要绷得足够紧。运锯时只用前后移动的力，不要企图用向下压的力来加快锯的速度，要靠锯本身的重量自然地向下进锯。如果出现歪斜就把木料反个向锯，这样可略作修正。但出现这样的情况后，锯切面就不会像一鼓作气锯到底那样平整。使用带锯当然是最理想的加工方法，批量生产时值得投资购买。

3）刨平

把锯好的两片背板料的锯切面朝上，宽侧对齐放在工作台上。因为这两面是

从同一锯切面上分开的，所以两侧的图纹可保证对称，锯切面就是背板的表面，此时不必将其刨平整。但是背板的里面，也就是对着工作台的那面，要用宽刨刃的刨子刨平。将来两块板拼合时是以这一面作为基准面，所以要刨得绝对平整，刨时要经常把木板放在标准平板上检查平整度。把板料放在平板上用手指揿四个角，若有翘动则悬空的两个角附近的区域就是偏低点，而成为支点的两个角附近的区域则偏高。用锐利而刃口调得很薄的刨子，细心地刨低偏高的区域，边刨边检查使整个面取平。再用标准直尺横跨在刨光面上，检查是否有悬空的地方，边检查边刨悬空区周围贴住直尺的小面积区域。使直尺在木板的纵横两方面都检查不到明显的缝隙。此时把板放在标准平板上提起一端后让其自然落下，会听到空气四溢时的噗噗声，而不是清脆的木板撞击声。

4）拼接

把两块板刨平的那面合在一起，对齐后用铅笔画上对准标记线，然后将宽的那侧即以后的拼合面朝上，夹到木工台钳上，并把它们刨平整不要有倾斜。虽然这样同时刨两个拼合面，能够使两个面互补高低，但若有倾斜，做成的拼缝就不能与琴板的底面垂直。使用长的拼板专用刨或史丹尼品牌的小角度木工铁刨，可使拼板工作更顺利些。此时如果感到图纹的斜度不够或不太对称，在材料容许的情况下可改变拼合面从顶端到底端的斜度，或两者错一点位作些小的调整。

用上述方法初步取平后把板取下，用角尺测量两块板的拼合面与琴板的内面是否垂直。再把两块板的拼合面对准位置拼在一起，对光观察是否有空隙。此时的要求就十分严格，既要与内面垂直又不可有漏光的间隙。若不垂直或有间隙就把两块板分别夹在木工台钳上，用刨刃锐利而又平直、刃口调得极薄的刨子进行修整，每次只刨小范围的一段，非必要的情况下不要随意地加大修整面。为保护刨刃可在板的两端各修出一段短的斜坡，以减少刃口劈入木材时受到的冲击。拼合面一定要既平整又垂直而且紧贴无缝，也不可拼合缝的四周密合但中部有间隙。否则两块板粘合后虽看不到缝隙，实则中间的拼合面并未真正合上。此时任何方面马虎了事，将来在制作拱时就会暴露问题。背板料从近 20 毫米厚减薄到 5 毫米左右，就会把间隙暴露无遗，在背板的中缝处可看到一条由胶形成的黑线，显然无论是强度或声学效果都会逊色。当两个拼合面趋向密合时，把两个拼合面合在一起来回或前后推动，会感到有发粘的手感，此时下刨更要细心。

大提琴的琴板较长，可把已刨平的那面放在一平整而较厚的木板上，拼合面伸出在木板之外，把琴板固定在平整木板上。再将木板固定在平整的工作台面上，用长的拼板专用刨侧躺在工作台上，贴住拼合面推动刨子。刨刃一定要与刨子的侧面相互垂直，才能保证拼合面的垂直度，刨时要轻而稳并不断地检查拼合面的垂直度和平整度。可用涂粉笔灰的方法帮助检查平整度。

5）粘合

一切就绪后在两块琴板上画出横向的对准线，把其中一块板夹持在木工台钳上，夹时使板的内面与地面垂直。用电热吹风机同时加热两块板，在两块板的拼合

面上涂稠的新鲜热胶。立即把另一块板放到夹住的那块上，对准拼合面把两块板压在一起，前后移动上面的那块板，挤出气泡和多余的胶。粘合时可以不用木工夹夹持，因为胶在干燥收缩时会把拼合面紧紧地抓在一起，关键在于拼合面要加工成紧配合。把拼合的背板留在台钳上过夜，待胶干后取下。

但大多数的制作者认为，粘合时使用木工拼板夹定位，以及更多地挤出余胶，可使拼合面更加牢固和密合。如果使用拼板夹就要事先把夹子的间距调节到合适的距离，用两个或三个夹子分布成恰当的距离，夹子的脚站在磨平的大理石或玻璃板上。在拼合面的胶未成冻胶状时就把背板从台钳上取下，平面朝上、屋脊面朝下地放在夹子的镀锌管上，这样可避免夹子收紧时拼合面翘起分开。把各个夹子收紧到刚好碰到背板，然后轮流收紧各个夹子，使夹持力均匀地分布在背板上。不要夹得过紧，免得把胶挤得过薄，或者使两块板翘开。

6）平整内面

胶干后取下背板，用标准直尺和平板检查板的内面是否平整，如果不平整就要刨到平整光滑。为了刨时能放平背板，可在屋脊面处临时粘几块木块垫平。刨平时的检查方法与取平木板料时一样，不过要更细心些免得前功尽弃，可在不平处先用铅笔作标记后再刨。取平后的背板放在标准平板上，提起一端后让其自然落下会发出噗噗声，在背板之下形成一个气垫。之后把屋脊面处的垫平木块去掉，屋脊的高度刨到比最高弧高，高出 1～2 毫米或更高些。如果木料足够厚，可以从屋脊面上锯下侧板料，使背板和侧板有同样的图纹。

7）描绘外形

拼板的背板拼合缝就是它的中线，独板就要在它的内外两面都画上一条相互对准的中线。在背板内面即平的那面，把外形样板对准中线放上，用铅笔勾画出整个琴体的轮廓。此时要注意如果外形样板上没有画出钮，就一定要立即补画好，免得将来锯下背板时把该有的钮也锯掉。然后对准中线放上侧板框，它应该处在外形轮廓的中间，四周离外形轮廓线的距离均匀。如果发现某处偏宽或偏窄，就检查侧板框的侧板有否歪斜，或者模具本身就未做正。一般情况下不会相差太大，用一个边宽相当于琴板周围裙边宽度的垫圈抵住侧板框，再用削尖的铅笔抵住垫圈中心孔靠侧板的那边，围绕侧板框在背板上画出修正线条。但要注意琴角处的线条会成一个圆圈，可用外形样板修正琴角轮廓。如果想要制作定位钉，也可在此时把侧板框与背板用夹子固定在一起，在背板中缝或其附近的嵌线位置处，连同上、下支撑木块一起，钻出直径约 1 毫米的定位钉孔。

8）锯切背板

离修正后的外形轮廓线外 2～3 毫米，用镂锯（钢丝锯）或带锯（3 毫米宽）锯下背板。锯时千万不要把钮锯掉，否则就前功尽弃既赔了工又废了料。若用带锯那么屋脊面处的垫平木块又可发挥作用，使锯切的琴边能很好地与琴板底面垂直。若用钢丝锯就不需要这些木块，把正要锯的那侧屋脊面用木工夹平压在工作台边上，沿着平面处的外形轮廓锯下背板。由于背板是倾斜的所以锯下的琴边与底面成一向外偏的斜角，这样就保证了下侧的锯路不会进入外形轮廓线之内。

6.1.2　样板和托座

训练有素的提琴制作者能凭眼力观察拱的正确形状和对称性，提琴的形状已印在他的眼内、长在他的手上，但要有十年以上的功力才能达到这样的境界。初学者和刻意仿制古琴者，采用弧度样板并配合等高线的方法制作拱，是条既快而又好的捷径。制作琴板表面的弧度时，因为琴板已锯成提琴的形状，故无论是凿或刨琴板，它都会因缺少稳定的支撑点而转动。另外，在琴板的内面加工厚度时，因琴板表面已成弧形无法平放在工作台上操作，而且拼板的中缝因未放扎实，局部受力后会造成开裂。所以有必要制作一个专用的托座，把琴板放在托座内使它不会转动便于操作。

1) 拱的样板

琴板的拱形构造不仅增加了抗压强度，而且它的形状能体现各制琴学派的艺术风格，其结构又能使声学性能充分发挥。不同的弧度形状结合琴板的厚度分布，会使提琴发出各具个性的音色和音量，以适应各演奏学派不同风格的需求。收藏家们注重的是提琴外观的艺术表现，在提琴发展的早期可能就是这样的情况。演奏家们更注重琴的音色、音量和可演奏性，外观是次一位的要求。但声学性能与艺术风格的统一，正是大师级提琴制作者们一生所追求的。

萨柯尼(Sacconi，1979)按照斯特拉第瓦利的提琴，复制了背板和面板六件套的弧度样板。这里介绍的就是他所复制的背板弧度样板，包括五块与琴板中缝相垂直的横样板，以及一块正好在中缝之上的纵样板。具体尺寸请参考表 6.1、6.2 和表 6.3，制作方法见图 6.1 和以下的说明。

表 6.1　背板拱横样板尺寸表

单位:毫米

种类	样板	尺寸	中缝	1	2	3	4	5	6	7	8	9	10	11	12
小提琴	上宽	弧高	10.1	8.5	6.4	4.5	3.3	4.0	4.5						
		距离	0.0	32.5	48.5	65.6	77.0	82.7	85.0						
	上腰	弧高	13	12.8	11.8	10.2	8.5	6.4	4.5	3.3	4.0	4.5			
		距离	0.0	7.2	20.8	28.2	39.0	48.5	57.0	69.0	74.7	77.0			
	中腰	弧高	14.5	13.8	12.8	11.8	10.2	8.5	6.4	4.5	4.0	4.5	5.0		
		距离	0.0	8.9	16.3	23.2	28.7	34.8	39.7	43.3	51.3	53.7	56.0		
	下腰	弧高	14.0	13.8	12.8	11.8	10.2	8.5	6.4	4.5	3.3	4.0	4.5		
		距离	0.0	6.8	19.4	29.0	36.6	43.9	53.4	62.5	77.6	87.7	90.0		
	下宽	弧高	10.8	10.2	8.5	6.4	4.5	3.3	4.0	4.5					
		距离	0.0	26.5	50.9	67.4	83.0	97.0	102.7	105.0					

（续　表）

种类	样板	尺寸	中缝	1	2	3	4	5	6	7	8	9	10	11	12
中提琴	上宽	弧高	12.3	10.5	8.5	6.5	4.5	3.5	4.5	5.0					
		距离	0.0	31.0	46.6	61.6	75.0	84.0	90.6	93.0					
	上腰	弧高	15.0	14.8	13.8	12.5	10.5	8.5	6.5	4.5	3.5	4.5	5.0		
		距离	0.0	13.3	22.5	30.2	37.1	46.7	56.2	65.9	75.6	83.1	85.5		
	中腰	弧高	16.5	16.0	15.5	14.8	13.8	12.5	10.5	8.5	6.5	5.0	4.5	5.0	5.5
		距离	0.0	8.7	13.8	19.8	25.4	31.0	37.6	44.3	50.3	55.4	56.4	60.6	63
	下腰	弧高	16.2	16.0	15.5	14.8	13.8	12.5	10.5	8.5	6.5	4.5	3.5	4.5	5.0
		距离	0.0	12.1	18.8	25.7	33.1	41.0	50.1	60.2	69.8	80.8	92.4	102.6	105.0
	下宽	弧高	12.7	12.5	10.5	8.5	6.5	4.5	3.5	4.5	5.0				
		距离	0.0	18.6	38.5	63.4	82.2	100.8	112.5	119.1	121.5				
大提琴	上宽	弧高	18.0	17.0	13.5	9.0	5.5	4.5	5.5						
		距离	0.0	35.7	77.9	94.9	140.3	156.0	172.0						
	上腰	弧高	21.0	19.5	17.0	13.5	9.0	5.5	4.5	5.5					
		距离	0.0	35.7	55.7	61.6	96.4	118.2	138.6	154.0					
	中腰	弧高	22.0	21.8	21.0	19.5	17.0	13.5	9.0	5.5	4.5	5.5			
		距离	0.0	13.1	28.3	43.2	58.4	72.7	87.6	101.3	110.4	116.0			
	下腰	弧高	21.4	21.0	19.5	17.0	13.5	9.0	5.5	4.5	5.5				
		距离	0.0	31.8	52.7	74.1	96.5	120.2	144.8	163.7	184.0				
	下宽	弧高	18.8	17	15.5	9.0	5.5	4.5	5.5						
		距离	0.0	63.8	110.7	147.2	182.9	202.0	218.0						

表 6.2　横样板的位置和琴体的半宽度及长度

单位:毫米

横样板	小提琴		中提琴		大提琴	
	半宽度	距顶端	半宽度	距顶端	半宽度	距顶端
上　宽	85	67	93	75	172	148
上　腰	77	112	85.5	125	154	241
中　腰	56	168	63	195	116	388
下　腰	90	223	105	255	184	467
下　宽	105	277	121.5	323	218	586
琴体长度	354		412		759	

表 6.3　背板纵样板的尺寸表

单位:毫米

种类	尺寸	顶端	1	2	3	4	5	6	7	8	9	10	11	12	13
小提琴	弧高	4.5	4.0	3.3	4.5	6.4	8.5	10.2	11.8	12.8	13.8	14.2	14.8	14.2	13.8
	距离	0	2.3	8.0	19	37	54	72	93	114	130	148	175	200	226
中提琴	弧高	5.0	4.5	3.5	4.5	6.5	8.5	10.5	12.5	13.8	14.8	15.5	16.0	16.3	16.5
	距离	0	2.4	9.0	20.6	29.6	27.2	73.5	87.3	101	115	129	143	163	190
大提琴	弧高	5.5	4.5	5.5	9.0	13.5	17	19.5	21.0	21.8	22.3	21.8	21.0	19.5	17.0
	距离	0	15.4	33.1	70.1	109	201	249	291	314	375	436	492	556	605

种类	尺寸	14	15	16	17	18	19	20	21	22	23	24	25	26	体长
小提琴	弧高	12.8	11.8	10.2	8.5	6.4	4.5	3.3	4	4.5					354
	距离	246	268	286	302	317	334	346	352	354					
中提琴	弧高	16.3	16.0	15.5	14.8	13.8	12.5	10.5	8.5	6.5	4.5	3.5	4.5	5.0	412
	距离	216	242	272	296	215	334	349	364	379	394	403	410	412	
大提琴	弧高	13.5	9.0	5.5	4.5	5.5	7.0								759
	距离	642	673	705	721	737	759								

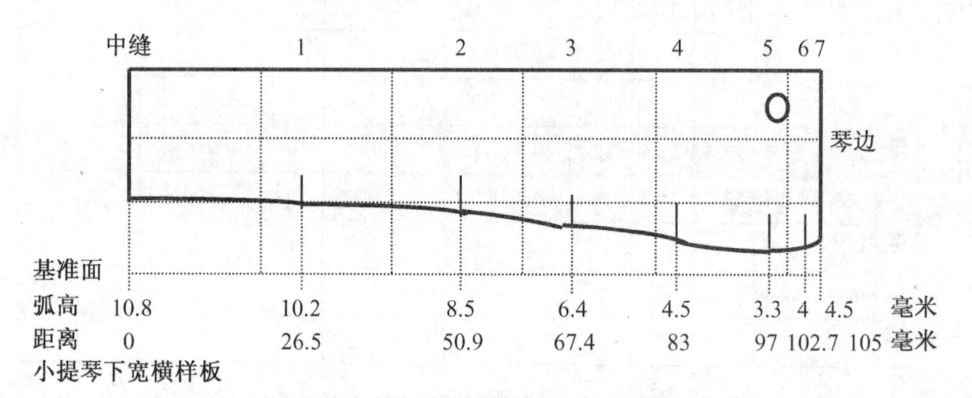

图 6.1　拱样板制作方法示意图

表中所列的只是斯特拉第瓦利制作的各种风格提琴中某一个琴的尺寸，只能说是一个代表性的尺寸。实际上即使他制作的同一类提琴，也会有长度和宽度不一的尺寸，必然会影响到弧度。不同学派制作的拱会有很大的区别，如果要详细介绍各个大师的风格，也可写成一本专著。为了叙述方便和使读者对每一类提琴都能有比较具体的概念，制作过程的介绍是采用同一个琴的尺寸，或在表格内列出以中值为基准的尺寸范围，以便前后章节的衔接，即便如此在一些尺寸的细节上还有可能不相符合。实际上古代大师们都是手工制作提琴，不像机械加工只要机器调整好之后，生产的产品千篇一律个个一样才是合格品。

大师们都是艺术家，制琴时根据当时的艺术构思和对工艺的精益求精，随时对他们的作品进行即兴创作，所以没有一把琴是完全相同的。这也是仿古琴为何有

一定市场的原因，演奏者为了能得到某把名琴的音色、音量和艺术形象，就要求制作者按原琴丝毫不差地复制。其实随着近代电子计算机的发展，用机器制作工艺品时也要求每个“作品”要有些差异。

图 6.1 是小提琴背板下部最宽位置(下宽)处的横样板，琴体长度 354 毫米，似乎是斯特拉第瓦利早期或晚期的作品。横样板的横向位置是以中缝或几何中线作为基准，纵向位置是从琴板顶端往底端量出距离，具体数值列在表 6.1 和 6.2 内。纵样板的长度就是琴体长度，所以把两端的基准线对着中缝两端的琴边就对准了位置。传统是用硬木料的木板制作，现可以用厚 1～2 毫米的硬塑料板作原材料。

表 6.3 中带底色的数值是拱最高点的弧高，背板拱的弧高比面板低些，整个拱较平坦，这样可以使高音区更扩展些。图 6.1 只是示意图，图中标的尺寸是准确的，但印刷图的比例不是原大，所以不能直接照它制作。样板上要在各弧高点处画出标记线，最好还标上弧高，这样在使用时更方便些。这里画的是单面的样板，也可以把背板和面板的弧高画在同一个样板上各占一边，但用时不要搞错究竟是在用那一边。使用时把样板放在各自应在的位置处，横样板对准琴板的中缝，纵样板对准琴板的上、下琴边即可。请注意表格和样板中所标的琴边处弧高，并非琴边的实际厚度，稍微高一些是为了使样板能更好地贴住正在加工的拱。图中样板的弧形线条由于画图软件的限制不太光滑，但制作时必须修整得光滑流畅，可先画出各个点再用曲线尺连接成弧形，去掉余料后用锉和砂纸木块修整。

2) 衬垫托座

最简便的方法是用多层胶合板制作，虽然各类提琴的琴体尺寸相差较大，但拱的弧高相差不是很大。一般用两块胶合板就可制成，大提琴的弧度略高些可用更厚些的胶合板或增加一层板。以小提琴为例选用约 10 毫米厚的胶合板两块，锯成长 420 毫米和宽 260 毫米的板两块。上面的一块用外形样板画出琴边的轮廓，把背板的钮也画上，然后在轮廓四周放大 1～2 毫米的空间。再按琴板周围槽的形状画出轮廓，它基本上是个吉他样的形状，用钢丝锯把槽轮廓里面的板镂空掉。在琴板轮廓四周各粘上一块厚约 3 毫米的木板或胶合板，板的形状是里侧都与已放大的琴板轮廓一样，周圈放宽的 1 毫米可使毛加工后的琴板正好能卡入，外侧与木板对齐。四块板在中腰处不一定要连在一起，不必完全按中腰的形状做，钮的位置处一定要留出空档以便容下钮。

如果是初次做琴，就可把琴边已初步加工好的琴板卡在里面，利用它来制作拱的弧形表面。待拱的弧度完成后，把琴板的弧形面朝下卡在半成品的托座内。如果琴板四周初步加工好的琴边，未能与胶合板的表面贴平，就在吉他形框的上表面用刨和锉，依拱的弧度修出弧形面，使琴板的边缘和拱的弧面都能与托座的上表面贴住。然后从侧面观察拱突出在胶合板背面的部位和高度，把另一块胶合板的相应部位挖低以适合拱的形状，直到两块胶合板和琴板都能互相贴合为止。然后把两块胶合板对齐后粘合在一起，待胶干燥后略作修正并刷漆。不过要注意背板的拱与面板略有差异，以后可能还要修改一下使两者都能使用，至此整个托座就已完工。托座的功能并非只限于制作拱和琴板厚度，在装低音梁和嵌线时也使操作更

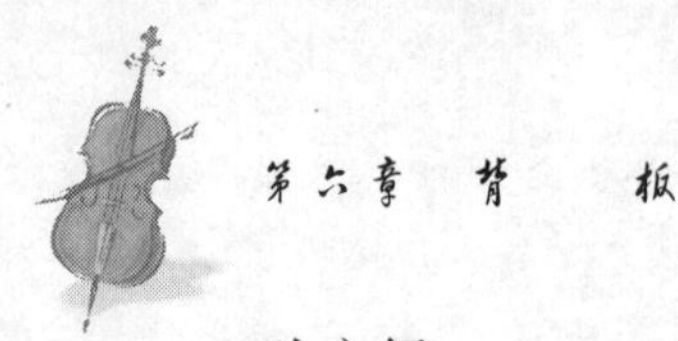

为方便。

6.1.3　准备制作拱

到此为止背板还只是一块内面已刨平整，而其他各处都是粗糙表面的木板。在动手制作拱之前还有许多前加工要完成。制作拱的雏形时需要切削掉大量木料，使用一些小型的电动工具将是既方便又省力，使制作者能把主要精力放在精加工上。而且机械加工的痕迹，在手工操作精加工时都会消失，应该说对木材的品质和艺术风格也不会有什么不良影响。

1）修整外形

先把琴板顶端和底端处的屋脊形木料用锯去掉，锯时要掌握分寸不要过低而影响拱的正常高度。再用平凿、刀、拇指刨、锉和砂纸木块，把琴边修整到比已校正的外形轮廓大1毫米，使琴边垂直而又平整光滑，能够正好卡在托座内。厚度标记器(勒子)的勒刃靠在边缘上，底座贴住背板的平整面，在边缘上勒出琴边厚度的标记线。小提琴的琴边厚度，琴角处是5毫米、中腰4.5毫米，其他各处都是4毫米。中提琴琴角处是5.5毫米、中腰5毫米，其余是4.5毫米。大提琴琴角6毫米、中腰5.5毫米，其余5毫米。

2）拱的雏形

此时背板的厚度远大于最终的弧高，故用20～30毫米宽的半圆凿去掉多余的木料。工具运行的方向是从侧面斜向上走刀，先从顶端和底端开始，一片片地凿去木料，渐向中腰部发展。琴板边缘的勒痕可帮助判断厚度，中缝处拱的最高点，因为已用刨加工到只留有2毫米余量，注意不要把这里削低。刀具要横断木纹操作，千万不要顺着枫木的木纹切削，尤其是图纹漂亮的枫木，否则会撕裂木料，但是用锯齿刨和刮片时不会有这种现象。开始时可大胆地削，对照拱样板上所标的弧高，凭眼光和手摸检查厚度，一直加工到各处比需要厚度高出约3毫米为止。然后细心地操作，每次只切削薄而小的一片木料，并用测厚度计或内径卡不时地测量各处的厚度。工具必须锐利，不慌不忙地耐心雕刻，加工到各处留有约2毫米的余量，使拱具有初步的雏形。

3）制作琴边

为了使拱样板能放到准确的基准高度，也为了使琴边能加工到准确厚度，先要在琴边内侧挖一条围绕琴边的槽，这条槽加工到最后也是琴板外表面的最低点。样板尺寸表上弧高最低值就是槽的底部所在处，它离中腰处琴边的距离小于周围琴边，而在琴角处远离角尖，所以整个槽成吉他的形状。把样板对准位置后在琴板上标记出各个弧高最低点，共有12个点把它们连成吉他形状就是槽的所在位置。现假设侧板框没有太大的偏差，样板可以用中缝作为基准。如果偏差较大就要以侧板作基准，求出琴板的几何中心。具体方法是测量背板上侧板框轮廓图中，上宽和下宽处侧板之间的距离，求出它们的中值后在琴板上作出标记点，连接这两点画一条几何中心线，就以它作为基准线。由于琴板周边目前尚留有1毫米余量，而横样板的各个点是以中缝为基准画的，所以横样板靠琴边的那端，离现在的琴边会有

1 毫米距离。另外要在琴边的顶端和底端处，各向里 1 毫米画出琴边的标记线，纵样板暂时以它们为基准点。然后把圆规的一个脚伸长些靠住琴边，另一带铅笔芯的脚对准各个点，移动圆规画出槽的形状。但在各琴角处要用手工描绘连接线，使槽的形状成吉他形。请注意槽是有弧度的，而且将来要与拱和琴边的弧形融为一体，所以不可挖成带棱角的直上直下的槽。值得一提的是琴体基本上是由弧线构成，几乎看不到有棱角的地方，尤其是拱不能带有丝毫棱角。用半圆凿和提琴刨做出槽，琴边处的平面要保持应有宽度，拱那侧按样板的形状连接。此时的槽只需要挖得比琴边厚度低 0.2 毫米就可以了，槽加工好后便于把琴边各处制作成需要的厚度。因为琴板是由外向内斜着升高的，用刨子刨琴边时会受到斜坡的阻挡，有了槽之后刨子的内侧处在槽之上不会再受到阻挡。

琴边厚度加工好后，槽的进一步加工就与拱的弧度一起进行。注意槽的深度、宽度和琴边的厚度在琴板各处是不一样的，测量时都以琴板的底面为基准面用厚度计量弧高。槽的深度也就是弧高，槽愈深弧高愈低，所以是按表中的弧高和拱样板制作槽。小提琴中腰处槽的宽度约 6 毫米，其余部分约 10 毫米，用 6 毫米和 10 毫米的半圆凿修削。大提琴中腰处槽的宽约 12 毫米，其他各处约 20 毫米，先用 10 毫米的半圆凿，再用 20 毫米的半圆凿修削。要注意修削时槽的两侧要成弧形与拱和琴边连接。不要进入琴边宽度的平面内，也不要把拱那边削低。尤其是中腰处，拱是突然升起的，削低后是无法补救的。根据制作者的经验和技能，可以采用一步到位或逐次逼近的方法，现介绍一步到位的方法。因为逐次逼近也只是按此方法，把拱的弧高逐层降低到最终高度。好处是不易因出差错而使拱高度偏低，对初学者比较合适，但逐层降低高度很费工时。

按表中所列的弧高和要求的琴边厚度，加上 0.2 毫米的余量制作拱、槽和琴边，一定要注意各处的弧高和琴边厚度是不一样的。这一余量在制作等高线和嵌线后，全面修整和连接整个拱、槽、嵌线和修圆琴边时刚好去掉。

4) 样板法

经验丰富的提琴制作者不需要什么样板，眼到手到一气呵成。也许在学艺时师傅就是这样教的。但要达到初步能制作提琴的水平，至少要三年以上的时间。开始时只能做些下手的活，也只容许做些粗的木工活。满师后没有八到十年的工夫，制作的琴是不会令名人感兴趣的，成名成家的更是极少数。采用样板制作提琴是一大改进，加快了提琴制作的普及和发展，对音乐事业的发展也有促进作用。

1. 纵样板

拱的雏形制作好后为使用样板提供了方便，使样板能较服帖地放到琴板上，便于准确地把样板上的各弧高点标记到琴板上。由于先制作中缝处的弧度，所以先用到的是纵样板。把纵样板的两端对准琴边处两条标记线，样板的顶端和底端不要搞反，否则拱的最高点将处在错误的位置处，因为拱的最高点偏向于顶端。在琴板上标记出各弧高点的位置，用半圆凿和拇指刨(提琴刨子)做出中缝处的弧形。加工时如果感到工具走动不顺，木料出现碎裂或毛刺，就把工具反个方向推动。加工时可以从低处逐渐向高处进行，也可从高到低，关键是要时时用测厚计或外径卡

检测各个弧高点，并把样板放上观察各点之间的连接是否圆滑。由于部分琴板厚度超过10毫米，要用装有十分表的测厚计测量，百分表因最大量程小于10毫米故无法使用。但在测量琴板的厚度时要求更高的精确度，必须使用带百分表的测厚计。不要在某个点处挖个坑，也不要把中间做成一条沟，要连带两侧木料一起降低高度。因为中缝是拱的屋脊，总是比两侧要高一些，所以两侧与它一样平也不会偏低。但是决不要把弧高点处的尺寸做得低于规定值，而且记住拱、槽和琴边都应留有0.2毫米的余量，以便完成等高线后一起修整。拱的最高点处要特别注意，因为在制作过程中会多次暂时把拱流线型地联接，最高点比相邻点仅高零点几毫米，多次修刮很易把它弄得偏低。最后纵样板应该能够与琴板密切贴合不留缝隙，弧形光滑流畅无突起突落、坑坑洼洼的现象。

2. 横样板

先在琴板的内面即基准面上，画出各横样板应在的位置线，线条必须工整并与中缝(几何中心线)垂直。在琴板顶端和底端离毛琴边1毫米处画上基准线，再用直尺按表6.2中所列的各样板位置的尺寸，以及琴体长度的中点A，在中缝处用铅笔作上标记。然后用角尺或上下都有尺寸刻度的长方形塑料模板，对准中缝和其上的标记，画出横贯琴板并与中缝垂直的横线。线条的垂直度极其重要，否则横样板会与中缝成一个角度，做出来的拱必然是歪的。从琴边缘处把线条向琴板表面延伸，这就标出了横样板应在的位置，以及制作厚度时的参比点A的位置。

把样板逐个放在琴板的相应位置上，对准中缝点后按样板上的弧高点在琴板上作标记。琴板两侧都标上后用半圆凿和提琴刨子，按标记的弧高加上0.2毫米余量，相互圆滑地连接起来，时时用测厚计测量弧高的尺寸。连接时头脑中要有弧形面的概念，要全面考虑各样板包括纵样板的各个弧高点，它们不是单独的点而是弧形面的参比点。各样板的弧高不宜一次到位，而是普遍地逐步下降。最后横样板放在拱表面上时，它的弧高最低点与槽的顶点贴住，中缝处的直边与琴板垂直，弧线与拱表面的弧形面贴合无缝隙。整个拱表面无坑凹不平，凸和凹的弧面要圆滑联接，形状美观对称。

5) 等高线法

用样板制作好的拱虽然各方面已基本达到要求，但各个样板间相互联接的区域未受到样板的直接监控，没有丰富经验的眼光是觉察不到误差的。采用等高线的方法就可使拱做得更为完善，让整个弧形面线条流畅、连接圆滑、左右对称、平整无瑕。

1. 等高线卡尺

它是制作等高线时必不可少的工具，整个形状是U形，与长臂的测厚计形状相似，也像长臂的外径卡尺，但用硬木料制成，两臂也不宜又宽又粗。采用枫木就可保证两条长臂的硬度，需要的是钢性而不是弹性。臂的粗细和长度、两臂之间的跨度(间距)，因琴的规格不同而异，但小提琴与中提琴可以相互通用。上臂在靠开口处的端头正中，固定一枝铅笔或铅笔芯。相对于笔尖的正对面，在下臂上攻一个直径M4～M5的螺丝孔，拧入螺丝后它的尖端正好对着笔尖。调节螺丝伸向笔尖

那段的长短,就可控制螺丝尖端与笔尖之间的距离,这一距离也就是使用时的弧高尺寸。为了使螺丝贴住琴板平整面时能移动平滑,把螺丝尖端加工成圆球形。

2. 等高线图

小提琴、中提琴和大提琴背板的等高线图见图 6.2、6.3 和 6.4 的左半侧,画等高线时纵样板和横样板上各个弧高点,也是等高线的参比点。按等高线图手工描绘图中的线条,或各圈等高线都制作出镂空样板,用样板画等高线。平滑地连接弧形圈和样板的参比点,连接时可能会发现在弧形圈的转角处,会与横样板的参比点不相重合,那就按等高线的形状画线条。此时画出的标准等高线图仅作为加工时的参考,在加工过程中用调节好距离的等高线卡尺画线条,逐渐逼近标准等高线,到各线条都重合后就基本完成等高线的工作。

3. 制作等高线

先把琴边厚度加工到最终的尺寸,目的是使等高线卡尺从琴板上下两半部进入时不会被琴边卡住,尤其是加工第一圈时。但琴边缘处加宽的 1 毫米余量和琴角的厚度及形状暂时不作修整,这样可减少琴边和琴角在加工过程中意外损伤的危险。制作等高线时从低到高逐圈进行,先从低处第一圈开始,由低向高一圈圈地加工,好处是能够很平滑地与比它高的那圈相连接。

调节螺丝使等高线卡尺的跨度(间距)与第一圈等高线的尺寸相同,此时不再留有余量而是最终尺寸,或者仅留零点几毫米用于最后整体修刮。从琴板上侧或下侧推入等高线卡尺,要端平等高线卡尺,使螺丝顶端碰到琴板内面平整的基准面,铅笔尖碰到琴板表面。如果用样板制作的拱高度还有余量,铅笔尖是碰不到已绘好的标准等高线的,而是在它的外缘并有一定距离。如果超过了手绘标准等高线,说明拱的高度已经做低了,或者笔尖碰到的地方已偏低。应尽量避免这种情况,否则不是普遍地把等高线放低以作补救,就是这里出现一个凹陷,破坏了整个拱的弧度流畅。将等高线卡尺的臂与基准面并行,螺丝的顶面抵住背板的内面(基准面),笔尖轻轻地抵住琴板外表面,把卡尺围着琴板移动,笔尖会在琴板上画出线条。线条可能是曲曲弯弯的,靠近手绘等高线的地方说明尺寸已接近,离开等高线的地方是弧高偏高,超过等高线的地方已经偏低。偏高只需要把线条之上的区域用提琴刨或刮片稍稍地去掉些木料,边刮边画线条使各处的线条平滑连接,又渐渐地向手绘的等高线靠拢,直至整个等高线重合为止。第一圈最难操作因为等高线卡从中腰处无法进入,而且画到中腰处也较难通过,要耐心地操作否则铅笔芯经常会折断。或者可以试试先加工第二圈。

之后加工第二圈,就这样一圈圈地向拱顶发展。注意不要做成一层层的梯田样子,圈与圈之间要相互平滑连接。时时要检查等高线卡的跨度是否正确,因为铅笔芯是会磨掉的。好在磨损后只会使跨度变大,所以不会导致弧高偏低,但尺寸不准会影响拱的形状。做的过程中无论是等高线卡尺画的线条或手绘的等高线,都会因刮木料时一起刮掉而需要多次重画,故既要细心又要耐心。等高线都做好后对拱作一次全面修整,尽可能使拱光滑流畅,下一步将是安装嵌线。

为了以后合琴方便和使琴板与侧板框始终正确定位,这时也可在琴板顶端和

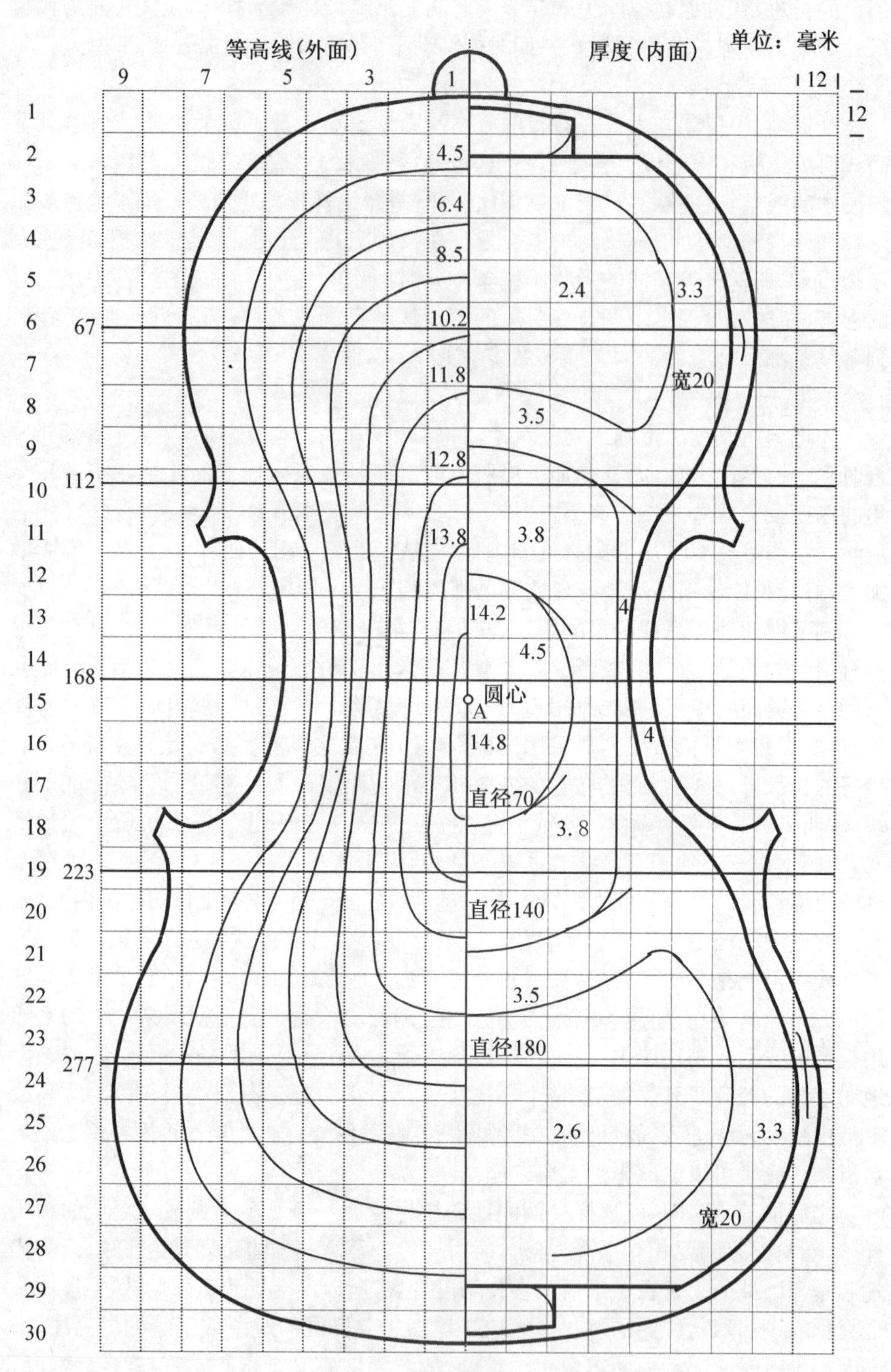

图 6.2　小提琴背板的示意图

(Sacconi, 1979)

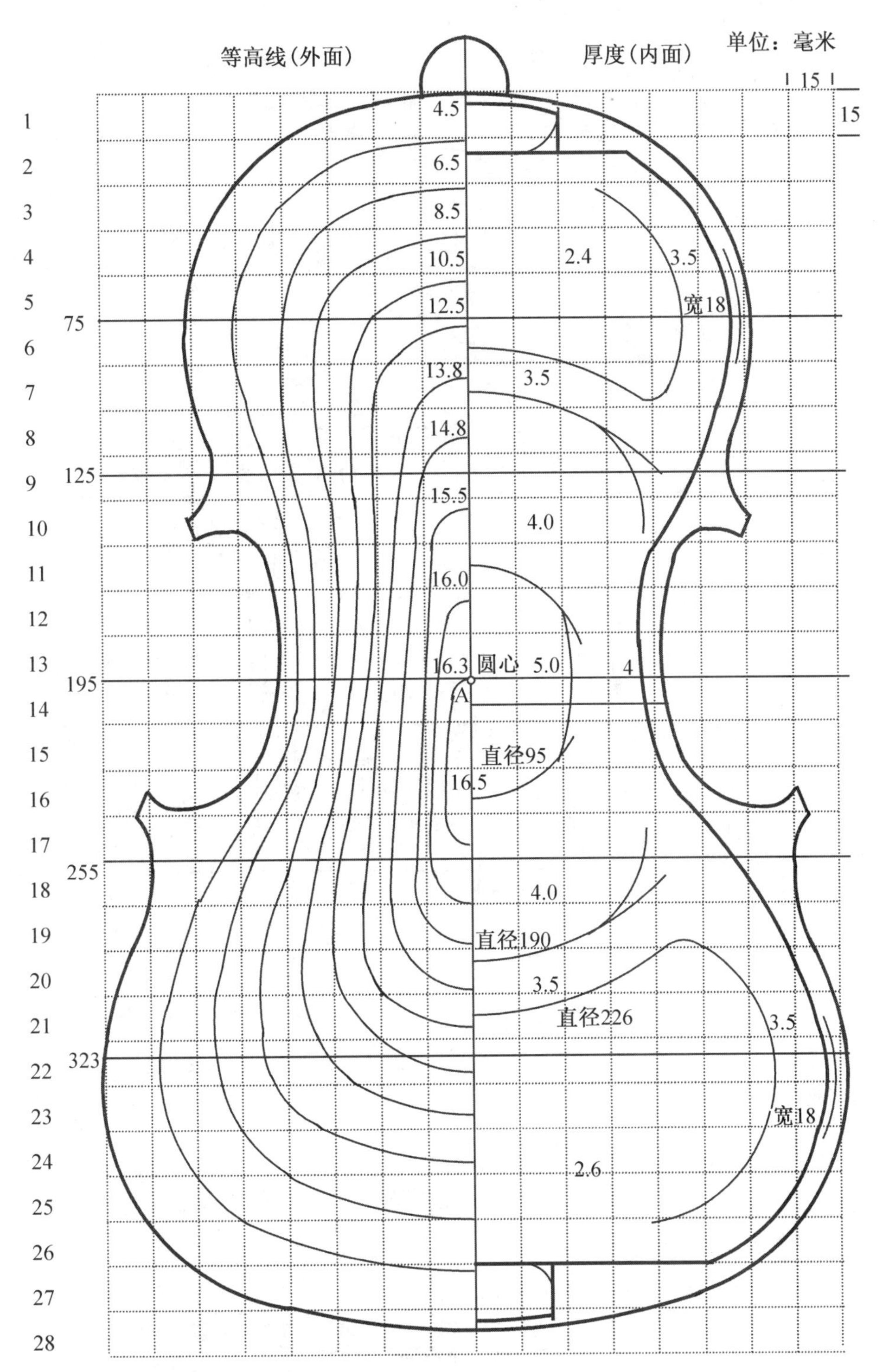

图 6.3　中提琴背板的示意图

(Sacconi，1979)

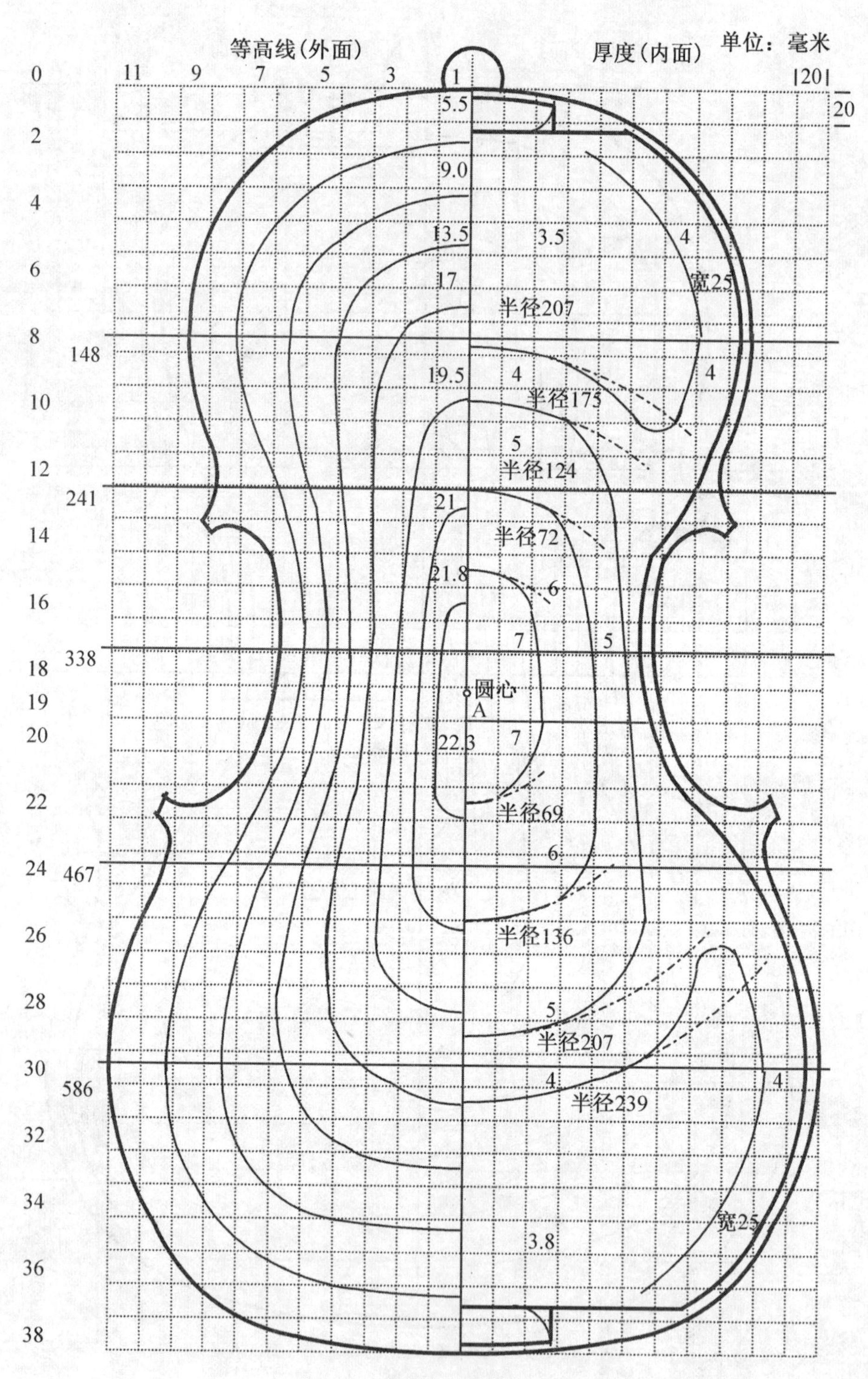

图 6.4 大提琴背板的示意图

(Sacconi，1979)

底端靠近嵌线处各做一个定位销钉。斯特拉第瓦利是合琴后再安装嵌线，他把销钉做在中缝的嵌线位置处，当嵌线镶嵌好后销钉在嵌线内侧成半圆形。现采用的是先做嵌线后合琴的方法，定位钉可做在嵌线附近，为免得打孔时不慎使中缝裂开，也可做在中缝的旁边。钻直径 1 毫米的孔，穿透琴板深入支撑木块内，可先用相同直径的铁钉作定位用，合琴后拔去铁钉另用木质牙签或细木棍粘在孔内。为了以后拆卸琴板方便，木销钉可不深入支撑木块内，只是堵住琴板上的孔。

6）装嵌线

嵌线的功能并不只是增加琴的美观，嵌线槽切断了围绕琴边的顶头丝，粘好的嵌线封住了顶头丝，使琴板在老化过程中能均匀地干燥，不会因顶头丝处出现裂缝而使琴板开裂。琴边在使用中即使因碰撞受到损伤，由于嵌线的阻挡也不至于损坏琴板。琴边因摩擦或弓的碰撞受损，从嵌线之外修复琴边既方便又容易隐藏痕迹。

嵌线的用材请参考 2.2.4 节，小提琴和中提琴的嵌线相同，黑色层厚 0.3 毫米，共内外两层，中间一层白色层厚 0.6 毫米，总厚度 1.2 毫米。大提琴嵌线黑色层厚 0.6 毫米，白色层厚 0.8 毫米，总厚度 2 毫米。高度都是 2.5 毫米，修削后留在槽内的嵌线高度仅 1.5 毫米左右，所以小提琴的嵌线高度有 2 毫米也够了。先把三条木皮用胶粘在一起，切割成需要宽度的长条，嵌入槽中时按槽的形状，用弯曲侧板的加热器定形后镶入槽内。嵌线的毛长度可参照侧板的毛长度，但下嵌线的长度要按照整条侧板的长度计量。

安装嵌线之前先要把琴边的 1 毫米余量去掉，因为嵌线的位置是以琴边作为基准的。也可暂不去掉，但在调节嵌线刀片的距离时要把它计算在内。这时仍然是直上直下的琴边，使嵌线刀能准确地贴住它。嵌线刀可以是双刀片或单刀片的，按各人的使用习惯选用。斯特拉第瓦利似乎是用单刀片的嵌线刀。调整好深度和离琴边的距离后，把嵌线槽切割到需要的深度。如果是单刀片就需要两把嵌线刀，分别调整好离琴边的距离和切割深度，分两次切割到需要的深度。嵌线槽是个直上直下的槽，两侧不可有弧度，也不可宽窄不一，否则嵌线后会显得弯弯曲曲，之后用与槽宽度相似的平凿或刀把槽中的木料掏空。加工过程中可用定好长度的铅笔芯尖，插入槽内沿着槽移动，笔尖会标记出槽内的高点。

但面板有时较难用嵌线刀直接加工到需要的深度，硬的秋材木纹会阻挡刀片，使刀片偏向软的春材，做成的槽就会曲曲弯弯或宽窄不一。可在琴边处先涂抹稀的胶水，使春材吸收胶水，胶干后即变硬，之后用细砂纸磨光滑琴边表面。嵌线刀主要用于第一刀，割出连贯而又光滑的槽壁，再用刀沿槽壁加深槽，达到深度后再用窄口平凿或刀挖掉槽中的木料。

小提琴嵌线槽的宽度是 1.2 毫米，槽外侧离琴边的距离是 4 毫米，故嵌线槽刚好处在侧板和衬条的上面。深度 2～2.5 毫米，由于槽下面剩下的琴板厚度仅约 2 毫米，所以控制深度极为重要。不然的话非但不能保护琴边，反而会在加工过程中使某段琴边脱落。中提琴的嵌线槽尺寸与小提琴相似，因为琴板边缘的裙边仅加宽了0.2 毫米，用的是相同规格的嵌线。大提琴的嵌线槽离琴边 5 毫米，深度 2.5

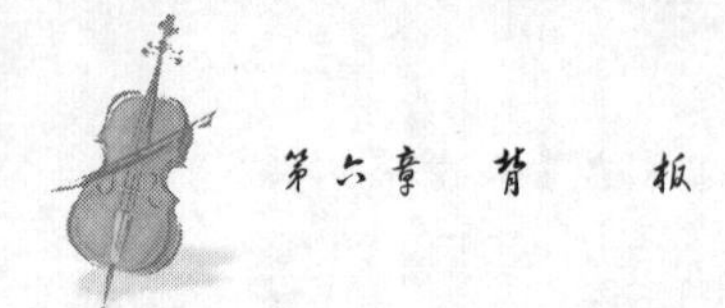

毫米，宽度 2 毫米。

嵌线槽开好后先匹配中腰和琴角处的嵌线，琴角处蜂针的形状，体现了制作者的风格和技艺。斯特拉第瓦利制作的蜂针，尖端并非指向琴角的中心，而是略偏向中腰。蜂针尖的长短也不完全一样，尖细而长的蜂针尖端，有时是用掺有乌木粉的乳香胶填充而成。中腰和琴角的嵌线做好后镶嵌上、下嵌线，由于下嵌线较长，有可能手头的材料不够长，可以在镶嵌时把它接长。连接时不要横断嵌线，而是在接头处把嵌线叠在一起，长度约 10 毫米，用平凿切成斜切口。镶入嵌线槽内时让上、下嵌线的切口重合在一起，这样的接头比较牢固和隐蔽。

所有的嵌线都镶入槽内后就把嵌线用胶粘贴好，粘贴时不必再把嵌线从槽中取出，否则已镶得很完美的嵌线和斜接角及蜂针，可能会弄巧成拙地受损。只需要配制稀的新鲜热明胶溶液，用注射器吸取稀胶或用小毛笔蘸稀胶，把胶涂到嵌线和嵌线槽上，之后再用热水毛笔刷洗，并用湿的海绵或布擦干净。热胶会渗入嵌线槽内，不仅使嵌线膨胀填满嵌线槽，并与嵌线边缘的胶溶融在一起。胶干后使嵌线与嵌线槽融为一体，并具有足够的强度把嵌线粘住。

胶干后嵌线连同琴边周围的槽一起修刮，要做好周围槽的下凹弧形，与拱和琴边凸起的弧形相连接。只可用刮刀和细砂纸木块把整个拱修光滑，最好用锐利的刮刀，它可减少木纤维的损伤，不仅使拱表面圆滑，枫木的图纹也会更明晰而带有深度。槽与拱要做到凹与凸的圆滑连接，槽的形状和深度都要做到最后的尺寸。槽的最深点不是在嵌线处，而是在嵌线的内侧，所以嵌线处不是最低点。槽与琴边的连接处，要在琴边上留出 2 毫米一圈的平面，等琴边修圆后平面的内侧应当形成一圈脊。如果这时琴边还有余量，平面应加上它的尺寸。

到此为止背板表面的工作已全部完成，只是琴边缘可能还留有 1 毫米的余量，琴边和琴角的形状可以在完成厚度后，或合琴时再作修整。整个弧形面应做到线条流畅，表面光滑无瑕。只有达到这样的标准才可以开始制作琴板的厚度，因为厚度的度量是以琴板表面为基准的。一旦厚度做好琴板表面不宜再作任何改动，否则会影响到琴板厚薄的均匀度，直接影响到琴板的声学效果。

6.1.4 厚度分布

古代大师们制作的提琴，虽然琴板厚度分布有一定的规律可依，但在细节上各有特色。究竟为什么要这样做，现代的制作者和鉴赏家们都作了种种推理，并用先进仪器进行剖析。如测定共鸣板的固有频率，以指导面板和背板的匹配。还发现优秀的提琴，面板与背板的固有频率都相差半个到一个音，这与传统的听叩击声的制作方法所要求的是一致的。总的来说提琴制作者是一群守旧复古的人，万变不离其宗地遵循着古代几位著名大师的准则进行工作。也许正如人们所公认的，提琴制作工艺的改革余地已不大，除非是另一类乐器如电子提琴或电子合成器。但它们所模拟的仍然是古代优秀提琴的声音，否则人们更认为它是地地道道的另一种乐器。

1) 划分区域

背板的厚度分布比面板要复杂些，需用直尺和圆规预先划分好区域后再加工。

小提琴、中提琴和大提琴的厚度分布不完全一样，请参阅图 6.2、6.3 和 6.4 的右半侧。

1. 两端预留区

琴板的顶端和底端按画拱样板位置线的方法，划分出粘上、下木块的两个区域。以小提琴为例，如果上、下木块的厚度是 15 毫米、琴边宽度(裙边)3 毫米、侧板厚度约 1 毫米，再加上琴边可能还留下的 1 毫米余量，总共是 20 毫米。故从顶端和底端的毛琴边开始向内量出 20 毫米，画一条与中缝垂直的横线。从横线到琴边的这块区域要保持平整，也不再改变它们的厚度，以后要粘贴支撑木块和侧板框。其他种类的提琴也是根据支撑木块厚度＋琴边宽度＋侧板厚度＋琴边余量，计算出横线所在的位置。也可以把侧板框对准位置放在琴板内面，先画出侧板框外形图，再沿着支撑木块的内侧在琴板上标出横线的位置。

2. 侧板框预留区

由于侧板框的其他部分也要与琴板粘在一起，所以要在琴板上画出一个侧板框内侧的吉他形框图，框之外的琴板也要保持平整。因侧板框的外形已画在琴板上，故最简单而可靠的画法，是从侧板框外形线条处，向内量出侧板厚度加上衬条厚度的总宽度。用圆规或手工绘制的方法，沿侧板框外形内侧，在琴板的上下区域和中腰处画出平行线条，四个琴角处用手绘线条把各线条连在一起成吉他形。实际上就是侧板框的角木块修削好之后，衬条内侧连同各支撑木块的图形。它与侧板框外形之间的区域，就是将来粘侧板框的地方，制作厚度时绝对不可把它减薄，而且要小心地让它保持平整。也可以把侧板框用夹子固定在背板上，沿侧板框的内侧用铅笔画出吉他形的框图。

3. 标出厚度区

斯特拉第瓦利在设计模具时，以琴体长度的一半即中点作为 A 点，它是琴体的几何中心。以二比一直角三角形的底边长度作为半径，向对边画圆确定 B 点位置，也就是码的位置。此点是琴体的声学中心，正好等分码上下区域的面积。A 点之上相对于 B 点的 C 点，处在背板最厚的部位。根据萨柯尼的分析，斯特拉第瓦利所以要这样设计，是为了使背板能够更好地振动。可能是他认为音柱位置处是背板的起振点，此处不可成为振动中心，否则反而会抑制整个背板的振动。所以背板的最厚处略微往上移一些，而且把它作为厚度分布的中心。但是瓜内利・杰苏把最厚点放在 A 点处，一些现代制作者则放在 B 点处。

现介绍的斯特拉第瓦利的几个提琴，如中提琴和大提琴的最厚点，从顶端往下测量在琴体长度的 0.48 处，小提琴是 0.49 处，而体长的一半是 0.5 处。具体尺寸是小提琴 354×0.49＝173 毫米、中提琴 412×0.48＝197 毫米、大提琴 759×0.48＝364 毫米。此数值也接近各类提琴的面板和背板拱最高点处，两者距离顶端的平均值。

划分厚度区域时都是以这一点为圆心，画出几个不同直径的圆来分配厚度区域。小提琴画直径 70 毫米、140 毫米和 180 毫米的圆 3 个，周围宽 20 毫米。中提琴画直径 95 毫米、190 毫米和 226 毫米的圆 3 个，周围宽 18 毫米。大提琴比较特

殊，上下两部分的厚度不对称，上部画半径72毫米、124毫米、175毫米和207毫米的半圆4个。下部画半径69毫米、136毫米、207毫米和239毫米的半圆4个，周围宽25毫米。然后按图6.2、6.3、6.4的右半侧图形，分别画出整个琴板内面的厚度分布区域，要注意各圆外侧的曲率半径是不同的，需要另外手工描绘把上下部分连接起来。

由于加工厚度时画好的线条会被挖掉，所以为了制作方便不必时时用圆规画圆，可以用薄铝板或塑料板制成半侧的样板。以琴板上已画的上下横线作为基准线，在样板中线上标出圆心位置，画出圆和各分界线条，再在圆的线条上钻一系列小孔，分界线之外的余料去掉，制成一块具有长腰的葫芦形样板。用时把样板对准中线和基准线，用铅笔围着样板画线，依小孔画点，取掉样板后再把各点连成线即可。

2）控制厚度的方法

为了能准确地控制厚度和加快制作过程，制作者们各自摸索了一套独特的办法和经验。方法是多种多样的，都是根据自己的技艺和条件进行加工。这里介绍的只是最常用的几种方法：

1. 参比点法

先把吉他形框内侧的区域全部加工到最厚处的厚度，然后划分厚度区域。在各个区域内用半圆凿挖出可容纳测厚计测量头的坑，用测厚计测量出需要的厚度，可多挖几个坑作为参比点。参比点的厚度也可留得略厚些，由于木材的质地不同，加工到最后可能需要比图上所标的厚度厚些。

2. 标记法

斯特拉第瓦利制作了一个简单而又实用的标记厚度的装置。在底座上安装了一个可提起和按下的长臂，当长臂按下时安装在长臂后端、可调节高低的定位螺丝会抵住底座，使长臂前端与底座之间的跨度可调节，也就是调节需要标记的厚度。底座上还安装有圆弧形的标尺，当长臂升降时沿着标尺的刻度指示出厚度。长臂的端头安装有一个三角形的针，相对于针尖对面在底座上装一根小木棍，把琴板的拱面对着底座上的木棍顶端放上，按下长臂使针插入琴板内面形成规定深度的孔，针尖离琴板表面的距离就是板的厚度。在斯特拉第瓦利制作的琴板内面，常可见到遗留的三角形针孔，这是因为已加工到理想的叩击声，中止减薄而留下的痕迹。

3. 深度钻法

需要一台带有平口台钳的钻床，并制作一根下方、上圆、顶部修成平面的小木棍。把木棍方端夹在台钳上，使用2毫米的钻头，调整工作平台的高度和位置，使钻头降到最低时钻头尖与木棍顶端平面之间的距离刚好等于需要的厚度。把琴板的拱面抵住木棍顶端的平面，在内面规定厚度的区域内钻许多孔，钻孔尖端与琴板表面之间的距离就是厚度。以后加工时用半圆凿和提琴刨去掉木料直到钻孔的底部，然后用砂纸和刮片精加工。加工时可能会在拱面上压出小麻点坑，以后可以用湿布润湿木料使它膨胀复原。

4. 马赛克法

琴板的上下两个区域的厚度是均匀一致的，为控制最后的精度，在精加工时用

铅笔把加工面划分成10毫米见方的小方格。此时要用装有精度为0.01毫米百分表的测厚计，测量每一小格的厚度并标在小格内。或者连续测量各处的厚度，并用铅笔标上。厚度不均匀处用刮片进行加工，直到整个区域厚度一致为止。琴板上下两个区域的厚度均匀一致，对琴的声学效果极为重要，这里的误差要小于0.1毫米，用十分表测量由于表的误差和加工时的人为误差，达不到这样的精度。

配合叩击声确定加工终止点时，用这样的方法能均匀一致地减薄已加工好过渡区的琴板。而且一旦达到理想的叩击声后，不必再切削掉更多的木料就可把各过渡区融为一体，表面的光洁度也能达到要求。

3）制作厚度

加工厚度的过程中也有先后次序，否则会弄得不知道究竟哪里该去掉木料，或哪里已不能再减薄。厚度和分布区域处理不当，琴板的共鸣效果是不会好的。可大致地参考下述的程序进行：

1. 吉他形框线之外的区域绝对要保持平整，既不可减薄也不可遭到损坏，否则侧板框就粘不牢靠，整个琴的坚固程度和共鸣效果都会受到影响。先加工上下两端两块最大的区域，也是琴板上最薄的两块区域，把它们制作成厚度均匀一致，误差不大于0.1毫米的薄板。这两块区域可以先留厚一些，即加工到还有浅浅的钻孔时，暂时不再减薄。待过渡区做好后，根据叩击声再均匀地一致减薄。

2. 接下来加工中间的区域，但靠吉他形框周围的一整圈暂时不要减薄。中间区域虽然也按厚度分了区，但并不是制作成厚度均匀一致，彼此之间厚度决然不同，像一块块梯田样的区域。各个区的中间部分是做成所标的厚度，但周围要与相邻区域形成坡面形的过渡区，使琴板的内面也像拱表面那样平滑过渡，过渡区也要均匀地减薄。不仅中间各区域间要相互平滑过渡，与两端厚度一致的区域和周边一圈也要平滑过渡。使整个吉他形框之内的弧形融为一体，没有突起突落坑凹不平的现象。另外要注意与两端区域连接时，不要改变已经做成厚度均匀一致的区域，而是减薄中间区域向它们靠拢。靠近琴角的地方，很容易不知不觉地做得过薄，要经常测量这些部位。

3. 中间最厚区域的中心要保留一小块厚度均匀的区域，这个最厚区可以略微向上靠，也就是向C点靠拢一点点，但不要往下靠。整个制作厚度的过程中要时时测量厚度，更妥善的是采用马赛克方法进行监控。加工到这时基本上接近完工，但究竟何时停止减薄要依靠叩击声的音调而定。

4. 从古到今制作提琴时都是靠用手指尖或关节叩击琴板，听琴板共鸣声的方法控制最终厚度，可以说叩击声是指导加工终止的信号，修理者也不例外。虽然近代已用各种仪器和方法进行测试，但对于提琴制作者来讲似乎增加了不必要的复杂性，而且引申出更多有待解决的问题。不过听叩击声是需要摸索一些经验才能掌握的，对音调的判别需要受过训练的耳朵，握琴板和叩击的部位要准确，否则会误入歧途的。

5. 叩击声与木材的质地和厚度密切相关，质地松软的木料本身的叩击声音调偏低，用它制作的琴板要达到规定的音调必然会厚一些。据考证斯特拉第瓦利的

时代正处于一个小冰川期,全球的温度偏低使树木生长缓慢,因而木质坚硬对音频的传导速度快,本身的固有频率高。所以他制作的提琴共鸣板的厚度都比较薄,音色和传远效果都极好。人们采用近一至二百年生长的木材制作的提琴,都较难重复他的结果。加上因年代久远,当初也未妥善地保管好他的遗物,他的后辈也未把秘不外传的技艺继承下来,所以人们往往把他的一切都当作神话般的秘密。这里引发了一个问题,就是他所采用的琴板厚度显然是不能生搬硬套的。人们要根据自己用材和制作的经验,参考有关斯特拉第瓦利的一切资料,决定各厚度区域在初步加工时应该保留的厚度。也就是说文献所提供的斯特拉第瓦利提琴的厚度区域分布图,只能作为参考不能照搬。而且根据我国提琴制作者介绍的经验,采用国内的木材制作提琴,所采用的琴板厚度要比斯特拉第瓦利琴厚一些。但也不可矫枉过正地加厚,使做成的共鸣板又厚又重,一般在所标的数值上加零点几毫米也就够了。

6. 琴板加工到中间区域也接近所标的数值时,就要依据叩击声决定加工的终点。把琴板内面对着自己,用左手的食指和大拇指捏住琴板的一侧,形象化地讲相当于人胸部的乳头处。用右手食指或中指尖轻轻叩击琴板底部中间,靠近下木块位置处的外表面,耳朵凑近琴板的内面应听到清晰明亮的共鸣声。小提琴的音调在降E4～升 F4(字母之后的 4 表示钢琴上第四个八度)之间选择,中提琴在降B3～C4 之间,大提琴是 C3～升 C3。为什么会有个范围呢? 因为各人的经验和用材不同。以及为了匹配面板与背板之间差半个到一个音,而音调可以是面板高也可以是背板高,也有人认为两者音调一样为好,所以有个选择范围。如果想减轻琴体的总重量,不妨让背板的音调低一些。特别要提一下的是手指捏的位置和叩击的位置有偏差,音调的高低就会不同,如叩击位置向上移音调就会变高,改变捏的位置会影响共鸣效果。由于不确定性的存在,制作者的经验是最重要的因素,往往需要长时间的体会才能掌握。

7. 此时不仅要听叩击声,而且加工面要向四周扩展,把厚度一致的上下区域和中间过渡区域与四周一圈平滑地连接起来。但是四周只是在靠近它们的内边缘处形成缓缓的斜坡作过渡,当各区域已达到图上标的厚度而叩击声还不够低时,才更多地减薄四周区域。减薄时由里向外,逐渐扩张地形成斜坡,渐渐地向吉他形靠拢,千万要注意不要碰到粘侧板框的平面,而且不可减薄得太多,尤其是中腰处最好基本上是图上所标的厚度。一般情况下必然已达到需要的叩击声,如果还未达到就再均匀地减薄两端和中间的区域。过薄的共鸣板会使琴声很响,但不悦耳并且带空壳声,故碰到这样的情况只能废弃。

8. 此外,叩击声除了音调是个判断因素之外,共鸣声悦耳和持续时间长也是判断因素,当音调高低已接近时,一旦音色和共鸣有开始变差的趋势就立即停止。达到叩击声后就把内面刮光滑,把弧形面圆滑地连接起来融为一体才算完工。不过此时的叩击声是在琴边尚未修圆、嵌线还未安装、刷漆前的修刮和刷漆还未完成前的叩击声,这些条件都会影响叩击声。所以一些制作者在叩击声还稍微高一些时就不再减薄,尽可能在未合琴前,把琴边尺寸做到位、嵌线做好、琴边修圆,再让

厚度达到需要的叩击声，以减少不必要的不确定性。另外，修琴时即使听到同样的叩击声，共鸣板所处的条件与尚未完工的板也是有区别的，这就要靠个人的经验来判断了。

6.1.5　钮

背板上的钮是加固琴体与琴颈连接强度的部位，琴颈的脚跟就粘在其上，所以它的直径与琴颈脚跟一样大。小提琴钮的直径是 20～21 毫米，中提琴是 22～23 毫米，大提琴 29～30 毫米，因制作的提琴尺寸大小而定(见表 8.2)。在初步加工背板时，只是在背板顶端留出一小块比钮大些的木料，厚度比琴角厚度略厚些。它的内面与背板底面处于同一平面，加厚部分留在钮的外表面。在背板各处包括外表面、内面、嵌线、琴边修圆都已加工好，甚至于合琴后才在背板顶端画出钮的图形。由于此时琴边与嵌线都已做好，钮的位置有了参比点，才能在背板外表面准确位置处画出钮的图形。

钮的圆心位于琴边外侧一点，所以钮的形状不是正好半圆，而是比半圆大一些。当琴边和钮的倒角(斜边)都修削好后看起来会更圆些。但此时仍然不修削到最终的尺寸和形状，直到琴颈安装到位后才与琴颈脚跟一起，按钮的形状修削和做出倒边。小提琴钮的圆心位置以嵌线为基准的话，是在嵌线边缘之上 5～5.5 毫米，中提琴是 6～7 毫米，大提琴 12～13 毫米。如果以琴边为基准，把这些数值减掉琴边的裙边宽度和侧板厚度就可以了，不过因有钮存在故先要用外形样板画出琴边的线条。

加工到这里背板已基本完成，暂时好好地保管起来，待合琴时与琴的其他部分装配在一起，然后再作整体的协调。

6.2　背板的修复

背板由于是用枫木制成，比云杉的面板更结实些。另外面板的拱会受到多方面的因素造成损坏，而背板只是音柱的压力对它影响较大，所以受损的情况与面板不太一样。背板拱若有变形，具体的修理方法请参考第七章面板拱的修复一节。

6.2.1　钮的修复

背板上最易损坏的部位是钮，琴颈因弦的强大拉力而脱落，或不当的修理都会损及钮。往往钮的部分木料还粘在琴颈的脚跟上，就与琴颈一起断离背板。显然简单地把钮粘回到背板上是不会结实的，而且也失去了它应有的功能，需要把钮加层或嫁接钮才能达到修复的目的。有时因为修理琴的其他部位，需要脱开钮或修削钮而使它变小，但钮本身和周围的结构还是牢固的，就可以配上乌木冠恢复它的原状。

1）钮加层

当琴颈脱开时，钮内面的木料碎片可能会粘在琴颈的脚跟上，甚至于波及钮两侧背板内面的木料，此时可采用加层的方法进行修复。

1. 为了粘合加层时不损坏拱和提供必要的夹子座，需要制作一个聚酯衬模。模具的大小应能垫住琴的上部背板。比整个修理区域大些，长度要超出上木块内侧 20 毫米。

2. 取下面板并切削掉上木块，暴露出需要加层的区域，用铅笔画出加层槽的轮廓，它的形状是里侧比外侧略窄些的梯形。大小应能覆盖住整个钮和受损的背板边缘，长度要超出上木块的内侧。

3. 测量嵌线处的背板厚度，然后把背板夹到垫有玻璃纸的衬模上。把靠琴颈处的左、右上侧板脱离背板，并在两侧垫上楔形木块使两侧板的端头悬起，为下一步的加工提供空间。

4. 用锐利的刀沿铅笔线画出刻痕，再按背板厚度的一半用刀和锉，连同钮加工出槽，槽的边用宽刀切削成直上直下轮廓清晰的直边，槽的底部加工平整。可用一方正而又表面平整的木块，涂上粉笔灰放到槽和钮的平面上略微移动一下，然后观察平面上哪里有粉笔灰，哪里就是高出的点。用平凿或刮片去掉高出点的木料后再次检测，直到整个平面都能沾上粉笔灰为止。

5. 槽做好后选一厚于 6 毫米的枫木片做加层片，加工平整后切割成与槽相似大小的梯形，钮处的木料比钮大一些。它的边也应是直上直下的，把它插入槽内，边插边匹配大小。之后再匹配平整面，这次是在槽和钮上涂粉笔灰修正枫木片。

6. 匹配好后清理掉粉笔灰，用吹风机加温槽和木片，涂上新鲜热胶粘合，用夹子固定好后用毛笔蘸热水去掉多余的胶，并用湿布或海绵擦干净。

7. 胶干后把木片修整到与背板底面一样平，琴边处修齐，钮处修成与钮形状相似大小，待装上琴颈后再与琴颈一起作最后修整。此时，粘贴上木块并修整好形状，再把侧板粘到上木块上，粘合侧板与背板的接合缝，粘上面板后就可安装琴颈。

2）嫁接钮

如果钮被琴颈拉断与琴颈一起脱离背板，就必须嫁接钮才能保证修复后的钮更为牢固。

1. 制作模具和前期准备工作与钮加层一样，请参考上节的部分内容。为了使衬模留有钮的位置，以及保护嵌线和有较大的工作面，使槽容易做平整，故把断裂的钮先粘回到原位。

2. 用与加层同样的方法制作槽，槽的长度一定要超过上木块的内侧，槽制作好后把衬模从琴上取下。把暂时粘上去的钮切掉，同时把琴边的木料也切掉直达嵌线外缘，但不要伤及嵌线。要保证切口的切割线与嫁接槽的梯形边坡度相一致，以便于将来匹配嫁接钮。

3. 选一片图纹和色泽与背板相近的枫木，木纹走向要与背板一样，顶头丝的斜度也与背板一样，刨平整两面后还要比最终的钮厚度厚些。

4. 由于钮加层时钮的外表面仍然是完整的，故背板的中缝一直连到钮处。嫁

接钮时如果用整片木料置换原来的钮就没有中缝，所以必须分成两半来匹配(图 6.5)。先匹配嫁接料的一半，当侧边和底边匹配好后，中缝处还留有余料重叠在背板的中缝上。然后刨中缝处的边，使它与背板的拼合缝对齐。如果是整板的背板就可免去这一步骤，用整片的嫁接料与背板匹配。

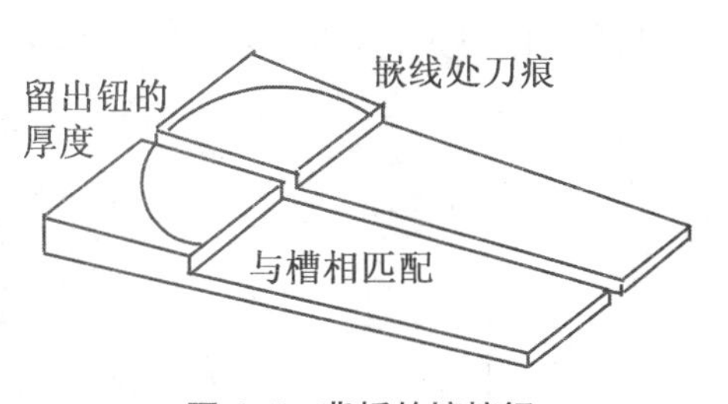

图 6.5 背板的嫁接钮

(Weisshaar, et. 1988)

5. 用同样方法匹配另一半，中缝处同样也重叠在背板的拼合缝上。在把原先匹配好的那一半对准中缝夹到背板上之后，才刨它的中缝边使它与另一半的中缝对齐，而且两者的拼合缝与背板的拼合缝也对齐。

6. 如果嵌线已经损坏需要更换，可以在嫁接好之后重新开嵌线槽装新嵌线。现把两半嫁接料粘合在一起，夹在平板上以保证两者处在同一平面上。

7. 在粘合后的嫁接料上做出台阶，使新钮有需要的厚度，也使新琴边能够与原琴边的外表面匹配高度。制作时先把嫁接料在槽内插入到位，圆规两脚的跨度调整到 1.5 毫米，一个脚抵住嵌线沿嵌线移动，另一脚的铅笔尖在嫁接料的外表面上画出嵌线图形的线条。留 1.5 毫米的余量是因为嫁接料在做出台阶后，再次插入槽内时常常会超过槽的长度，如果不留余量就要同时匹配三个面。

8. 然后沿画的线条用刀切一浅痕，把嫁接料向着梯形槽那侧的表面去掉约一半厚度，直到刀痕处在其上形成一个台阶。把它滑入梯形槽内，观察新钮和新琴边是否已有足够的厚度，若不够厚再去掉一些木料。要注意这里指的是由原背板的底平面到新钮外表面的厚度，此厚度要超过新钮的最终厚度，而新琴边要高于原琴边。而且嫁接料的内面也要留些高度，因为将来要与背板的底面修得一样平。

9. 把台阶的表面用锉和砂纸木块修平整，使它与梯形槽的底面相匹配。把嫁接料滑入槽内，如果弧形台阶未靠近嵌线，就同时对称地修整它的两个侧边。如果底边也顶住，就略微修掉一些，使嫁接料滑入更深些，又要保证中缝对齐。在嵌线上涂粉笔灰检查台阶处弧形面上的高出点，把沾有粉笔灰的高出点修削掉，重复检查直到整个弧形面都能沾上粉笔灰为止。如果要换新嵌线，只需要在弧形面处留出一条比嵌线窄的槽就可以了，待嫁接料粘上之后再开嵌线槽和装新嵌线。

10. 在衬模上做出能容纳下新钮和新琴边的地位，衬上玻璃纸后把琴夹在衬模上，嫁接料和背板都涂上新鲜的热胶，把嫁接料滑入槽内，用锤轻敲到位，夹子夹住后清洗掉多余的胶。胶干后把嫁接料的内面修得与背板底面一样平，之后粘贴上木块，修削上木块，粘贴侧板并调整衬条，粘贴侧板与背板的接合缝，粘合面板，安装琴颈，修削新钮和琴边，装上新嵌线，刷漆和润色。

3) 乌木冠

如果钮因磨损和修理不当而变小，就要镶上一个乌木冠使它恢复原样。若是修复过程中发现钮的中心位置不准确，也可用镶乌木冠的方法进行修正。现假定钮的尺寸小提琴是直径 20 毫米、中提琴 22.5 毫米、大提琴 29.5 毫米。并以小提

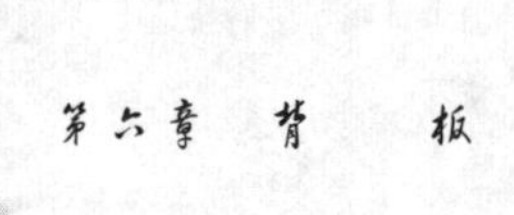

琴为例介绍修复过程，中提琴和大提琴请参考图 6.6。

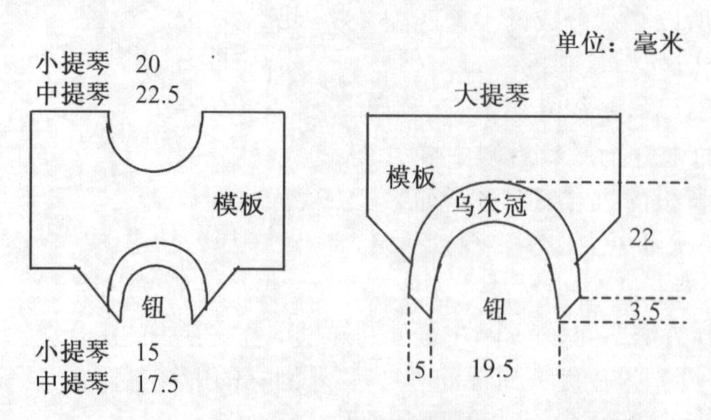

图 6.6 乌木冠的模板

(Weisshaar, et. 1988)

1. 在钮上标出琴颈的中心线，因为琴颈的两侧有可能斜坡的角度不一致，如果以钮上的(背板)拼合缝或中心线作基准镶上乌木冠，就有可能最后按照琴颈脚跟修削乌木冠时，乌木冠两个侧边的宽度会不对称，人眼观察时会感到钮偏在一边，而且影响钮的美观。

2. 在琴颈脚跟底面的中心线上标出钮应在的圆心位置，画直径 15 毫米的圆，把已磨损的钮逐渐修削成直径 15 毫米。边修削边用直尺检查钮两侧离颈两个侧面之间的空隙是否一样，把空隙小的那侧钮的木料多去掉些，但是要保持钮的形状完美。而且最后钮的上部圆弧与颈脚跟底面上画的圆弧线条的内侧重合，而从钮的中部开始到乌木冠两个脚尖处之间的那段，要有个渐渐稍微变宽的趋势，到脚尖处才达到 15 毫米，这样匹配乌木冠时会方便些。

3. 乌木冠两侧的边各宽 2.5 毫米，镶上乌木冠后钮的尺寸应恢复为 20 毫米，但是最终镶乌木冠钮的直径是由琴颈脚跟的宽度决定的。为了美学的需要，乌木冠顶部的宽度要比两脚略宽些，两脚的间距也有个逐渐变宽的趋势与钮相匹配。冠的两个脚从琴边处开始修成锐角，角尖离嵌线的距离约 1～1.5 毫米(见图 6.6)。

4. 古代提琴安装琴颈是用钉子穿透上木块和侧板把它钉住，然后与琴颈脚跟一起把钮修削成形。所以琴颈常常会过分地偏离琴体的中心，安装乌木冠时需作适度的校正，但修削钮时会发现钮的一侧木料削掉太多，而另一侧却不够。可以用新木料补足或把多的那侧木料切下，反一个面粘贴在不足的那侧，然后再修削到直径 15 毫米。

5. 如果琴颈偏离中心太多就需要重新安装琴颈，校正琴颈中心位置的方法如下，测量琴体上部和下部最宽处嵌线之间的距离，此距离除以 2 即两者的中心点。用有弹性的直尺连接这两点并延伸到钮上，即可确定钮的圆心位置，但是这条中心线与背板的拼合缝可能不在一条线上。重新安装琴颈时，就以这条线作为中心线，而且要在琴颈安装好后才修削钮和匹配乌木冠。

6. 把要加乌木冠的钮修削到需要的尺寸后，选一块乌木准备制作乌木冠，旧的指板是理想的乌木冠料。乌木的木纹走向应与背板一致，把木料刨成宽约 24 毫米比琴边略厚一些。把样板两端的半圆形曲线套画在乌木料上，脚尖处的锐角线条也画上。

7. 乌木料在锯切时各处都要留些余量，以便修削匹配。在已修削好的钮的两侧琴边处做出锐角的凹槽，匹配时在钮的四周和凹槽处都涂上粉笔灰。把大致修削好的乌木冠与钮和凹槽匹配到紧贴住，但要注意冠的外侧要留足够的余量，以便将来与琴颈的脚跟一起修削成形。

8. 匹配好后用新鲜热胶把乌木冠粘到钮上，待胶干后把乌木冠修削成形，冠两侧脚的宽度要修得比顶部窄一些，也可倒角时利用斜边的宽度调整冠的最后外形。

6.2.2 重新粘合中缝

拼合的面板和背板常因过于潮湿或干燥的气候影响，琴板会出现挠屈和开胶的现象。码的压力和过紧的音柱，使琴板中腰处的拼合缝极易裂开。而琴弦的强大张力，会使琴板靠近上、下支撑木块处的中缝开裂。有时会因上述原因，使整个琴板的拼合缝裂开，使用一般的修理裂缝的方法已解决不了问题，必须重新粘合中缝。现以重新粘合开裂的小提琴背板中缝为例子，介绍整个操作过程。

1）修正变形的拱

这一步是最重要也是最令人乏味的准备工作，中缝之所以会开裂就是因为拱由于种种原因变了形，而修正拱需要一系列繁琐的操作步骤。

1. 从琴上取下背板，拆卸的方法和注意事项请参考第二章 2.3.3 节。

2. 如果中缝上粘有木贴片，以及会妨碍修正拱的其他补片都要全部去掉。修正拱的变形需要用到石膏衬模和热沙袋，具体方法请参考第七章 7.2.1 节拱的修正。若不是严重的变形，可以按下述方法进行矫正。

3. 制作正确拱形状的椴木衬模，先制成宽约 5～6 毫米、高 20 毫米的木料，长度根据操作部位处琴板的宽度而定。按需要修正处琴板外表面(刷漆面)应有的正常弧形，雕刻衬模向着琴板的那面。可能需要几根这样的拱修正衬模放在不同的部位，衬模的长度横跨整个拱。琴板内面衬垫上薄的卡片或玻璃纸，下沉的区域用夹子轻轻地夹在修正衬模上，注意要保护好外表的漆膜，可以在衬模上垫玻璃纸。

4. 确定拱的形状是否已经正确，可以稍微修正得过一些，因为拿掉修正衬模后可能会有些反弹。当夹子还夹住时，把琴板内面需要矫正的区域略微弄湿，再让它干燥之后用涂粉笔灰匹配的方法，在紧靠夹子脚的地方用椴木制作拱修正梁。修正梁的长度需横跨整个拱，把各条修正梁粘贴到位，暂时连中缝一起粘住，以后要把它切断使中缝处能脱离开。完成这些步骤后拱的轮廓必须已矫正好，即使裂开的中缝拼合面未能碰在一起也暂时不必管它。

2）稳固琴板

由于以后刨平中缝拼合面时要用手压住琴板，为了防止琴板受压后变形或受

损，单有修正梁强度还是不够的，必须在中缝脱开之前在两侧琴板的内面再加上横向的稳固梁。有了稳固梁就可保证中缝拼合面在刨平后仍然能很好地对齐。

1. 用宽约6毫米、高度超过琴边的木条制作稳固梁，琴板的两侧分别配上3～5根稳固梁，均匀地分布在琴板内面。稳固梁虽然并不要求密切地与拱的内面匹配，但也不可留有应力。用胶把它点状地粘在内面，两侧的梁在中缝处相互离开约1毫米。

2. 把修正梁在中缝处断开，然后小心地逐段掰开中缝。中缝处略微湿润一下，用酒精灯微微加温会有些帮助。如果极难打开可以用嫩肉粉的饱和水溶液涂在中缝处，嫩肉粉的蛋白酶会消化胶的蛋白质使接缝更易脱开，脱开后用双氧水使蛋白酶失去活性。

3）刨平拼合面

1. 用于刨拼合面的刨子必须制作得很规范，刨铁的刃口能够与刨子的侧面成直角。刃口要磨得既平直又锋利，并调整到可刨出极薄的刨屑。

2. 一块大的平木板作为刨子侧面的依靠面，也就是保证将来刨出的拼合面，能与琴板底面成垂直的基准面。板的表面和刨子侧面都可涂些蜡，以减少推动刨子时的摩擦力。

3. 取另一块比琴板大的平木板或胶合板，厚度要大于10毫米以上，制作成可夹上一侧琴板的夹具。木板四角攻几个丝孔，拧入圆头螺丝后可微调木板的倾斜度，使夹在其上的琴板拼合面与琴边底面和刨刃成直角。在木板的表面沿着琴板的周边装上几块垫有软木的小木块用于固定琴板，木块用可调节松紧的螺丝固定。

4. 先夹上试刨的木料调整夹具，木料的两个表面必须平整，而且把它的底面作为基准面夹在夹具的平面上，夹持时使试刨的那个侧边超出夹具几个毫米。刨子侧躺在大木板上抵住试刨木料侧边，推动刨子把木板侧边的表面刨平整，取下木板用角尺检查侧边是否与底面垂直。若不成直角就调整夹具底面的圆头螺丝，直到刨出的侧边表面能与木料底面成直角。过程虽极其繁琐但是很重要，因为琴板上只容许去掉极薄的一点点木料，即使去掉这一点点木料，也已使整个琴板的宽度变窄。绝对不可用琴板来试刨，稍刨得多一些就可能为下一步操作带来更多的麻烦，甚至于不得不换掉整块琴板。

5. 调整好之后就夹上琴板刨拼合面，两侧的琴板要交替着刨，每次只可刨一下。每次取下琴板都要把两侧的琴板拼合一下，检查是否已经合缝，或哪里需要轻轻地再刨一下。一旦合缝绝对不要再画蛇添足，往往多刨一下会弄得前功尽弃。

6. 刨好后用新鲜的热胶粘合，用拼缝夹夹住使拼缝密合。粘合大提琴的中缝时，如果出现什么困难可分段粘合。胶干后去掉修正梁和稳固梁，需要补片就粘上补片。

7. 琴板经过这样的处理后总是会变窄些，不过琴边的裙边一般有3毫米的宽度，只要不是窄得太多是可以调整的。但是钮那里会明显地觉察到变形，极端的情况下可用乌木冠恢复钮的宽度。

6.2.3 虫蛀损坏

木材常常会受到蛀虫的危害，保管不善的提琴也不例外。虫蛀会在琴的各种部位出现，弯弯曲曲的虫道使受害区域成为蜂窝状，甚至于彻底崩溃。虫蛀常常不会损坏到漆膜，但在其下的虫道会使漆膜凹陷下去。消灭蛀虫过去用10%的氯丹或10%的滴滴涕注入蛀孔内，现在更多采用辐射的方法，如爱克斯射线或伽马射线以减少污染。现以修复受虫蛀的侧板为例介绍具体方法：

1）制作衬模

1. 请参考5.2.1节和图5.2。如果使用聚酯衬模，木模只是作为背衬不需要精修，而且在木模内面钻一些浅孔，使聚酯材料更易粘住。

2. 浇铸聚酯前先要作些准备工作，如大提琴需要用木棒做一个三角形的支架，它的底边在琴体内侧顶住侧板以增加强度，而支架的支撑点，即三角形的尖端，应顶在支撑木块上。侧板外表面涂薄薄的一层矿物油，贴上0.015毫米厚的锡箔或铝箔，靠琴边和琴角处的各个边折叠一下任其悬空，将来可容纳多余而渗出的聚酯（见4.4.2节）。

3. 聚苯乙烯调制好后均匀地浇在包了锡箔的侧板上，剩下的聚酯均匀地浇在木模的内面，立即把木模扣在侧板上。轻轻地压木模并来回移动，使多余的聚酯从边缘各处略有渗出，必要时挑开折叠处使过多的聚酯流入其中。聚酯在几分钟内就开始固化并发热，为防止过热可用戴一次性手套的手指取一些多余的聚酯，感觉它的热度，一旦过热就立即取下衬模，拿掉锡箔，清理侧板。

4. 用一片有弹性的薄塑料片或摄影胶片，覆盖住衬模表面。因衬模的长度预先设计得较侧板长，所以胶片的两端可钉在衬模上。

2）取下侧板

1. 脱开侧板与背板的胶合缝、把侧板从支撑木块上取下、如果有裂缝先把裂缝修理好，请参考5.2节。

2. 把侧板对光从漆面处观察哪里有虫道，虫道处因变薄所以会更透亮些，先用热胶调制的木粉团填充虫道。填充后乘木粉还软时，用玻璃纸覆盖其上，夹上沙袋尽可能地使木粉团压入虫道内。在制作补片床刮薄侧板时若发现更多的虫道，就重复填补的过程。蛀孔若已穿透漆膜，要用木皮透过侧板和漆膜补上。大面积受损的区域侧板过于软弱，要用临时粘上的木条或薄片加固，在侧板加层时再把它们去掉。

3）外表面的预处理

把水溶性的胶粘纸带粘贴在侧板的漆面上加固侧板，纸带还可使侧板边缘处薄而脆的漆膜保持完整，也为用刮片和砂纸把侧板和漆膜磨透，最终磨入塑料片的表面作好准备。如果不是整片侧板都要修理，胶粘纸带只需大到能覆盖住要补片的区域即可。先把胶粘纸带裁成需要的大小，胶面朝下放在平整的表面上，把纸带的四周边缘砂磨成羽毛边。用水弄湿胶粘纸带，贴在要做补片区域的外表漆面上。把侧板放到衬模上，压上沙袋夹在衬模上待胶粘纸带干燥。

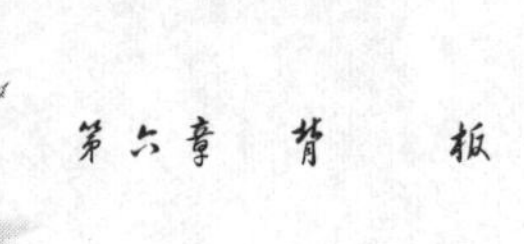

4）内面的预处理

1. 制作补片床

把侧板用带有衬垫软木的夹子固定在衬模上，露出要加工的区域。用刃口短而弧度浅的半圆凿，去掉穿透虫道和蛀孔处的木料制作补片床，床底面的侧板要留有0.5毫米厚度。再细心地用刮片和砂纸在虫道或蛀孔穿透漆膜的区域，磨透漆膜和纸带并略微进入塑料片内。塑料片上浅浅的空穴，使粘贴木皮的侧板外表面形成微微凸起的区域，这是以后把侧板外表面加工成平整而又弧形圆滑的关键。沿着床底砂磨时，为了避免靠漆面处已磨薄的纸破裂，要从四周磨向中间穿透处，不可让完整的漆膜碎裂掉落，否则将扩大补木皮的区域。

2. 补孔用的木皮

最理想的木皮是从侧板本身取，可在制作补片床时从床的区域或侧板的边缘取，木皮的木纹走向要与补孔周围的补片床一样，当然也可用合适的木料制作木皮。侧板保持固定在衬模上，用锐利而又弧度浅的半圆凿，细心地雕出木皮，可以把侧板稍微弄湿便于切削。木皮要求薄如削下的苹果皮，所以取下后就会卷曲。雕下后把它再次弄湿，并立即夹在两片平整的木板之间使它保持平整。

3. 粘木皮

◇ 把木皮覆盖在补片床已磨透的部位处，注意木纹走向要与侧板一样。用一窄条水溶性胶粘纸带做成纸铰链，把木皮固定在侧板需要粘贴木皮的部位上，胶粘纸带既固定了木皮又是个纸铰链。

◇ 准备好热的新鲜胶和湿的布或海绵，把粘木皮的纸铰链提起一边，在木皮和补片床上涂胶，连同铰链一起粘贴到位。用湿海绵洗掉多余的胶，检查一下木皮粘得是否到位。

◇ 侧板内面盖上玻璃纸，以防沙袋粘在木皮上。放上沙袋垫上小木块作为夹子座，用夹子固定住。如果木皮小可用软木代替沙袋，用厚的软木切成需要的大小。拧紧夹子时只可用手指的力，千万不可太紧，而且拧紧时轻敲夹子或小木块，使沙袋内的沙子能均匀散开。

5）加固木皮

木皮太薄而且面积也小，所以要用补片覆盖其上加固木皮，并使补片床填补得更结实，为侧板加层作好准备。用与原侧板相似的薄木片制作补片，使补片床加厚到约1毫米，在加层时再减薄到原侧板的一半厚度。用蘸热水的湿布盖在水溶性胶粘纸带上，待胶溶化后揭掉木皮上的胶粘纸铰链，轻轻地刮和砂木皮的周缘，使它光滑地与补片床的木料融为一体。与粘木皮时一样也用胶粘纸铰链定位补片，粘贴补片后揭掉胶粘纸铰链。补片加固了补片床但还不足以使整个侧板牢固，还要制作加层使侧板完全修复。

6）侧板加层

补片床周围总是会有些下陷，与侧板的连接也不平滑，若不用加层片使它与侧板有个过渡的连接，这里就是个容易断裂的地方。加层片的长度要两端都能够超过补片床20毫米以上，宽度与原侧板一样宽。具体方法请参考5.2.4节的4）小节。

第七章　面　板

提琴是用弓演奏的乐器,当琴弓的弓毛摩擦琴弦时,琴弦产生水平方向的振动,经过码转换成垂直的振动传到面板,再由音柱传递到背板。弦振动发出的声音是微弱的,但经过较大面积的琴板共振,并与空气一起共鸣而产生强有力的音响。所以琴体本身就是个共鸣体,由它激励琴体内的空气腔一起共振,从而发出明亮而又柔和的琴声。由于琴体是共鸣体也是直接的波动源,所以构成共鸣体的琴板,它的材质直接影响到琴体的音响效果。弦虽然是最原始的振动源,琴体受到弦的作用而被动地振动发出声音,但弦振动直接产生的声音并不优美,而且弦是消耗品经常要更换,所以提琴发声的优劣主要是由琴体的品质决定的。构成琴体的共鸣板应该谐振灵敏,起振后又尽可能少地损耗弦传给它的能量,自由振动衰减缓慢。而且对面板的要求比背板高,因为首先响应的就是面板,所以它对音响效果的影响要大于背板。琴板上刷的漆膜过厚也会损耗能量,但对共振频率的影响不大,故对音色的影响不是很大。因面板的材质相对背板来说比较软些,对振动的阻尼作用会大些,故能量的损耗大于背板。所以面板的漆膜厚度更要适当,在能达到保护和美观的前提下,尽可能使漆膜薄一些。

7.1　面板的制作

制作面板的许多工序与背板相同,但在选材、拱的弧度和厚度分布方面与背板有些不同。另外有两个重要的工序,即开音孔(*ff* -孔)一对和在低音弦侧装低音梁。但是面板上不需要钮,面板顶端是安装琴颈的地方,所以需要开容纳琴颈的接榫槽。

7.1.1　初步加工

为了简练起见着重讲述与制作背板不同的地方,面板有许多特殊的要求,将在叙述时作详细介绍。另外,在以背板为例介绍制作方法时,为使初

学者便于理解，着重介绍以中缝作为基准的制作方法。这种方法的基础是要求制作过程中注意琴体的对称性，这样比较容易控制操作过程，对初学者或工厂化生产是个方便而有效的途径。但是过于拘泥于对称性会影响到制作者的艺术发挥，实际上古代艺术大师们的作品都是随制作时的艺术构思信手而得。如阿玛蒂和斯特拉第瓦利在制作提琴时都是精益求精，但他们的作品也都不是严格对称的。无论是琴板的轮廓，音孔的形状、大小和倾斜度，以及琴颈中轴与琴体中缝的一致性，都会有些不对称和不协调。人们推测可能是因为在分别加工互成镜像的两侧时，照明光线都来自同一方向，用的又是同一个手，所以会产生误差。瓜内利・杰苏的作品，就如他的琴声那样粗犷，不仅会在琴体上发现锉刀和砂纸的加工痕迹，而且会见到琴体轮廓不对称，左右音孔的位置、大小、高低和倾斜度不一，八个琴角彼此不一样，旋首的形状多变等。由于大师并未留下文字著作，所以后世人揣测这是他的艺术风格，艺术性蕴涵在不对称和不协调之中，也因此使他的提琴发出如此粗犷而洪亮的音色。

事实上在制作背板和面板的过程中，有些步骤如琴边的裙边是以侧板框的轮廓作为基准，嵌线又是依裙边形状制作的。这些都是经典的方法，能够融艺术风格和对称性为一体。另外，古代琴的结构与现代琴有些不同，所以与之相关的制作步骤和过程都会因之而异，在以后的章节中会作介绍。

1）选材

云杉质地硬而轻，所以是最佳的面板材料，红松的颜色深而且坚硬，斯特拉第瓦利偶尔也选用。但是与枫木相比云杉的强度还是低的，所以一定要选用绝对径切的木料。而且对面板来讲木纤维平直极为重要，制作拱时可减少被切断的几率，使面板具有更多完整的长纤维。木纹的春材和秋材比例要适中，秋材不宜太宽但要质地坚硬，春材的质地要软些，两者配合在一起使面板具有良好的强度和弹性。强度高的面板可更好地抵抗琴弦的压力，制成的拱不易下陷变形。弹性是面板谐振灵敏、对自由振动阻尼小和共鸣效果好的关键。木纹的宽窄要尽可能均匀，但制琴用的云杉一般都要生长近百年，由于环境变迁和气候变化，树木的生长逐年会有些差异，也就影响到年轮的宽窄和均匀度。小提琴和中提琴选择每毫米一条到3毫米两条木纹的木料，大提琴可用每毫米一条到3毫米一条木纹的木料。木纹太窄和太宽，或相邻木纹的宽窄变化大，以及春秋材比例不匀的木料都不合用。

2）拼板

1. 拼合缝

◇ 面板都是采用拼板，为的是使高音侧和低音侧的材质更为对称，有利于琴板的强度和弹性均匀，使各弦发声均衡谐和，各弦的音色较为一致。低音提琴的琴板面积大，可以用多块木板拼合而成。拼板的过程请参考第六章背板，但另有特殊的要求。云杉的木纹平直而清晰，拼合时必须使中缝处的木纹走向与拼合缝平行，否则拼合的面板在中缝处会呈现一条条放射状的木纹，木纹的断面就在中缝处。不仅影响美观，更重要的是两块板的木纤维因此而不平行，而且增加了在中缝处被切断的木纤维。中缝附近的区域可以说是面板的声学中心，也是拱承受码所施加

压力的部位，这里的任何缺陷对提琴的声学效果和天长日久后拱变形的影响都是举足轻重的。

◇ 选材时先观察云杉楔形料两端顶头丝（年轮）的走向，正确径切的楔形料，若在木料端头以窄侧尖端为圆心在木料上画圆弧，各条年轮基本上与所画的弧相平行。在木料端头的中间画锯开线，线条两侧的年轮应呈对称分布，而且木料两端的年轮也对称一致，说明木料没有歪斜。如果未能达到这样的要求，在画锯开线时进行校正。经校正后锯开的两片木料就可能不是一样厚，甚至于不是楔形，要把它们修正成两块相同的楔形料。然后在拼合面处，也就是楔形料厚的那侧，用刀劈开木料找出木纹的走向。如果木料较窄，为省料可凭肉眼找出木纹的走向，用铅笔在木料的正反面标出同一条木纹的走向。锯和刨时以标记线作为参考面，虽然这样并不能使木料整个平面的木纤维平行，但至少可使两块板的木纤维相互平行，并与拼合面平行。采用劈开的木料可以得到琴板的木纹及木纤维，在各个面上都是平行的木料，但如果拼板时不注意这一点，中缝处同样也会出现这样的缺陷。

2. 顶头丝

楔形料对剖成两片琴板后在拼合时有两种选择，如果锯开面作为琴板的外表面，则年轮（顶头丝）与拱更垂直。虽然琴板边缘的顶头丝木纹有些斜度，但表面的外观更对称些。若锯开面作为内面，则年轮与琴板的底面垂直，故琴边的顶头丝与底面更垂直。另外由于拼合面互相更贴近，所以拼合时比较省料。但两种拼合法的顶头丝垂直度也与树干的胸径粗细有关，胸径粗的树干年轮的曲率半径大，顶头丝显得更平直些，故产生的视觉效果会更为垂直。

3）锐利的工具

云杉比枫木软，似乎更易切削，其实对制作技术和耐心是更大的考验。无论是凿子、刨或刮片都要求非常锋利，刃口无论碰到春材或秋材应都能同样顺利地切入。精加工时常常会顺着木纹操作，由于拱已加工成形，拱的表面会出现许多顶头丝。虽然在光滑的表面上肉眼不易觉察，但工具从木纤维断头处逆向走刀，就有可能剥离大片的碎木料，或表面出现毛刺。这个问题在粗加工时也同样存在，制作拱的弧度和内面的厚度时，逆向走刀常会感到不顺，有呛的感觉或使木料纰裂。这时不仅要求工具锐利，而且必须掉转工具的方向。加工琴边时也有同样的问题，木料锯成琴板后琴边四周的木纹和木纤维都被切断，在琴边处可看到短的顶头丝木纹。修整琴边时同样不能逆着顶头丝进刀，而且顺着木纤维走刀时要注意不要让琴边木料从春材处断落。

7.1.2 制作拱

琴板的弧度和厚度相对于其他因素来讲，对提琴的基本声音特征具有更大的影响。调音时调整音柱和码等，虽是使音色和音量达到最佳效果的基本方法，但并不能根本地改变提琴的个性。面板拱的形状与背板略有区别，特别是中腰从槽处弧度突然变陡比背板更为明显，拱的最高点也比背板高。但是中腰处拱的顶部较平坦，由于是从古琴上复制面板拱，所以有两种可能，其一是拱的顶部应该做得较

平坦,使面板更易谐振并具有更好的共鸣效果。其二是古琴因码的压力长期作用,使面板变形而显得较平坦。本书介绍的是斯特拉第瓦利提琴,所以有这样的特征是因为他制作的槽较窄而陡,从槽边处向琴边和拱突然升起。阿玛蒂琴的槽宽而深,两侧升起较缓,所以拱的弧度就不显得很陡。斯坦因纳制作的提琴,拱的两侧较平缓而在靠拱顶附近突然升高,整个拱在琴板中间显得突起而不平坦。采用不同的弧度系统都能制成优秀的提琴,因为琴声是由琴体上多种特征相互依存和补偿的结果,音色和音量可能相似但也会有差异。如斯特拉第瓦利和瓜内利小提琴的琴声洪亮、传远效果好,音色犹如双簧管那样明亮而具有活力,适用于大型乐队和演奏协奏曲。而阿玛蒂和斯坦因纳的小提琴,声音较轻、传远效果差些,但琴声如长笛那样优雅,适于演奏室内乐。

1) 样板

弧度样板的制作方法与背板一样见图 6.1,面板样板在琴板上安放的位置与背板也一样,请参考表 6.2。面板横样板和纵样板的尺寸见表 7.1 和 7.2,从表中的数据就可看到面板与背板的区别。因为背板是在音柱的推动下起反弹作用,弧度高会减弱反弹力。中腰弧度升起不如面板陡,琴边槽的部分较宽,使拱的顶部显得较突起,增强了反弹的反射力。面板拱虽然升起较陡,但拱顶较平坦,振动灵敏,背板协同面板使琴体腔内空气谐振,空气冲击波又产生上下冲击力反过来作用于面板和背板,加上侧板横向运动的弹力,使琴体的振动绵延不断,具有良好的共鸣效果。所以有经验的演奏者和制作者判断提琴的优劣只需拨动一根琴弦,或叩击琴板听琴的持续振动能维持多久,就大致可确定提琴的共鸣效果。当然这只是确定提琴优劣的一个指标,用琴弓演奏特别是听别人演奏,是确定提琴优劣的最好方法。具有优秀演奏技巧和丰富乐感的演奏者,能够使提琴发挥出所有的潜力。技巧拙劣缺乏乐感的演奏即使使用优良的提琴,也只能发出令人烦躁的琴声。

表 7.1 面板拱横样板尺寸表

单位:毫米

种类	样板	尺寸	中缝	1	2	3	4	5	6	7	8	9	10	11
小提琴	上宽	弧高	12.0	11.5	9.2	3.2	4.8	3.3	4.0	4.5				
		距离	0.0	9.7	36.5	49.9	65.1	77.0	82.7	85.0				
	上腰	弧高	14.2	13.5	12.5	11.5	9.2	7.2	4.8	3.3	4.0	4.5		
		距离	0.0	14.8	22.9	30.1	38.2	46.5	56.6	67.3	74.7	77.0		
	中腰	弧高	15.5	15.0	14.5	13.5	12.5	11.5	9.2	7.5	4.8	4.0	4.5	5.0
		距离	0.0	5.9	10.9	17.8	24.0	28.6	35.2	41.6	47.6	51.3	53.7	56.0
	下腰	弧高	15.0	14.5	13.5	12.5	11.5	9.2	7.2	4.8	3.3	4.0	4.5	
		距离	0.0	12.2	20.4	28.6	35.8	37.2	54.1	65.2	81.0	87.7	90.0	
	下宽	弧高	13.0	12.5	11.5	9.2	7.2	4.8	3.3	4.0	4.5			
		距离	0.0	16.4	35.1	50.5	66.5	91.8	97.0	102.7	105.0			

（续　表）

种类	样板	尺寸	中缝	1	2	3	4	5	6	7	8	9	10	11
中提琴	上宽	弧高	15.0	13.0	10.5	7.5	4.5	3.5	4.5	5.0				
		距离	0.0	30.3	46.3	62.4	75.4	84.0	90.5	93.0				
	上腰	弧高	19.0	18.0	16.5	15.0	13.0	10.5	7.5	4.5	3.5	4.5	5.0	
		距离	0.0	12.8	20.8	28.9	37.3	46.3	56.9	67.1	75.0	83.0	85.5	
	中腰	弧高	18.5	18.3	18.0	16.5	15.0	13.0	10.5	7.5	5.0	4.5	5.0	5.5
		距离	0.0	8.0	15.4	21.2	28.3	86.6	41.7	48.4	54.8	58.5	60.5	63.0
	下腰	弧高	18.5	18.0	16.5	15.0	13.0	10.5	7.5	4.5	3.5	4.5	5.0	
		距离	0.0	7.3	25.8	35.1	44.3	55.4	68.3	81.3	93.3	102.5	105.0	
	下宽	弧高	15.5	15.0	13.0	10.5	7.5	4.5	3.5	4.5	5.0			
		距离	0.0	20.3	42.1	63.2	83.2	101.7	112.5	119.0	121.5			
大提琴	上宽	弧高	21.0	18.5	14.5	9.5	5.5	4.5	5.5					
		距离	0.0	49.5	80.1	88.3	145.7	161.0	172.0					
	上腰	弧高	24.0	22.0	18.5	14.5	9.5	5.5	4.5	5.5				
		距离	0.0	35.7	55.7	61.6	98.2	118.2	135.1	154.0				
	中腰	弧高	25.5	25.2	24.0	22.0	18.5	14.5	9.5	5.5	4.5	5.5		
		距离	0.0	14.0	29.2	44.4	59.9	74.5	88.2	101.6	108.1	116.0		
	下腰	弧高	25.2	24.0	22.0	18.5	14.5	9.5	5.5	4.5	5.5			
		距离	0.0	31.4	38.4	77.4	100.5	124.2	149.6	166.9	184.0			
	下宽	弧高	22.5	22.0	18.5	14.5	9.5	5.5	4.5	5.5				
		距离	0.0	23.2	83.2	120.3	156.3	190.6	207.0	218.0				

表 7.2　面板纵样板的尺寸表

单位:毫米

种类	尺寸	顶端	1	2	3	4	5	6	7	8	9	10	11
小提琴	弧高	4.5	4.0	3.3	4.8	7.2	9.2	11.5	12.5	13.5	14.5	15.0	15.5
	距离	0.0	2.3	8.0	17.5	33.6	47.7	62.0	74.6	92.4	112.0	134.9	174.8
中提琴	弧高	5.0	4.5	3.5	4.5	7.5	10.5	13.0	15.0	16.5	18.0	18.3	18.5
	距离	0.0	2.5	9.0	15.9	32.3	51.1	67.5	82.9	98.0	118.8	145.1	205.4
大提琴	弧高	5.5	4.5	5.5	9.5	14.5	18.5	22.0	24.0	25.2	25.5	25.2	24.0
	距离	0.0	11.0	19.2	54.0	88.0	125.6	172.9	246.8	299.0	378.6	463.1	513.0

种类	尺寸	12	13	14	15	16	17	18	19	20	21	22	体长
小提琴	弧高	15.0	14.5	13.5	12.5	11.5	9.2	7.2	4.8	3.3	4.0	4.5	354
	距离	214.8	237.7	258.4	277.0	291.3	306.2	321.7	336.5	346.0	351.7	354.0	

（续　表）

种类	尺寸	12	13	14	15	16	17	18	19	20	21	22	体长
中提琴	弧高	18.3	18.0	16.5	15.0	13.0	10.5	7.5	4.5	3.5	4.5	5.0	412
	距离	265.9	292.0	313.0	328.3	344.8	360.6	378.7	395.6	403.0	409.5	412.0	
大提琴	弧高	22.0	18.5	14.5	9.5	5.5	4.5	5.5					759
	距离	587.2	641.6	676.5	707.8	735.3	748.0	759.0					

2）加工弧度

虽然制作了一系列的样板和模具，使整个加工过程的误差能够尽可能地控制在一定范围之内，但是在样板和模具的制作过程中就会累积误差，加上制作时因手艺不济而累加的误差，使初学者制作的侧板框往往会有些不正。大师们制作提琴时不需要样板，全凭眼和手的功夫以及当时的艺术构思，使他们的作品有些艺术夸张。但艺术处理与制琴规则之间仍然能很好地协调，传统的经典制作方法保证了两者的统一。

1. 描绘外形

请先参阅 6.1.1 和 6.1.3 节，基本步骤和尺寸与中缝基准法相同，虽然按外形样板画的琴板轮廓最正规，但最后的琴板外形要按侧板框的形状为标准。把侧板框的中线与琴板的中缝对准后放到琴板上，如果使用定位钉就更为方便和准确。先沿着侧板框的边缘用削尖的铅笔画出侧板框的轮廓，然后用边宽相当于琴边处裙边宽度的垫圈抵住侧板框，再用铅笔抵住垫圈中心孔靠侧板的那边，围绕侧板框在琴板上画出可能是最终琴板外形的线条。但琴角处的线条会成一个圆圈，要用外形样板修正琴角轮廓。

2. 修整形状

按所画的轮廓放出 2～3 毫米的余量锯下琴板，去掉两端的屋脊形余料，再把拱加工成具有初步的雏形。然后修整琴边的边缘使琴边垂直而又平整光滑，修琴边时要参照按侧板框画的琴板轮廓留下余量，因为可能与用外形样板画的轮廓有差异。面板的琴边厚度与背板是一样的，用厚度标记器标出各处的琴边厚度。做好拱的雏形后制作琴边厚度，也要先制作一条围绕琴边的吉他形浅槽。如果依侧板框画出的琴板轮廓与外形样板之间有差异，琴板的形状就会与外形样板不同，可能会是个既不对称，琴角又会相互偏高或偏低的样子。依这样的琴边制作的槽，也必然不是个对称的吉他形。好在现在的槽只是初具雏形，以后还要加工得与拱和琴边融为一体。

3. 制作弧度

浅槽加工好后就把各处的琴边制作成需要的厚度，然后用样板制作拱的弧度。由于依侧板框画琴板外形时，仍然强调琴板中缝要与侧板框的中线对齐，所以制作弧度时仍然以琴板中缝作为基准。这是因为现代制琴的步骤与古代有些不同，琴颈是在合琴后才安装到琴体上。古代经典的克雷莫那制作法，是在侧板框制作好后就钉上琴颈，先在侧板框上粘背板，然后再粘面板。因钉琴颈时琴颈的中轴线可

能已偏离侧板框的中心线，与琴板的中缝也不在一条线上，所以必须遵循的原则是使琴颈的中轴线与下支撑木块中线成一线，而且这条线要两等分音孔上珠圆心处的中腰。

3）等高线

用样板初步加工好留有余量的拱之后，还是要按等高线图制作最终的弧度，见图7.1、7.2和7.3的左半面(外面)。当然对于富有经验和创作能力的提琴制作艺术家来说，这就不是必定的原则。最后用砂纸和锐利的刮片把整个拱连成表面光滑、线条流畅、弧形优美以及起伏匀称的拱。云杉的木纹平直要把它更好地表现出来，让它在面板表面上呈现成细长而色深的漂亮木纹，具有灯芯绒样的组织结构和光泽。要用刮刀轻柔而细心地刮面板表面，刮刀可使秋材刮光滑而把春材压扁，以后刷漆时春材会膨胀使秋材处低凹可容纳更多的漆，这样能更好地突出深色的秋材纹理。

4）厚度分布

与背板一样也要先做好嵌线，并把整个拱都制作完美后，才可在面板的内面加工琴板的厚度，具体做法请参考背板章。面板的厚度分布比背板要简单些，但是对厚薄的均匀度要求更高，均匀度直接影响到面板的声学效果。厚度制作到接近需要的叩击声时，更要时时用装有百分表的厚度计不断地测量厚度。也可用强的灯光照射琴板的一面，从另一面观察灯光透射的均匀度，以检查琴板厚薄的均匀。小提琴的音孔周围一圈厚度是2.7毫米，上下周围靠琴边的厚度是3.3毫米、宽20毫米，靠中腰琴边处厚4毫米，音柱区厚3.2毫米、直径22毫米，其他各处都厚2.4毫米。中提琴音孔周围厚2.8毫米，上下周围边厚3.5毫米、宽18毫米，靠中腰琴边处厚4.5毫米，音柱区厚3.3毫米、直径24毫米，其他各处都厚2.4毫米。大提琴音孔周围厚4.5毫米，音柱区厚4.5毫米、直径40毫米，其他各处全部厚4毫米。请参阅图7.1、7.2和7.3，图中表示厚度的那侧是内面，所以右侧是低音弦所在的位置，低音梁就安在这一侧。但是请注意码脚下的圆圈，表示的是音柱区域加厚的部位，它应该位于高音弦侧。为了减少图的数量，就简单地表示在同一图上，制作时务必留意不要与低音梁的位置重叠。但从重叠的图中可见到，音柱与低音梁是处在相互对称的同一位置处。

面板厚度制作的终点与背板一样，也是依据叩击声的音调为准，而且音调的范围也与背板一样。小提琴是降E4～升F4(字母后面的数字4表示是钢琴上第四个八度)之间选择、中提琴是降B3～C4、大提琴是C3～升C3。因木纹的稀密和春秋材的比例不同，按同样的音调加工到最后，面板的厚度会有些差异。木纹密或秋材比例高，最终的面板厚度会薄一些。叩击声不仅要注意音调，而且要清晰和悦耳，一旦音色和共鸣变差就要停止减薄。还要注意手拿琴板和叩击的位置，上述的音调是以左手拇指和中指拿住琴板上部，相当于靠近人大胸肌处乳头的部位。琴板的内面朝着耳朵，用右手中指叩击外表面，相当于靠近下支撑木块处的部位，静听所发出的声音。手持的部位和叩击的部位不同，发出的音调会差别较大，而且彼此之间没有什么相关性。如果叩击码的位置处，音调就会比叩击下木块附近处高，

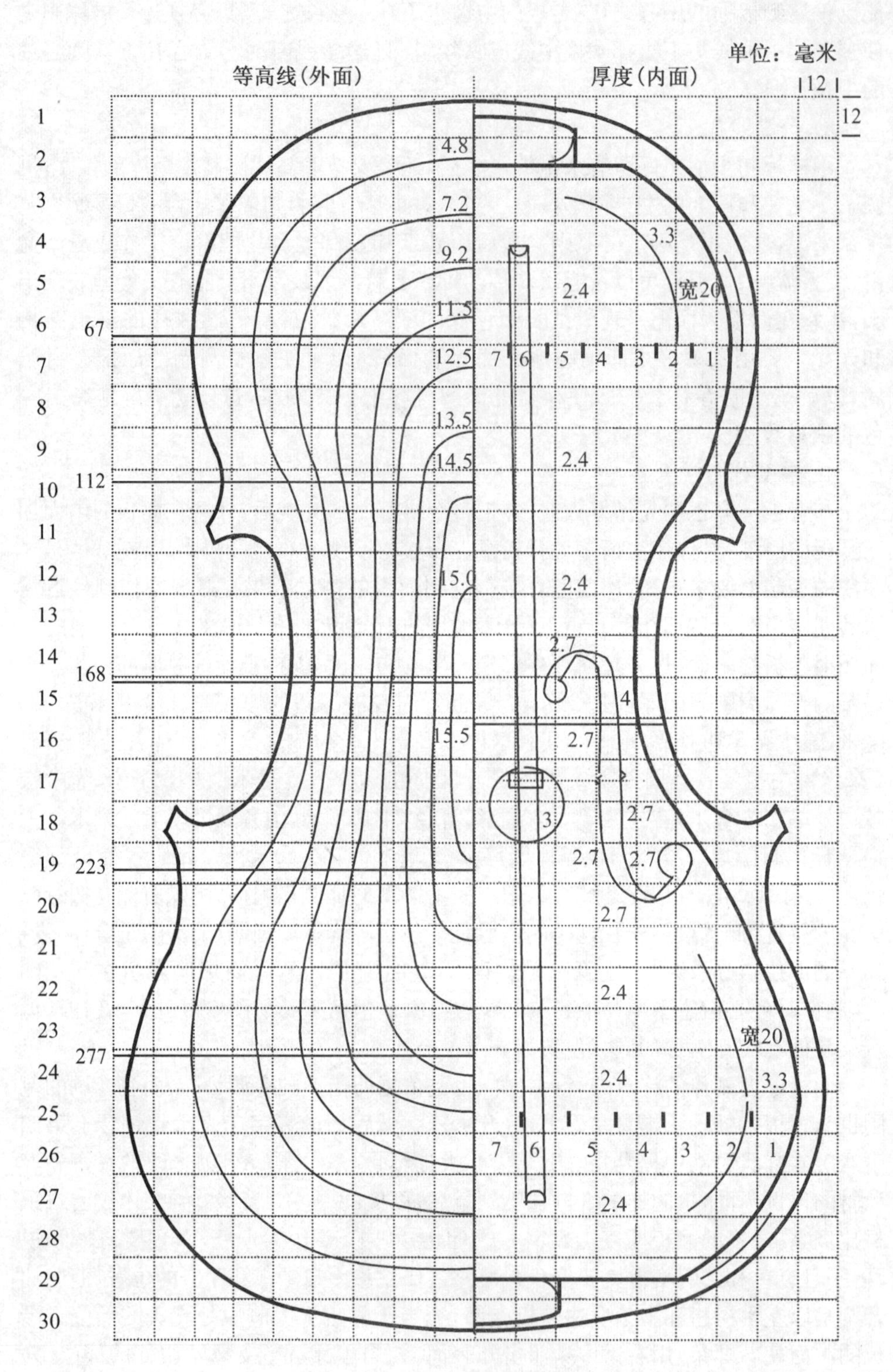

图 7.1 小提琴面板的示意图

(Sacconi，1979)

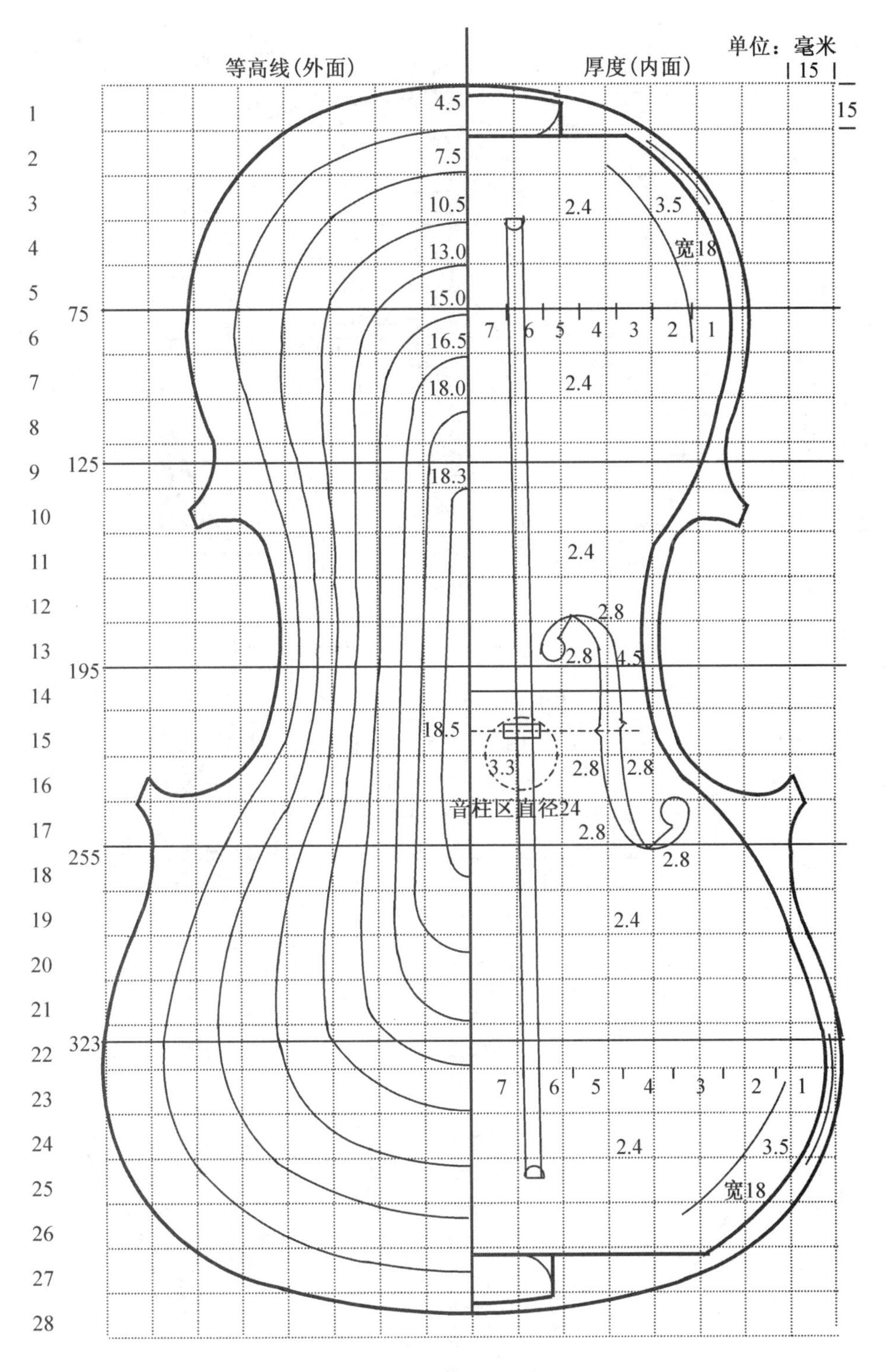

图 7.2 中提琴面板的示意图

（Sacconi，1979）

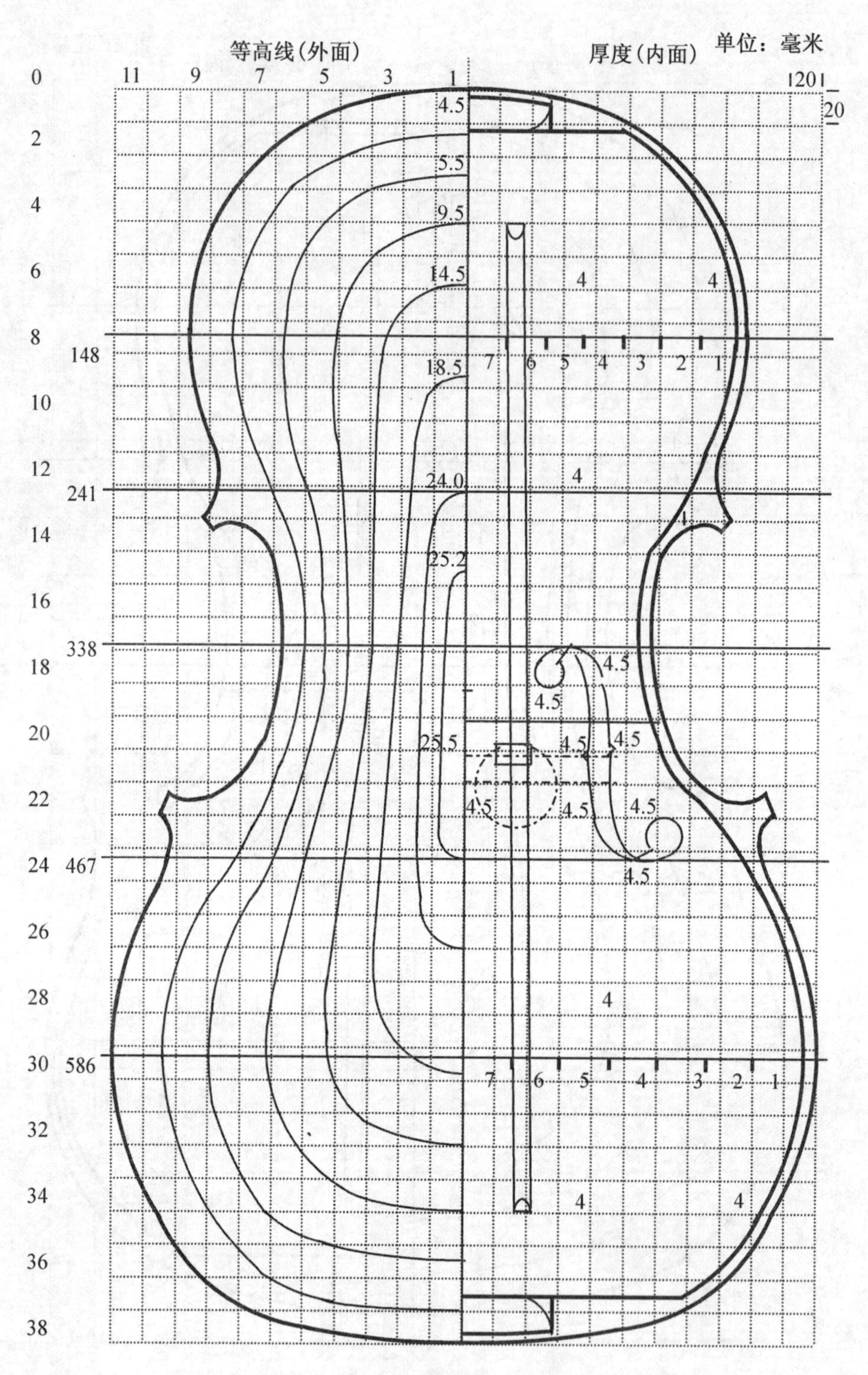

图 7.3 大提琴面板的示意图

(Sacconi, 1979)

这要制作者凭自己的经验和习惯来判断。面板与背板之间音调的匹配，无论是面板或背板哪个音调高些，都以相差半音到一个音为宜。但是也有人认为两者音调一样最好，这也要根据制作者的经验来判断了。如果背板又硬又重，不妨让背板音调低一些，不仅可减少整个琴体的重量，而且可以让琴板薄一些。

7.1.3 音孔

提琴的面板上有一对音孔，音孔的形状如英文斜体的 *f*，所以常称为 *f*-孔，由于是一对故也称为 *ff*-孔。音孔不仅增添了琴的美观，而且在声学上起至关重要的作用。音孔的外形和制作手艺，同样反映了制作者的艺术修养和风格。由于音孔周边的厚度比面板其他地方厚，所以在初步加工好面板厚度时，就要在面板内面画出音孔的位置和形状，以便监控音孔周边的厚度。当面板的厚度接近终点后开出音孔，开音孔后面板的叩击声会变低。不过装上低音梁后音调就会升高，而且会高于原先的音调，需要把低音梁切削到适当高度、厚度和形状后，才能使面板的叩击声音调达到要求。

1）音孔结构

音孔的上下两端各有一个圆孔称为珠，上珠的直径比下珠小些。两个珠之间是音孔本体，是由弧线构成的长孔，在孔体和珠之间的小块琴板称为翅。珠、孔体和翅的形状，都是制作者发挥艺术才华的部位。在孔体中部的两侧各切有一个横向的 V 形缺口，除美学功能外内侧缺口还是指示码安放位置的标记。由于提琴的种类和尺寸的不同，音孔的大小会有差异，但形状基本上都是一样的。为叙述方便，表 7.3 所列的尺寸只是面板示意图中几种琴的音孔尺寸。其他各种规格提琴的音孔尺寸，会在有关章节的表格中列出。实际上每个提琴的整体尺寸都会有些不同，因此音孔的尺寸和形状也会有些差异。

表 7.3 音孔尺寸表

单位:毫米

部　　位	小 提 琴	中 提 琴	大 提 琴
上珠直径	6	8	14
下珠直径	9	11	20
码宽度	41	50	90
两音孔上珠之间圆心间距	47	58	104
两音孔下珠之间圆心间距	122	136	230
上、下珠的圆心间距	63	70	116
下珠圆心位置线离基准线的间距	7～8	8	12
音孔总高度	70	78	127
码中心离琴颈接榫处左侧琴边的距离	195	218	400
孔体中部最宽处宽度	6.3	7.3	11.5

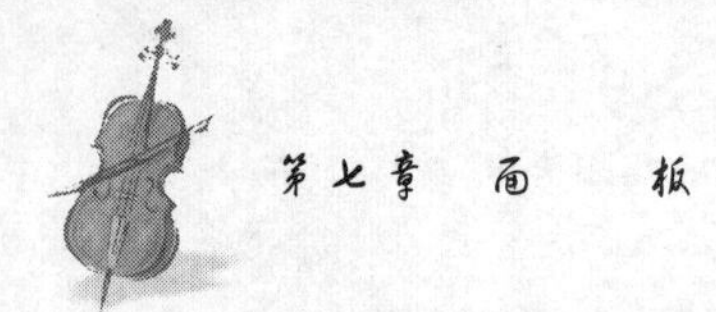

2）音孔位置

音孔的位置是在琴体中部码的两侧，靠近中腰中部和下腰之间。正确放置音孔对提琴音色和音量所起的作用，与琴板弧度和厚度几乎同样重要。经典方法是在完成琴边和嵌线之前制作音孔，因此以面板的中缝作为参比点定位音孔。以后按侧板框轮廓制作琴边和嵌线，结果是两个音孔离琴边的距离很可能会不一样。但这点微小的差异反而使琴体看起来有些亲切感，而且表明是用经典方法制作的。另一种方法是做好琴边和嵌线后制作音孔，就不一定要用中缝作为参比点，而是用两侧嵌线之间的中线作为参比点。这样可使音孔在面板上显得匀称和对称，但一般认为不如有些人为误差的音孔那样有魅力。斯特拉第瓦利在确定音孔的位置和描绘音孔图形时，都是在琴板的内面进行。这与一般想象的有些不同，在他制作的提琴面板内面，可见到指甲划的定位线条印迹和圆规脚凿的孔及所画的弧线。以下介绍的方法是依据他的定位规则，并结合现代制作者的经验综合而成，请参考图 7.4 和表 7.3 的尺寸。

1. 两个下琴角的侧板弧线最低点是基准点，在两点之间联一条横线，这条线是整个音孔位置的基准线。因为要作为基准线，所以要把此横线校正到与中缝相垂直，请参考图 7.4。

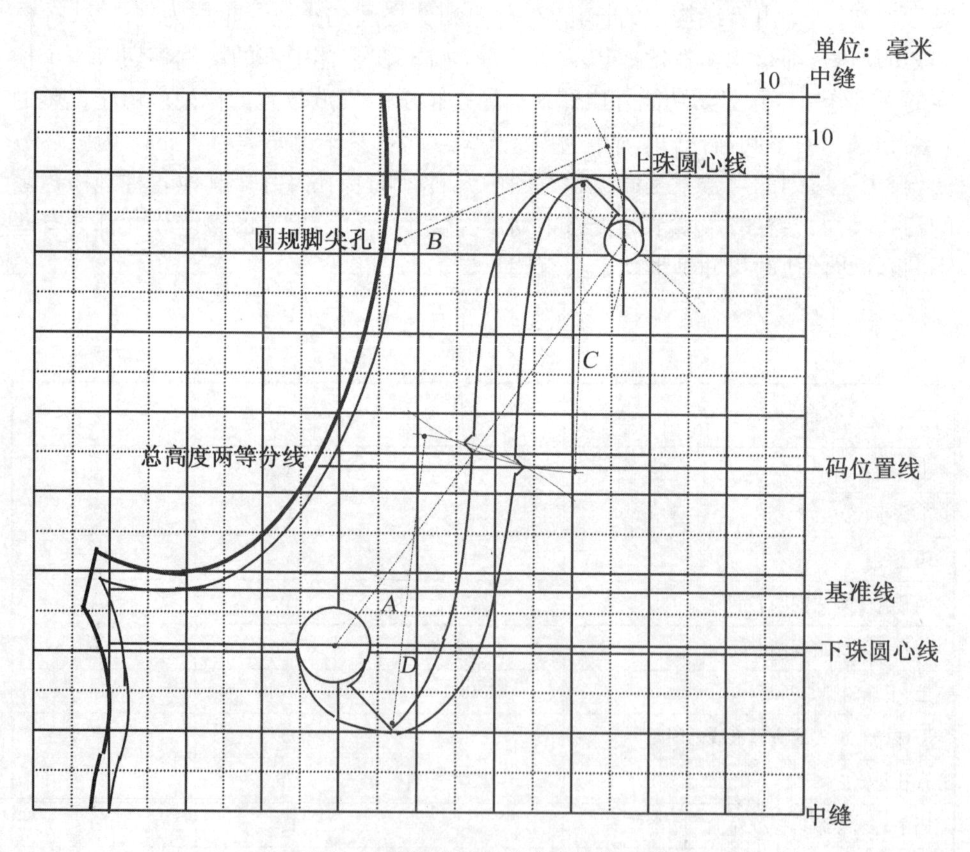

图 7.4　小提琴音孔形状和定位的示意图

2. 再在基准线之下一定距离画一条下珠圆心的位置线，具体尺寸请参考表7.3。圆规的两脚距离调整为下珠圆心距离的一半，以琴板中缝为基准点，用圆规在下珠圆心线上确定中缝两侧下珠圆心的位置。

3. 圆规两脚的距离调节成上、下珠圆心间距的尺寸(A半径)，以下珠的圆心作为圆心，在音孔同侧的中缝附近画圆弧，这条弧线是上珠圆心位置的参考线之一。

4. 圆规两脚的距离调节成上珠圆心间距的一半，在上述参考弧线的上、下端，以中缝为基准点在两侧画标记点。把标记点连接成与中缝平行的直线，直线与参考弧线的交点就是上珠的圆心位置。但斯特拉第瓦利的经典做法，经考证他遗留的图纸和提琴面板里面，发现中腰中部两侧的琴边处有圆规脚的孔眼，从孔眼到上珠外侧弧的距离约36.3毫米，克雷莫那小提琴都是按这个尺寸做的。以孔眼为圆心、B线为半径画弧，弧线与上述参考弧线的相交点也就是上珠的圆心位置。

5. 圆规两脚的距离调整为面板与琴颈接榫处琴颈脚跟宽度的一半，以面板顶端琴边处的中缝作为参考点，在顶端左侧的琴边上画出标记。用直尺以标记处作为起点，向面板下端量出琴体弦长的直线距离，并画出与中缝垂直的横线，在其上标出两码脚的位置点，具体尺寸见表7.3。这条线就是音孔内侧缺口角尖的位置线，也是码脚横向中线的位置线。

6. 按照表7.3中所列的上珠和下珠的直径，用圆规画出四个珠的图形。

7. 图7.4是小提琴音孔的基本图形，音孔体的形状是仿斯特拉第瓦利1701年的某个小提琴画的。具体尺寸请参考表7.3中的数据，以及图7.4中的厘米格。但这里也仅是个示意图，还应参考具体的琴或标准图谱，描绘出满意的音孔图。

8. 音孔上两个V形缺口的宽度和深度，小提琴是1.5毫米，中提琴约2毫米，大提琴是3毫米。圆规的一个脚以上翅的角尖为圆心，另一脚在码位置线上内侧V形缺口的尖角处。圆规两脚的间距即C半径，由此处开始经过音孔高度的中线向外侧画弧线。再以下翅的角尖为圆心，也自内侧V形缺口的角尖开始，以D线为半径向外画弧，两条弧在音孔外侧的交点就是外侧V形缺口的角尖。

3) 音孔样板

虽然定位音孔有比较具体的方法和参比点，但音孔的形状风格多样，所以孔体和翅的形状难以用定规的方法确定。珠的形状虽然加工时是从正圆开始，但也会因制作风格的不同而成为椭圆，或像一滴水珠。所以音孔的图形往往是从本人感到满意的琴上或者图片上描绘下来的，然后按照图形和必要的参比点制作音孔样板。由于拱是弧形的，故描绘在纸上的音孔，视觉上会感到比琴上的音孔要宽一些。因琴板上制成的拱形体各异，音孔样板往往会与面板上的各个参比点对不上，需要临时作些调整。现介绍两种样板的制作和使用方法：

1. 镂空样板

这种样板制作好之后的操作过程比较简单，适合于业余制作者和工厂化生产。缺点是样板的灵活性较差，而且不是经典的方法。

◇ 用韧性较好的纸(如制图用的半透明硫酸纸)，先在纸上画两条相互垂直的

十字形线条。把纸放在面板上，垂线与面板的中缝(或中线)对齐，横线与音孔内侧V形缺口的角尖对准，这条横线就是将来的码位线，然后描绘出整个音孔的轮廓。

◇用透明或半透明的塑料薄片制作样板，先在塑料片上画一条中线，再画一条与中线相垂直成十字交叉的横线。把塑料片覆盖在描绘好的图纸上，对准中线和码位线后描绘出整个音孔的轮廓。

◇然后按照图7.4的作图方法，把整个音孔图进行修正，并标上必要的线条。然后将塑料片裁成长方形，音孔处在塑料片的正中，最后把孔体和珠都镂空。镂空时要刚好把线条去掉，否则以后用铅笔画的音孔会偏小。

◇使用时先在初步加工好厚度的面板表面或内面画出各条定位线，如基准线、下珠圆心线和圆心位置、上珠的圆心位置线、码位线等。

◇把音孔样板中缝线对准面板的中缝，码位线对准面板上已画好的码位线。由于拱是弧形的，而且制作好的拱会有些差异，所以样板上的横线可能会与面板的中缝不相垂直。只要把音孔内侧缺口的角尖对准面板上的码位线就可以了。

◇先观察样板的上珠圆心是否处在面板上定位上珠圆心位置的直线和弧线的交点上。如果圆心没有对准就应检查面板上线条的位置是否正确。

◇观察下珠的圆心是否与下珠圆心线上的圆心对准，如果三处参比点都能对准，而且中缝也对准，这样就初步确定了将来码的位置，使两个上珠内侧弧之间的距离与码的宽度一样，同时还定下了音孔的斜度。

◇用削尖的铅笔沿着镂空的音孔轮廓，在面板上画出音孔图形。将来切削时必须刚好把线条去掉，否则音孔的尺寸就会偏小。窄的音孔不仅安装音柱时困难，而且琴声软弱发闷。

2. 实体样板

古代意大利学派的大师们，如加斯帕罗·达·萨罗、阿玛蒂、斯特拉第瓦利、瓜内利、瓜达尼尼等都采用这样的样板。优点是精确而又灵活，无论琴体尺寸如何变化，都能把音孔放在最佳的位置处。音孔的长度、斜度和间距可随意调整，这样既可得到理想的声学效果，又能增添提琴的美感和艺术性。

◇样板的形状基本上与镂空样板一样，差别在于不必做上下两个圆珠，而且音孔体是实体。图7.4中本来要镂空的部分现在就是实体样板，但不带上下珠。

◇使用时同样需要先在面板上画出各基准线、参比点和两个圆珠。

◇四个圆珠加工好之后，用纸做的实体样板连接上珠和下珠。用小钉把纸样板钉在面板里面，沿样板轮廓用铅笔画出音孔全图。

◇瓜内利·杰苏把实体样板的孔体分成两节，各与上珠和下珠分别对准，然后在中部用笔或刀连接起来。

4) 制作音孔

面板的厚度初步加工好后就要在面板上画出音孔，因为音孔周边的厚度比面板的其他部分要厚些，画好音孔后便于监控音孔周边的厚度，测量厚度时也能更为精确。制作音孔时虽有一定的步骤和方法，但音孔的最后形状是在加工过程中定形的。也因此各个制作者所开的音孔在风格和艺术表现上会有特征性的区别。上

珠与下珠之间的距离,一般在同一琴上高音和低音侧是一样的,但琴与琴之间会有差异。所以样板在制作过程中,也只是起到使音孔保持基本形状、位置和减少误差的作用。

1. 面板厚度加工到接近理想的叩击声时,就要把音孔开好。这样更能准确地控制好音孔周边的厚度,既可观察又可直接测量边的厚度。

2. 先把四个珠的圆孔做好,古代所有提琴的珠大多是完美的圆形,推测是用木工钻孔工具加工的。锐利的圆柱形螺旋切口前有一个引导螺丝。把引导螺丝钻入珠的圆心,用手加压并作旋转运动,切割出完美的圆孔。为了避免反面的表面木料纰裂,操作分两步完成,先钻里面达一定深度后再钻外面,两次切削要保证引导螺丝与圆心正确对准。这种方法在古代的诗琴上就已应用,所以珠不是用刀手工制作的,而且是最先制作。当然如果有金属加工时用的中心钻,同样也能得到完美的效果。

3. 用音孔样板对准位置后描绘出音孔的轮廓,镂空样板往往一次完成,不作过多的修正。纸实体样板则是先把孔体的上端曲线与上珠对好位置,用钉子钉住后描绘上半截孔体图形。之后把样板的下端曲线与下珠对准,下半截用钉子钉住后描绘图形,中间用笔或刀把上下两节孔体连接起来。或者把样板中间与码位对准,画出音孔的形状后,用笔或刀将上、下部弧线与珠相连接。这样不仅可调节音孔的总高度,而且孔体与珠的连接,以及孔体中间部分的连接,会出现形态的多样性,也许这样的方法正好符合艺术表现的需要。

4. 在孔体部分钻些洞,用细锯条的美工锯去掉余料后再用刀切削,切削时制作者又经常会不完全按照放样图。先从上珠处顶端圆弧的外侧开始切削,一直到下翅的尖端。再从上翅的尖端处往下,直到下珠底端的圆弧处。然后切削上珠处顶端的圆弧和上翅的直边,顶端圆弧的最高点与上翅角尖之间的空隙,斯特拉第瓦利只留零点几毫米,几乎只能让小刀的刀尖通过。但有些制作者如达·萨罗会留得更宽些,体现了不同的风格。下珠底端圆弧和下翅也按同样方法切削。由于音孔切断了木纹,所以孔体的切口处可见到顶头丝,运刀时必须注意不要与顶头丝呛着走刀,而且刀刃一定要非常锐利。为了使音孔的边缘切削得更完美,可以用稀薄的明胶涂抹在音孔周围,待胶干后再切削可避免木料纰裂。

5. 按照常规方法翅的直边、顶端或底端的圆弧,与珠的连接是直接相联的。但常由于放样时音孔会有长短,实体样板两端离珠的距离也因此不同。加上大师们常会即兴地沿着圆弧和翅的直边运刀,使得珠的形状变成椭圆、梨形或水滴样,或者扩大了珠的直径。翅的直边被延长或缩短,使翅变宽或变窄,甚至于翅的直边带些弧形。翅的尖端也不再处在顶端或底端圆弧的顶点处,或者翅尖离圆弧的距离明显加大。

6. 音孔切削好后就以翅尖为圆心,画出两个缺口的位置。用刀和三角锉按尺寸加工缺口,缺口的尖端必须尖,但 V 形开口两侧的尖角却要修圆以增添美感。两个音孔内侧缺口尖端的位置必须正确,否则会影响到总的弦长和琴的声学效果。

7. 音孔开好后继续完成面板的厚度制作,由于音孔的位置已经明确,也就不

会把音孔周围做得过薄。因为音孔的外侧将来要与琴边相连接,嵌线处也要削低,所以孔体周边的厚度,靠中腰琴边处要比靠中缝处留得更厚些。至此面板的内面已均匀减薄,各处都柔和地连接成流畅而又光滑平整的弧形。

8. 音孔的最后一道工序,就是在面板的外表面,从下翅端头的直边处开始向上,用半圆凿挖出一条短槽。使下翅端头成下凹的弧形,与琴边的凹槽形成连接。而且与孔体下半截外侧凸起的弧形,形成由凸到凹的圆滑连接。有了这样的连接,使音孔漂亮地与整个拱融合在一起。这道工序也可留到做好嵌线和琴边之后,在最后修整面板表面时一起完成。

5) 音孔的功能

音孔对提琴声学品质和艺术风格的影响,几乎与琴板的厚度和弧度同等重要。音孔体的内侧缺口不仅确定了码的位置,实际上在未粘低音梁之前,也把面板的上半部和下半部,划分成两块面积和质量相等的区域。这两个区域如同背板厚度区域划分的上下两半部都可以说是提琴的肺,而音孔是提琴的喉和嗓子。

1. 由码传递到面板的振动,可在面板上横向传播到上下区域,扩大了面板的振动面积,对振动具有放大作用。这种放大作用除了与面板的弧度、厚度和木料的品质有关之外,音孔放置位置的正确性、两个音孔之间的距离、音孔的斜度等也起着重要的作用。

2. 面板的放大作用对于制作者具有极大的引诱力,码虽然把弦的振动传递给面板,但同时由于它的压力也妨碍了振动的传播。人们就想加大两个音孔之间的面积,使它有更大的自由振动面。但无论是加大音孔之间的距离,或者不改变上珠之间的间距,仅拉大下珠之间的距离改变音孔斜度以扩大面积,这样虽然扩大了中间部分的面积,但由于弦的振动能量是有限的,因此码能够带动码脚下面板振动的面积也有限。结果是振动反而局限于中间区域,不能广泛地传播到整个琴板。推动背板的力量也更微弱,后果是琴声柔弱肤浅、缺乏谐波和泛音,弓拉弦时响应也不灵敏,提琴的音色和可演奏性都受到影响。

3. 实际上琴声的连绵不断,除了振动在面板内横向传播外,面板通过码脚下的音柱把振动传给背板,背板起振后产生垂直方向的回顶。与此同时侧板也产生横向运动,加上琴箱内共鸣的空气通过音孔把振动向外传播,从而发出洪亮而又悦耳的声音。

4. 音孔的位置、间距和斜度是古代提琴制作大师们经过多代的摸索和改进而确定的,已成为提琴制作者们必定遵循的规则。如琴颈的中轴线要与下支撑木块的中线对准成一线,更重要的是这条线必须在音孔上珠圆心所在位置处,两等分中腰的宽度。克雷莫那学派非常重视琴颈应该与码、音柱、低音梁、弦总、音孔上珠之间的区域处在一条直线上。两个上珠离琴边的距离要相等,两上珠内侧弧之间的距离必须与码的宽度一样,这里的误差常在 0.5 毫米之内。

5. 两上珠内侧弧之间的间距基本上确定了码脚的宽度,以及音孔之间面板的面积。但若把码往音孔下端移动,即使音孔的位置是正确的,因为音孔下部有些向外偏斜,码所在处的面积变大,也会使振动局限于音孔的中间区域,从而减弱了振

动的横向传播和对背板的推动力，使琴声浅薄虚弱、高音区发抖、低音区平淡，演奏时琴的反应不灵敏。但码的位置往上移，对音色的影响较小。

6. 两个音孔之间的距离过宽，增加了中间区域的面积，无力的振动会使面板的叩击声变模糊，当然提琴的音色也必然模糊不清。但距离过窄使中间区域的面积减小，同样会减弱振动，而且使面板的叩击声偏高，必然要减薄面板的厚度才使面板能更好地自由振动，以及达到需要的叩击声。薄的面板虽然声音较响，但不丰满、音色发噪不清晰。

7. 斯特拉第瓦利制作的提琴，音孔体斜度与面板的等高线基本平行，从侧面观察音孔与侧板的弧形相平行。这样安排使中间的振动区域排除了各种不利因素，所以在制作等高线时也要顾及音孔的位置。

8. 为使音孔体的形状美观，音孔各处的宽度要相互协调，并保持弧形的曲线流畅。与珠的连接也要做到珠联璧合，故翅的直边与珠连接处的尖角略微修圆些，而在端头圆弧处保持为尖角。一些制作者在翅的直边尖角和端头圆弧与珠相连接的地方，各延伸一段过渡的弧线，使珠的形状变成椭圆形或一滴水珠状。

9. 音孔体的宽度要恰当，过窄不仅安装音柱困难，琴声也会软弱无力而且发闷。音孔偏大虽然声音洪亮，但发涩刺耳音色不优美。

7.1.4 低音梁

低音梁的起源可能与音柱有关，最初可能因面板由于码的压力而下陷，所以用音柱把它撑起。立即发现琴声可用音柱调整，而且最佳位置在靠近高音侧的码脚之下。但另一个码脚下的面板仍然下弯，于是用另一个音柱撑起，结果琴声反而变差。所以把低音侧码脚下的面板加厚，之后又发现将加厚处隆起成山脊形效果更佳。在制作过程中有时忘了留厚或者留得不够厚，于是就粘上一条木梁作弥补，渐渐就发展成低音梁。现代的低音梁又是遵循古代低音梁的位置、方向、长度和斜度逐渐发展而来。随着现代琴弦的长度加长，指板的投射角度加大，定音也升高（如古代小提琴 A 弦的定音低于 440 赫），琴弦的张力也逐渐增大。使低音梁的宽度、长度和高度都逐渐增加，最后确定了现代低音梁的最佳尺寸，使得四条弦的音色既洪亮又相互平衡。但是现代低音梁与巴洛克式的低音梁之间，只有程度上的差别并无性质上的差异。

1）功能

添加低音梁的目的不是为了增加面板的质量，而是纵向加强面板的低音侧，调节低音侧面板的振动。对两条低音弦音色的影响显著，同时平衡整个琴上各条弦的音色和音量。因此加工到最后即使不同质量的低音梁得到同样的叩击声，但高而薄具有一定质量和硬度的低音梁，比低而厚实的低音梁具有更灵敏的响应和更好的声学效果。调音时修削掉低音梁两侧的木料，使它成为下宽上窄的弧形，比削低顶部木料具有更好的音响效果。过薄的面板用上这样一条低音梁，即使叩击声没有达到常规的音调，音色也会有很大的改善。低音梁在增加面板强度的同时，显然不可影响面板的弹性。所以低音梁的两端不仅迅速凹下，而且变细成半圆柱形，

使面板具有适当的弹性。

2）材料

与面板一样选用云杉，要求木纹顺直均匀，春秋材的宽度比例接近一比一较合用。由于树木生长的条件不同，材质会有松软和硬实的差别，前者会使琴声轻柔沉闷，后者又会使声音趋向尖锐发噪。所以取材的软硬要合适，一般小提琴和中提琴选用每毫米一条木纹的为宜，大提琴选 1.5 毫米一条的较好。劈开的木材是首选的木料，不仅要顺着木纹方向劈开，而且与年轮垂直的方向也要劈开，这样可保证低音梁木纤维走向的正确性，使木纤维在梁的各个方向都是连贯的，而且相互平行。加工好后从低音梁的端头观察，顶头丝处木纹（年轮）是径切的，也就是说与梁的侧面平行，而且均匀排列间隔一致。劈开低音梁顶面的木料，能保证木纤维与面板的木纤维走向一致。由于低音梁最终成弧形，显然会有许多木纤维被切断，故加工过程中要注意，尽可能始终使低音梁的顶面与面板边缘的平面保持平行，直到梁底面的弧形匹配好为止。之后在把低音梁的侧面和顶面修削成最终的形状时，不仅能保留最多的木纤维是连贯的，对面板的振动干扰最小，而且减少推动刨子时与木纤维呛的几率，修削会更加顺利和完美。

3）位置

音孔两个上珠内侧弧之间的距离确定了码的宽度，低音梁的位置又与码的位置密切相关，对琴声也是至关紧要的。低音梁位置安置得当对提高琴的音量和改善音色大有好处，尤其是对第三和第四弦的作用更为显著。

1. 低音梁纵向位置的确定方法是，分别从顶端和底端琴边的中缝处，向里量出一定的距离，做上标记后画出与中缝（几何中心）相垂直的横线，这两条线就是低音梁纵向位置的参比线。典型的尺寸小提琴是 40 毫米，中提琴大型的是 48 毫米、中型是 45.5 毫米、小型是 44.5 毫米，大提琴是 84 毫米。典型的低音梁长度小提琴是 277 毫米，大型中提琴是 334 毫米、中型是 319 毫米、小型是 303 毫米，大提琴是 587 毫米。因各类琴的琴体长度尺寸都会略有不同，所以低音梁的长度也随之而变。但传统的规则是低音梁的长度与面板长度之间的比例是 7 比 9。即低音梁长度是面板长度的九分之七，两端的距离各占面板长度的九分之一。

2. 低音梁的横向位置处在低音侧码脚之下，低音梁的外侧边相距码脚外侧边的距离是至关重要的。小提琴必须是 1～1.5 毫米，中提琴是 1.5～2 毫米，大提琴是 3～5 毫米。由于安装低音梁时音孔已经开好，而且面板的内面业已加工完毕，所以码的位置和宽度能够在面板内面画出。码脚处宽度小提琴是 39～41.5 毫米，常用尺寸是 41 毫米。中提琴大型的宽度是 50～52 毫米，中型是 48～50 毫米，小型是 46～48 毫米。大提琴是 87～94 毫米，常用的是 90 毫米。从低音侧码脚的外侧边向内量出需要的距离并做好标记，请参考图 7.1、7.2 和 7.3。大提琴由于琴弦的张力极大，码受到弦的压力后，码脚会沿着面板拱的弧形向两侧伸开。拱愈高、弧愈弯，码脚就会分得愈开，而且与码的形状和风格也有关。所以在确定码脚的位置时，要预先用特制的夹具使码脚撑开需要的距离。

3. 低音梁的斜度与面板上、下最宽处的宽度差成正比，如果面板的中缝正好

位于上、下最宽处的中点位置，就只需量出两处中缝与侧板之间的距离，并把它们七等分就可画出各个比例点。如果中缝不处在中点位置处，就要分别测量上、下最宽处，左、右侧板之间的宽度，算出中点的位置并做上标记，用有弹性的直尺连接两点画出中线，之后再七等分画出比例点。然后用直尺把靠面板中线(中缝)处的上下两个比例点连接成一条直线，这条线就是低音梁斜度的参比线。

4. 先把低音梁的底面初步加工到与码脚处的面板弧形相似，然后把梁的外侧边对准码脚位置处的标记放到面板上，让梁的内侧边与斜度参比线相并行，上下两端与纵向位置参比线对准。并注意梁的外侧边与音孔上珠内侧弧之间的距离，如果珠的直径准确，虽然此时低音梁有一定的斜度，但低音梁与珠之间应该有与码脚上标记相似的距离，因为码的宽度是由上珠的间距确定的。如果出现低音梁横跨在上珠孔上的情况，就只能微微移动低音梁使两处的距离，以及梁与斜度参比线之间的并行度都能兼顾，或者只能减小码的宽度。确定了低音梁的横向位置和斜度后，沿着低音梁内侧的两端在面板上作出标记点，用弹性的直尺连接两点成直线，这条线就是以后修削低音梁时，对准低音梁横向位置和斜度的参比线。

4）形状

低音梁的形状有些像国际射箭比赛用的弓把，中间有些凸起、两端成弯月形。这样的形状使低音梁不仅具有硬度，而且保持一定的弹性，低音梁的形状和各处的尺寸请参阅图 7.5，另外也请参考一下图 7.1、7.2 和 7.3。不过由于作图软件的限制，两侧本应是笔直的低音梁，在图上却是曲曲弯弯的。本应是光滑的弧形，图上会是毛毛糙糙的。所以请记住直的应该笔直，弧形应该线条流畅光滑的原则。

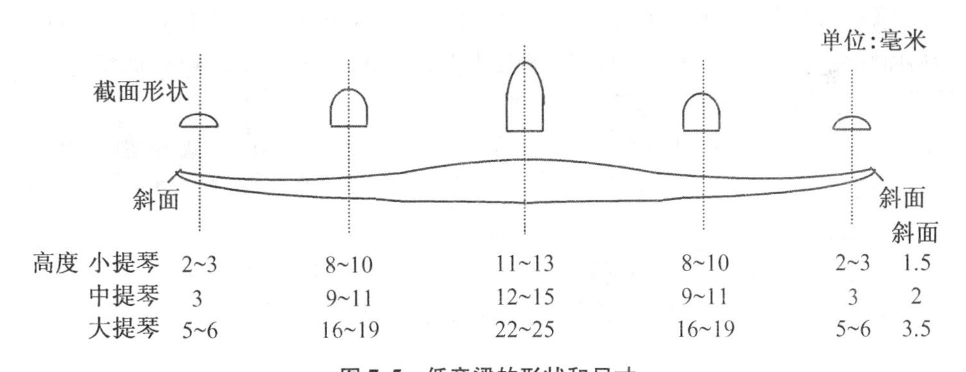

图 7.5　低音梁的形状和尺寸

5）匹配

由于低音梁的功能对琴声的影响也是举足轻重的，所以制作低音梁时要按照介绍的要点认真操作。

1. 选用劈开的云杉木料制作低音梁，根据低音梁的长度、厚度和高度，放出需要的余量制成毛坯。先刨平侧面做出需要的厚度，刨时注意两端的年轮尽可能保持径切，也就是说一条条垂直而又排列均匀。而且侧面刨平后，两侧面的第一条年轮尽可能保持一样宽，侧表面上成尖角形的秋材图纹尽可能少些。两侧分别平放在标准平面上检查，不可有翘曲的现象。低音梁的最终厚度小提琴是 5.5～6 毫

米，中提琴是6～6.5毫米，大提琴是10.5～11毫米。

2. 低音梁最高点高度的最终尺寸，小提琴是11～13毫米，中提琴大型的是15毫米、中型是14毫米、小型是13毫米，大提琴是22～25毫米。为了确保低音梁纵向木纤维的完整，毛坯的高度留得高些为好。这样在毛坯的侧面加工好之后，顶面还能够用刀劈掉些余料找出木纤维的走向。而且顶面再次刨平后仍然能有足够的余量，可用于修削和匹配底面的弧形。

3. 按照需要的长度再在两端各加上几毫米的余量，这些余量可方便弧形的匹配。当平凿和拇指刨从两端进入时，往往会把端头的木料削得太多，使低音梁底面两端与面板之间会有空隙。匹配好低音梁并粘到面板上之后再把余量去掉，就能保证低音梁的端头与面板紧密粘合。

4. 把面板放到托座上，最好使它能略微卡住，不至于在匹配低音梁时经常变动位置。但也不要卡得太紧使面板发生变形，因为此时的面板比较软而有弹性，一旦有变形，低音梁就匹配不准确。

5. 低音梁放到内面已经画好纵向参比线和斜度参比线的面板上，大致对准位置后就初步修削底部的弧形，以利于准确地对准最后需要的位置。用两脚张开一些跨度的圆规，尖脚抵住面板内面，带铅芯的脚抵住低音梁的侧面。顺着面板的弧形拉动圆规，使铅笔芯在低音梁的侧面画出面板的弧形，两侧都要分别画好。

6. 用平凿和平面刨沿两侧的线条把低音梁底面初步加工成形，然后准确地对准纵向参比线和斜度参比线。两端因已留得长一些，故全部位置对准好后，在纵向位置参比线处，用铅笔在梁上画出对准标记线。低音梁的内侧与斜度参比线平行，外侧对准码脚位置处的距离标记，并注意离音孔上珠的距离是否正确。一切都就绪后就用铅笔抵住低音梁内侧，在面板上画出最后的斜度参比线，以后加工过程中始终要以这样的位置放上低音梁。

7. 把低音梁两端纵向位置对准标记线之内的长度四等分，在低音梁内侧面画上等分线。再在面板上画出等分线的标记线，其中两端的两条与纵向参比线在同一位置，这五条线也是以后对准位置时的标记。

8. 为了加工方便，也可对准位置后在面板上临时粘几块小木块，可粘在低音梁的内侧或两侧，端头也可粘一块。木块能抵住低音梁，使低音梁每次修削后能迅速而准确地放在该放的位置上。

9. 匹配弧度时每次只削掉一小段长度、薄薄的一层木料，因为一不小心挖出个小坑洼，就要修削整条低音梁。不断地用两个大拇指轻轻地压住两端向内一些的低音梁顶面，微微摇晃低音梁观察低音梁摆动的状况。如果低音梁出现摆动，梁两端的支点处就是高出点，需要略微刨掉些。即使已不摆动也要观察是否只是两端已匹配好，而中间的部分还是未贴住。由于面板码所在位置附近略厚些，而且横向也有弧度，这里常常是最难匹配的地方。也可以从这里开始匹配，两端先略多削掉些木料，从中间逐渐往两端扩展。

10. 另外要注意整个匹配过程中，低音梁始终要与面板底面近似垂直，梁的顶面与面板底面近似平行。这样可帮助判断哪里需要修削，特别是当梁可向两侧摆

动时。

11. 当接近匹配好时可用涂粉笔灰的方法帮助判断,在梁的位置处涂粉笔灰后放上低音梁,微微地前后移动一下低音梁。然后观察梁的底面哪里有粉笔灰,这里就是高出点,需要略微修削掉一些,直到整条梁都沾上粉笔灰时就已完成匹配。

6) 精修

匹配好之后就要精修低音梁,不仅仅是修削成形,而且要使面板的叩击声恢复到需要的音调。并且在增加面板刚性的同时,还要让面板保持必要的弹性。

1. 把面板内面清理干净,低音梁对准位置放上后,用木制的形状像等高线卡尺那样的长臂夹子或其他合适的夹子试夹。需要五个夹子,放在大致对应于五条等分线的位置处。最中间的夹子从面板左侧伸入,夹住中间的等分线。两端的夹子从面板的顶端和底端伸入,另外两个夹子从面板右侧伸入,夹住靠近中间的两条等分线。面板表面处的夹子脚,要垫上软木或厚纸板以免损坏面板。夹紧时千万不要拧得过紧,只需用手指的力量使低音梁与面板紧贴住就可以了。大提琴由于个体较大,要用架子把它架空,以便夹子能从各个方向跨入面板。

2. 取下夹子时让夹子脚保持合适的跨度,并放在面板周围相应的位置处。这样在面板和低音梁涂上热胶粘合后,能够迅速地把夹子夹到位。用吹风机加热低音梁和面板的粘合面,涂上新鲜的热胶,迅速粘上低音梁并用夹子夹稳妥。用蘸上温水的毛笔刷掉多余的胶,再用湿的布或海绵擦干净。如果粘有小木块,此时小心地把它们去掉。

3. 让夹子保留过夜待胶干燥,胶干后取下夹子准备精修低音梁。必须确认胶和面板都已干燥后才精修低音梁,因为潮湿时叩击声会偏低。由于各个面板的木料质地和拱的形状不可能完全一样,故先把低音梁顶面的弧形和各处的高度,修削出大致的形状和尺寸(见图 7.5)。测量高度以梁的内侧即靠中缝的那侧为准。木料的质地硬而重以及拱比较高时,低音梁的质量可以小一些,梁的两端可修削得相当低。低音梁的最高点一般认为可在码脚下,或向面板顶端方向靠一些如图中所示的那样。音孔范围处低音梁应该保持高度,使它具有必要的强度对音孔会有好处。

4. 随着木料被削掉,面板的叩击声也逐渐变低,让音调还较高一些时暂时不再修削顶面的木料。此时按图所示把梁中间的部分修削成具有圆顶的抛物线形状或较窄的半个椭圆形曲线,向着两端逐渐变成半圆形。修削时要不断地聆听叩击声的音调,而且要注意声音必须清晰悦耳,若有变差的趋势就应到此为止。一般来说在传统的尺寸和形状的范围之内,低音梁高而薄些的声学效果,要比低而厚的好一些,太低的低音梁会使第四弦发声软弱无力。不过也要适可而止,如果减薄到一定程度音调还偏高,就要降低些梁的高度。

5. 另外在修削到音调接近时,还要测试面板的弹性。把左右手的大拇指分别按在梁的弯月形附近,中指垫在面板表面相当于纵向参比线位置附近。让面板对着工作台面的侧边,中指抵住台边,大拇指略加压力,面板应能微微弯曲而有弹性。若太硬可略微修削弯月形处及其附近的木料,而且向着两端逐渐变低、变窄,但要保持底面的宽度和半圆形的形状。

6. 关于低音梁的预应力有种种观点，有的认为低音梁两端的底面应该略微多削掉些木料，使它装上面板之后有些张力，可以使提琴的音色更好。而且若干年之后这种预应力会渐渐消失，也就是说低音梁失去了弹性，或者说是已经疲劳就要更换低音梁。但也有的认为这种预应力没有好处，会使面板两端出现下塌，在面板表面可清晰地看到低音梁的痕迹，甚至于损坏较薄的面板。因为低音梁的强度大于面板，预应力只会迫使面板的局部形状与它相一致，低音梁决不会服从面板的拱。如果拱已加工到最佳的形状，提琴的音色和音量必然有保证，似乎也没有必要用低音梁的预应力把它拉变形。

7. 最后把低音梁修削到最终的长度，而且顶端向外削出一个斜面。整个低音梁先用粗砂纸后用细砂纸打磨光滑，至此低音梁安装完成。面板内面的工作到此也已基本完成，下一步工序将是合琴。

7.2 面板的修复

面板和背板的损坏情况有许多是相似的，修理和修复的方法也基本相同。但面板是用云杉制作的，木质不如枫木坚实。板上开有音孔对面板的强度会有影响，又直接受到码的压力，内面有音柱顶住很小面积的局部面板。加上演奏者的手和身体不断与琴体接触，汗水侵蚀和肢体摩擦，琴弓的撞击。虽然背板也会受到一些相似的冲击，但这些因素影响面板的几率和破坏性要大于背板，而且有些损坏情况是面板特有的。

7.2.1 拱的修正

老琴的拱在经受几百年弦对码的压力之后，码脚下的面板会出现压痕，拱的中腰处下沉。安装低音梁时留有过大的应力，使面板两端下沉拱变形，或表面出现低音梁的痕迹。安装得过紧的音柱，会使面板和背板的拱变形凸起。

1）修复下沉的拱

在修理和修复的过程中，遇到拱下沉的几率更高些，尤其是面板。所以本节的内容是以面板作为修复的例子，背板拱若有变形，修复的方法也是一样的。

1. 修复变形的拱时必须使用衬模，衬模能使面板在内面受到压力时，外表面会紧紧贴住模具，使拱按照衬模的形状得到矫正。另外也为夹子的脚提供了支撑点，保护面板的表面和漆免受损害。以选用整体的石膏模最为理想，因为用照光的方法检查和修正衬模时，人眼检查对称性的感觉会更敏锐些，有利于对拱的修复作全面筹划。另外白色的石膏使亮暗反差明显，更易看到变形的地方。当然如果只是小范围局部修正，也可以用木模或聚酯模。

2. 制作衬模时先要把已取下的面板进行全面清理，浇铸石膏衬模的方法请参

考4.4.1节。在浇铸石膏衬模之前，可以预先进行一些矫正工作，下述的内容在制作衬模时可一并考虑：

◇ 靠近音孔之间的下沉区域，可在面板和胶合板底座之间，垫上修削成形的木块使音孔处升高。

◇ 面板凸起的区域可以预先把它压低，不过要细心操作，否则可能会损坏面板。先在面板凸起区域的内面，粘上一块顶面略修成需要形状的软木。软木的底面要高出面板的底平面，在调整高度时可有修削的余量。面板对好位置放到胶合板底座上，把面板凸起的区域轻轻往下压，并仔细地修削软木的底面。一直到凸起处已达到需要的形状，软木的底面也修削得刚好抵住底座为止。然后把面板定位到底座上，软木的底面粘贴到底座上。用垫有软木片的夹子或夹具把凸的区域压到需要的形状，然后点状涂胶把面板边缘粘到底座上。

◇ 修理者可以创造一些好的方法来修正拱，在浇铸衬模之前尽可能预先修正变形的拱。不论作了哪些修正，以后修正石膏铸模时可节省许多步骤和时间。

3. 有低音梁和贴片存在时，无法对拱作全面的修正，大多数的情况下必须去掉低音梁。贴片也要修削到它的强度还能让老的裂缝在加压力时不至于裂开就可以了。如果裂缝的情况比较复杂，也可暂时粘贴上软性的薄木片，保护易碎和脆弱的区域。面板上的凹陷在衬模(负模)上正好相反成为凸起，用照光并遮阴的方法可清楚地看到。把浇铸好的石膏衬模，顶端或底端正对着灯光。根据衬模不同部位的宽度，用不同长短的角尺横在衬模的弧面上。角尺在衬模上投射出阴影，但角尺直臂底下有个明亮的弧形区。根据弧形的对称性和弧线的不光滑点，就可判断面板的对称性和衬模哪里有凸起处。音孔之间的区域用短的角尺，拱的形状可以看得清清楚楚。

4. 用与衬模的弧形极为相似的刮片，修刮衬模的表面，这样可避免刮得高低不平。

◇ 严重变形的拱要经多次修刮和加压，才能使拱逐步地恢复原样。每次只是刮掉凸起处的一点点高度，交替地修正衬模和矫正拱，每一步都要细心地操作。每次加压后的效果可清楚看到，一天之内可重复操作几次，但是一定要既细心又耐心才能安全修复。

◇ 使用不卷边的刮刀但刃口要锐利，而且形状与衬模的弧形相似。让手腕来回做类似运弓的动作，不要加压力而是让刮刀在衬模表面飘然而过，这样可避免刮刀在衬模表面颤动形成皱纹。

◇ 每次刮后都要用与弧面形状相似的细砂纸木块，把整个表面磨光滑。

5. 热沙袋、潮气和压力是使拱恢复原样的主要手段，加压之前要完成如下的准备工作。

◇ 清理衬模和面板的漆面，不可有任何木屑或沙子等碎粒，否则加压时就会损坏漆面和造成坑凹。

◇ 衬模垫上薄的玻璃纸，纸表面不可有折皱和任何碎粒，否则同样会损坏面板。

◇ 把面板对准位置放在衬模上，可轻轻挪动和加压，并从音孔和琴边处观察位置是否准确。

◇ 剪一张与修正区域面积相似的纸样，纸片放在面板和沙袋之间。它既起隔离作用，又可潮湿后产生矫正拱所必需的潮气。

◇ 沙袋用棉布制作，形状要做得略似面板的轮廓，松松地灌入沙子约占布袋容量的 2/3。把口袋的开口端折起，盖在装有沙子的那部分上面，把沙袋放到面板上对好位置。要注意沙袋外表不可沾有沙子，以免散落开增加不必要的清理工作。

◇ 做一块比沙袋面积略小的厚木板或胶合板，板的边缘都要修圆滑以免加压后割破沙袋。木板放到沙袋上时把沙袋的开口端压住，使沙袋口封住。选择几个尺寸合适的夹子，定好要放夹子的位置和夹子的跨度(间距)，放在衬模周围恰当的位置处备用。

6. 至此一切准备工作都已就绪，取下沙袋和纸样。

◇ 把纸样用水打湿，沙袋内的沙子倒在平底锅内炒热，热度以手背能够忍受为宜。千万不可过热，否则会损坏漆面。而且沙子的热度要均匀，以免沙袋各处的温度不一样。

◇ 把热沙子灌入布袋内，再次检查温度是否过热。把潮湿过的纸样放到位，沙袋放在纸样上，放上木板并夹好夹子。收紧夹子时用锤子轻敲夹子或木板，只需要用大拇指和中指的力量旋紧夹子，当沙袋的边缘变结实时就停止增加压力。

◇ 沙袋留在上面几个小时之后，就可取下面板观察矫正的效果。然后交替地重复上述各个步骤，直到整个拱矫正完毕。每次都要仔细清理掉衬模、面板和玻璃纸上的各种碎屑和沙子。

2) 修复凸起的拱

许多老琴由于音柱安装得过紧或位置太靠后，使面板和背板中腰处的拱凸起。加上弦通过码对琴板施加压力，使这一状况进一步加剧。矫正凸出的拱比矫正下沉的拱更为复杂些，因为制作衬模所用材料的限制，负模的凸出处可以多次刮低，但凹下处难以用多次填补的方法使它升高。因此要从负模制作正模，又要多次修刮正模和从正模制作负模，才能逐步矫正拱的形状。

1. 先制作第一个负模，即修理下沉时所用的衬模。由于拱的缺陷是凸起的，所以缺陷处在负模上形成的是凹坑。必须用它制作正模，使负模上的凹坑在正模上成为凸起。然后按需要修刮正模的凸起处，可能一次也可能多次。每次修刮后都要制作另一个负模作为衬模，用于矫正琴板的拱。故虽然正模只要制作一个，但负模根据修复的需要，有可能要制作好多个。

2. 从负模制作正模和从正模制作负模的方法是一样的，具体步骤如下：

◇ 用自粘包装纸带或者橡皮泥和卡片纸，在负模周围建筑一道纸墙，以容纳浇铸时倒入的石膏。

◇ 在整个负模和纸墙上涂抹分离剂，可以采用牙科医生制作假牙时用的分离剂或者用硅油。分离剂可以使负模和正模在完成浇铸后能够很方便地相互脱离开。

◇ 生石膏加入水调成糊后会发热，所以浇铸时要注意石膏的温度，当石膏发

热温度变高时就把正模和负模分开。

◇ 正模完全复制了拱原有的缺陷，正模干透后根据变形的程度，逐步修正或一次完成修正。

3. 正模修正后用它制作第二个负模，浇铸时千万不要忘记涂抹分离剂。第二个负模就是可按常规方法矫正拱的衬模，具体步骤与矫正下沉拱的方法完全一样，通过加湿、热沙袋加温和加压使拱恢复原样。

4. 变形较严重或者修复精美的古琴时，就要多次修正正模和制作负模。每次只做些小的修正，这要比一次强烈加压更为安全和完美。加压前要在拼合的背板中缝处粘贴加固用的长条木片或贴片。

3）稳定矫正后的拱

矫正后的拱在去掉压力之后可能会出现反弹的现象，必要时用贴片或补片使面板定形。

1. 补片

为了使矫正后的拱不至于再次变形，用比贴片面积更大的云杉木片制作成补片粘贴在面板内面。粘贴补片时仍然要使用原来矫正拱的衬模，衬垫玻璃纸后把面板放到衬模上，确定需要多少补片和安放的位置，跟贴片一样需要把补片底面与面板的弧形相匹配，并用铅笔编号和在面板上标记位置。粘贴补片时一片片地粘，在紧靠第一片补片位置附近，垫上厚的软木片后把面板夹在衬模上，面板定形后粘贴第一片补片。胶干后把夹持的位置移到下一补片附近，并一片片地重复此过程。

2. 日本纸

面板加固和定形用的材料，既要轻使提琴仅增加一点点分量，又要有韧性坚固耐久。一种手工制作的日本纸极为合用，日本古代的弦乐器就是用它加固的，历经几百年后仍然品质如故。这种纸与我国手工制作的宣纸一样，用手工敲和捣的方法使植物纤维纵向分离，再梳理成单根小纤维，这样一来就保持了纤维的原有长度。纸浆中的纤维在转移到网栅上时，因操作者前后左右地移动网栅，使纤维交叉地相互交织锁在一起，所以纸的各个方向都是坚固的。撕开纸时纸边会成为有许多长纤维的毛边，纸张的抗撕性能越强就越结实。选用自然干燥的纸因为收缩率最小，酸度以 pH 值 7～8.5 为宜，略偏碱性可使纸张遇到酸性污染空气或酸性物质时不至于渐渐地变成酸性。粘贴纸张时不要用动物皮制作的明胶，因为它含有胶原蛋白容易招来蛀虫。采用脱蛋白小麦淀粉制作的浆糊，或高品质的聚乙烯醋酸酯粘贴。

7.2.2 更换低音梁

一般情况下没有必要更换低音梁，如果说低音梁的木料因天长日久会疲劳，那么琴体其他各部分的木料也同样会疲劳。实际上老琴木料随时间的消逝而老化，只会使提琴的声学性能更好，这可以说是人们的共识。古琴和高品质的提琴，如果面板拱的形状和结构出了问题，只有去掉低音梁才能修复时，就不得不更换低音梁。或者在修理一般品质的提琴时，发现因低音梁安装不当或材质不佳而影响音

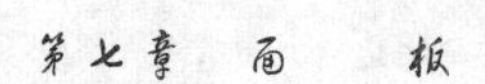

色时，才有必要重装低音梁。

1）拆卸低音梁时将面板的外表面向下，安放在衬模或托座内，注意保护好漆面不要受损。用大小合适的半圆凿，尽可能多地削掉低音梁的木料，直到只剩下薄薄一层木料。用拇指刨或刮片去掉这层薄木片，直到几乎达到胶面。取一条尺寸与低音梁大小相似的布片，蘸上温水后铺盖在胶层上，几分钟后用刮片去掉剩下的薄木片。再用湿的布或海绵擦净剩胶，注意不要把面板弄得太湿或大面积受潮。

2）用径切的云杉木料制作低音梁，具体步骤和尺寸请参考 7.1.4 节。

7.2.3 替换琴角

琴角也是最易磨损的部位，即使修理后还会重新磨损，所以替换琴角时选配木料特别重要。木纹的构形必须尽可能相似，顶头丝处年轮要保持同样的斜度。色泽更为重要，不然再次磨损后就会露出新配的白色木料，最好选用自然老化的木料，可以保证颜色从里到外自然逼真。如果没有合适的木料，也可以用人工老化的方法。但要用能使色泽渗入木料的方法，如氨气熏或热处理，或者两种方法相结合，请参考 2.2.5 节 3）。粘贴琴角替换木料的胶一定要用热明胶，现代的化学胶会使粘合处变色或难以润色。根据琴角损坏的程度和琴的价值，有多种替换的方法。

1. 单片木料替换法

如果琴角断裂但不是太严重，琴的价值也不高，可以用单片木料替换丢失的琴角木料。

◇ 琴角断裂几乎都会损及嵌线，如果损坏只是达到蜂针处，只需要匹配一下木纹和颜色，用单片木料替换丢失的木料。把受损琴角的尖端顺着木纹和顶头丝年轮的斜度切平，切割处要沿着秋材的深色木纹，必要时用平口拇指刨刨平，使它形成笔直的平面切口。

◇ 替换木料先要匹配好顶头丝年轮的斜度，由于只需要小块的木料，故用劈或刨的方法即可完成。使木料成为上下表面相互平行、顶头丝斜度正确、厚薄和大小合适的长方形木块。然后顺着秋材刨出笔直的平面，这个平面可能与小木块的上下表面不垂直，这取决于顶头丝年轮的斜度，但是它与琴角处已加工好的平面切口正好匹配。

◇ 用热胶把替换木料与琴角粘贴在一起，粘时不需要用夹子，只需用摩擦按合的方法就可以了。小木块滑入到位后，用手按住约 30 秒就可放手，胶干燥的过程中会把小木块紧紧抓住。深色的秋材木纹使粘合面能很好地隐藏起来。

◇ 胶干后把新琴角修削成形，嵌线的蜂针处用刀尖略微刮掉些木料，再用调成黑色的乳香胶填补成蜂针形状。最后一步就是润色和刷漆。

2. 单片木料镶嵌法

如果琴角的磨损不太严重，嵌线及其斜接角还保持完整，可用单片木料制作替换的琴角，新琴角围着嵌线的曲线形状和斜接角，把它们镶嵌起来。不过修复过程有一定难度，必须同时匹配三方面。即不仅秋材和年轮斜度要与两条不同位置木纹的秋材平面相匹配，而且要把嵌线和斜接角镶嵌进去。只用一片替换木料往往

会使顶头丝的斜度匹配不好，因为去掉琴角已损坏的木料时，做出两个直上直下的平面还比较容易些，顶头丝年轮过于倾斜时就很难兼顾。匹配好后就把替换木料粘贴到位，胶干后把琴角修削成形。

3. 双片木料替换法

如果琴角损坏得比较严重，上端琴边的损坏超过了嵌线和斜接角，就要用两片替换木料制作新琴角。两片木料必须取自同一块，与原琴角木料的色泽和顶头丝斜度一样的木材。也是先把替换木料做成上下两面平行，顶头丝年轮斜度与面板一致，大小和厚度合适的长方形木块。

◇ 本例是琴角嵌线之上的部分损坏严重，故把沿嵌线弧形面之上损坏部分的木料切掉。注意要保持嵌线的完整和整个弧形表面的平整，而且是在秋材处与顶头丝保持同样的斜度断开木料(见图 7.6)。

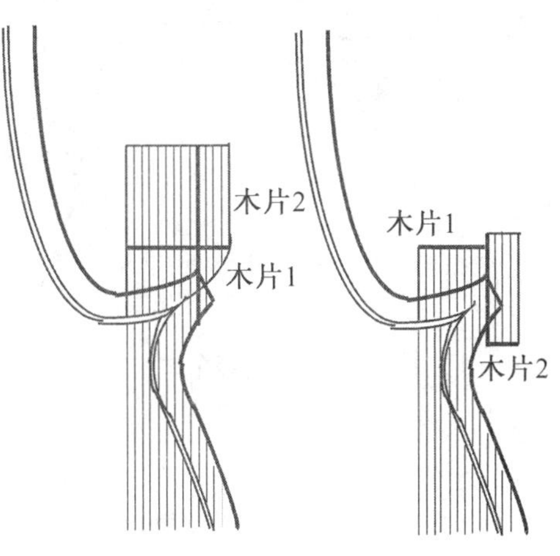

图 7.6 双木片修复琴角方法之一

(Weisshaar, 1988)

◇ 把尚未分割的替换木片沿着边上的秋材木纹和顶头丝斜度刨成平面，这个平面将来要与琴角处断开的面相粘合。木片的下端按嵌线的弧形表面修削成形，用涂粉笔灰的方法精确匹配这两个面。匹配好后把它放到应在位置处，在替换木片与琴角尖端某一条秋材木纹相对应的深色木纹上，用铅笔画一根直线。

◇ 然后按图中横的粗线条把木片切断，已匹配好的木片称为木片 1，切下的木片称为木片 2。

◇ 把木片 1 修削到比所画的铅笔线条略宽些，用新鲜的热胶粘贴到位，待胶干燥后沿着琴角尖端那条秋材木纹和顶头丝斜度，用拇指刨连同琴角和木片 1 刨成光滑的平面。

◇ 沿着木片 2 铅笔线条处的秋材木纹和顶头丝斜度，刨成与木片 1 及琴角尖端相匹配的平面。然后把木片粘贴到位，由于结合面在深色的秋材处，故能很好地隐藏粘合缝，待胶干燥后修削成新的琴角。

4. 双片木料镶嵌法

如果琴角处嵌线上下的琴边都较严重地损坏，用单片木料很难把它修复。需要用两片木料重建琴角，但匹配两片木料要求修复者具有良好的技艺和耐心。

◇ 两片替换木片也要从一块木料上取得，替换木块的制备方法与上一节相同。

◇ 也按上一节的方法去掉嵌线上侧损坏的琴边。替换木片也先不割开，下端与嵌线处的弧形面精确匹配好。

◇ 在替换木片与琴角尖端秋材木纹相对应的木纹上，用铅笔画一条直线，即图中画有虚线的那条木纹。

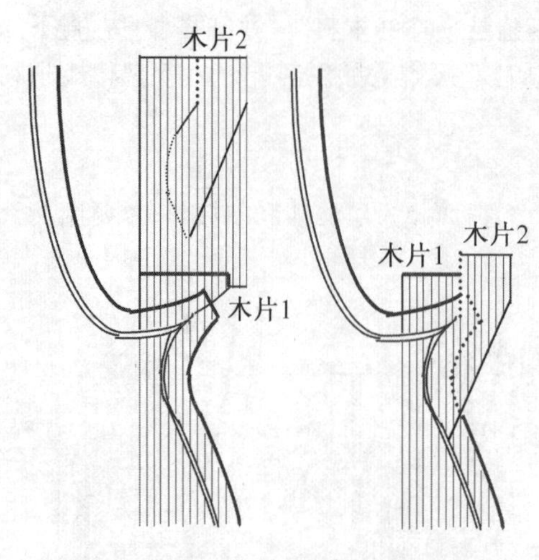

图7.7 双木片修复琴角方法之二
(Weisshaar, 1988)

◇把替换木片沿着图示的横向粗线切断,已匹配好的木片称为木片1。把它修削得略比琴角长些,然后用新鲜的热胶把它粘贴到琴角上。切割下的待匹配木片称为木片2。

◇待胶干燥后刚好在嵌线斜接角的尖端之外,把木片1与琴角尖端一起,按木纹的走向在铅笔线之外,修削成直上直下的平面,这个平面不必与顶头丝保持同样的斜度。

◇观察嵌线下侧琴边的损坏程度,把损坏处的琴边一直修削到嵌线的弧形面处。在切底下的斜切口时,不必考虑与木纹对齐,实际上也很难对齐。

◇这些工作准备就绪后,把一片纸放在修削好的区域上。手指尖包上单面复写纸或涂上石墨粉,摩擦纸片复制嵌线弧形面和琴边的轮廓。在轮廓的外侧按图示那样,画一条与斜切口一样斜度的斜线,及与平面切口对齐的直线。按轮廓和斜线剪下纸样,把其上的直线与木片2上的铅笔线条对齐后,把纸样贴在木片2上。

◇按纸样锯下木片后去掉纸样,便于匹配时能看到木纹方向,用涂抹粉笔灰的方法匹配弧形面和平面。与木片1相会合的直线处可暂不调整,只要最初匹配时把木片2放得高于嵌线。先把弧形面大致匹配好,之后必须同时匹配两个面,平面处可修削木片1或2,两片木片能在深色木纹处重合是最理想的。匹配好后把木片2粘贴好,待胶干燥后把琴角修削成形。

5. 新琴角成形

在修削新琴角之前要先想象一下,原作者是怎样制作琴边和琴角的。观察琴上的各个琴角和各处的琴边,挑磨损最小的地方仔细观察原作者的风格。具有深刻的印象之后才动手修削,使新琴角既是全新的又是原来的风格。

◇要用宽的鸟舌形锉刀,以免在弧形面上锉出凹洼。

◇参考修削琴边的方法,这些方法可用于修削琴角。

◇仔细观察背板上琴角的角度,对做好面板上新琴角的角度是有帮助的。正确的角度可使面板上的新琴角与背板上的原琴角看起来是对齐的。

◇新琴角成形后参照琴上其他琴角的磨损状况,再赋予新琴角既合乎情理又有艺术品位的磨损。

◇用稀的明胶上几次浆,以消除木材受潮后的膨胀。每次上浆之间待胶干后,都要把琴角表面弄光滑再上下一次的胶。最后是润色和刷漆。

7.2.4 修理裂缝

提琴的背板、面板和侧板都比较薄,非常容易受损,最常见到的损坏是开裂形

成裂缝。新的裂缝经专业修理者修复，可以完全看不出来。但老的裂缝如果以前曾粗糙或拙劣地修理过，甚至丢失了一些木料，就会使修复工作复杂化。若琴板上留有应力或者拱变形，也会增加修复的难度。为叙述方便，侧板裂缝的修理已在5.2.2节内介绍，另外因面板更易开裂，所以叙述时都以面板为例。

1）概述

1. 裂缝常常是在卸下面板之后才粘合，但如果有几条裂缝同时存在，就要在取下面板之前，在面板表面把各条裂缝用胶初步粘合一下。每条裂缝都会有一些需要特殊处理的问题，要采取最佳的方案把裂缝两侧干净利落地粘在一起。这需要经验和耐心，即使修复的前期曾仔细地操作，在涂上胶之后仍然要做些调整。正常的裂缝两边容易吻合，用的夹子也比较少，但有时也会出意外。刀刃样的裂缝在涂胶后，常会一边滑到另一边的上面，甚至于加上夹子之后还会加剧。

2. 在粘合裂缝之前必须先预演一下如何安放夹子，观察两侧的边是否对齐和对平。可以用直尺平放在裂缝处，把琴端平与眼处在同一水平线上，观察是否有一边比另一边高的现象。但清理陈胶或涂胶后，湿润会使裂缝处成为山脊样拱起，随着木材干燥山脊会逐渐消失。

3. 使面板拱保持原样极为重要，操作过程中要不断注意观察靠近裂缝处的拱有否凹下或凸起。用各种方法试验，直到使裂缝两侧平坦地合在一起，拱也保持原样。尽可能少用夹子，即使最轻的夹子的重量也可能对面板形成不需要的拉力，一旦夹子拿掉后不是面板趋向恢复原样，就是在面板上留下应力。拧紧夹子时仅用大拇指和中指的力量，使裂缝两侧对平合拢后就不要再增加压力。

4. 修理裂缝用的夹子除常用的C形夹和F形木工夹之外，另有专用的成套拼缝夹或者改制后的C形夹，请参考第十一章工具。此外还需制作一些不同大小的楔形木块，用于垫在拼缝夹滑轨与面板之间的空隙处。可放在裂缝高起的那侧或横在裂缝上，使裂缝平坦不至于鼓起。但要注意木楔不可把裂缝区域的拱压变形。木楔对着面板漆的那面贴上塑料胶粘带，以免胶把它粘住。一旦木楔被粘住不可用力量把它拉下，可用温水溶化胶后取下。虽然需要小心从事，但比漆面受损后润色补漆要省事得多。

5. 再制作一些大小、形状和厚度不同的有机玻璃片，作为夹子的夹座衬垫在面板的漆面处。有机玻璃片的边缘和角都要磨圆和磨光，表面要保持光滑以免损伤漆面。

2）修复新的裂缝

新的裂缝如果修理得当可完全看不出痕迹，长的裂缝可以一次只粘合一半。前一半粘好后在靠未粘合的那端暂时粘一贴片，这样可防止在粘另一半时，因弯开裂缝使粘好的部分再度裂开。

1. 粘合裂缝之前要做好一系列准备工作，先确定哪里放夹子能够使裂缝的两侧平坦地密合在一起，在琴边上用粉笔做上标记。准备好湿的海绵或布，另准备一块干布。制备热的新鲜明胶，胶的稠度和温度要恰当，修理裂缝时胶的作用非常重要。工作室要保持温暖，使胶能尽快地干燥。

2. 小心谨慎地弯曲裂缝的两侧使裂缝微微张开，如果弯曲难以使裂缝张开，可试试从面板内面往上顶裂缝，使裂缝两侧弯曲。不要用力过猛，否则会使裂缝进一步开裂，可以由一人弯开裂缝，另一人用手指在裂缝处擦胶。

3. 从琴板窄的那端开始，裂缝弯开后在面板漆面处，沿着裂缝细细地滴上一条胶线。擦胶前要洗干净手，手指尖用草酸溶液洗净，在裂缝处做打圈的运动把胶擦入裂缝内。如果胶未能穿透到面板的内面，在面板内面重复擦胶的步骤，然后才加上夹子把裂缝既平坦而又密闭地夹住。

4. 就这样重复弯曲、擦胶和夹好夹子的步骤，一段段地把整条裂缝粘合。

5. 用蘸温水的海绵或布擦掉过量的胶，再用干棉布擦干表面。擦时沿着裂缝的走向移动海绵和布，以防脆弱的漆边缘碎裂。

6. 如果裂缝较长，重复各步骤需要较长的时间，胶就会冷凝成冻胶状态，在夹好所有的夹子后必须使胶再度液化。把面板提到眼的平面处，沿着面板内面裂缝的下侧，移动点着火的酒精灯。必须记住加温只是为了使胶液化，温度过高会损伤漆面。加温后胶会液化成小珠状被挤出，再次洗净琴板表面，然后让胶干透。

3）加固裂缝

裂缝粘合后要用云杉制作的贴片加固，以合适的间隔横跨在裂缝上。背板上的裂缝有时采用枫木制的贴片，但用白杨和云杉木更易匹配和粘贴。贴片的大小和数量，取决于需要的强度以及重量限制，在两者之间作相互权衡。

1. 贴片的制作

◇ 为了制作同样大小而又能方便匹配的贴片，需先制作一块与低音梁相同制作要求的木块，请参考 7.1.4 节 2)。但相当于低音梁高度的方向愈高愈好，为的是可匹配一片切下一片，既可匹配时拿起来方便，又可得到同样大小的贴片。

◇ 请参考图 7.8，制成的木块就如一条很高的低音梁，它的厚度决定了贴片的宽度。在顶头丝处相当于厚度一半的地方，画一条垂直的铅笔线，这条线是以后用于对准位置的基准线。

◇ 根据贴片需要的长度在木块上画一条纵切割线，在线条处切断便得到贴片的毛坯料。拿住毛坯料把它横跨在裂缝上，基准线对准面板内面已画好的位置线，围着坯料的外形用铅笔画出长方形的框。如此制作和安放的贴片，它的木纹与面板的木纹正好垂直。

◇ 用涂粉笔灰的方法，使毛坯料的底端与面板的弧形相匹配。匹配时毛坯料每次放回到面板上时，都要与面板上的位置线和框形对准。用刀和刮片修削贴片，不要用砂纸，砂纸会使贴片的棱角变圆，边缘和角就匹配不好。匹配好后按贴片需要的厚度沿横切割线切下，顶面要削平使夹子能稳定地压住，顶头丝处的基准线不要摩擦掉。这就是一片底面已匹配好的贴片，在它的顶面按面板上的编号用铅笔写上号码，然后再匹配下一片贴片。

2. 贴片的定位

◇ 根据裂缝的长短和位置，确定需要多少贴片和放在哪里。如果两条裂缝靠在一起，可以用一个贴片覆盖两条裂缝。一般贴片都按等距离分布，但也要根据具

体情况而定。

◇ 在需要放贴片的地方横跨裂缝画一条铅笔线，它就是与贴片上基准线相对准的位置线，把各条位置线编上序号。

◇ 所有贴片都制作好后就准备粘贴，面板的漆面处垫上纸板或有机玻璃片作为夹子座。用新鲜的热明胶按编号对准位置粘贴片，夹持固定后洗净多余的胶。待胶干燥后把贴片的顶面修成半圆形，两端修出斜面（见图7.8）。

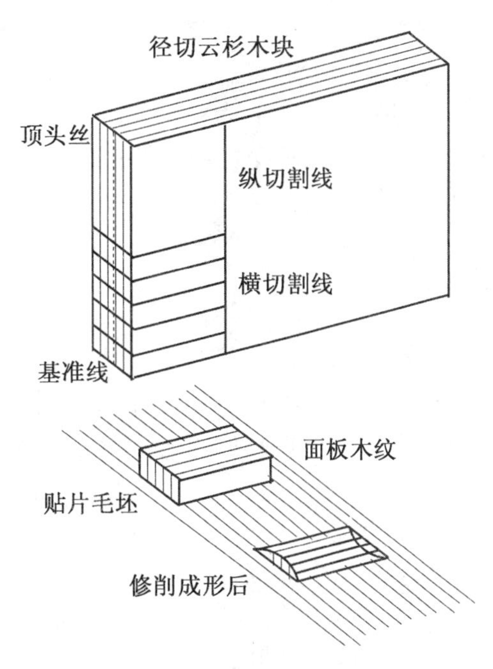

图 7.8 制作贴片的过程
（Weisshaar，1988）

3. 用衬条加固

衬条也可加固裂缝不会使琴板变硬，衬条的边缘要弄成毛边。这些毛边就如手指紧紧地抓住琴板，可防止衬条的边缘因琴板的应力变化而脱开。

4. 不恰当的加固方法

绝对不可以用羊皮纸粘贴在面板之下加固裂缝或使拱定形，因为羊皮纸干燥时会收缩，使裂缝区域的拱下沉。干的羊皮纸天长日久后会沿着边缘脱开，面板振动时碰到硬的脱开部分会产生杂音，必须把它去掉才能消除。因粘有羊皮纸而引起的拱下沉，只要去掉羊皮纸就可修复。但可以用日本纸粘贴在面板内面，加固裂缝或防止矫正后的拱又变回到原样，请参阅 7.2.1 节 3）。偶尔也有人把贴片埋入琴板内，但这并不能更牢靠地加固裂缝。

4）填充裂缝

裂缝粘合后如果表面还有小的缝隙，可以用缝隙填充剂填充后再修整。常用山达胶，因为它十分透明，在它之下的木材纹理结构，仍然可以看得十分清楚。

1. 填充缝隙

山达胶能溶解在松节油中，把它配制成糖浆样的溶液。在缝隙处把胶成细线状滴入，然后用手指尖转圈涂抹的方法，在缝隙中填入细细而又薄薄的一层胶。由于山达胶要几天才能干燥，特别是潮湿天气不易干燥，一次填入厚胶反而不如薄薄的几层干得快。填充剂一层层地填入直到高于漆膜，整个区域的纹理结构，应该在润色之前就恢复原样。如果缝隙特别深，可以在填满之前就开始润色。

2. 修整缝隙

想恢复填充缝隙处的纹理结构，耐心和技术两者都是重要的。整个缝隙处填充剂应略高于漆膜，而且完全干燥后才可以修整。先在裂缝区域涂抹一层清漆，待漆干燥后开始修整。涂清漆的目的是在修刮填充剂时，碰到它周围的这一清漆层，就表明已接近原来的漆膜了。

◇使用平直的刮片，刃口不要卷边，磨得锐利平直，可以避免刮出凹槽，否则又要再次填充和刮平。

◇使用如运弓那样来回倾斜的手腕动作，短距离地移动刮片，不要加压力。让刮片斜着以45度角轻轻地飘过填充剂的表面，整个动作轻柔舒展，避免在表面出现撕裂缝。

◇刮片走向要与缝隙垂直，绝对不可与缝隙相平行，否则可能会把填充剂拉出缝隙。

◇每次刮掉的量要比每次填充的量少，来回重复地刮，当刮到周围预先刷的清漆安全层时就停止。

◇用600目粒度或更细的耐水砂纸，包在约10毫米宽的有机玻璃上，把缝隙表面磨平整。如果裂缝附近的红漆已剥落，用有色漆在裂缝处润色以消除色差。最后磨光滑裂缝表面，再用抛光剂把裂缝表面修整到与周围漆面融为一体。

5）修复老裂缝

曾经修过的老裂缝往往是肮脏的，而且可能裂缝的一侧比另一侧高。大多数情况下要卸下面板，而且一次只能清理和粘合一条裂缝。如果几条裂缝挤在一起，可在面板内面先把其他几条裂缝用水溶性的胶粘纸带粘住，这样可避免几条裂缝同时裂开。用软的短毛鬃刷清理裂缝，就不会磨损裂缝边和碰掉脆弱的漆边缘。

1. 清理陈胶

◇老的裂缝有时很难打开，可用蛋白酶（嫩肉粉）降解明胶内的蛋白质使胶液化。把嫩肉粉溶在温水中成饱和溶液，在面板内面的裂缝处滴上溶液，然后小心地弯曲裂缝使溶液渗入。裂缝脱开后用双氧水使蛋白酶失去活性，35%的浓双氧水有腐蚀性不可与手接触。再用清水洗净裂缝，并把裂缝夹平整直到面板干燥为止。

◇如果裂缝是用白胶粘住的，就要用二甲亚砜清理白胶。二甲亚砜的毒性很大，操作时要戴上一次性的手套，千万不要碰到皮肤上，裂缝脱开后要用清水彻底地清洗裂缝。

◇如果裂缝内的脏物被封在漆或罩光层下面，清理剂碰不到胶，可用尖细的刀尖轻柔地沿着裂缝刮，但不要用刀去挖裂缝内的污物，只要刮到清理剂能碰到胶就可以了。

2. 清洁裂缝

裂缝内的污物可用清洁剂清除，几种清洁剂可单独使用或协同使用。

◇草酸是很好的漂白剂，把草酸晶体溶解在水内制备成饱和溶液，在温暖的室温下，瓶底能见到草酸的沉淀物就是达到了饱和状态。使用前先在裂缝很小的一部分上，滴一些草酸溶液做一下试验。因为苯胺类颜料遇到草酸会褪色，如果有褪色的现象就要改用漂白粉作为清洁剂。

◇漂白粉是很好的清洁剂，但它内含的氯容易挥发，因而有效期相当短，所以要用时才少量购买。

◇漂白粉与双氧水（P-C-P）联合使用，成为非常强烈的漂白剂，有极好的清洁作用，但使用时要小心谨慎。先制作两把刃口薄薄的木质刮刀，一把蘸漂白粉溶

液，另一把蘸35%的浓双氧水。略微弯曲裂缝的两边，先把很少量的漂白粉溶液滴在裂缝上成为一细线。用浸水的海绵洗掉过量的溶液时，海绵移动的方向要与裂缝平行，以免损坏漆的边缘。然后滴上双氧水并擦掉过量的溶液，再滴上漂白粉溶液。溶液都要限制在裂缝内，以免腐蚀到漆面。如果两种溶液都是有效的，相遇后会起泡沫。立刻用浸水的海绵洗掉溶液，再用夹子把裂缝夹平，要用最小的压力，待面板干燥后才去掉夹子。

6）临时贴片

当裂缝的两边因面板变形难以对齐时，临时贴片是非常有效的辅助手段。虽然制作和匹配临时贴片需要些时间，但粘合裂缝时会既方便又迅速，而且粘合后两边会非常平整。

1. 先清除裂缝处的胶和污物，按制作贴片的方法制作临时贴片。贴片长度约10毫米，同样需要在面板内面标记好位置，并且底面与面板拱的弧形相匹配。但压在裂缝上的部分只有2毫米长，让长端和短端一左一右交叉地分布在裂缝两边，相隔的距离根据裂缝不平整的程度而定。

2. 贴片匹配好之后在短的那端，靠裂缝位置外侧对着琴板的匹配面上，削出一个小小的斜面。斜面会引导面板裂缝的两边，沿着斜面滑到贴片底面的弧形面上，使贴片与面板紧密吻合。

3. 对准位置后长的那端用点状胶粘贴在面板内面，粘时注意不要让胶淌入裂缝内，也不要把短端与裂缝粘在一起。

4. 预演一下用夹子把裂缝平整地夹合在一起，然后按常规的方法粘合裂缝。胶干后拿掉夹子，去掉临时贴片，再根据需要配上永久性贴片。

7）带空隙的裂缝

偶然会见到靠琴边缘处裂缝的两边是吻合的，但靠琴板中间的部分有一段空隙。修复这样的裂缝，需要把嵌线提升出嵌线槽外，或者切掉一段嵌线。

1. 面板拆卸后在裂缝的尽头处粘个贴片，免得裂缝进一步裂开。试着把嵌线提升出槽外，如果粘得太结实就切掉一段嵌线，此时裂缝空隙处的两个边可能就会吻合。

2. 如果空隙仍然存在，就要把嵌线附近的面板去掉少量木料，使缝隙闭合。观察一下裂缝的哪一边更易下刀，并在欲下刀区域的对面涂上粉笔灰。用手指轻轻地摩擦裂缝两边，看看粉笔灰转移到要去掉木料那边的什么地方。小心地把那里的木料去掉一点点，尽量使裂缝的空隙闭合。

3. 要注意去掉木料后拱变形的情况，要兼顾两方面作些协调。因为拱变了形也就不可能把裂缝完美地修复，但是面板有一点容许修正的回转余地。

4. 必要时辅以临时贴片的方法，使裂缝两边完美地吻合。但在裂缝中嵌入楔形薄木片是不可取的，首先由于色差和折射的不同，很难把嵌入的木片隐藏起来。其次嵌入的木片会把裂缝两边的木料往下拉，以后就无法再把它修复。

8）从音孔送入贴片

如果裂缝就在音孔附近而且开裂到音孔处，就不必卸下面板，从音孔处可送入

贴片加固面板。但要使用改良过的 C 形夹，小提琴用的夹子，夹子腿要减细到 4 毫米。用于固定云杉贴片的夹子，还在脚面的平台上安装一根金属针。

1. 裂缝附近的面板根据需要从侧板上脱开一段，为的是方便清理裂缝和把裂缝的两边推合到一起。裂缝清理好之后，用改细过的 C 形夹通过音孔，把裂缝的两边平坦而又合缝地夹在一起，直到面板干燥为止。

2. 制备粘贴裂缝的贴片，贴片的长度可以比音孔珠的直径大，但不能比它宽，否则就塞不进去。贴片的底面同样需要与面板内面的拱相匹配，顶面修成横向的半圆柱形，圆柱形的两端削出斜面。

3. 用小片的有机玻璃制作面板漆面处的夹子座，粘贴片时放在夹子和漆面之间，有机玻璃的边缘要修成光滑的圆边。

4. 先预演一下夹的过程，把贴片顶面的中心处钉在夹子脚面的金属针上。把贴片转成长的方向对着音孔，通过音孔送入贴片，然后用细针转动贴片，使它横跨在裂缝的粘贴位置处。

5. 漆面处垫上有机玻璃片，把 C 形夹轻轻地夹住，但不要夹紧。另外配合上跨度合适的拼缝夹，从面板两侧加压使裂缝的两边平整地会合在一起。之后仅用手指的力量把 C 形夹拧紧，使裂缝两边平坦而又合缝地夹在一起。

6. 之后取出夹子和贴片，先把新鲜的热胶成线状滴在裂缝处，再用手指转圈把胶摩擦入裂缝内。在贴片匹配好的底面上涂胶，然后按预演的步骤把贴片送入音孔并粘贴到位。可用温水洗掉多余的胶，同时会使胶再次溶化。必要时可在此时调整一下夹子，但这是在不得已时才这样做，尽可能一次到位为好。

7. 胶干后拿掉夹子，如果有机玻璃片被粘在漆面上，在它的边缘处用蘸温水的毛刷清理胶使它脱落。千万不要把有机玻璃片硬拉下，这样会损坏漆面。等胶溶化所费的时间，比润色和补漆的时间要少得多。

7.2.5 琴边加层

琴板由于多次拆卸，粘侧板框的部位会受到损坏或丢失木料。面板中腰处由于琴弓弓毛库的撞击，会使面板边缘的上半边受损。或由于种种原因使琴板边缘受损，甚至于损及嵌线。这类损坏可以用全部或部分加层上半边或下半边，以及包括更换嵌线予以修复。但是修复者需要有高超的技巧和丰富的经验，有时也难免出岔子。例如有些制作者把嵌线槽挖得太深，在去掉琴边的下半边时整个琴边会与嵌线脱离。为保险起见，面板取下后先在琴颈和尾枕位置处检查一下嵌线槽的深度。如果槽太深就预先做个全尺寸的石膏衬模，当出现琴边脱离的现象时，可在衬模上把琴边粘到原位。老琴的琴边由于各处的磨损不一，琴边会厚薄不均匀。加上侧板的收缩和卷曲，会把琴板向下拉使琴边不平坦，这些都会使加层工作复杂化。阅读本节时务必先看完全部内容，并了解操作过程的各步骤后，再计划具体的修复程序。

1) 加层前的准备工作

面板卸下后在嵌线处测量琴边各处的厚度，因为这里的磨损最少，能量到准确的厚度。琴角是面板最厚的地方，所以要测量一下角尖嵌线处的厚度。加层的工

作过程中需要参考这些数据，以确定琴边需要修削掉多少厚度，以及加层后的琴边应修削到什么厚度。

2）去掉琴边的下半边

磨损后的琴边厚度会不均匀，要想使加层后的琴边各处厚度均匀，并符合应有的标准厚度，就要在未磨损处的琴板底面，刨掉相当于琴边厚度一半的木料，而磨损变薄的地方少去掉些木料，使整个琴边与未磨损处一样厚。由于琴边底面去掉的木料不一样多，所以加工之后是不平整的。当琴边用同一厚度的木料加层，再均一地刨平底面减薄，琴边各处就会恢复到应有的厚度。而且加层与琴板另一半的结合面都一致地处在琴边厚度的中心处，这样就能很好地隐藏结合面。无论是整个面板加层或部分加层，都需遵循这一原则。测量琴边已减薄到什么程度时，随时要参比嵌线处的厚度。如果原来的琴边制作时就厚薄不匀，想要保持原琴的风格，就可根据嵌线处的厚度作调整。

去掉琴边厚度的一半，是成功隐藏结合面的关键。但把琴边各处都刨成同样的一半厚度，却是件精细的工作。刨子的走向要与木纹成斜角，刨时用另一手作为面板的支撑面，手要刚好放在刨子的下面。刨子配合锐利而略凸的刮片一起操作，可得到最好的效果，不要用锉和砂纸。

3）制作加层木片

因为面板的两边一般都是从同一块木料上取材的，故最简便的办法是从与面板木纹图案一致的同一块木料上制作面板两边的加层木片。如果找不到整片的合适木料，就用几片木料来匹配。安排加层片时要注意，哪里琴边的上半边也需要更换。如果也要更换，新的上半边琴边的木纹必须与底下的加层片一致，可以从加层片同一块木料上取材。

加层片都要选用与面板木纹和顶头丝斜度一样的木料，把匹配合适的木料一分为二锯成两片，分别用于面板的两边。若用多片加层片匹配则应从中间开始，再匹配两侧的，最后把中腰的加层片与两侧的加层片相匹配。为了在操作过程中便于对齐，可以让两半边在中缝处对齐。用多片加层片时要编上号和注明位置，而且各片的接合处要相互匹配好。然后把各加层片都刨成一样的厚度，小提琴和中提琴约 3.5 毫米，大提琴是 4 毫米。把各加层片再次会合在一起，检查各个接合缝是否对齐和平整，必要时再修正一下。然后把其中一片夹到位，再把各木片相继拼合，用铅笔在交界处画直线作为对准的标记，以便将来粘合时相互对准。

在平整的工作面上铺垫玻璃纸，把各木片放上并对准接合缝和标记线。用新鲜的热胶把各木片粘合在一起，而且用夹子压平，使各木片对着工作面的那面处在同一平面上。胶干后用刮刀和砂纸木块修正一下不平的地方，使两半面一样厚和一样平，之后放一边待用。

4）去掉受损的琴边和嵌线

一般琴板左上侧的琴边和嵌线，因手的摩擦和汗水侵蚀常易受损。如果需要修复，这时把它们去掉，操作起来更为方便些。如果琴边和嵌线都要换，就把两者一起去掉。尽可能留一些嵌线的样品，无论是从收藏的嵌线中挑选，或者按样品制

作新的嵌线，都要以它为依据。如果只是琴边受损就把需要更换的部分去掉，但要注意不要一直修削到嵌线处。因为嵌线的黑色木皮厚度仅零点几毫米，极为脆弱而且常是不平整的。故修削到接近嵌线时，用砂纸木块小心地磨平嵌线的曲线表面，直到黑色木皮隐约可见就停止。平滑的嵌线曲线表面使匹配新琴边以及隐藏接合面更容易些。另外注意切掉损坏的琴边时，让刀口处在深色木纹(秋材)处，以便将来匹配替换木片和隐藏接合缝。

5）确定加层片的内外界限

1. 先确定加层片的内侧界限，由于面板内面的四周一圈，用刨子刨掉一半厚度后，它的宽度会向拱的范围扩展。所以要确定加层片内侧的界限，否则会缩小拱的范围。在面板底面的周圈涂上粉笔灰，把半面制备好的加层片对准位置放上。轻轻敲压和微微移动加层片，使粉笔灰从面板周圈转移到加层片上，之后沿着内侧的粉笔灰痕迹去掉多余的木料。如果曾经去掉过部分损坏的琴边，可以从这些余料中，选择适合制作琴边上半边的木料。

2. 外侧界限比较容易确定，只需把半面加层片放到位，并夹住两端把它固定在面板上。用铅笔围绕琴板画出轮廓，部分琴边或连同嵌线一起去掉的地方，就画出新琴边的近似轮廓。

6）制作夹持用的衬垫

如果已制作了全尺寸的衬模，粘加层片时就可以用它作衬垫。否则就把琴边和加层片压在平整的胶合板上粘合，为了保护面板的漆面，用纸板制作夹子的夹座，两侧需各自做一个。把面板放在纸板上，中缝对准纸板的一条直边，把琴板的轮廓画在纸板上。再把加层片放在纸板上，对准中缝和琴板轮廓后，把加层片内侧的轮廓画在纸板上。按两个轮廓的线条裁剪纸板，然后把纸板的外缘按嵌线的形状修圆，为将来洗掉多余的胶留出余地。

7）粘合加层

两侧的加层片分别粘贴到面板上，粘之前也先预演一下整个夹持的过程，每个夹子之间留一些空隙，在纸板上标出各夹子的位置。预演好后把面板的一侧与同侧加层片，同时用吹风机加温，两者都涂上新鲜的热胶。粘贴和夹持好后用温水洗掉多余的胶，两小时后拿掉夹子洗掉内侧多余的胶，再次夹在胶合板上待胶干燥。一侧粘好后再粘贴另一侧。

8）粘嵌线

两侧的加层片都已粘好后，如果部分损坏的琴边和嵌线已被去掉，此时就把匹配好的嵌线粘上。为了使嵌线能粘得服帖，需要制作一个曲线形的木质夹具。用新鲜的热胶粘嵌线，夹具衬垫玻璃纸后抵住嵌线，使它紧贴在粘贴的部位处。用拼缝夹或C形夹夹好后，毛刷蘸上温水洗掉多余的胶。

9）更换琴边的上半边

1. 部分受损的琴边上半边已被去掉，此时需逐段补上。为了便于匹配和对准深色木纹，需要做个纸样。以琴板最宽处的琴边受损为例，取一条比去掉的琴边长的纸，先将纸的直边对准受损琴边切口处上下端的同一条深色(秋材)木纹，纸的其

余部分覆盖住琴边。手指尖摩擦炭黑复写纸,使炭黑涂在指尖上。然后用指尖摩擦覆盖在琴边处的纸,让琴边和嵌线的轮廓复制在纸上。

2. 纸样的直边对准替换木片的一条深色木纹,然后涂上胶把纸样粘贴在木片上。胶干后先匹配嵌线处的弯曲面,既要匹配好弯曲面,又要使曲面上下两端深色木纹处的平面对齐。由于木片的上下两端还留得比需要的长度长,所以有利于曲面的匹配。之后去掉纸样露出木纹,上下两端的平面随着匹配曲面的需要,可以交替地修削两个面,但是最后尽可能地在深色木纹处拼合,这样可更好地隐藏接合面。

3. 曲面匹配好后画出琴边的外侧轮廓,画时可以用左手的中指尖引导铅笔,沿着嵌线的曲率画出外侧曲线。锯琴边外侧时留下线条,以便于将来把琴边修削成形。用新鲜热胶把上半边的木片粘贴好,用裂缝夹或小的C形夹固定接合面。

4. 由于琴边部位的不同,纸样制作方法略有不同。但基本规则是相同的,读者只要稍作改变即可掌握。

10) 修削新琴边

所有的替换木片都已粘贴好,而且胶已完全干燥后开始修削新琴边。

1. 先画出新琴边的最后轮廓,锯掉多余的木料。用拇指刨取平上半边的新木料,但留些余量使它比原琴边略高些。

2. 根据琴边宽度、侧板厚度和衬条厚度的尺寸,确定从新琴边向内多少距离,在面板内面画出侧板框内侧(衬条内侧)的轮廓。请注意上下支撑木块处,加层片不要按支撑木块的样子画。而是沿着支撑木块的内侧直边画一条横线延伸到琴边,使加层片由支撑木块处一直延伸到两侧的琴边,这样可使这一区域更结实些。

3. 用半圆凿、拇指刨和刮片修削加层片内侧的木料,使它的弧形和厚度与面板内面相融合,而且要做出侧板框的粘贴面。

4. 刨平加层片的底面,刨时注意使接合缝与底面的距离最终正好是琴边厚度的一半。如果琴边上半边也已更换,就交替地刨下边的加层片和上半边新的替换木片。可以制作一块有几个台阶的木块,用于观察和控制厚度。此时上半边还需略微留些余量,以便琴板仍然有修整的余地。

5. 把琴边修削成最终的形状,上下侧的琴边修圆。如果琴颈也已卸下,面板粘到琴上后,按需要尺寸重新与琴颈配合好。

6. 由于新木料还有膨胀的余地,要用稀的胶水涂抹使它膨胀,然后用刮刀或砂纸修整,如此重复几次后最终定形。

11) 重建琴颈切口

面板加层后与琴颈相接榫处被加层片挡住,如果修理时没有卸下琴颈,就要按琴颈根部的形状和尺寸重建切口。由于琴颈接榫处的形状是从上到下的坡度,从接榫面到琴板边缘也有坡度,所以重建切口时必须注意。可以先做个纸样剪出接榫口的形状,然后再复制到面板加层片上。

1. 以小提琴为例,用180毫米见方的卡片纸,遮盖在提琴顶端的侧板框上。纸的一个边抵住琴颈的根部,在纸上标出接榫面的宽度尺寸,然后把这里剪成与琴

颈接榫相匹配的形状。一般小提琴的琴颈接榫面,从面板边缘向内深入 5～6 毫米,面板琴边宽 3 毫米,所以纸卡上的切口深度约 6～7 毫米。

2. 把纸样放到位后,沿着侧板外侧用铅笔在纸样下面画出侧板框的轮廓,并在纸样顶面上画一记号。小提琴的琴边宽度是 3 毫米,故用圆规沿着侧板框线条外侧,再画出离它距离为 3 毫米的线条。由于面板的外形是按侧板框的轮廓制作的,所以这条曲线与面板的外形极为接近。

3. 按第二根线条的轮廓把纸样剪出,然后把纸样的顶面对着面板内面放上。参考面板上半边老琴边的轮廓和接榫切口,对准位置后在面板的加层片上按纸样画出切口的形状。之后在加层片上做出切口,要注意匹配好两个坡度。但由于接榫的切口是外窄里宽、下窄上宽,较难完全匹配好,所以尽可能紧密配合。好在以后粘贴时胶中的水分会使木材膨胀,粘合后还是能紧密接合的。

7.2.6 换琴边

有几个地方的琴边更易损坏,如琴板上下最宽处因突出在外容易受到撞击,上部左侧因左手的接触和汗水的侵蚀,中腰因琴弓的撞击,大提琴的中腰还会因搬动琴时手的经常接触而损坏,小提琴和中提琴的下部右侧与颈部接触和汗水的侵蚀。受损的琴边可局部更换予以修复,由于都是易损部位,修复后会再次受损。所以除木纹和顶头丝的匹配之外,颜色的匹配也相当重要。因再次磨损后会露出白色的木料,就隐藏不住曾经修复过的痕迹。

1) 直边的修复

琴板上下最宽处的琴边常因撞击而损坏,如果受损程度未触及嵌线处的弧形面,就可用一块直的替换木片修复。

1. 面板可以不卸下,但卸下后方便操作。把卸下的面板放在可夹持琴板和能调节倾斜度的夹具上,请参考 6.2.2 节 3)。但这里使用夹具的目的不是让琴边与刨子的刨刃保持垂直,而是使刨刃与顶头丝的斜度一致,即刨切面与顶头丝木纹斜面平行。

2. 调整好斜度后刨掉受损的琴边,终止面选在嵌线外侧某一条深色(秋材)木纹处,用直尺检查刨切面的平整度。如果面板仍然粘在琴上,刨时显然无法使用夹具,这就需要很好的技巧和极度的细心。

3. 匹配替换木料的木纹、顶头丝斜度和色泽,如果色泽不合适就要预先润色。把木料先劈或锯成顶头丝斜度与琴边一致、厚度比琴边厚的板料。再刨成上下表面平行,尺寸比待修区域长而宽的木片。

4. 然后把替换木片朝向嵌线的那边,顺着顶头丝木纹的斜度刨出平面。为了以后更好地隐藏接缝,把这个平面留在深色木纹处。

5. 琴边和替换木片的粘贴面,都涂上新鲜的热胶后把替换木片粘贴好,用拼缝夹或其他合适的夹子固定。

6. 胶干后修削替换木片,使新的琴边与老的琴边融合在一起。再经几次稀胶水膨胀和修刮成形的处理后,就可润色和刷漆。

2）弧形边的修复

如果琴边受损的范围比较大，但嵌线并未损坏，需要用较大面积的替换木片把琴边更换到嵌线的弧形面处。而且这里介绍的方法，也不适用于修复顶端靠琴颈和底端靠尾枕处的琴边。因为这两处的琴边都是顶头丝与顶头丝连在一起极易断裂，只能采用带衬底的替换琴边或加层的方法。

1. 确定琴边需要去掉的范围，切掉琴边时不可触及嵌线的黑色层，因为它极为脆弱，而且经常是不平整的，不利于匹配新琴边。在嵌线处留一些琴边木料，再用形状合适的砂纸木块，把嵌线的弧形面磨成光滑的曲面，直到隐约地看到嵌线的黑色层。上下端的刀口都要选在深色木纹处，而且顺着顶头丝的斜度切成光滑平整的表面。不过可根据损坏的部位和范围，分别选定上端和下端的木纹，替换木片不一定是上下对称的。

2. 替换木片的木纹、顶头丝斜度和色泽要与原琴边一致。先把木料劈或锯成顶头丝斜度与原琴边一样、厚度比原琴边厚的板料。再刨成上下表面平行，尺寸能覆盖住整个修理区域的替换木片。

3. 因为要匹配嵌线处的弧形面，而且要求木纹精确对齐，故先做一个纸样操作起来更为方便。取一张平整的纸片覆盖在待修的区域上，内侧的纸边与琴板的一条深色木纹对齐。用炭黑复写纸或手指尖蘸石墨粉，在嵌线和相邻琴边处的纸面上摩擦，使嵌线的外侧曲线、上下端切口及相邻琴边的轮廓复制在纸上。具体过程可参考修复中腰琴边的方法和图 7.9。

4. 将纸边对准替换木片上的一条深色木纹后，把它粘贴在木片上。胶干后按嵌线的弧形轮廓初步锯成形，木片的上下两端留长一些，先细心地匹配弧形面。开始时把木片沿着嵌线叠放在琴板上，按嵌线的弧形切出比需要长度长一些的弧形面。到弧形面接近匹配好时去掉纸样，把弧形面上下两端沿着木纹，切出与顶头丝斜度一致的平面。然后边匹配弧形面，边修削两个平面，使木片上的弧形面长度逐渐缩短，而且紧密地与嵌线表面匹配。上下两个平面不仅与顶头丝斜度一致，而且处在深色木纹处。匹配过程中需要对齐位置时，琴板和木片一定要放在标准平板上，使木片下平面与面板底面平行，才能保证匹配面正确配合。用涂粉笔灰的方法，可使弧形面的匹配既方便又准确。

5. 内侧匹配好后，在替换木片的外侧用中指沿着弧形面引导铅笔画出琴边外侧的轮廓。锯掉外侧的木料时留些余量待以后修整，把替换木片粘贴到琴边上，用拼缝夹固定。或者拼缝夹配合上弯成三角形、两端弯成直勾的粗金属丝，把新琴边勾住固定。三角形的长度和跨度可根据需要调节，以适合各种场合的需求。拼缝夹的一端勾住三角形的顶角，另一端勾住对侧琴边，调节拼缝夹上的收紧螺丝，可调整金属丝两端直勾对新琴边的压力。

6. 胶干后就修削新琴边，修削时必须小心谨慎以免前功尽弃。动手之前一定要先观察原琴边的风格特点，修削过程中时时参考磨损最少处的原琴边，检查新琴边的流向以及与拱和槽的融合度。

◇ 先把新琴边的底面与面板底面取平，然后用中指沿着嵌线的轮廓移动，引

导铅笔画出新琴边外侧的轮廓。测量原琴边的裙边宽度,再参照已画的琴边外侧轮廓修削出琴边外缘的轮廓,但此时是条与底面成直角的边。

◇ 修平新琴边的上半边,使它接近原琴边的高度。沿着原琴边槽外侧的脊,在新琴边上标出槽的外边。用半圆凿削出从嵌线到脊处的槽,必须注意要与原来的槽融为一体。

◇ 把新琴边外侧的上、下直角修成斜面,之后再把新琴边修圆并用刮片和砂纸弄光滑,千万注意不要把槽外侧的脊也修圆。然后用弧形刮片和形状与槽相似的砂纸木块,不仅把槽修光滑,而且使脊的轮廓鲜明,新琴边要贴近原琴的风格和尺寸。把琴放在眼平面处,从新琴边处向拱的方向看,就能很好地观察与原来的槽、拱和琴边的融合程度。最后用稀胶水多次膨胀和刮光滑新琴边,以防止木料在刷漆时膨胀。

◇ 即使最终要把新琴边做旧,也必须先做成具有原作者风格的新琴边,然后再做出仿旧的磨损。做旧时要记住琴板最宽处的琴边最易遭到磨损,因而这里的琴边会比其他地方窄一些。

3) 更换中腰琴边

面板的中腰常常由于受到琴弓撞击而损坏,根据损坏的程度可以采用加层或更换的办法予以修复。操作时可以不卸下面板,但卸下面板修理时更为方便。中腰琴边是最难加层或更换的,所以尽可能精确地对准木纹,不必考虑匹配顶头丝的斜度。

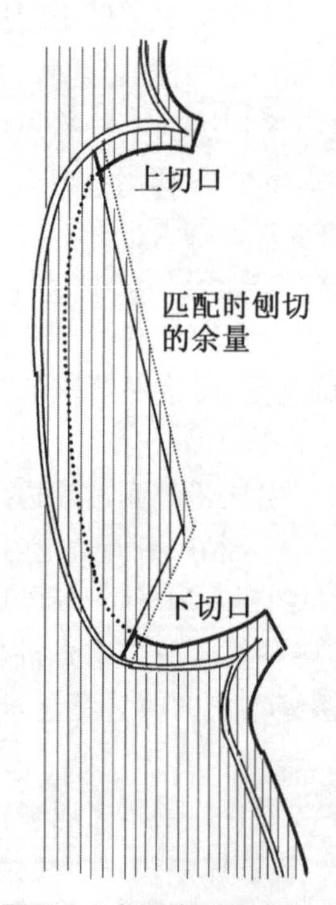

图 7.9 中腰换琴边或加层
(Weisshaar, 1988)

1. 最好采用劈开的木料,刨平劈开的上下两面,并使两个面相互平行。先切割成比修理区域大、厚度比原琴边厚的木片。匹配时保持木片的底面与面板的底面相平行,这样可使木料的纤维尽可能地与面板相一致。

2. 把待修区域损坏的琴边切掉,如果是加层就只去掉上半边。切割时两端切口与木纹成一向内斜的角度,因此是斜着横断木纹,请参考图 7.9。上琴边处切口向上斜,下琴边处切口向下斜,使镶入的新琴边胶合后不易脱落。靠近嵌线的那边不要切割到嵌线,因为嵌线的黑色层既薄又脆弱,而且嵌线的表面也不平整。切割到接近嵌线时,用砂纸木块修整嵌线的弧形面,以方便将来与新的琴边相匹配。

3. 取一张比待修区域大的纸制作纸样,把纸的一条边沿着嵌线之内的一条木纹对齐。用指尖蘸石墨粉摩擦纸面,使嵌线、上下切口和附近琴边的轮廓复制在纸上。然后把对准面板木纹的纸边对准替换木片上的一条木纹,把纸样用胶粘贴在替换木片上。

4. 按嵌线弧形面的轮廓,放些余量锯切替换木片。

弧形面的两端也要各放出 2 毫米，也就是弧形面的长度要超出两端的斜切口。把粘贴在替换木片上的纸样取下，这样就可以看到木片上的木纹。然后先匹配弧形面，由于弧形面比实际需要的长，两端不能插入斜切口内，所以木片只能沿着嵌线叠在琴边上匹配弧形面。匹配时尽量使替换木片的木纹与面板的木纹排成一线，这样会方便下一步的匹配工作。

5. 弧形面初步匹配好后开始匹配两端的尖角，从上下两尖角处分别按斜切口的角度在替换木片上画出延长的线条，这两条线条会相交成一个三角形，在匹配两端尖角时可引导刨子的走向。离线条之外留约 2 毫米余量，由此开始把多余的木料逐渐刨掉，匹配上下两端的尖角。沿着线条的方向交替地刨木片的两条边，把弧形面两端预留的 2 毫米余量逐渐刨掉。边刨边交替地把两端的角放入切口内，检查是否匹配合适。木片必须放平，既要让木纹在深色木纹处对成一线，又要让弧形面以及两端的角匹配好。面板如果未卸下或仅更换琴边的上半边，当接近匹配好时，必须同时把木片的底面与面板底面或下半边取平。如果面板已从琴上取下，匹配木片的底面可超出面板的底面，匹配完成并粘贴好后，再把底面刨得与面板一样平。

6. 最后按常规方法把新琴边修削得与面板其他部分融为一体。

4）带衬底的琴边

琴板左上侧和右下侧是较易损坏的部位，由于这里都是顶头丝，如果修复时仅更换这里的琴边，窄的新琴边很易沿春材断裂。所以不仅要把修复的区域从顶端或底端扩展到琴板上侧或下侧最宽处，或者直到琴角处，还要从新琴边与嵌线相匹配的弧形面处，向内延伸出一圈琴板下半边的加层，使新琴边增加一个衬底，牢靠地衬托在琴板的下面。如果是背板顶端的琴边，也可连同钮一起修复。现以面板从琴颈接榫切口向内一些，选择一条深色木纹作为开始，把琴边一直更换到上琴角处为例，介绍如何制作带加层衬底的新琴边(参见图 7.10)。

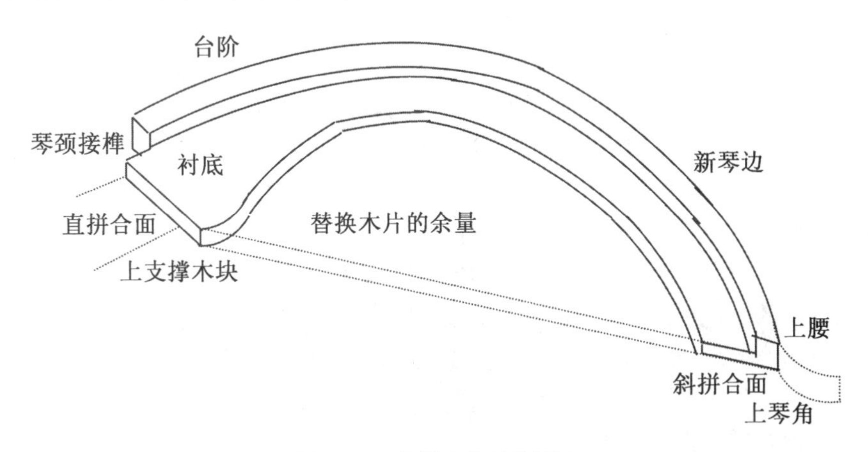

图 7.10 带托底的替换琴边

1. 琴板卸下之后仔细观察琴边受损的范围，制作一个能覆盖加层区域的衬模，如果有整体的石膏衬模那是最合适的。现在的例子是从琴颈接榫处，到上琴角

的上腰处的琴边都要更换，如果只换琴边显然新琴边粘贴后是不够牢固的，需要附加琴板下半边的加层，使更换的部分牢固地粘附在面板上。

2. 琴颈接榫正好处在上支撑木块处，利用它可使加层部分粘贴得更为牢固，所以加层从接榫切口处向中缝延伸一小段，在那里确定一条深色木纹，作为顶端直的拼接部位。顺着木纹向下一直延伸到上支撑木块的内侧边处，使这里的加层超出支撑木块一些，并且横向一直延伸到琴边处，与琴边其他部分的加层成一整体。

3. 另一个拼接部位选在上腰处，琴板底面加工好后，才顺着上琴角的斜度向上切断琴边，但不可碰坏嵌线。而且按此斜度向着上支撑木块延伸一条直线，与那里选定的深色木纹相交。以后准备替换木片时，这条线就是木片宽度的一条参考边。

4. 先在嵌线处测量琴边的厚度，沿着要做衬底的琴边，按琴板厚度的一半用厚度标记器（勒子）画出一道标记线。然后把琴板夹在经清理干净并垫有玻璃纸的衬模上。用宽刃的刀从旁边按标记线切入一条切口，这样可使琴边去掉一半厚度后边缘棱角清晰。再用平口凿、刨、锉和砂纸木块，从面板底面去掉琴边厚度的一半，加工时不断地用角尺检查加工面，使它与面板其他部分的底面平行，而且最后表面必须光滑平整。上下两个拼接部位处的切口必须直上直下，有利于以后的匹配工作。

5. 由于琴边内侧就是拱，所以面板待修区域的琴边去掉一半厚度之后，从嵌线外表面到拱下凹处的宽度会变宽，这里的宽度就是加层托底的宽度，替换木片应能覆盖住这一区域。

6. 然后才把需要更换的琴边去掉，顶端因为正处在琴颈的接榫处，所以只要顺着接榫处的切口，把嵌线之外的琴边去掉。另在上琴角的上腰处，把琴边切成顺着琴角斜度向上斜的切口，把损坏的琴边去掉但不要碰到嵌线。因为嵌线的黑色层既薄又脆弱，而且嵌线的表面也可能不平整，所以把琴边木料切削到接近嵌线后，用砂纸木块沿着嵌线弧形面把它磨光滑，直到黑色层隐约可见。

7. 需要选择与面板木纹、顶头丝斜度和色泽相配的替换木料。但背板则是枫木的图纹比木纹更为重要，如果没有最合适的，可以选用图纹更显著的枫木料。在顶头丝处用水弄湿模拟刷漆的效果，检查色泽是否匹配。面板用劈开的木料是最理想的，先把一面刨平让顶头丝有正确的斜度，再把反面刨成与它平行，木片的厚度约 6 毫米，面积能覆盖整个待修复的区域。

8. 把替换木片放在面板的下面，木纹与面板的木纹对齐。木片的内侧超过面板顶端选定的深色木纹，长度超出顶端琴边和上琴角角尖的下部。在对准面板上选定深色木纹的那条木纹上做一标记，这条木纹以后就是上端拼合面的参考线。再在上琴角上腰的斜切口处，沿切口的斜边在木片上画出标记线，这条线标明了替换木片琴角处拼合面的斜度。

9. 下一步是在替换木片上做出台阶，台阶就是新琴边的上半边，所以高度要比原琴边的上半边高些。将圆规两脚之间的距离设置成 1.5 毫米，以嵌线的弧形面作引导，在替换木板上画出离嵌线 1.5 毫米的平行线条，并按此线条制作替换木

片的衬底部分，把线条内侧上半边的木料去掉一半的厚度做出台阶。留出1.5毫米余量的目的，是为了以后匹配弧形面更为方便。因为若按嵌线的弧形面把加层部分的上半边去掉，做成初步匹配的弧形台阶，顶端顺着深色木纹做成直上直下的接合面，靠琴角处做成直上直下的斜接合面后，把木片滑入切口内进行匹配时，往往会弧形面已顶住，但是上下两个拼合面还碰不到一起。这样就要同时匹配三个面，留有余量就只需匹配上下两端的接合面，弧形面会逐渐靠拢。

10. 制作台阶时让台阶比琴边上半边高，加层的厚度应能使它的底面超出面板底面。替换木片制作加层处的面积可以留大一些，较大的面积容易做平整。匹配时注意木纹需要与面板对齐，拼合面要直上直下，弧形面用涂粉笔灰的方法匹配。

11. 粘贴带衬底的琴边时不用衬模，面板的漆面用纸板或软木制作的夹子垫保护，带衬底的琴边下面垫胶合板作为衬垫。预演一下夹子的布局和位置，用吹风机加温面板和带衬底的琴边，两者都涂上新鲜的热胶。粘贴后用夹子轻轻地夹住，洗掉多余的胶。

12. 待胶干燥后按常规的方法修削新琴边，让新琴边与面板表面的拱融为一体。替换木片的底面，不仅要刨得与面板的底面一样平，而且内侧也要重新做出侧板框的粘贴面，并与面板内面下凹的拱融为一体。

7.2.7 音孔间的补片

弦的张力通过码转换成传到面板上的压力，较小的码脚面积增加了单位面积的压强。长时间衡定不变的压力加在面板上，必然会引发各种各样的问题。随着音乐的发展也要求乐器不断地完善，如升高了调音，采用强张力的琴弦，这些都使面板承受的压力不断提高。虽然提琴在结构上不断地作了改进，以适应这些新的要求，如现代的低音梁比古代的既长又高，使面板能承受更大的压力。但是面板和背板的厚度，都按照最成功的克雷莫那学派制作或减薄，采用的木材却因年代和自然条件的不同而不尽然相似。一些老琴不仅琴板被减薄，而且因年代久远和氧化作用而变弱。最终面板的拱下沉需要校正，最薄弱的区域要贴上补片加固，通常是面板中间音孔的部位。贴补片时常常会牵涉到各种类型的修理，需要精湛的技术修养和丰富的经验，才能得心应手地完成修复工作。现以面板两音孔之间补片为例，介绍贴补片的方法。

1）取下面板后作全面的检查和清理，按修正拱的要求制作一个整体的石膏衬模。去掉低音梁后按校正拱的各步骤操作，先把拱的形状校正好。如果有裂缝先要把裂缝粘合，音柱处可能也要先匹配好补片。

2）一切需要修理的地方都修好之后，才可设计面板音孔部位的补片床。补片通常跨在音孔间，处在音孔顶端和底端弧线的四个顶点，以及两个音孔体内侧的弧形边之间，补片的上下两端设计成弧形。补片宽度不要超过四个顶点，否则既难匹配又难修削，而且也不会增加补片的强度。必要时补片上下两端的弧形边可向面板的顶端和底端延伸，以扩大补片的面积。终止在音孔两端顶点处的裂缝，可以在

粘贴好音孔间补片之后，围绕音孔的弧线用贴片加固，贴片可部分地覆盖在音孔间补片上。

3）衬模和面板都要清理干净，衬模上覆盖玻璃纸后把面板夹上。用拇指刨和刮片细心地制备补片床。粘贴补片的目的是加固薄弱的面板，所以不必去掉太多的木料，只要把补片床的表面加工光滑，便于匹配补片就可以了。补片床上下两端的弧形边可以界限分明，但应加工成缓缓的坡度与周围相连接。

4）补片床制作好之后需要做一个纸样，把补片床的轮廓和面板的中缝复制在纸样上。取一张面积比补片床大些的纸，在纸的中间画一条中线，让中线对准面板的中缝后覆盖到补片床上。用复写纸或指尖蘸石墨粉摩擦纸面，把补片的轮廓和音孔内侧的形状复制在纸样上。取下纸样之后在纸上画出超越音孔内侧边的线条，使以后制作的补片能延伸入音孔内一些。剪下纸样后放在面板上复核一下，必要时做些修改。

5）选择至少20毫米厚，木纹和色泽与面板相匹配的径切云杉木料。刨成两个表面相互平行，厚20毫米且厚度均匀的板料，两端的顶头丝应是直上直下。把两片木料像拼面板那样拼合，纸样的中线对准拼合缝后粘贴在木料上，胶干后在纸样周围留2毫米余量把补片锯下。修整补片的周边使它与下表面成直角，然后在两端的拼合缝上用铅笔画出线条，以便匹配时对准中缝。

6）如果没有如此厚的云杉木料，可以在木料上临时粘贴一张纸，再粘贴一块胶合板背衬。纸作为分离层，便于补片粘贴好后与胶合板分离。胶合板用于增加补片的强度，免得匹配时因用夹子夹而使补片变形。

7）然后清理面板和衬模，衬上玻璃纸后把面板放上。在补片床的两端之外，垫上软木后用夹子夹住，使拱紧贴在衬模上。再在面板的上下最宽处各横跨一条木梁，用夹子夹住使面板固定在衬模上，然后开始匹配补片。

1. 补片对准面板的中缝后，先把补片的底面修削得比拱更圆些，使匹配工作能从补片的中心开始，这样可减少补片床周围的磨损。再用粉笔灰涂抹整个补片床，放上补片后略微移动一下，使粉笔灰转移到补片上。从中心开始逐渐向四周扩展用刀修削补片，让整个补片遍布白色的粉笔灰接触点。但这时只是粗匹配，所以只要均匀分布没有凹下的空穴就可以了，并不要求非常平整光滑。

2. 精匹配时首先要让补片的位置固定，每次放上补片时都要在同一位置上。把补片轻轻地夹在面板上，紧挨着补片周围匹配几个云杉贴片，使补片每次放上时都能够处于同一位置。用胶把贴片粘贴在面板上，但不要连补片也粘住。胶干后用平刃的拇指刨匹配补片，因此时补片已不能移动，所以用小锤轻轻敲击补片，使粉笔灰转移到补片上。这样做有可能使面板上的裂缝再次裂开，不过粘贴补片后会一起粘住。不断更新补片床上的粉笔灰，使补片上的灰痕更为清晰。最后要用刮刀精匹配，把补片修整得既平整又光滑，与补片床密切贴合。

8）先从匹配好的补片背面修削掉一半厚度的木料。如果粘贴有胶合板，也在这时把它去掉。擦净补片和补片床上的粉笔灰，两者经吹风机加温后，都涂上新鲜的热胶，把补片轻轻地夹住，还比较厚的补片不至于因夹持而变形。洗掉过量的

胶，小心地把定位用的云杉贴片去掉。24 小时之后把面板取下，洗掉音孔处多余的胶，再次把面板夹回到衬模上。由于补片的面积较大，需要一星期或更长的时间，胶才能干燥到可以修削补片。

9）把补片修削得与拱和音孔融为一体，而且要保持适当的厚度。如果需要配色可此时进行，若用水溶性的染料，为防止水分蒸发时面板变形，把面板固定在衬模内，并压上冷的沙袋让其自然干燥。

7.2.8 加固面板两端

面板承受着弦的张力，故上、下支撑木块内沿处的面板，由于变形而出现多条裂缝。如果再经多次卸下面板修理，与支撑木块相粘合部位的木料会丢失而变薄。必须用补片制作加层加固这里的面板，同时也校正了变形的拱和粘合存在的裂缝。

1）对卸下的面板作全面检查和清理，制作一个局部的衬模，用于校正拱的变形和作为夹持面板的衬垫。清理和粘合所有的裂缝，然后逐步修正衬模，用热沙袋加压矫正拱的变形。请参考 7.2.1、7.2.4、7.2.5 和 7.2.7 节。

2）清理衬模和面板，衬模垫上玻璃纸后把面板夹在衬模上。测量嵌线处面板的厚度，在粘支撑木块的部位处，用拇指刨和刮片去掉面板厚度的一半，做出加层用的补片床，补片床的边缘做成缓缓过渡的坡度。

3）补片的木纹应与面板的木纹相匹配，而且木纤维的走向也要与面板一致。否则当最后把补片底面修削得与面板底面一样平时，工具会削断更多的木纤维，而且有呛的感觉。

7.2.9 音柱处的补片

由于音柱支撑在面板和背板之间，承受着由码传来的压力。如果音柱装得过紧，或因年深日久音柱会顶裂琴板，可以用音柱补片修复裂缝和加固音柱区域。

1）清理音柱裂缝处的胶和脏物，把裂缝的两边夹平合缝，并让它干燥之后用新鲜的热胶粘合。制作一个衬垫音柱区域的衬模，如果拱需要修正，可以与匹配音柱补片同时进行。

2）开始制作补片床，如果只是音柱处一个裂缝，以小提琴为例，补片床的长度约 45 毫米、宽约 25 毫米，两端成圆弧形。床的深度约 0.5 毫米，周边成缓缓过渡的坡度，使补片与周围面板融为一体。用锋利的刮片加工补片床，使床有清晰轮廓的边界，尽量不要用砂纸。

3）然后制作补片的纸样，用有弹性的直尺沿着补片床中心的木纹，画出一条两端各向床外延伸约 15 毫米的线条。取一略大于补片床的纸，在纸中间画一条中线，线条的两端各剪出一个三角形的豁口，角尖对准线条。再在中线上画一个箭头，指明以后补片的头尾和安放的方向。

4）把纸片放在补片床上，让中心铅笔线对准补片床中间的木纹。用蘸有石墨粉的指尖摩擦纸片，使补片床的轮廓复制在纸片上。以下的步骤和方法请参考 7.2.7 节4）～8），但纸样的中线对准的不是中缝，而是音柱补片床中心木纹上的线

条，补片木料的形状是两端成圆弧形的长木块。

5）补片粘贴好后干燥1小时或更长的时间，然后把面板从衬模上取下。如果有胶从音柱裂缝渗出到面板的表面，用湿布蘸温水把胶洗掉。衬模放上新的玻璃纸，再次把补片夹好，因补片面积较大需让它干燥几天。胶彻底干燥后用半圆凿、刨和刮片修削补片，使它达到需要的厚度，并与周围的拱融为一体。

6）需要用音柱补片修复的面板，往往也需要修正拱的下沉。如果不修正拱而只用补片加固，就会把面板的变形也固定下来。

1. 若要修正整个拱就先要把低音梁去掉，否则就只能矫正高音侧的拱。需要制作一个整体的石膏衬模，以便作多次逐步修正。先清理和粘合音柱裂缝，如果已裂成碎片状，在裂缝粘合后用水溶性胶粘纸带在面板漆面处贴住。但不要把整个补片区域都盖住，否则会妨碍修正拱。

2. 由于码的压力故码脚处常会凹下，高音侧会更严重一些。如果想要同时把码脚的凹陷一起修复，就把补片床处面板下沉的区域，在面板内面把它修削成均匀的1毫米厚度。因码脚处向内凹下，故同样修削成1毫米厚后，在面板内面表现为鼓起一块。另外码脚处的凹陷在石膏衬模上也表现为一个鼓包。修刮石膏衬模把这个鼓包刮平整，清理面板和衬模后把面板固定在衬模上。在码脚区域处铺上湿的纸板或软木，把玻璃纸盖在补片床上后，用夹子轻轻地压住不平整处的软木垫，使码脚处向内鼓起的地方压平。

3. 之后请参考7.2.1节把整个补片区域的拱矫正好，校正时夹子的位置尽量靠近补片床的各端。拱矫正好后匹配音柱补片，粘贴补片，待胶干燥透后修削补片，使它与面板内面融为一体。

7.2.10 穿透面板的补片

如果音柱穿透了面板，多个粉碎性的裂缝出现在音柱区，甚至这里的木料也已丢失，这些情况都会在面板上形成大小不等的空洞，就只能用穿透面板的补片予以修复。如果想要更好地隐藏修复的部位，最好先从修理区域周围剥离木皮补满空洞，这样就会有完全相同的构形、颜色和折射，然后用穿透补片加固。显然这样的修理既繁琐又复杂，没有高超的技术和良好的涵养，胜任不了如此繁杂的修复工作。

1）检查和清理卸下的面板，把能修的裂缝都清理和粘合好。如果有空洞用锡箔或铝箔盖住。制作一个整体的石膏衬模，由于石膏的重量，空洞处的锡箔会有些下沉，在衬模上表现为鼓起和不平。修刮衬模时把它刮平，并多次修刮衬模和矫正拱的形状，请参考7.2.1节。拱矫正好后，一些粘贴在拱上的临时贴片和校正梁都不要去掉，以后制作补片床时可帮助稳定拱的形状，并为制作补片床提供更大的工作空间。

2）制作补片床前先在空洞附近顺着木纹的走向从面板上片削木皮。每片木皮在削下来之前，先在它上面画一个箭头。以后就可按箭头方向对齐木皮，而且不会搞错正反面，这对匹配折射是很重要的。片削木皮时要用极锋利的、浅弧形（大

曲率半径)的半圆凿,仔细地削下一片或几片木皮,面积足以覆盖住空洞,木皮尽可能比空洞长些。木皮削下后会自然卷曲起来,必须把它润湿和弄直,小心地夹在两片平整的木板之间保存。

3）在空洞区域的面板漆面上,粘一张水溶性胶的自粘包装纸带,粘之前把纸带无胶那面的周边砂成薄的软边。纸带必须能保护住空洞及其周围脆弱的木料,以免在修理时一碰就碎。准备好一张玻璃纸,一个小沙袋,及作为夹子垫的小木片。将纸带弄湿粘住空洞及其周围区域,立即把面板放在衬有玻璃纸的衬模上,再在空洞内面盖上玻璃纸、沙袋和木垫片,并轻轻地夹住,这样可防止纸带干燥时损坏面板。

4）纸带干燥后准备制作木皮床,清理面板和衬模后不放玻璃纸就把面板夹到位。面板的位置必须放得正确,而且很服帖地压在衬模上。面板上的一些临时贴片和校正梁,可帮助稳定拱的形状和少用夹子。必要时可在夹紧面板之前,再在空洞区域两端,增加一些厚的云杉贴片帮助稳定拱。

5）用锋利而形状合适的刮片制作木皮床,细心地刮光滑紧挨着空洞的区域,而且周边要形成缓缓向中间倾斜的坡度。为了不至于扩大空洞,实际上刮不掉多少木料。最后用细砂纸磨透漆面和胶粘纸带,砂纸的走向要从外侧向空洞方向移动。不要把已经磨薄了的纸带周边磨破。当纸带的中间部分磨破后,再向衬模内磨入几分之几的毫米。衬模上微微凹陷的区域,可使以后粘贴上的木皮略高于面板的漆面。等所有的加固工作都完成后,刷漆时修平这个略微凸出的区域,这样穿透补片区域就不会有凹陷,与面板的漆面一样平。

6）把木皮放到位,不要搞错正反面和方向,木纹一定要与面板对齐才粘贴。如果用几片木皮,各木皮都要单独对齐和粘贴,木皮交界处要有些重叠。先把第一片木皮放上,用一窄条水溶性胶粘纸带制作铰链,纸带的一部分粘住木皮的一侧或一端,另一部分粘住木皮床的某一处。然后预演一下夹持步骤的安排,衬模垫上玻璃纸后把面板放上,在粘贴木皮的区域盖一张玻璃纸,以免木皮粘到沙袋上。选一个大小合适的沙袋,松松地灌入沙子,放在玻璃纸上。沙袋上放一块平木板,压住沙袋开口的折叠处和整个沙袋,然后夹上夹子。

7）一切就绪后就准备粘贴木皮,把已粘好铰链的木皮提起,用新鲜的热胶把它粘贴好。然后按预演的步骤把粘贴的区域夹持好,收紧夹子时轻敲夹子或木板垫,使压力均匀分布。所谓压实际上是轻轻地固定住,仅用手指的力量拧紧夹子。待胶干燥后再逐片粘贴木皮,之后必须用穿透补片加固木皮,然后才能制作音柱补片床。不过因为已有木皮补满面板穿透的区域,故这里的穿透补片并不穿透面板,只是填补木皮内面的凹洼。

8）粘贴木皮的区域是如此之薄,对着光看成半透明。木皮床周围也相当薄,必须用薄木片制作穿透补片加固木皮床。细心地用刮片或细砂纸,把木皮的边缘与周围区域融为一体。用云杉、白杨或椴木制作穿透补片,它的面积要大于木皮床,厚度薄于 1 毫米。也要制作一个纸带铰链,预演各个步骤后把它粘贴在木皮床上,并把它用刮刀和砂纸加工得与周围融为一体。加固区域的最终厚度根据具体

情况而定，之后匹配音柱补片。如果还不够坚固，就再匹配音孔间的补片。

9) 最后修削音柱补片使它与周围的拱融为一体，穿透补片区域要留得厚一些，因为音柱还是要放在这里。用刮片和细砂纸木块，把面板漆面处的木皮加工平滑。如果未用原来木料制作木皮，则穿透补片要用稀胶水多次膨胀和取平。再经润色和刷漆，使修复的区域与面板漆面融为一体。

10) 如果不用面板上原来的木料制作木皮覆盖住补片，而是用新云杉木料直接制作穿透补片。由于补片暴露在面板表面，所以木料的选择特别严格。除木纹构形和色泽必须与面板一致外，对光的折射率更有特殊要求。木纤维走向与光的折射密切相关，穿透补片的木纤维必须与面板的木纤维平行，否则修复后漆面会显示光学折射的差异。让补片材料与面板表面处在同一平面位置，把它们一起旋转并对着两者向下看，由于光线照射后木纤维对光会反射和折射，故木材表面会出现亮暗的变化。如果两者的木纤维走向一样，这种亮暗变化是一致的。否则就要略微修整一下补片木料表面的斜度，改变木纤维与木材表面之间的角度，然后再次检查折射率直到一致为止。虽然是个乏味而又多次重复的过程，但这是补片能与面板整个外观融为一体的关键。

第八章 琴颈和旋首

琴颈是提琴的重要组成部分，也是提琴演奏家表达音乐情感和发挥演奏技巧的重要部位。旋首是提琴制作者素养和手艺的标志，制作优美的旋首是提琴上的花冠，若是平淡呆板会使整个提琴失去光辉。琴颈的形状虽然从古到今变化不大，但随着音乐和演奏技巧的发展，颈体部分也有了较大的改进。现代琴颈的长度比古代琴颈长，但不如古代琴颈那样宽而厚，安装琴颈的过程和方法也与古代不同。一些古琴为了适应现代音乐表现和演奏家的需求，在不改变原琴风格的前提下，都用嫁接的方法把颈体加长，并按现代方法重新安装。

8.1　琴颈和旋首的制作

雕刻技艺是制作旋首和琴颈的基础，要求制作者具有基本的立体形象思维能力。从纸面上理解三维图形的含义，需要具备一些透视的基础知识。当然把一个提琴放在一边，照它的模样雕刻也是很好的捷径。想要在书本内作较详细的介绍，除文字说明外最具体的表达方式，也只能使用平面图和透视图。虽然是舍近取远、变简为繁，操作过程中可能只是简单地削一刀，用文字和图就需要许多页。不过有些细节虽然有实物，也要制作者细心体会才能领悟。实物加上图和文字说明，对初学者不失为是最好的捷径，对一些富有经验的制作者可能也会有些帮助。

8.1.1　结构与功能

提琴的品种虽然较多，个体大小也相差较大，但是基本结构却是大同小异。图 8.1 表明琴颈和旋首的各个组成部分，包括旋首、旋轴盒、颈体和颈跟。旋首上雕有优美的螺旋，它的作用不仅是增加提琴的美观，而且可以作为琴的挂钩。紧接着旋首的是旋轴盒，盒体内部是雕空的，盒壁开有四对旋轴孔，可容下旋轴和缠绕在其上的弦。它的功能是让演奏者能够方便地调音，并能可靠地定住各条弦

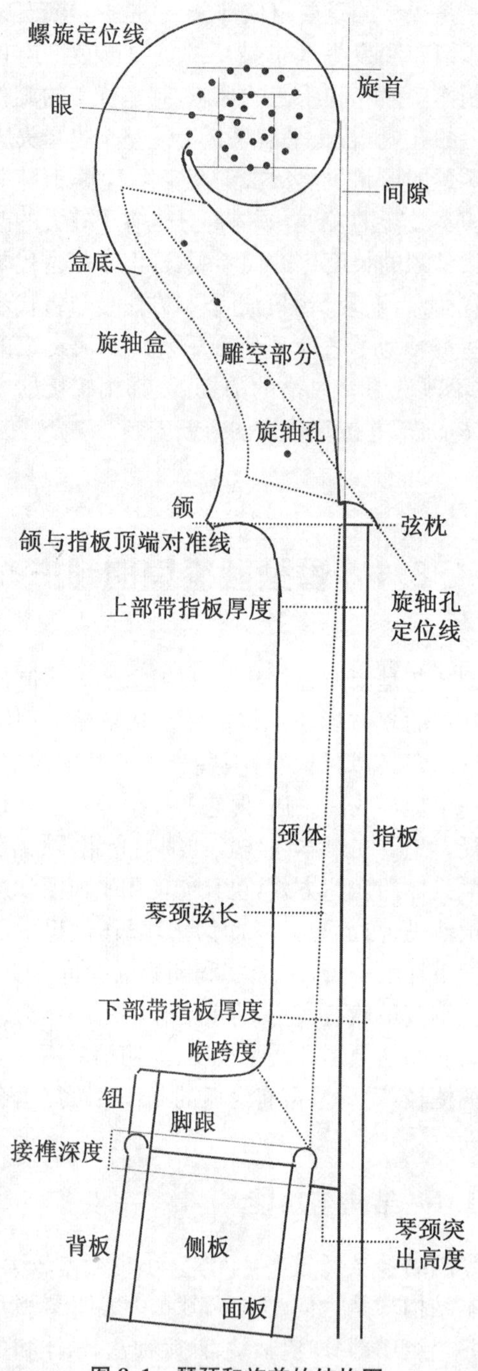

图 8.1　琴颈和旋首的结构图

的音调，不至于在演奏时突然松脱。旋轴盒与颈体相连接处有个颌，弦枕与指板顶端的交接面正好与它对齐，是演奏者定位第一把位的重要依据。颈体的指板表面粘有弦枕和指板，共同构成了提琴无键的定音构造。颈跟部分有接榫面和脚跟，是琴颈与琴体牢固连接的关键部件，接榫面与上支撑木块、面板和侧板镶嵌并粘合在一起，脚跟与背板的钮粘贴住。颈体与颈跟相连处喉的中心点，离脚跟接榫处面板顶端的距离，就是图中所示的喉跨度，必须准确地按规定尺寸制作。因为演奏者在演奏高把位时，大拇指勾住弯角可使左手保持稳定，并能正确地判定把位的所在位置。大拇指刚好碰到喉的弯角时，就是小提琴和中提琴的第五把位，以及大提琴的第四把位。颈体的长度也有严格规定，从接榫处面板顶端，到弦枕与指板交界处的距离，确定了琴颈上的琴弦长度即琴颈弦长。琴颈弦长与琴体弦长(Stop)的比例，小提琴和中提琴是 2 比 3，也就是琴颈弦长占琴弦谐振部分长度的 2/5，而琴体弦长占 3/5。大提琴和低音提琴则是 7 比 10。不仅是这个比例不可任意改变，而且具体长度对不同的提琴都有严格规定。如全尺寸(4/4)小提琴的琴体长度，制作时可能会有些变化，但它们的琴颈弦长都是 130 毫米，琴体弦长是 195 毫米。这里指的都是直线距离，不包括拱的弧度，以及琴弦从弦枕到码的角度。由于这一角度使谐振弦的长度大于 325 毫米，一般定为 327～330 毫米。中提琴的琴体尺寸虽然不规范，但大、中和小型的中提琴，都各有一定范围的谐振弦长，以及严格的琴颈弦长与琴体弦长的比例，否则演奏者将无所适从。

8.1.2　材料和样板

图 8.2、8.3 和 8.4 是小提琴和大提琴的琴颈和旋首样板的形状，及一些有关的数据。中提琴样板的形状与小提琴一样，可按琴体长度的比例改变厘米格的尺寸。古代某些中提琴的琴颈形状与大提琴一样，不过因演奏者感到演奏时不舒服，故现代中提琴的琴颈都与小提琴一样。为了更好地控制形状和尺寸，必须制作一系列的样板，当然这对于有经验的提琴制作大师来讲显然是多余的。

1）材料

由于琴颈承受着四条弦的全部张力，而且演奏者的手不断地摩擦颈体，故需要用高强度的木料制作。径切的有图纹枫木是最合适的木料，不仅材质坚硬而且图纹漂亮，与背板和侧板的图纹相互配合，既能满足功能的需求，又提升了整个提琴的艺术品位。

1. 选用经自然干燥多年的枫木楔形料，必须充分干燥才能保证琴颈安装到琴体上之后，指板的投射角度不会有大的变动。把木料锯成长方形的木条，长的方向与树木生长的方向一致，也就是木纤维与长的方向一致，这样可使木料具有很好的抗弯曲的强度。木条靠树皮的那面就是将来安装指板的表面，这样可使枫木的图纹在琴颈的各部分充分地显现出来。

2. 把木条截成需要的长度，先刨平靠树皮的那面，然后用角尺按宽度和高度的需要，画出其他各面的线条。把四个面刨成相互垂直的平滑表面，这步工作极为重要，误差愈小愈好。以后放上各样板画出琴颈的轮廓，彼此之间的相对位置误差，以及制成的琴颈是否歪斜，都与这一工序的误差有关。

3. 为了节省木料，也可以在同一块木料上套裁两个琴颈，当然其中之一的指板表面将是靠树心的那面，图纹可能会不如另一个漂亮。

2）样板

小提琴和大提琴的样板见图 8.2 和 8.3，虽然彼此的形状和各部分比例及尺寸有些不同，但基本构成是相似的——都包括旋首和琴颈的侧面样板、旋首的背面样板、旋轴盒样板、喉的形状和接榫面样板，或再添上指板表面和琴颈底面形状的样板。不过只有这些样板，还不足以全面表达出旋首和旋轴盒的具体尺寸和形状，还要辅以旋首各圈螺旋和眼的尺寸表（图 8.4 和表 8.1）、旋首的纵剖面和横剖面图（图 8.4）、旋轴盒细部的尺寸表。更重要的是制作者的三维想象力，才能使旋首和琴颈的立体形状，显现在制作者的头脑之中，从制作者的手中脱颖而出。

小提琴和大提琴样板可在米格纸上直接画出，弧形部分先按形状画上连续的点，然后用曲线尺连接各点画出弧形线条，直线部分只要找出两点联成直线即可。由于作图软件的限制，图中的弧线显得不圆滑、直线不挺直，在制作样板时还是要记住弧形要圆滑和直线要挺直的原则。中提琴的样板可根据与小提琴之间琴体长度的比例，求出米格的长度和宽度。例如斯特拉第瓦利 1715 年小提琴的体长是 356 毫米，从旋首顶到颌的长度是 105 毫米。他制作的 1696 年中提琴（Archinto）体长是 413.5 毫米，旋首到颌的长度是 121.9 毫米。两处尺寸的比例都是 1 比 1.16，

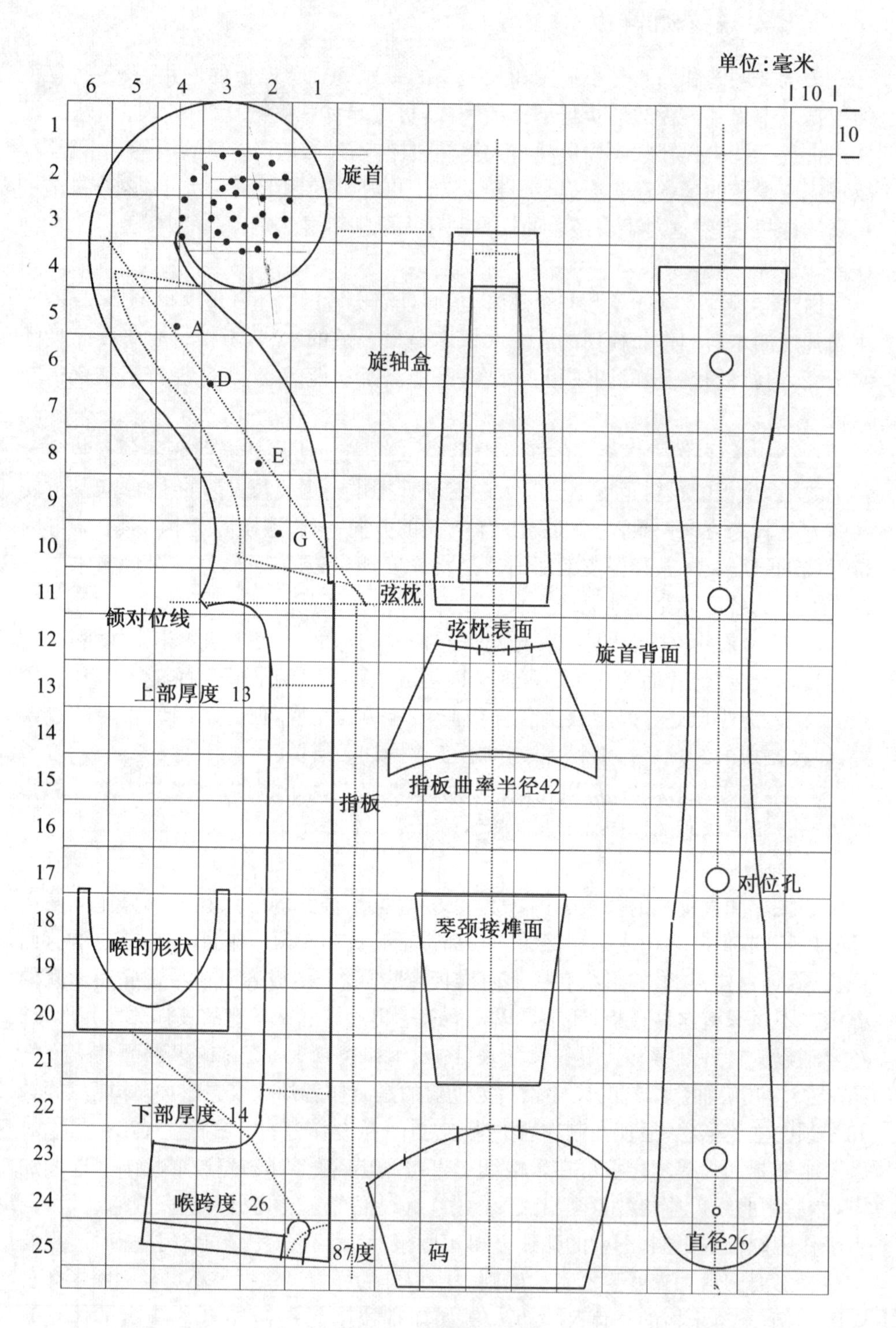
单位:毫米
10
10
6 5 4 3 2 1
1
2
3
4
5
6
7
8
9
10
11
12
13
14
15
16
17
18
19
20
21
22
23
24
25
旋首
A
D
E
G
旋轴盒
弦枕
颌对位线
弦枕表面
旋首背面
上部厚度 13
指板曲率半径42
指板
对位孔
喉的形状
琴颈接榫面
下部厚度 14
喉跨度 26
87度
码
直径26

图 8.2 小提琴样板图

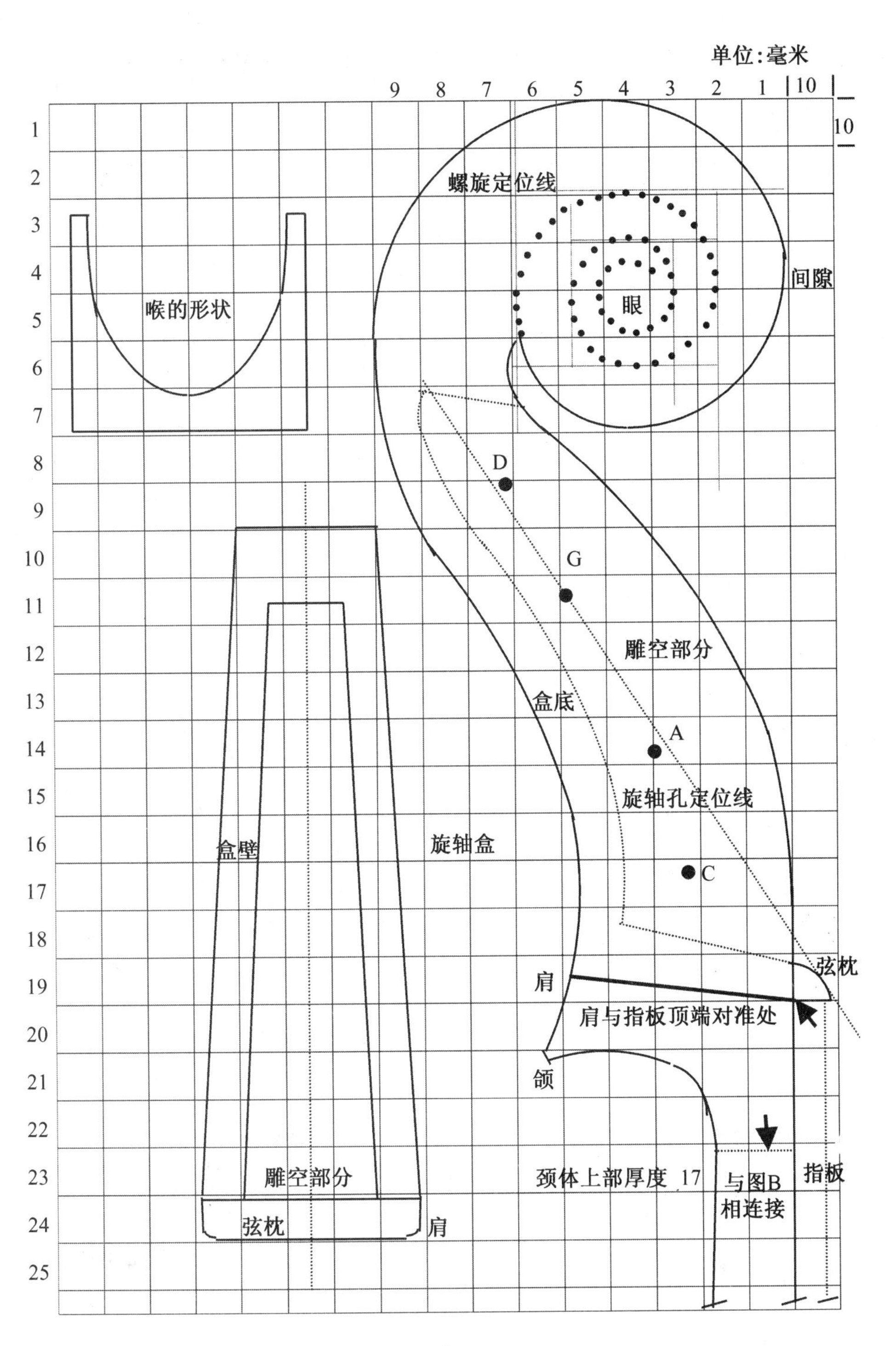
单位:毫米
9 8 7 6 5 4 3 2 1 10
10
1
2
3
4
5
6
7
8
9
10
11
12
13
14
15
16
17
18
19
20
21
22
23
24
25
螺旋定位线
喉的形状
眼
间隙
D
G
雕空部分
盒底
A
旋轴孔定位线
盒壁
旋轴盒
C
弦枕
肩
肩与指板顶端对准处
颌
颈体上部厚度 17
与图B
相连接
指板
雕空部分
弦枕
肩

A

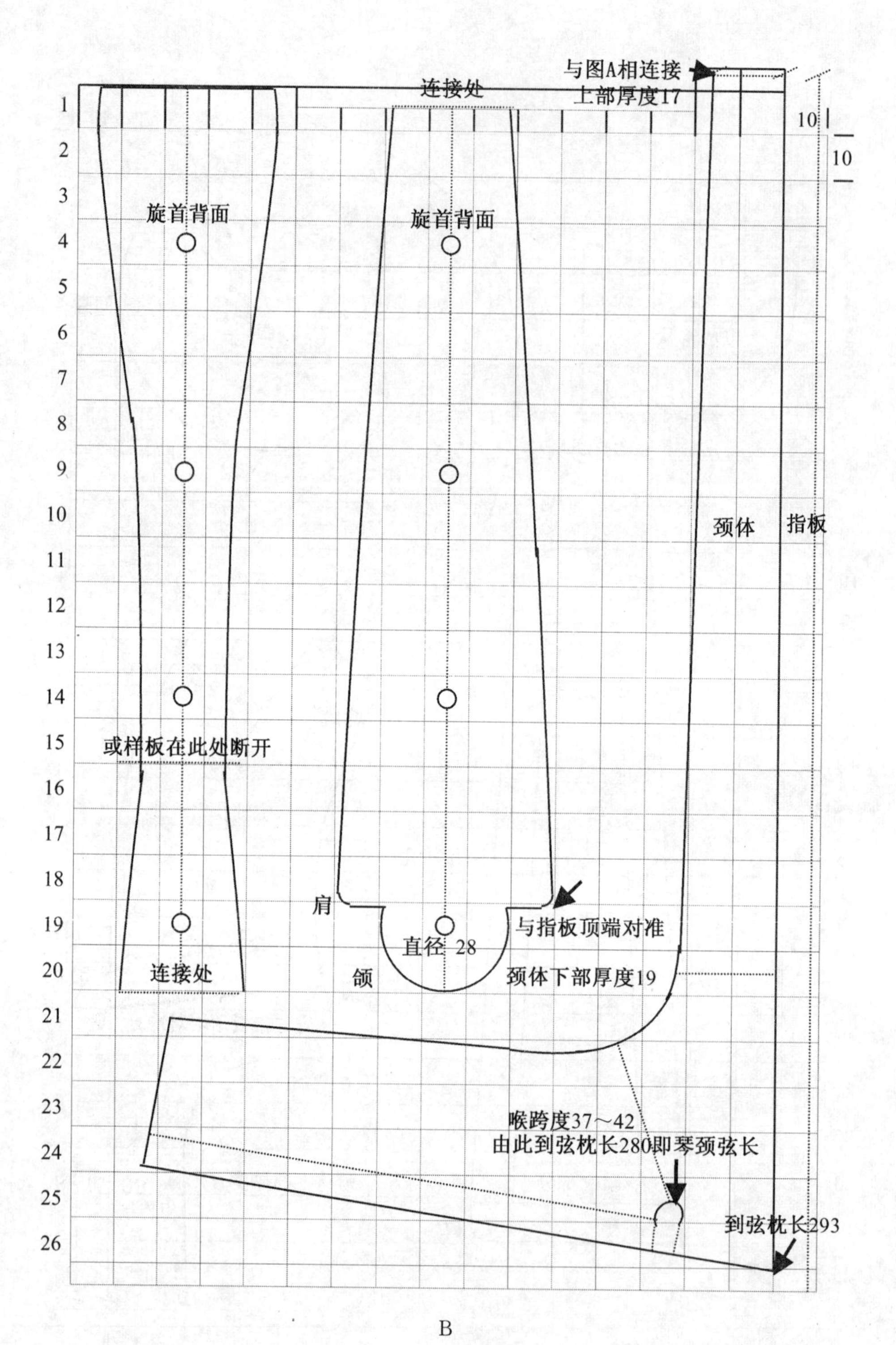
与图A相连接
上部厚度17
连接处
10
10
1
2
3
4
5
6
7
8
9
10
11
12
13
14
15
16
17
18
19
20
21
22
23
24
25
26
旋首背面
旋首背面
颈体
指板
或样板在此处断开
肩
与指板顶端对准
直径 28
连接处
颌
颈体下部厚度19
喉跨度37～42
由此到弦枕长280即琴颈弦长
到弦枕长293
B

图 8.3 大提琴样板图

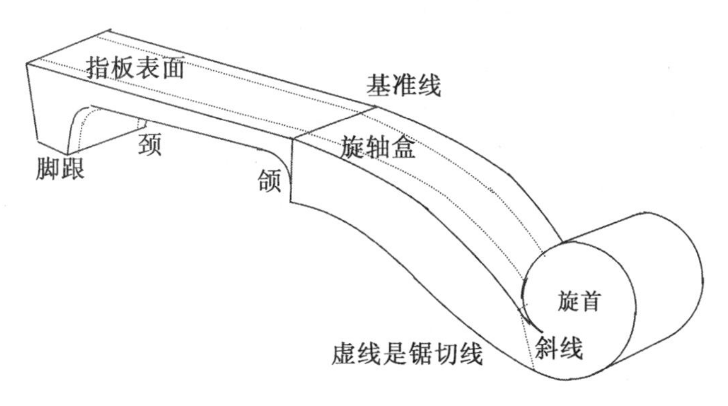

图 8.4 琴颈毛坯图

故只需把米格纸每格的长度和宽度都画成 11.6 毫米，把小提琴样板图直接画在放大的米格纸上，即可得到中提琴的样板。当然与此同时各表格中的尺寸，也要按相同的比例放大。

不过要提请注意的是，人们已把中提琴大致地规范为大、中和小三类。此外还有其他的分类方法，而且同一类中还有尺寸离散的现象。不过同一类中即使琴体尺寸有大小，旋首连同旋轴盒的长度也有变化，但琴颈弦长与琴体弦长之间仍严格地保持 2 比 3 的比例。小提琴和大提琴也会有类似情况，也按同样的原则处理，不过记住大提琴和低音提琴的比例是 7 比 10。

3) 毛坯

在精细雕刻各细节之前先要制作好毛坯，使各个部分都初具轮廓(见图 8.4)。如果毛坯做得仔细，尺寸接近最后的规格，精加工和打磨时就能既省时又省力。

1. 按需要尺寸截取已加工成方正平滑的条形木料一段，并把两端也加工成与其他面相互垂直。确认指板表面后在一侧放上琴颈和旋首的侧面样板，在弦枕与指板顶端的交界线处，用铅笔在木块上作一记号。然后用宽座角尺从标记处开始，围绕木块画出一圈横跨的直线。如果木块确实是方方正正的，此线条应成一闭合的环。这个环是整个琴颈和旋首的基准面，千万不要用借的方法使线条对齐，否则两侧的样板就无法对准，造成各部分都错位。旋首和旋轴盒将是歪的，最后制作的颈跟接榫面也左右歪斜。或者指板表面随机地倾向一侧，两个眼与面板不处在同一平面上。

2. 以指板表面的那条横线为基准线，在木料的中心画出与它相垂直，而且围绕整条木块的纵向中心线。因为琴颈原则上应该是对称的，故以后放各个样板时，都要把样板中心线与这条中心线相对准。如果整条木块是方方正正的，中心线应该也能连成环形，并与木块背面横的基准线垂直。当然由于制琴大师们的即兴发挥，旋首可能是不对称的，不过那也是在对称基础上的发挥。

3. 对准木料侧面的环形基准线把侧面样板指板顶端的基准线放上，先画出一侧的样板图。再把样板放到对侧，画好另一侧的样板图。准确地点上旋首和旋轴孔位置的各个点，把旋首螺旋的各个点连成线画出各圈螺旋。旋轴孔可以先用小直径的钻头打好定位孔，以后当琴颈和旋首基本加工好后，选用大小合适的钻头打孔,再用制作旋轴孔的专用铰刀定形。当然也可以暂时不钻孔,而是另外制作一个不包括旋首在内的侧面样板,以后用它定位旋轴孔。这样做法的好处是可根据已制作好的旋轴盒,临时调整旋轴孔的位置,比较灵活机动些。

4. 确认两侧的样板轮廓已精确对齐后,就在侧面样板轮廓之外让出约 1 毫米的距离,用带锯、钢丝锯或手工锯,锯出毛坯的雏形。再用各种工具修削和打磨旋首及旋轴盒的正面和背面,务必做到尺寸准确、表面光洁,特别要注意颌的最高点,必须与环形基准线对齐。旋轴盒正面与旋首交界处的间隙,务必锯和修整到接合点处,否则旋首的螺旋样板和旋轴盒样板就放不到位。为加工方便可以在锯毛坯之前,先用 1～2 毫米的钻头,在交界点处从两侧钻入形成对穿的孔,以后制作这条缝隙时无论锯、削和磨,工具会更易接近该点,而且不会越位。

5. 琴颈的厚度暂时不要加工到位,只需把锯好的颈背面做平整就可以了,以后还要连同指板一起加工。但是颌和颈跟处的弧形要初具形状,以方便下一步的工序。接榫面的角度也要锯出,因为这时脚跟两侧的木料还未锯掉,仍然是标准平面。要把接榫面加工成光洁平整的表面,又要使整个平面与指板表面成准确的角度。接榫面与指板表面的角度,小提琴和中提琴是 83.5～87 度,大提琴是 81～82 度。除了利用由侧面样板所标定的两根角度线条之外,不断地用宽座角尺从两侧测量表面的平整度,这是此时可利用的方便条件。一旦两侧的余料锯掉后,就缺掉了两个基准面。当然以后也可用万能角尺监测角度,并把接榫面和角尺同时放在标准平面上,观察中心线有否左右偏离。以及用手指压接榫面的对角线,观察有否翘动以判断表面是否平整。

6. 然后分别对准中线后放上指板表面样板或指板、旋轴盒样板和接榫面样板,在毛坯上画出各样板的轮廓。并在 A 旋轴孔上端距孔 5～10 毫米处,在毛坯两侧各画一条略向上斜的锯切线,见图 8.4 中靠近旋首处的斜虚线。各轮廓线条外留出适当的余量,用锯沿着接榫面两侧的斜线开始,向琴颈、颌和旋轴盒的方向锯掉两侧的余料。图 8.4 中的各条虚线,是在样板轮廓线之外,留出 1～2 毫米余量后的锯切线。锯时注意在各位置处锯条的倾斜角度是不同的,如旋轴盒最宽处比弦枕宽,锯条千万不可进入任何一方的线条之内。又如颈处仅指板表面有轮廓线,虽然颈的背面以后要做成抛物线形,但锯时仍要掌握好锯条的倾斜角度,因为接榫面下沿钮处的宽度较窄。锯到画在旋首处的斜线时就停止,然后沿斜线把余料锯下。如果感到一次锯下整条余料较困难,可以分段把它锯掉。至此毛坯基本完成,关于各部分的具体细节和后续的制作步骤,请参考以下各节。

8.1.3　旋首

艺术往往源于艺术家对自然的感受和灵感,旋首可能是从古希腊建筑物上柱子的柱头演化而来。而柱头上的爱奥尼亚旋涡,酷似水的旋涡或贝壳类动物外壳上的螺旋,都是自然界天斧神工的产物。各位制作大师们创作的旋首形状变异较大,即使同一大师在他一生的前后期制作的旋首也有差别。另外提琴的旋首个体不大,仅仅是琴颈上的一个柱头,古代大师们似乎并没有应用各种数学函数精确地

进行设计。旋首的形状虽有一定的规格,但艺术表现的关键是在雕刻时即兴创作,按艺术灵感三维动态地设计和发挥。每个制作者都会建立自己的风格,在作品上留下自己的印记。

旋首通常是由旋涡构成,螺旋的圈数是三圈,而且朝向琴的正面。但也会有变化,如采用琵琶琴头的样式或动物的形象,或者增加一圈螺旋,每圈的宽窄也会有变化,以及旋首朝向琴的背面等。正如自然界中很少会有精确的正方正圆,水的旋涡和贝壳上的螺旋,并不遵循特定的数学级数。艺术既然源于自然当然也不会例外,如果旋首雕刻得像数控机床的产品,将会是既无生气又显得平淡乏味。所以重要的是提琴应有个美丽动人的旋首,并不拘泥于规格和尺寸。但是美观蕴涵于鲜明的有序,不是刺眼的杂乱无章。各种物体形象的相互协调也是美观的基本要素,所以旋首既要自身富有生气和美感,也要与琴的整体风格相互协调。这些都是事物矛盾的两个方面,完全符合事物存在和发展的普遍规律。

1) 旋首的基本画法

旋首的形状与古希腊柱子上的爱奥尼亚旋涡极为相似,用四等分的弧逐圈画出各螺旋(见图 8.5)。旋首眼中正方形的对角线把圆四等分,正方形中心线上的等分点就是螺旋各圆弧的圆心。各段弧之间的缺口是弧相互连接的部位。用各对定位线确定螺旋的宽度,变化一下任一处的位置就可改变螺旋的特征。但如同共鸣板的形状和尺寸一样,旋首通常都是按制作者喜欢的琴或古代名琴的旋首样式制作。由于大师们都有各自的风格,而且同一大师在一生中不同的时期,旋首的风格也有变化。所以可选择的余地极大,一般都不再自行设计旋首。但在制作样板

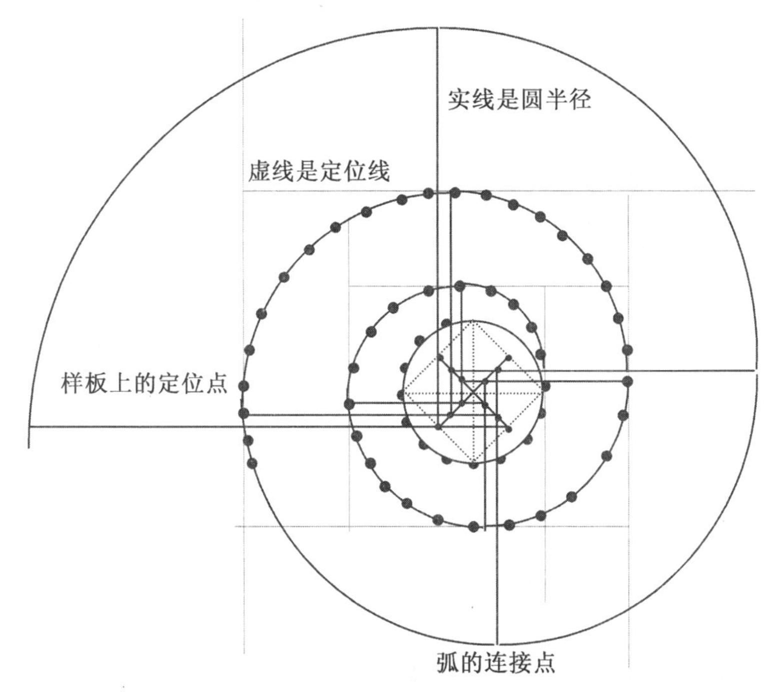

图 8.5 旋首螺旋的画法之一

(Strobel, 1992)

时为了使螺旋的渐开线能匀称地展开，可以用各种画法进行修正。

2）旋首的尺寸

虽然旋首侧面样板上的各点，已经确定了旋首各螺旋的宽度，但是在加工过程中，还是需要不断地用卡尺测量具体尺寸，以免切削得过多或两侧过于不对称。图 8.6 配合表 8.1，列出了样板图和几个斯特拉第瓦利琴旋首和弦轴盒的尺寸以作参考。表中大提琴的数据 A7 是从旋首顶到肩处的长度，B1 是到颌处的长度。1715 年的小提琴“Alard”是斯特拉第瓦利最辉煌时期的作品，1696 年的中提琴“Archinto”也是他中提琴中相当出色的一个。由于提琴在制作过程中制作者往往会艺术创作，所以尺寸的离散性较大，难以在表格中一一列出，各个参考表格中的

表 8.1　旋首和旋轴盒的参考尺寸

单位：毫米

尺　　寸	小提琴		中提琴	大提琴
	样　板	1715 年	1696 年	样　板
体长	356	356	413.5	755
A1	52	50	61.6	88
A2	24.8	22.3	29.7	42
A3	12	10.6	14.3	16.5
A4	39	37	46.9	69
A5	21	18.7	25.4	36.5
A6	19.5	8.4	11.7	18.5
A7	108	105	121.9	201 到颌
B1	108	105	121.9	191 到肩
B2 颌直径	26	26	30	28
C1	42	43	45.6	66
C2	27	24.4	24.8	38
C3	12.5	11.8	14.7	21.6
C4	27	25	38.2	51
C5	10	10	11.8	16
C6	15	14	22.5	28(肩 46)
眼(直径)	9	8.4	10.3	15
C7 盒口壁厚	5	5	5.5	9
盒底处壁厚	6	7.5	8	10.5
盒底厚度	5	5	6.5	7.5
1～4 和 2～3 旋轴孔的距离	15	15	18	37
1～3 旋轴孔的距离	20	20	26	28
倒边宽度	1.5	1.5	2	2.2

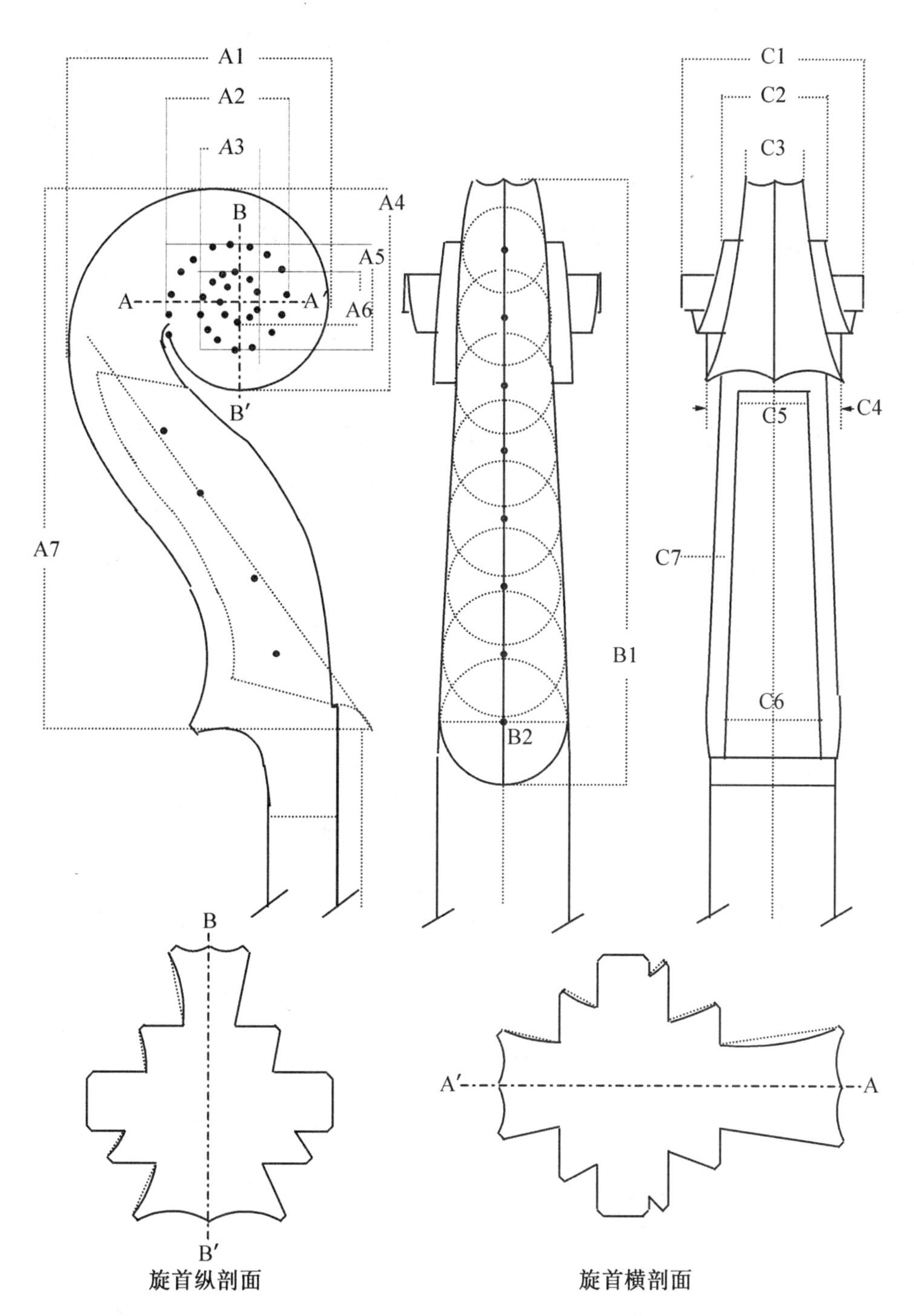

图 8.6　旋首形状和尺寸参考图

数据大多是统计而得的中值。但有些数据是不能随意变动的，否则会影响到提琴的可演奏性，这样的数据本书在叙述中会特别强调提请注意的。

3）旋首的制作

旋首相对来说是比较难雕刻的，不过只要掌握好加工的先后程序，一步步地

进行下去还是能得心应手的。初学者最好能够在手头放上一个已制作好的旋首,不时地对照尺寸和形状也就不难了。当然对于富有经验的大师,旋首的形状和尺寸早已印在眼里长在手上,不仅信手而得并且还要艺术发挥。制作的基本步骤如下:

1. 在琴颈的毛坯上已画好了旋首侧面、正面、顶面和背面的轮廓图,由于锯掉余料时留有余量,此时可再用旋首样板核对一下。核对的重点是正面样板是否深入到了旋首和旋轴盒顶的交界处。正面样板与背面样板交会点(或整体样板)的最窄处,要处在眼中心轴线的背面,从顶面往下看大致是在眼的后沿位置处。不过如果参照各个琴的话,这个位置也并非一定在此,雕刻时可按照参考琴及本人的审美观作调整。

2. 旋首的侧面轮廓比较直观,而且结合图 8.6 和表 8.1 上 A1～A7 和 C1～C4 的尺寸,可以做到心中有数、形象具体。但是几层螺旋所构成的翼,图和表中所提供的仅是上、下、左和右几个点的数据,必须再参照旋首形状图或实物,以及图中所画的两个剖面图,加上本人的透视知识和立体感,参考旋首的正反面图,把几条必需的翼面线条,用笔或刀勾画出来。勾画的线条必须能表现出各层螺旋渐渐平滑地升高,形成螺旋形的斜坡。各层翼的高度,既不相同又是逐渐增高的。初学者可能在雕刻过程中要重复地画这些线条,同时必须保持两侧的对称性。雕刻时用的工具主要是半圆凿、斜口凿、小锉、小刀和各种规格的砂纸。

3. 从最外圈也就是最低的那圈开始,不过图 8.6 中 A1 和 A4 两对线条所标定的尺寸,在做毛坯时就已加工到了需要的尺寸和形状。现在要做的是第一圈的翼面和第二圈的半柱形翼。按图所示画出 A2 和 A5 两对线条,并可在这些线条之间,再在螺旋外侧添上几条斜的线条。由于 A5 下侧的线条已与第二圈的高度发生联系,所以暂时不要加工。在它之前的各线条,只与按螺旋样板所画的线条发生联系。加工时先沿着所画的各线条从旋首侧面下锯,锯时注意不要贴住线条,要留一些余量。同时密切注意锯条向下移动到快贴近螺旋样板的线条时就停住。向下的各锯口都锯好后,再沿着螺旋样板线条留些余量,横着向螺旋中心方向锯,可根据需要确定锯几道锯口,锯时锯条决不可深入到旋首的侧面轮廓线条之内。这时候第二圈的周围会留下许多形状各异的小碎料。用锐利的半圆凿把这些碎料切削掉,使第二圈的木料成直上直下的半柱形。从螺旋样板线条到半柱形处的翼面,即第一圈的翼面暂时可加工成平台形。已加工部位的尺寸必须准确到线条处,但是暂时还保留线条。

4. 接着加工第二圈的翼面和第三圈的柱形翼,参照 C2 的尺寸、旋首正反面的形状和两个剖面图。从旋首与旋轴盒交界处,旋首正面样板的线条末端,向着 C1 点和眼的方向延伸,画出逐渐盘升的螺旋线。要点是越往里圈高度越高,要与旋首图形或实物的正反面形状一致,显得匀称美观。为使旋首两侧的形状对称,不妨同步加工两侧。螺旋线画好后以下的加工步骤与 3 节中介绍的大致相似,除已画好的 A5 下沿线条外,再画上 A3 和 A6 两对线条。加工好第二圈的翼面和第三圈连同眼的半柱形翼之后就雕刻眼和耳,要保证耳是直上直下的圆柱形。两侧眼的直

径要一致，顶面做出倒边，这里也是发挥艺术表现的地方。

5. 雕刻眼时必然要与耳和周围翼面的弧度一起雕刻，而且眼连同翼和槽的形状应像一个逗点。全部翼面下凹弧形面（见剖面图）的雕刻也由此刻开始。主要用半圆凿和砂纸，从倒边处向里切削，每次薄薄的一片，不要纵向切削或运刀过深，否则枫木极易纰裂。精加工时用砂纸卷成笔样磨光表面。弧形面的起始端是在第一对旋轴孔之上，靠旋首和旋轴盒交汇点附近，与旋轴盒外壁的弧相连接。因为弧形翼面上弧的深度是开始处最浅，往里各圈逐步加深，到眼附近处最深，为达到这一目的，弧形面一气呵成比较容易掌握。另外，因为传统做法是先倒边，然后再雕刻旋首表面的弧形，为的是使倒边的宽窄一致。不过也有人采取分段加工弧形面，或先完成弧形面再倒边的做法。另外要注意翼面弧的最深点是在弧的中心，弧面的连接要平滑，不可成台阶形或高低不平。从正面或反面观察，翼应该是平直的，千万不要底部向里面凹，否则即使其他各部分很匀称，也会感到整个旋首差强人意。

6. 翼和翼面雕刻完成后，就修整旋轴盒的外壁、颌和颌处的弯角。由于旋轴盒的下端宽度大于弦枕上端宽度，所以在交界处盒壁的内面是直的，但外形会带些弧度，这样才能流线型地连接，图 8.6 中画得夸张了一些。另外，虽然旋轴盒的侧面，从正面样板看两侧都是平直的，但制作时也让盒壁两侧的外表面，从盒的正面到背面略带些弧形，弧的最高点在四个旋轴孔的一线上。这样不仅使旋轴盒更为美观，而且增加了旋轴孔处的强度。

7. 颌的最高点正好是倒边，要让倒边的中心与弦枕处的基准线对准。颌处的弯角与颌的形状密切相关，故必须使琴颈与旋轴盒连接处的弯角基本成形。这里是第一把位，演奏者凭着大拇指和食指对颌、弦枕和弯角形状的感觉，确定第一把位的正确位置。第一把位也是使用最多的把位，故正确的形状和舒服的感觉至关重要。显然弯角必须圆滑地连接颌、旋轴盒、琴颈、弦枕和指板，这时弦枕和指板还没有安装，所以主要使颌具有准确的形状，颈顶端与旋轴盒圆滑连接。弯角流向颌、旋轴盒和颈三个方向的弧线，必须既流畅又相互融为一体。

8. 接着雕刻旋首正面和背面两条下凹的槽，由于各处曲率半径的不同，下凹的深度虽然相差不大，但曲率半径较小处视觉上会感到深些。颌处比较宽故曲率半径较大，这里不要雕刻成平平的，要有下凹的弧度。雕刻旋轴盒底处的凹槽时，要注意盒底留有多少厚度，两者要配合好，以免把盒底雕穿。

9. 凹槽雕刻好后就在整个旋首外表形成三条脊，如果先把两侧的脊倒边后再做弧度，那么位于中心线处的脊就显得比较锐，必须使它保持直而连贯。两侧脊的倒边应成 45 度角，既要宽度一致又要直而流畅。

8.1.4　旋轴盒

旋轴盒也称为弦斗，虽然不如旋首那样富有艺术表达力，但它的功能却是相当重要。四条弦的调音和定音都由旋轴盒来承担，而且对它的设计可以说是别具匠心，充分考虑到为演奏者提供方便。结构也非常紧凑，雕空部分不仅能容下旋轴和

缠绕其上粗细不同的弦，而且装弦时也相当方便。盒壁虽然不厚，但强度足以能承受四条弦的强大拉力。以小提琴为例仔细观察一下样板图(图 8.2)上旋轴孔的位置：

1) 图中的旋轴孔定位线从弦枕表面开始，通过 D 弦的旋轴孔圆心后延伸到 A 弦轴孔处，要注意这条线并非旋轴盒的中心线。D 弦轴孔的位置安排得比旋轴盒的高度中心略低些，只有 G 弦轴孔的位置正好在高度的中心位置上。A 弦轴孔略高于定位线，E 弦轴孔略低于定位线。这样的安排可使各条弦缠绕到旋轴上后，彼此都不会压到别的旋轴上去。如果想使旋轴盒的弧度更优美，那就得设计得更为弯曲，就如一些古琴那样。A 弦的位置要安排得更高些，才能使 A 弦不碰到其他旋轴。但旋轴孔会因此离旋轴盒边更近，从而降低了壁的强度。可适当降低些 E 和 D 弦旋轴孔的高度，相互协调作出最恰当的安排。

2) A 弦到 G 弦的距离取决于旋轴盒的长度，小提琴的这一距离常为 50～55 毫米。必须注意安排旋轴孔时，E 弦孔不要太靠近弦枕，否则会妨碍食指的活动。

3) D 和 E 弦的距离比 A 与 D 和 E 与 G 弦要远一些，这样的安排扩大了 AE 弦和 DG 弦之间的距离。加上 A 和 E 弦轴的拇指片与 D 和 G 弦轴的不在同侧，分别安排在相对的一侧，故调音时手指可在两旋轴间获得更大的空间。具体尺寸请参考表 8.1。

4) 小提琴 G 弦轴孔的位置靠近弦枕处，但不要靠得太近，否则校音时 G 弦比较容易断。A 弦轴孔在旋轴盒的顶端，为了装弦方便，在雕空旋轴盒时，必须斜着向顶端把内部雕空，如图中虚线所示。

5) 在钻旋轴孔的引导孔时，要从旋轴盒的正面和顶面，观察轴孔是否歪斜。可在轴孔内插入钻头或直径相同的圆棒，从旋轴盒正面观察棒与琴的中心线是否垂直，从旋首顶面观察棒与琴板的平面是否平行。如有歪斜一定要在此时矫正好。而且在用铰刀铰出锥形孔时，还要重复仔细观察垂直度和平行度，如果孔不正以后装上的旋轴会是歪歪斜斜的。铰刀柄的直径是 6 毫米，粗端 R1 的直径是 8.8 毫米，细端 R2 的直径是 5.5 毫米，坡度 30 比 1，锥度 2 度 28 分 44 秒，G 弦旋轴孔的进口直径约 7 毫米，请参考 9.1.3 节。

6) 雕空旋轴盒时可先用直径合适的钻头，控制好深度沿中心线钻一排孔，然后雕去余料修整盒壁和盒底，盒顶端务必雕出深入盒顶部的倾斜空间，为 A 弦旋轴留出更大的空间，盒的内面必须做到平整光洁。

7) 盒壁的厚度请参考表 8.1，盒口处的壁比盒底处薄，这样的设计兼顾了美观和强度。由于盒壁的上下厚度不一样，故盒壁内面的形状是斜向盒中心的斜面。虽然表中也列出了盒底常规的厚度，但制作时要根据选用的弦作适当的调整。一般要求在旋轴缠上弦后，离盒底的距离能保持 2 毫米。肠弦的直径比钢丝弦粗些，旋轴缠上弦后仍然要求弦离盒底的距离是 2 毫米，故必须让旋轴离盒底的距离更大些，盒底厚度可适当减薄些。

8) 旋轴盒内部的工作完成后，盒壁的外侧也需要倒边，宽度要与旋首的倒边一样，少数制作者在盒壁的内侧也倒边。旋轴盒与弦枕接壤处留有一个小的

台阶，这是为以后修理和安装指板时留的余量，小提琴和中提琴的高度是1.5毫米，大提琴是3～4毫米。因为修理时可能要取平琴颈的指板表面，或者把指板斜度做在琴颈的指板表面上，有了这个台阶既可避免工具碰到旋首，又可有些加工的余量。

9）大提琴旋轴盒靠近钮处有个肩，它的角度通常与颈跟的接榫面接近并行，见图8.3A。这一角度不可过于倾斜，否则会影响旋轴盒的牢固度，不过更方便于演奏。斯特拉第瓦利制作的大提琴，肩与琴颈的指板表面相垂直。

8.1.5　琴颈

琴颈配合指板是演奏者抒发音乐内涵的最重要部位之一，应该让演奏者能够运用自如地表达情怀。所以对于琴颈尺寸的要求特别严格，这里的误差必须控制在几丝的范围内，否则会影响到控制音准，也会对最终各部件的组装带来不便。特别需要注意的是颈体长度、弦枕与颌的对位、弯角处弧度的流畅、喉的形状和跨度、接榫面的形状和尺寸、脚跟与钮的匹配、指板表面与指板间的配合、指板的投射高度、指板的倾斜度、颈的厚度和带上指板后的总厚度等。

1）制作面板上的音孔时已确定了码横向的中心位置，也就是说琴体弦长已经确定。而且它的长度对于各种提琴，都有比较确定的常规尺寸(表8.2)。琴颈弦长与琴体弦长(Stop)的比例又有严格的规定，小提琴和中提琴是2比3，大提琴和低音提琴是7比10。即使制作时琴体弦长会有些离散，但琴颈弦长要与它严格地保持这一比例。

2）弦枕与指板的交界线，必须与颌顶端的倒边处于同一位置。演奏者对第一把位的确定，就是靠左手大拇指和食指对颌和弦枕的感觉来定位的。而且琴颈弦长也是从这里开始，它的长度是用圆规从弦枕与指板接合处的琴颈指板表面，量到接榫处的面板顶端，以直线距离为准(见图8.1)。从面板顶端到接榫面的长度，就是接榫面的镶嵌深度，它包括面板边缘(裙边)的宽度和镶入上木块中的深度。

3）颈跟处喉的形状成抛物线状，或者说像半个椭圆，这个形状使演奏者的大拇指勾住它时没有不舒服的感觉。喉的弯角不要做成平坦的样子，既不美观也使手指缺乏明显的感觉，因为这里是演奏者定位高把位时重要的参比部位。从弧的顶端即喉的中心线处，到接榫面处的面板顶端，用圆规测量出的距离也有规定。这一尺寸兼顾了琴颈的强度和人手的极限，具体尺寸也已列在表8.2内。

4）颈跟的接榫面成梯形，尺寸与多方面因素有关。顶端的宽度由指板的宽度决定。先在指板的正、反面都画上中心线，然后把指板的顶端对准基准线，正反面的中心线都对准颈的中心线。接榫面顶端处指板的宽度，就是接榫面上端的宽度。脚跟处的宽度则由背板上钮的直径决定，制作毛坯时略留些余量，以后与钮一起修整。接榫面的高度由几处尺寸累加确定，包括琴颈镶嵌到琴体上后，琴颈的指板表面(相对于指板来讲是指板的底面)突出在面板嵌线之上的突出高度(见表8.2)、面板边缘的厚度、琴体顶端的侧板高度，以及留出几毫米与钮匹配时需要的余量，

累加的总高度就是接榫面的高度。对准中线之后,上、下宽度之间的联线,构成一个两侧对称的梯形接榫面。从琴颈指板表面的侧边到钮的边缘,在脚跟两侧构成了两个斜面,也就是接榫面的侧面。接榫面在制作毛坯时已经加工好角度和表面光洁度,此时用大尺寸的平口凿把两侧的斜面修整好。脚跟的底面与接榫面之间此时会有个角度,暂时先不作修整。以后镶嵌琴颈时,随接榫面在琴体上的角度,以及底面与钮表面的相互匹配而定。

5）琴颈上、下部的厚度也是根据方便演奏而定的,带上指板后的厚度是兼顾两者而得的尺寸。为了使琴颈具有较高的硬度,又要让演奏者演奏时有好的手感,修削颈体时就应使它成抛物线的形状,这样可缩小琴颈下侧两指间的间距,但颈体仍保持需要的厚度。另外,整个颈体不要像根棍子,让它的底面略带些向内弯的弓形,弓背偏向在上部1/3处,这样既能增加美感又方便演奏。过于粗大的琴颈不仅看来笨拙,而且会影响音色。往往把粗大琴颈的底面去掉些木料使它粗细适当,这样不仅更美观,音色也可能会得到改善。

6）如果需要制作指板的倾斜度可在此时完成,小提琴和中提琴的高音侧低于低音侧。小提琴的E弦侧比G弦侧低1～1.5毫米,可沿着颈高音弦的侧面,画一条需要降低多少高度的直线。用刨在颈指板表面刨出一个均匀而平整的横向坡面,将来粘上指板后指板就会有需要的倾斜度。大提琴正好相反,高音侧比低音侧高2～4毫米,请参考8.1.6节4)。

7）琴颈上各部分的细节基本完成后,把指板对准基准线和中心线,用稀的胶水点状地粘到颈的指板表面上。由于涂胶后指板可能会滑动,为防止错位可以暂时在基准线处钉一个小钉把它固定住。在镶嵌到琴体上之前,最好把琴颈上能做好的工作都在此时完成,因为安装到琴体上后更难操作。

8.1.6　指板

指板虽然没有键盘但它是提琴重要的定音装置,各类提琴配上特定的四条琴弦,在音域确定之后各音符在指板上的位置是固定的。指板看起来只是一条长板,实际上制作时有许多特殊要求。如果不按规定尺寸加工和装配,不仅对提琴的声学效果有极大的影响,而且会出现杂音甚至于无法演奏。指板的另一重要的功能是增加琴颈的强度,使琴颈能更坚强地抵抗住弦的张力。

1）夹具

由于指板的表面有许多细节需要特殊加工,而且指板的厚度不厚,长度较长,两端又要求与底面成直角,所以无论是刨、刮或砂纸磨都要求很好的固定,使用夹具会达到事半功倍的效果。夹具的制作方法介绍如下：

1. 用厚的多层胶合板或硬木料制作夹具的底座,因小提琴和中提琴的尺寸相近,可以合用同一个夹具,故以下就统称为小提琴夹具。小提琴指板的顶端,即与弦枕相接壤处的宽度是23.5～25毫米,各类中提琴都是25毫米。中型中提琴指板末端的宽度是45毫米,大型的随长度增加会更宽些,加上两侧宽5毫米夹持轨道木料的宽度,底座下端的宽度不可小于60毫米。大型中提琴的指板长度可达

325 毫米，加上前端要留些余量，所以底座的长度不可短于 350 毫米。

2. 大提琴需要另外制作一个夹具，指板顶端的宽度 31～32 毫米，末端宽 62.5～64 毫米。加上宽 8 毫米的夹持轨道两条，底座下端的宽度不可小于 80 毫米。指板长度 580 毫米，再加些余量后底座的长度不短于 600 毫米。

3. 按上述尺寸制备好底座的木料，表面和底面必须刨平整，否则指板和夹具就不可能放平稳。如果用的是长木条，可以在底座顶端的底面处锯出一个台阶，使用时利用这一台阶顶住工作台边，操作起来将更为方便。用硬木料如枫木制作夹持轨道，长度比指板长些，宽度如上述，厚度小提琴是 2 毫米，大提琴是 6 毫米。

4. 在底座上画一条纵向的中心线，然后画两条轨道的位置。小提琴夹具先在底座上端，离顶部一定距离画一条宽 23.5 毫米、被中心线等分的横线。离此横线 311 毫米处，画一条同样被等分的宽 45 毫米的横线，此线离底座的底端应还有约 15 毫米距离。大提琴夹具则是在离顶部一定距离处画一条 31 毫米的横线，离此线 580 毫米处画另一条宽 64 毫米的横线。要注意因选择的指板尺寸不同，画出的轨道会有不同的斜率，这要由制作者自己来选择，否则使用时会夹不稳妥。

5. 分别在两条横线同侧端头处，画一条连接端头两点并延伸到底座上下两端的直线，这两条联线就是轨道内侧的位置线。把两条轨道紧靠联线粘上，轨道的长度与底座长度一致即可。待胶干透后把轨道的表面沿外侧刨成斜面，这样以后在刨或磨指板时就不会碰到轨道。

2）材料

指板一般都选用乌木，优质乌木的纹理细腻而紧密，色泽乌黑，磨光后具有特有的光泽。只有等级差的提琴，才用黄檀或其他硬质木料乌木化(染黑)后制作指板。由于乌木在干燥过程中收缩率较高，所以制作指板毛坯时尺寸要放大些。最好采用经长时间自然干燥的乌木，因为琴颈需要它帮助增加强度。如果它发生变形，显然是内应力变化的结果，后果是指板变形或投射高度发生变动。轻则需要重新匹配或更换码，严重时使提琴音色和音量变差，甚至于无法演奏。

3）小提琴和中提琴指板的制作

加工指板时同样需要细心和耐心，不要忽略任何细节。因为乌木极易发生呛的现象，工具一定要锐利，刨刃要调节得很薄，否则往往会一刀过去立即出现一连串的麻点。一处有一个小小的麻点或凹坑，就要把整个面取平才能满意地消除，精加工时采用刮和磨的办法更为稳妥。为便于叙述整个加工过程，故以小提琴为例作完整的介绍。不同类型中提琴的指板只是尺寸不同，具体尺寸请参考表 8.2。有些中提琴的指板做成大提琴指板的样子，实际上中提琴 C 弦的摆动幅度，并非大到需要专用的指板平面。

1. 制作指板毛坯时要留有足够的余量，因为乌木会因天长日久而明显收缩。最好让毛坯在自然条件下干燥足够的时间，经充分老化后再使用。即使发生收缩或翘曲，也可在制成指板之前就予以修正。

2. 指板的长度是谐振弦长的 5/6，也就是琴弦从弦枕到码中心处直线距离的 5/6。当手指在指板末端压住任一条弦时，这个音符正好是此条弦的谐振音符，它

比空弦音符高两个八度，再往上五个音符。如 A 弦的谐振音是 E，也就是谐振弦长的 1/6 长度振动所发出的音。

3. 小提琴的指板长度是 270 毫米，制作时暂先取 272 毫米长，以便需要时可在指板两端作必要的修正。厚度不薄于指板的弧高，先把木料的底面刨平，记住刨刃口必须调整得极薄，每次只刨去薄薄的一层，并不断地在标准平板上检查平整度。

4. 在木料底面上画出中线以及顶端和末端的宽度线。分别连接宽度线的两侧，画出指板的侧面轮廓，锯掉两侧的余料并刨平整，使两侧与底面成直角。同时把指板的顶端和底端用刨或锉也加工成与底面成直角。由于乌木极易纰裂，故工具必须从两角向中心运动。

5. 准备加工指板的弧形表面，此时指板夹具将发挥作用。把指板卡在轨道内，先刨上表面两条边的角，使两侧的厚度达到最后的厚度 5.5 毫米，这样可免得在加工弧形表面时重复测量厚度。小提琴指板表面的曲率半径是 41.5 或 42 毫米，可以制作一个样板以便在刨和刮的过程中不断地测量表面的形状。另外为了加工方便，可以制作一个底面是同样曲率半径的弧形木块。在加工的后期衬上不同粗细的砂纸，用它磨光弧形表面，可使弧形表面更为规正。砂纸的宽度比木块的弧形面宽些，手指就可把砂纸固定在木块上。

6. 由于弦振动时弦在指板表面摆动，如果指板表面是平直的，手指压住点之后的弦就会与指板发生磨擦产生噪音。所以必须把指板表面做成两端略微高中间凹的弓形，弓背的最低点在第五把位附近。而且各类弦和各条弦需要的凹陷程度不同，肠弦比较粗就要凹得深些，低音弦的直径粗、张力小、摆动幅度大，故也要深一些。如果演奏者喜欢弦的阻力大些，或者演奏的力度很大，就要把各弦之下的凹陷做得深一些。小提琴的 E 弦最深处凹下 0.5 毫米，G 弦凹下 1 毫米，对于大多数演奏者来说，可达到事半功倍的效果。制作时用直尺架在 G 弦和 E 弦所在处的指板两端，从侧面观察直尺与指板之间的空隙。另两条弦的下凹程度，就在这两条弦之间过渡。

7. 指板表面的弧形面和下凹完成后，就用不同目数的砂纸由粗到细地把表面磨光。之后把指板的底面加工成最后的形状，离接榫面约 10 毫米处开始，一直到指板末端，把底面的木料去掉些，使指板的这一段成为厚度均一但较薄的弧形板，这样不仅去掉了不必要的重量，使整个琴的重量减轻，而且能改善音色。加工时先做好末端的弧形，使末端成为与两侧厚度相似的拱。然后用拇指刨和半圆凿，把这一段的中间部分雕成厚度均匀的薄拱，与两侧、顶端和末端用坡度相连，使它们仍然保持原来的厚度。靠近颈跟处可以做成直边，也可成为抛物线的形状。

8. 一切就绪后就用 600～1200 目粒度的耐水砂纸，沾上稀薄的机油或亚麻油衬在弧形木块下，把整个表面磨光滑。不过最后的磨光是在指板粘到琴颈上，而且琴颈镶嵌到琴体上之后，再用无刺细钢毛和亚麻油或机油磨擦指板表面，使它具有油黑乌亮的外观。

9. 小提琴和中提琴在演奏两条低音弦的高把位时，演奏者的左手臂要努力向

低音侧弯曲。为了方便演奏使演奏者感到手臂更易舒展，有时制作者让指板向高音侧倾斜，使指板低音侧比高音侧高出 0.7～1.5 毫米。这个斜面可做在琴颈粘指板的表面上，也可做在指板底面，不过做在指板上高度相差不能太多，但很少采用改变接榫面镶嵌角度的方法。

10. 指板完成后把指板的正反面与琴颈对准中线，顶端对准基准线。用稀胶水点状地把指板粘到琴颈上，因为以后镶嵌琴颈和修整弦枕时，都要先把指板粘到琴颈上后才能操作。

4）大提琴指板

大提琴由于个体大，弦的长度和张力也不同，故指板必然会长些和厚些。它的音域范围比中提琴低八度，近代演奏者偶尔要求向高音端拓宽音域，因此必须再延伸指板的长度。

1. 大提琴的 C 弦振动时摆幅十分宽，所以 C 弦下的指板单独做成平的表面，而且整个表面从顶端到末端都加工成一样深度的弓背形凹陷。若把直尺架在这个表面的两端并横向来回移动直尺，从侧面观察到的表面应该都是一样深度的弓背形凹陷。在常规尺寸的指板上，这个平面顶端的宽度是 10 毫米，末端是 21 毫米。即使指板的尺寸有变动，但两端的比例基本上保持在 1 比 2。

2. 加工指板表面时并非一开始就把 C 弦下的平面做好，还是要先按曲率半径的要求制作弧形表面，并加工好各条弦之下的弓背形凹陷。然后制作 C 弦下的平面和全宽度的弓背形凹陷，具体尺寸请参考表 8.2。

表 8.2　琴颈和指板的尺寸

单位：毫米

项　　目	小提琴	中提琴			大提琴	低音提琴（3/4）
		小　型	中　型	大　型		
琴体长度	356	394	415	430	755	1110
琴体弦长	195	210	225	234	400	610
琴颈弦长	130	140	150	156	280	427
谐振弦长	325～330	350～356	375～380	390～396	680～695	1037～1060
指板长度	270	292	312	325	580	850
颈上部厚度	13.0	13.5	14.0	14.5	17.0	22.0
颈下部厚度	14.0	14.5	15.0	15.5	19.0	30.0
颈带指板上部厚度	18.0～19.0	19.5	20.5	21.5	28.5～29.0	34.0
颈带指板下部厚度	19.5～21.0	21.5	22.5	23.5	32.0～33.0	41.0
指板顶端宽度	23.5～25.0	25.0			31.0～32.0	42
指板底端宽度	42.0～42.5	43.5～45.0			62.5～64.0	87
指板侧边厚度	5.0～5.5	5.5～6.0			7.0～7.5	10
指板的曲率半径	42	38			70	95

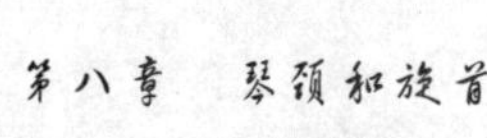

（续　表）

项　　目	小提琴	中提琴			大提琴	低音提琴（3/4）
		小　型	中　型	大　型		
各弦离指板表面凹陷最低处的间隙	E弦0.5	A弦0.6			A弦1.0	G弦1.6
	G弦1.0	C弦1.0～1.25			C弦1.5～2	E弦2.5
4弦处指板平面宽度					上9下22	上11下25
喉到面板边缘的跨度	26	27～28			37～42	66
接榫面处的角度（度）	83.5～87.0	83			81～82	
颈突出面板之上高度	6～7.5	7～9			19～22	25
接榫面高度	41	50			140	
接榫面上部宽度	32	33			45	
钮的直径	21.0	22～23			28～30	
钮的长度	12.5～13.0	13.5～16.0			23	
接榫面镶嵌深度	6～7	6～8			11～12	
从弦枕到颈末端长度	137	147	157	163	293	
指板投射到码的高度	26～27	30	31	32	78～81	150

3. 大提琴常规的指板投射高度是80毫米，码处A弦离指板表面的距离是5.5毫米，C弦是8毫米，故C弦在码上的位置比A弦高。演奏大提琴时演奏者拿弓的手是在提琴的右侧，上述安排使琴弓在低音侧中腰面板之上有80毫米的运弓空间，高音侧有50～55毫米的回转空间。大提琴的中腰宽度在226～265毫米之间，中腰越宽使运弓的空间越小。A弦处的空间若小于45毫米，演奏者就会感到运弓不舒畅。所以有时故意让指板的高音侧提高些，使A弦在码上的位置提高，以增大A弦侧的空间，显然指板的倾斜方向正好与小提琴相反。另外，拱的弧度会影响码的高度，拱比较高必然会提高码的位置，因此可增大运弓空间。如果拱变形下陷就会降低码的位置，使运弓空间减小。倾斜面一般是制作在琴颈粘指板的表面上，使高音侧比低音侧高约2～4毫米。不要改变接榫面的镶嵌角度，否则整个琴颈包括旋首在琴体上将是不平整的。

8.1.7　弦枕

弦枕除了让手指能感觉到把位的位置外，还与码配合使各条弦保持合适的间距，让弦按要求分布在指板表面之上。弦枕也用乌木制作，具体尺寸和制作要求如下：

1）选用质地良好的乌木，顺着树木生长方向劈成径切的木条，根据弦枕的横向长度截断木料，再按高度和宽度需要放出余量，加工成长方形的坯料，具体尺寸见表8.3。

表 8.3　弦枕的尺寸

单位：毫米

项　目	小提琴	中提琴	大提琴	低音提琴
长度(横向)	23.5～25	25	32	42
高度	6.5	7.5	12.5	15
宽度	6	7	9.5	12
四条弦的跨度	16～16.5	16.5～17.5	22～23	30
弦间距(三等分)	5.4	5.5	7.3	10
弦底部离指板的间隙	0.3	0.4	0.6	0.9
未开槽时弦枕顶面超出指板表面的高度	E 弦 0.6	A 弦 0.7	A 弦 1.0	G 弦 1.4
	G 弦 0.8	C 弦 1.1	C 弦 1.5	E 弦 1.9

2）先选定一面作为底面，把这一面加工平整和磨光后就作为基准面。再按弦枕的高度和宽度的要求加工其他各面，使坯料成为各面相互成直角的长方形木条。制作时要参照已粘在琴颈上的指板顶端的尺寸以及旋轴盒下端的尺寸，很可能旋轴盒处宽些，靠近指板处窄些。选定一面作为弦枕的正面，务必加工成与基准面精确地相互垂直，并把表面磨得平滑光洁。

3）把弦枕的正面靠住指板顶端，用少量胶把它粘住，只要演奏时不会被碰掉就可以了，因为当调整指板时首先要卸下的就是弦枕。然后自正面的顶端边缘开始，向着旋轴盒方向，连同背面修磨成近乎 1/4 圆的弧形。这样可使各条弦以合适的弧度，从顶面圆滑地向旋轴倾斜，使弦受到张力后不会因压在棱角上而被割断。顶面两侧的棱也向着颈侧修磨光滑，使手指不会有不舒服的感觉，尤其是靠近左手食指那边一定要修得非常圆滑。

4）在弦枕的顶面按照表 8.3 列出的跨度三等分，等距地开出四条半圆形的槽。槽的深度是弦直径的 1/3，宽度是弦直径的 1/2 或弦的直径大小，既能使弦不移位，又能调音时让弦自如地滑动。1 弦和 4 弦的槽因很靠近旋轴盒的壁，所以槽的走向可略斜向中心线方向。

5）另外为了演奏方便，小提琴和中提琴的四条弦一起往低音侧靠一些，使 1 弦离指板边缘略远一些。这样安排可使食指贴住指板边缘后，离 1 弦有较大的运动空间，所以弦在弦枕上并不是对称地分布在中心线两侧。大提琴 C 弦的槽也可以安排得靠近 G 弦些，使它们之间的距离要比等分值小些。即 C 弦槽更靠近 G 弦和 C 弦之间的脊，可降低演奏难度和减少不舒服感。

8.2　琴颈和旋首的修理

演奏时手始终与琴颈和指板相接触，手指和弦不断地摩擦指板表面，指板表面

会因磨损而出现坑凹。颈体、指板和旋轴盒承受着四条弦的全部张力，难免会变形而影响音质，甚至无法演奏。旋轴盒壁也因此会破裂，旋轴孔经旋轴长期磨擦和压缩，孔径会大到无法再配上新的旋轴。旋首的结构精致但也很脆弱，经不起碰撞甚至会断裂。加上气候和环境的影响，就要经常地调整和修复变形或受损的部件。

8.2.1　修复旋轴孔

旋轴是靠摩擦力保持弦的张力，旋轴与旋轴孔利用锥度配合，匹配得好既便于调音又不会跑音。但天长日久后因木材变形和旋轴的压缩，使轴孔变大或配合欠佳。旋轴和轴孔可重新匹配，但必须铰大旋轴孔的直径或换直径大的旋轴。但当直径大到一定程度，即使匹配得再好摩擦力也会很大，使调音变得很困难，甚至于已无合适的旋轴可匹配。这时就要用填塞轴孔的方法，把原来的轴孔填没，然后再开新的旋轴孔。老的旋轴只要不是已截得太短，可用旋轴切削器重新旋削匹配后再用。

1）填塞材料

填塞轴孔可用黄杨木或无图纹的枫木，枫木是首选的木料，因为它比黄杨木坚硬。可制成三种形式的木销，即顶头丝、顺木纹和木皮木销。用两端都是顶头丝的木料制作木销，取材和加工都比较方便，只要把木料做成与旋轴锥度一样的棒料即可使用。但是填塞后的轴孔，在旋轴盒的壁上可见到顶头丝的痕迹，而且不易润色，显然不适合于修复有身价的提琴。故改进的方法是在顶头丝木销的顶端，粘上一小段与旋轴盒壁木纹走向一样的木料，即成顺木纹木销。制作比较复杂一些，加工成形时顺木纹料的顶端也容易纰裂。木皮木销是在顶头丝木销上，缠绕薄的枫木皮制成木销，以后铰旋轴孔时把顶头丝木料首先去掉，留下木皮部分铰成垫圈。后两种木销制成的轴孔垫圈强度较大，如果旋轴盒的旋轴孔处有裂缝就特别合用，而且容易润色。

2）制作垫圈

采用不同的木销，制作旋轴孔的方法也略有差别，具体方法如下：

1. 匹配顶头丝垫圈就如同匹配旋轴一样，先用铰刀校正旋轴孔的形状和平直度，再把已加工成锥形的顶头丝木销塞入旋轴孔内。在两个孔的盒壁内外面处，用铅笔在木销上作出记号。取下木销，在两个外壁记号之外放出余量后截取需要的部分。尤其是小孔的那端要留长些，因为涂上胶后木料会膨胀，木销不可能塞得像原来那样深。为减少木料膨胀的影响，涂上胶后应尽可能快地把木销粘好。在内壁的记号之间制作一个燕尾形槽的锯口，以方便木销粘住后去掉余料。胶干后去掉孔两侧的余料，顶头丝用稀胶水处理和修平整几次，以消除顶头丝的膨胀。

2. 顺木纹垫圈是在顶头丝木销的基础上完成的，增加了一些操作步骤和用料。第一步也是先用铰刀校正旋轴孔的形状和平直度，然后进行以下的操作步骤。

◇ 小端孔的垫圈

把顶头丝木销塞入旋轴孔，修正木销的长度让小头刚好进入小孔的一半。取出木销用稀胶水膨胀顶头丝，胶干后把端头和表面取平。取一片与旋轴盒表面相

匹配的枫木板，厚度相当于盒底处壁厚的一半，具体尺寸参见表 8.1，以小提琴为例就是 3 毫米。切取比木销顶端大一些的一片木料，粘贴在木销的顶端。细心地切削和锉，其间用稀胶水处理几次使其膨胀，以及胶干后能使它与木销纤维联结在一起，因处理后的木料不易纰裂故便于加工。最后用旋轴切削器修削成形，当然也可顺着木销长的方向，从锥形的小端向大端锉，同时围着木销斜锉使它成形。匹配好之后把它塞入旋轴孔内，旋转木销使顶端枫木的木纹与盒壁的木纹对齐，用铅笔横跨盒壁和木销顶端画一条对准线。并在孔内侧往里些的销体上画个记号，取下木销后在这里锯个燕尾形的槽，以便于以后去掉余料。木销和旋轴孔都涂上热胶，塞入木销对准线条后，用小木锤轻敲木销使它粘得服帖。胶干后在槽处切断木销，并去掉余料。

◇ 大端孔的垫圈

基本操作步骤相似，不过木销的大端要进入旋轴孔一半，并在大端粘顺木纹木料。修整锥度时从大端往小端锉，同时围着木销斜锉使它与旋轴孔相匹配，同样要对准木纹后粘贴。

3. 木皮垫圈

选择径切的枫木，采用约 35 毫米的宽刃木刨。刨刃需磨得非常锐利，加上调节得很窄的刨口，可使刨出的枫木刨花成为极薄的长条木皮。顶头丝木销的直径显然要做得比旋轴孔小，顺着铰刀旋转的方向，把木皮边缠边粘地绕在顶头丝木销上，以免铰刀与木皮成逆向旋削，否则会撕破大片的木皮。由于木销是锥形的，所以木皮缠绕时会出现螺旋形。尽可能缠厚些，这样铰孔时就能去掉顶头丝料，留下的是木皮垫圈。每次只填塞一端的孔，分别匹配和粘住，可参考上述两种垫圈的制作方法。木皮垫圈的强度是最大的，如果盒壁的裂缝一直贯通到旋轴孔处，用它修复是最合适的。修复时必须先把裂缝清理和粘合好，然后再开始修复旋轴孔的各个步骤，不然的话填塞轴孔时可能会把裂缝撑大。

3) 钻新旋轴孔

1. 旋轴孔填塞好后去掉孔两侧的余料，细心地修平整垫圈两侧。可以用左手拿住旋轴盒，大拇指压在平口凿的刀头之上。右手拿住处于左手大拇指之后的凿柄，食指抵住旋轴盒，然后斜着向前推动凿子，这样可避免意外的滑动。然后用稀胶水处理和修刮垫圈，以消除木料的膨胀。

2. 与制作新的旋轴孔一样，先画出轴孔的定位线(参见图 8.2)。然后钻引导孔和铰出锥形的旋轴孔，具体方法请参考 8.1.4 节。可用四根与引导孔直径一样的木棒，或四根锥形木销插入旋轴孔内，同时观察所有的旋轴孔是否对准。铰孔时不要一下就到位，先直径小一些再渐渐地扩大到需要的直径，这样就有修正的余地了。

8.2.2　调整指板

由于原来的颈和指板制作和安装得不恰当，或因日久而使一些重要的尺寸发生了必须修正的变动。有些变动可用调整指板的方法予以纠正，但指板可调整的

范围是极有限的。

1）在指板的中心线上，侧立着放一钢板直尺，尺的一端延伸到码处，观察颈与码的几何中心是否对准。必要时可将指板卸下，把指板略微向左或右移动或扭动，调整好位置后重新粘上。

2）再就是指板本身的规正程度，有两方面不规正的因素会引起视觉上的错误。其一是为了演奏高把位时使左手能更灵活，指板两侧需要像表面一样制成弓形，弓背最低处靠近颈跟，向中心凹下约1毫米。如果两侧的凹陷程度和形状不一样，就会产生指板位置偏向某一侧的错觉。其二是指板两端的边与指板中心线不垂直，使中心线与两端边形成的两个夹角不相等，不管从哪个方向看都会感到指板不正，可用万能角尺检查两个角的角度是否一样。只要把不规正的地方纠正，就可解决指板不正的问题。

3）检查指板顶端是否与颌倒边的中点对齐，以及用圆规量出的琴颈弦长是否正确。可上下移动一下指板，修正琴颈弦长和对准位置。不过如果偏差太大，有可能两者无法兼顾，势必要卸下琴颈才能修复。

4）检查琴颈的倾斜度前，必须先检查指板拱的弧度是否正确，并检查弦之下弓形下凹的形状和间隙尺寸是否合适。首先要把指板这两方面的误差纠正，之后再检查琴颈倾斜度，由此得到的数据才是可靠的，按此数据作出的修正才会是正确的。

8.2.3　调整琴颈

如果琴颈上有足够的木料，取下指板之后可以作以下两方面的修正：

1）假如琴颈的投射高度太高，可以刨低颈的宽端使指板投射高度降低。刨掉0.5毫米可使投射高度降低1毫米。但最大限度也就是1毫米，不过这足以使琴的响应有可观的差别。刨时要使琴颈的粘指板表面形成一平整的斜坡，并注意不要碰坏旋首。而且琴颈突出在面板嵌线之上的高度，不可低于最低高度（见表9.2）。因为演奏者的手移到高把位时，有这样的高度就会舒服地感觉到琴边的位置。

2）在确认指板的拱和凹陷都符合要求后，才可以修正琴颈的倾斜度。所以前一步的工作是在指板上，但并不在指板上修正倾斜度。小提琴和中提琴是使琴颈高音侧的高度降低，大提琴是刨低音侧。刨后琴颈的粘指板表面必须成平整的斜面，这样指板才能粘得牢靠。而且一旦琴颈上预留的台阶，已刨到旋轴盒壁就不可再刨。

8.2.4　垫薄片

琴颈上原来保留的台阶高度并不高，如果已作过修正，可修正的范围也就更有限。如果在琴颈表面粘一片比琴颈宽，厚度在2～3毫米的弦切枫木或乌木薄片，不仅加厚而且加宽了琴颈，就可对琴颈作更多方面和更大范围的修正。

1）制作薄垫片

具体用材和制作方法如下：

1. 卸下指板后在颈表面平放一把直尺，观察直尺与旋首之间的间隙有多大。如果旋首已与直尺接触或间隙极小，清理琴颈表面时就不可用刨，只能采用刮或磨的办法平整颈表面。先用热的湿布缚在颈上，帮助去掉陈胶和残留的木屑，使颈表面有个干净的粘合面。颈干后如果表面不是严重扭翘就不必再刨平，略加刮或磨即可粘贴薄垫片，垫片会帮助修正表面。

2. 选用自然干燥的弦切枫木或乌木片，乌木的好处是能够与指板混为一体不再需要润色。使木片的木纹与颈的木纹平行，刨成 2～3 毫米厚的薄垫片。薄垫片和颈表面涂上热胶后粘贴在一起，用垫有软木的衬模保护颈和钮，用夹子夹住使薄垫片牢固地粘住。

3. 胶干后从垫片的两侧向着颈背面的方向修削，以免木料碎裂。

2）修整垫片

由于薄垫片加宽和加厚了琴颈，使琴颈有更多的修整余地，能适应多方面的修复需求。

1. 由于原来的颈太窄使指板的宽度受到限制，加了薄垫片后使颈部的抛物线可向外延伸，增加了颈表面的宽度，也就可以配上宽一些的新指板。或者可把指板向两侧略微移动，使指板与码的几何中心对齐。

2. 如果颈表面已经修正过倾斜度，但处理不当或还未达到目的，加了薄垫片后就可以作进一步的修正。而且旋首处的间隙，也已大到可以使用刨子刨颈的指板表面。修正过程中逐渐刨出合适的倾斜度，并尽可能多地减少垫片的厚度，至少要有一个角到达原来的颈表面，这表明只添加了最少量的木料。

3. 用薄垫片升高指板的投射高度是最理想的，刨低颈顶端的垫片厚度，指板的末端就会抬高。接榫面处的垫片厚度比顶端厚 1 毫米，指板的投射高度就会增加 2 毫米。不过要掌握同样的原则，最后琴颈的指板表面应是平整的斜坡。而且指板达到理想的投射高度时，垫片的顶端至少有一个角要减薄到颈的表面。也就是说既要达到目的，又要只添加了最少的木料。

4. 垫片也可用来增高琴颈的突出高度，不过不能垫得过厚，否则难以润色也不美观。

8.2.5　拆卸琴颈

如果琴颈的尺寸偏差较大或变形较严重，上述的一些方法可能较难以解决问题，就需要卸下琴颈后作进一步的修理。不过琴颈卸下后需要重新安装，整个操作过程是比较繁琐的。另外，如果靠近颈处的侧板已经损坏，或者钮的损坏也较严重，如钮的一侧或整个钮都沿着嵌线断裂。假如不想先修复这些部位后再重新安装颈，或不想再使这些部位受到进一步的损坏，则采用嫁接颈的办法更为稳妥。因为嫁接时老琴颈是锯掉的，剩下的残留部分是小片小片地削掉的，可以避免进一步损坏这些部位。关于拆卸弦枕、指板和琴颈的方法，请参考 2.3.4、2.3.5 和 2.3.6 各节。

1）添加木料

琴颈卸下后可在三个面上添加木料，即接榫面、脚跟和接榫的两侧，如此一来

就为在更大范围内作调整提供了条件。

1. 垫脚跟

在颈的脚跟下垫一片与琴颈枫木相匹配的薄枫木片，由于增加了颈跟的高度，有利于作以下的调整：

◇ 能够进一步增加琴颈的突出高度，与琴颈粘指板表面添加的薄垫片相互协调，不仅可增加更大的高度，而且可以修复得更为美观。如果钮的直径需要加大，脚跟垫片可以为琴颈与钮的匹配增加些余量。

◇ 修削琴体上榫眼梯形面的窄端深度，让琴颈接榫面的窄端比宽端更深入上木块，就能使指板的投射高度升高，但同时也改变了脚跟底面与钮表面相接触处的角度。要使两者能平整地粘贴在一起，就要修削脚跟的底面。脚跟片增加了颈跟的高度，就可使脚跟再次与钮匹配，而不影响琴颈的突出高度。

2. 垫接榫面

在接榫面上加垫片可增加琴颈长度，为调整琴颈弦长、修改指板与码的对准、调整指板投射高度和改变接榫面的镶嵌深度提供了条件。古代琴的颈比较短，为保留原来的琴颈，又要适应现代演奏的需要，可采用垫接榫面的方法使颈加长。当然更妥善的办法是嫁接琴颈，但修复过程极为繁琐，不是古琴中的精品不值得花如此大的工夫。再者需要加长琴颈的古琴可谓凤毛麟角，大部分用于现代演奏的古琴精品都已加长了琴颈。剩下为数极少的古代名琴作为收藏品，不作改动反而会具有更高的收藏价值。垫接榫面的具体方法如下：

◇ 选择枫木作为垫片，木板的厚度要厚一些，因为要用稀胶水膨胀处理，太薄的木片容易扭曲不平。利用制作琴颈时切割下的余料，可谓既省时又省料。如果没有余料，就要制作一段符合这样要求的木块。因为用料的木纹方向要与琴颈一致，所以木片是一片顶头丝木料。而且粘合面要与颈跟的角度一致，这样才能使垫片粘贴到接榫面上后，垫片的木纹与琴颈木纹相互平行。余料的各基准面都还在，这就省掉了对木纹和取平各个面的工夫。只需要在余料的指板表面画出中线，再用宽座角尺画一条横的基准线。量出原来琴颈脚跟的角度，用万能角尺对准基准线后，在余料两侧画出角度线，顺着这条线的角度锯出一片较厚的木料。

◇ 平整木片的两个顶头丝面，用稀胶水膨胀、干燥和取平，重复数次让顶头丝面充分膨胀，并消除因此而引起的扭翘。与接榫面粘贴的那面一定要匹配好才能粘得牢固，角度要正确才能使两者的木纹平行。

◇ 粘贴木片时可用铝质的沉头螺丝把木片固定在接榫面上，大提琴还需要用衬模和夹子帮助固定。胶干燥后把木片修削成与原颈跟一样的上、下宽度及燕尾形的两侧。拧掉螺丝后按需要增加的长度刨削出木片的厚度，并做出新的接榫面。

◇ 匹配接榫面前重新拧入沉头螺丝，此时要使它沉得更深些，必要时换成更加合适的螺丝。用胶水木粉团填满螺丝孔，胶干后对接榫面作最后的修整。

3. 用木料填补榫眼

榫眼是琴体上用于安装颈的部位，它必须与颈跟两侧以及接榫面匹配良好，才能使琴体牢固地与琴颈联成一体。老琴往往会因拆卸不当或经多次修理，使榫眼

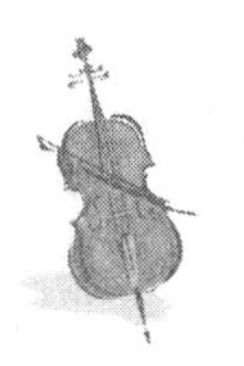

两侧或底面木料受损。即使琴颈的接榫面部位良好,也要修复榫眼后才能完美地安装琴颈。榫眼修复后可以修正琴颈弦长、调整指板投射高度、略微调整一下旋首两翼与面板的平行度,以及琴颈与码对准几何中心。

◇ 虽然整个榫眼配上一块梯形木料似乎是最好的捷径,但在匹配时两侧木料的纤维走向与刀的切削方向并不一致。木纤维是直上直下的,刀口走向是斜的,因而都是逆着向顶头丝切削。既易出现呛的现象使表面不平整,又会影响粘贴的牢固度,所以不宜采用。

◇ 木料可采用柳木或云杉,最好是劈开的木料,尤其是两侧斜的垫片,以保证切削的走向与木纹方向一致。垫片的宽度以在粘贴后能使中间的梯形宽度比琴颈接榫面尺寸略窄些最最合适。两侧配好后再配底面的梯形垫片。三者的高度与上木块一样,厚度到达侧板表面。如果面板和侧板有损坏,要在粘贴木片之前修复。

◇ 同时粘上三块垫片,涂胶后先把侧面两块粘上,然后立即压入底面的那块,让它抵住两侧的木片使三者能紧密配合。在底面的垫片上和琴体的底端,各放一块衬有软木的夹座木块。用间距调成与琴体长度相当的夹子,轻轻地夹住底面的垫片。胶干后再用稀胶水膨胀和修削垫片几次,直到木料不再膨胀就可安装琴颈。

4. 颈两侧补些木料

如果琴颈接榫面宽端两侧的木料出现纰裂,则拆卸颈时沿着两侧边缘可能会撕下一些木料,此外,用薄的开刀插入侧板和颈之间也会使紧挨侧板的琴颈木料崩裂,所以可以在两侧匹配上新的木料,不过加宽琴颈不宜采用这样的方法。

2) 重新安装琴颈

安装琴颈是件精密而又繁琐的工作,在老琴上重新安装琴颈比在新琴上安装新颈更困难些,因为新的琴和琴颈有足够的木料可作调整。如果老琴本身还有许多先天不足的地方,那就更加困难些。安装时往往需要熟知哪些尺寸优先考虑部位的对准,而剩下的问题又如何解决,能妥协到什么程度?如果原作者不太顾及琴的对称性、不重视颈的正确角度、旋首雕刻得既自由化又不对称、音孔也不必要对中,以及共鸣板的中缝与琴的几何中心也不一致。修复者的责任就是在这样困难的条件下,协调好各个方面,把工作做得尽善尽美。这份工作不仅需要丰富的经验和理论知识,而且要有良好的判断和决策能力,并具备训练有素的技艺。

1. 测量背板的几何中心

◇ 由于琴边是会磨损的,而且古代琴是以嵌线确定琴板的几何中心的。故测量背板上部和下部最宽处,应由嵌线到嵌线之间的距离分别算出中点值,并用针在中点处扎一微小的孔作标记,再涂入粉笔灰使它们鲜明可见。用钢皮尺连接两点并延伸到钮处,在钮的下部用针作一标记,观察钮是否处在几何中心。

◇ 如果钮偏离中心不多,可将新颈修削得与原有的钮一样大。若偏离过多,就先把钮的尺寸缩小到能对准几何中心,然后配上乌木冠,见 6.2.1 节,而且必须在开始安装琴颈之前完成。

2. 测量面板的几何中心

◇ 测量面板几何中心的方法与背板一样,用钢皮尺连接两点后把尺延伸到榫眼处。在榫眼和码的位置处各扎一标记，安装琴颈时按这两处的标记与颈的中心线对齐。

◇ 测量码两脚之间的宽度，把圆规设定成码脚宽度的一半。从中心标记处向两侧各作一标记，标明码脚的位置，码的背面必须与几何中心线相垂直。

◇ 如果拱有一侧下沉的现象，这一侧的码脚就留高些，略微补偿些不平整的拱。

3. 镶嵌琴颈的步骤和要求

琴颈接榫面与榫眼有四个面需要相互匹配，又有几个部位和尺寸要同时对准和修正，这往往使人感到不知如何下手。所以采取三步安装法镶嵌琴颈（Weisshaar，1988），以减少每一阶段需要考虑的因素，直到必须全面协调时才综合在一起考虑。首先全面检查各相关部分的尺寸和完好程度，如钮的直径和长度是否正确，颈的榫眼是否完好无损或已修复，而且位置也都已对准几何中心。在确定颈的长度和旋首形状准确、指板也已与颈对准中线后，用稀胶点状地粘在颈的指板表面上。然后按以下步骤开始镶嵌琴颈：

a）初配

主要考虑的是对准颈的位置，使颈与琴体之间没有歪斜和未对准中心的现象，初配时只把颈安装到脚跟离钮还有 10 毫米处。

◇ 初步开出榫眼让颈的接榫面可从榫眼顶端插入，先把琴体顶端要开榫眼处添加好的木块，削得与两侧的侧板边缘平齐，但不要削到侧板。让颈的两耳与面板表面平行，接榫面中线与榫眼中点对准，脚跟离钮 10 毫米，按此位置把颈放在榫眼处。按接榫面的两侧形状在榫眼处画出颈的梯形轮廓，这两条斜线就是以后切削两侧木料时的参比线。

◇ 用平凿在斜线条之内切削木料，让颈能够插入榫眼内，榫眼两侧的木料最后修削到能使颈的脚跟降低到离钮还有 10 毫米。此时榫眼底面的木料，至少要保留出相当于接榫镶嵌深度的 1/3 厚度。接榫镶嵌深度指的是从面板顶端到接榫面的深度（见表 8.2），也就是琴颈指板表面上，从琴颈弦长的终点线到接榫面处的长度。小提琴是 6～7 毫米，故切入深度绝不可超过 4.5 毫米。

◇ 不要一下就把榫眼切削到位，而是在修削过程中使脚跟逐渐降低，并且时时要使脚跟的两侧与钮的两侧对齐，颈的中心线与榫眼中心线对齐。从旋首的顶面往琴身方向看，以及从琴身底端向旋首看，检查两耳是否与面板的平面平行。修削榫眼任一侧的木料，琴颈就会向削掉的那侧倾斜或靠拢，也就改变了两耳与面板的平行度或琴颈中心偏移。两侧的木料同时削掉，琴颈就会向下滑动而更深入榫眼（参见图 10.1）。如果两耳与旋轴盒之间本来就是扭曲的，那么修复者就要判断，如何镶嵌琴颈能使两者看起来都比较顺眼。

◇ 榫眼的底面不仅与镶嵌深度有关，更重要的是与指板投射高度，也就是琴颈在琴体上仰起的角度密切相关。把梯形榫眼窄的那端切深会使指板投射高度升高。初配时要让投射高度低一些，故既要控制接榫总的嵌入深度，又不要让窄端削得太深。此时指板已粘在琴颈上，可以观察指板与面板间的角度，不要让指板翘得

过高。

◇ 做一个凹字形的木样板卡在指板宽端近端头处，样板厚度约 5 毫米，总宽度比指板宽端宽 10～20 毫米。中间挖掉使样板成凹字形，正中间画一条与指板中线对准的垂线，底面修削得与面板的弧形一致。把它卡在指板宽端，镶嵌琴颈的过程中应时时注意样板上的中线要与琴体的几何中心线对齐。琴体的几何中心线连接着榫眼中心点，指板的中线又与琴颈中线一致，这样就保证琴颈在琴体上是直的。

◇ 顺着接榫面的两侧放上直尺并延伸到钮处，比较两侧直尺离钮的距离是否相等，以判断与钮对准的状况。并从面板处往下看，观察颈的两侧与面板和侧板吻合得是否干净利落。由于颈的两侧面有些向中心倾斜，所以榫眼两侧要修削得近似燕尾槽。

b) 精配

由于对准颈的位置已初步完成，现在要把指板与码精确地对准几何中心、调整投射高度和突出高度、检查琴颈弦长和镶嵌深度，以及精加工榫眼。

◇ 取一新的码在其上画出中心线，修削两码脚使它们既对称又与面板的弧度相匹配。把码立在已标定的位置处，用一直尺从码正面的面板几何中心处量出指板应有的投射高度(见表 8.2)，小提琴的这一高度是 26～27 毫米，在码上画一水平线。

◇ 把颈插入榫眼，观察指板末端样板上的中心线偏向面板几何中心线的哪一侧。如果榫眼底面的高音侧削得深于低音侧，样板上的中心线就偏向低音侧，反之亦然。但是要注意切削底面的深度会影响到榫眼的深度，也就是会同时影响到镶嵌深度和琴颈弦长。所以每次只削一点点的木料，而且每削一刀都需要检查颈各个方面的位置和尺寸。

◇ 如果梯形底面的窄端和宽端木料未能均匀削深，就会影响到颈的投射高度。当颈脚已接近钮时就要特别注意检查投射高度，使它始终低于标准的高度 1～2 毫米，底面也要保留 1～2 毫米的木料用于最后的精确匹配。把画有高度线的码放到应在位置，再把一直尺平放在指板表面上，并延伸到码上投射高度线处，观察尺底面离线条的距离。到颈突出在面板上的高度已接近时，为了方便检查可以让指板翘到标准高度，用直尺量指板末端顶面到面板表面的高度，以后用这一高度作标准检查投射高度，小提琴的这一高度常是 21 毫米。

◇ 同时削掉榫眼两侧的木料，使颈下降到接近钮，当然削颈的两侧也会有同样的效果。不过还是先把颈接榫做完美后，再匹配镶嵌更方便些，否则要照顾的方面会更多。请注意削两侧的木料时，会影响到颈的倾斜度。侧面也要留 1～2 毫米的木料，用于最后的精确匹配，尤其是脚跟与钮的表面匹配，以及控制颈的突出高度。

◇ 需要特别强调的是上述各步只是分头叙述，故各方面需要统一协调，要养成综合思考的习惯。理解每削一刀的作用，有的放矢地削每一刀，否则将会无所适从。每一步尽可能地做到密切配合，颈插入后尽量做到不扭动、不翘曲，好像已经

粘在上面那样。

c) 精确匹配

一旦脚跟碰到钮时匹配已接近完成，颈与榫眼的所有表面都已接近匹配好，投射高度也已极接近标准。此时把颈的接榫面和两侧当作粉笔灰木块，涂上粉笔灰后插入榫眼内，观察粉笔灰转移到榫眼表面的那里，这就是表面的凸出点，用凿修平。重复这个步骤，直到榫眼的表面都能转移到粉笔灰，说明颈与眼的各个表面都已密切匹配。同时还需要完成以下几方面最后的精确匹配：

◇ 这时脚跟处还有 2 毫米的余量，颈的投射高度还低 1 毫米，这些都是为匹配脚跟底面和钮表面留的余量。颈的喉处虽然有个角度，可使颈有一定的投射高度。但准确的投射高度，以及达到这一高度时脚跟底面与钮表面之间的紧密贴合，需要作进一步的精细匹配。

◇ 新颈指板表面的倾斜度在粘指板之前已制作完成，如果老琴颈需要制作指板表面的倾斜度，请参考 8.2.3 和 8.2.4 节。在镶嵌琴颈时为保持正确的指板表面倾斜度，一定要时时注意旋首两耳与面板的平行度。不过这样比较麻烦，好在到精确匹配时基本上各部分都已到位。所以可以让指板的倾斜度和投射高度正确对准后，把码贴住指板末端，立在面板拱上，沿着指板末端顶面在码上画出指板的弧形轮廓。以后精确匹配时，可用码上的这一轮廓线，检查指板的投射高度和倾斜度。

◇ 脚跟底面与钮表面之间有一角度的话，显然两者是不可能平服地贴在一起的。先用凿或刨修削脚跟的底面，把间隙减到最小。不要修削钮的表面，因为钮的表面与面板底面的基准面相一致。然后用在钮表面涂粉笔灰的方法，继续加工脚跟的表面，使两者紧密匹配。这时候还要兼顾颈投射高度、突出高度、倾斜度等。接榫面的脚跟处有两个尖角，榫眼侧面和底面与钮表面的交界处正是容纳这两个尖角的地方，用平凿修削侧面和底面时，一定要达到钮的表面，不能在角处留有毛刺或成钝角。否则脚跟的两个尖角将被顶住，这里的底面也就碰不到钮的表面，使颈不能稳固地镶嵌在琴体上。

◇ 另外，颈的两侧必须与钮的两侧对齐，如果颈比较窄可加宽榫眼使颈降低，再刨掉些脚跟底面的木料，就能使脚跟变宽。脚跟任一侧刨掉些木料，可使那一侧变窄使它与钮对齐。但要注意这不是个好办法，而且要在精配之前就考虑好这个问题，否则到精确匹配时可能会发现为时已晚，其结果不是勉强凑合就是前功尽弃。

4. 粘琴颈

在颈粘到琴体上之前，最好把各个细节都加工好，因为这样更容易操作。粘颈前首先要一丝不苟地全面检查一下各处的尺寸和位置。准备好一个夹子，可利用磨指板弧度时的砂纸衬模作为指板处的夹子垫，钮处用软木衬垫的木块作夹子垫。把夹子的间距调整好，夹子垫放在随手可得的地方。颈和榫眼涂上新鲜的热胶，把颈滑入榫眼内的同时对准几何中心、投射高度和倾斜度。放上夹具把颈夹牢固，用指头的力量拧紧夹子就已足够。注意钮处的夹子垫不要压着背板拱，否则会在背板上出现压痕。浅的压痕可点上水使它膨胀恢复，太深的凹陷就很难处理了。用

毛笔蘸热水去掉多余的胶，再次检查对准的状况。胶至少要干燥十小时以上，可过夜之后取下夹子。用点状稀胶粘上弦枕，以后拆卸时只要用木棒从正面抵住，轻轻一敲即可取下。

8.2.6　嫁接颈

虽然嫁接琴颈的操作过程比较繁琐，而且技术要求也比较高，操作者必须具备制作和修复提琴的精湛手艺。但是嫁接后的颈可消除一切原有的缺陷，或者使老琴具有现代标准尺寸和比例的琴颈，而且保留原琴的风貌和主要部件。如果老琴榫眼处的钮、面板和侧板都已较脆弱，但又想尽可能少地触动这些部位，嫁接颈是最好的解决办法。

A）小提琴

小提琴与大提琴的嫁接方法因颈的结构不同而有些差别，但很多方面是相同的。故先以小提琴为例，然后介绍大提琴，至于中提琴要根据它的结构，与哪类相同就采取哪种嫁接方法。

1）锯掉琴颈

1. 先取下琴颈上的弦枕和指板，请参考 2.3.4、2.3.5 和 2.3.6 节。用开刀插入面板边缘和侧板与颈接壤的地方，使面板的边（裙边）和侧板与颈脱离。必须确认面板和背板都很好地粘在上木块上，两者的拼缝也完整无损。这样当锯掉颈和清理残留物时，不至于损坏面板、侧板和上木块。

2. 离面板顶端几毫米处，从颈的粘指板表面向下锯，直到离钮几毫米处停止。再从脚跟靠钮处向琴体方向锯，直达前一条锯缝，使整个琴颈脱离琴体。

3. 把琴的中腰牢靠地夹在两腿之间，琴的背面上木块处抵住放有垫子的工作台边。用凿和小木槌从上往下，劈掉颈的残留部分。要很好地控制凿子，靠近脱开的琴边处先凿，小片地劈掉木料，一直劈到接近第二条锯口的位置。

4. 如果钮既完整又牢固，留在钮上的木料可用开琴刀，从钮与颈的粘合缝处插入，使木料与钮脱开，必要时用小槌轻敲帮助开琴刀插入。如果钮已一侧或两侧都曾从嵌线处断下而重粘过，就不能用上述方法。只能用凿或锉去掉木料，直到接近胶合面。然后用湿布敷在剩下的薄木片上，待胶软化后把它去掉。最后检查钮是否需要加固，钮的内表面务必加工平整。

5. 如果旋轴盒壁有裂缝，必须先把裂缝清理并粘好。G 和 E 弦的旋轴孔，请参考 8.2.1 节的方法把它们垫塞好，这样可增加旋轴盒的牢固度。但旋轴孔留待以后匹配，此时只需去掉孔两侧的余料。若 A 和 D 弦的轴孔有老的垫圈或孔太大，也都在此时去掉和填塞，因为老垫圈在修复过程中可能会脱落。

2）锯下旋轴盒

从两个方向锯切旋轴盒，使旋轴盒与琴颈脱离。

1. 先画出旋轴盒底面处的锯切线，在 G 弦处的盒壁外侧，离旋轴盒里面的底平面之上 2 毫米。顺着 G 弦处的底平面向外延伸，用笔画一条指向颌的弯弧并与旋轴盒底平面平行的直线条。

2. 在旋轴盒与琴颈接壤处，也就是刚好在弦枕之上的位置处，往下画一条直的锯切线，与前一条锯切线相交。

3. 先顺着盒底面处的锯切线，从颌处弧的中间下锯，但锯口在线条之上不要碰到线条。同时又要让颌至少保留有 6～7 毫米的厚度，一直锯到直的锯切线处为止。再从弦枕位置处顺直线往下锯，直到颌处的锯口，但不要超过锯口，此时旋轴盒即可与颈脱离。

3）制作嫁接表面

先锯出两侧盒壁上的斜面（见图 8.7），再用刀和锉初步平整盒的两侧壁和底面的角度，最后用砂纸木块和涂粉笔灰的方法匹配嫁接木料。三个嫁接面形成一个锥形的接口，有利于匹配时能很好地兼顾各个面，使匹配工作更为方便简捷。具体过程如下：

1. 锯出嫁接面

◇ 把旋轴盒放在衬垫好的工作台上，盒的背面必须衬垫结实。左手握住整个旋首以免锯条碰到旋首，用大拇指引导锯条的走向。

◇ 嫁接面上部的接合口放在 G 和 E 孔之间的中点处，即图 8.7 中的 A～A′处。不要超过这一界限，尽量使旋轴盒保留更多的木料，以备将来还可能要再次嫁接。如果原来已嫁接过，为了去掉老的嫁接料可略微向上延伸一点。

◇ 锯时盒壁的嫁接面要形成两个斜面，一个是从嫁接面上部界限 A～A′处到直的锯断口 B～B′处，形成上部是盒壁的原有厚度到锯断口处则薄到不足 1 毫米的斜面。另一个斜面是从盒壁顶端到盒底，在壁的上下之间形成一个上面比下面薄约 1 毫米的斜面。一次要锯出两个斜面是有一定难度的，当然也可考虑分两次完成。

◇ 可以在盒壁的顶面画一条斜线，以嫁接面的上部为起点，自盒壁内侧向着锯断口处，以盒壁外表面为终点。两侧壁的斜线可以是不对称的，因为老琴靠近弦枕处的高音侧盒壁常常由于手指的摩擦而受损，需要补偿更多的木料。

◇ 锯的时候参照此线条，但不要锯到线条，让盒壁保留适当的余量以便于下一步的精修和匹配。下锯时锯条要保持一个向盒中心略微倾斜的角度，使盒壁形成的斜面不仅从锥形的上部到锯断口处是斜的，从盒壁顶端到底面也是斜的。锯到近底面时注意不要锯入底面，而且颌处至少还有 6～7 毫米的厚度。

◇ 两侧盒壁都锯好后，内侧和底面的木料用劈或削的方法去掉，但小片地削掉更为安全些。盒底面与颌一起加工成一角度合适的平整斜面，初步形成锥形的开口。而且两个侧面与底面交界处成为轮廓清晰的两条轨道，以后可容纳嫁接木块顶端，靠底下的两个角能够在内滑行。

2. 精修嫁接面

用粗锉、细锉和砂纸木块精修三个嫁接面，务必达到表面干净而又平整。

◇ 左手拿住旋轴盒，把手抵住工作台，用粗锉、细锉和砂纸木块把两侧的嫁接面锉平。包砂纸的木块要去掉棱角，使砂纸锉不到两条轨道，轨道要用宽平凿切成轮廓清晰的角。盒壁近开口处渐渐地薄到接近羽毛边，以后粘合时要薄到与嫁接

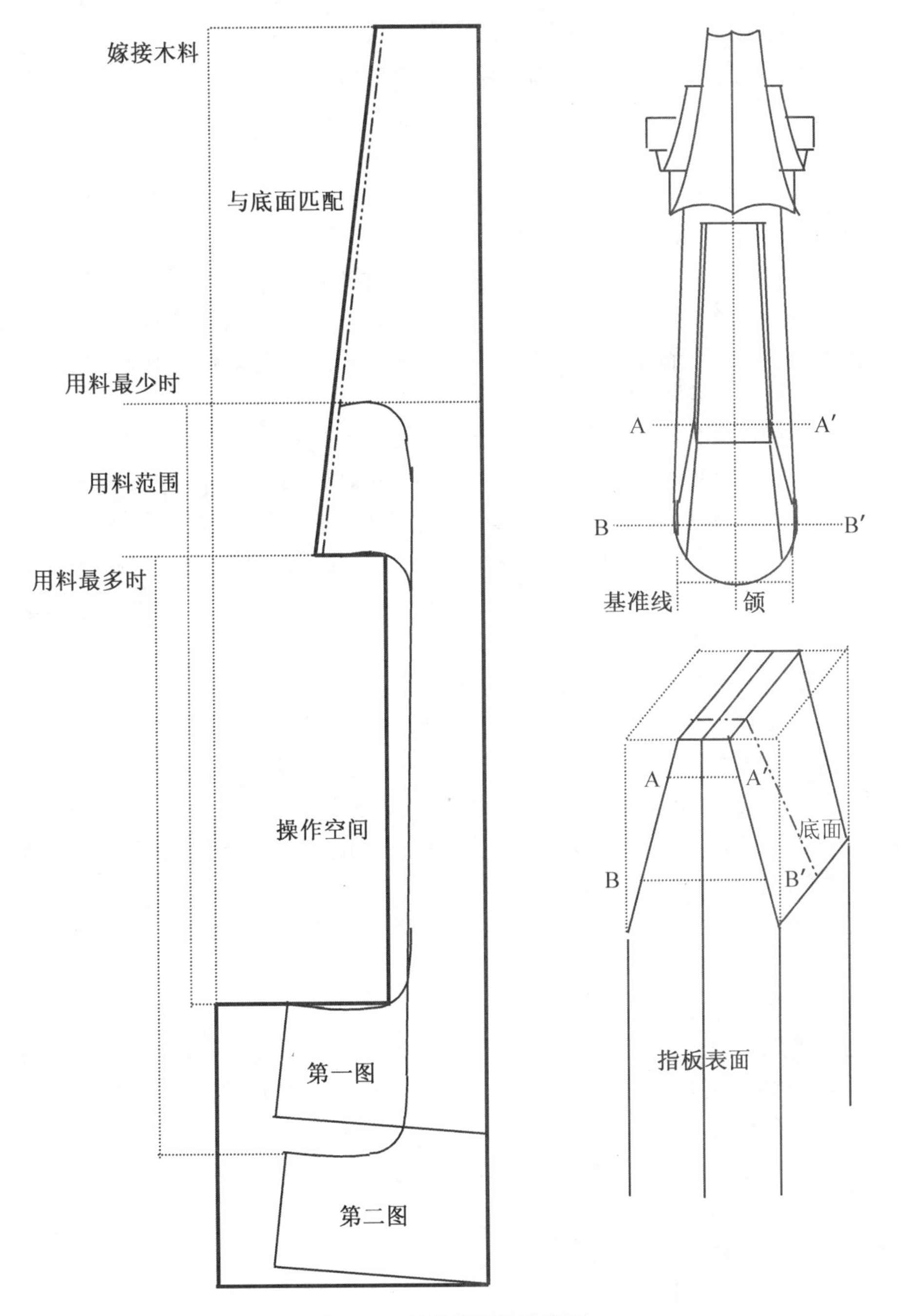

图 8.7　嫁接琴颈的示意图

(Weisshaar, et., 1988)

料成为一体，使接缝能很好地隐藏起来。

◇ 把颌和盒底精修成平整光滑的一个斜面，斜面的上端到达 A～A′处，即 G 和 E 弦之间的中点处。

◇ 用平整的涂粉笔灰木块摩擦各个面检查平整度，粘上粉笔灰的地方即是高

出的地方，把它削或磨平，直到整个平面都粘上粉笔灰为止。

◇用标准直尺的直角那端沿着轨道检查切口是否干净利落而且无切入底面的现象。

◇用直尺检查所有表面的平整度，从顶到底、从上到下和两个对角线。

◇用平整的木块压在各平面上检查木块是否摇动，有没有间隙。

4）制作嫁接木块

按照制作旋首和琴颈用料的要求，制成各个面相互垂直的长方形嫁接木块。也可利用制作琴颈时旋首处不够宽的木料，只要宽度大于接榫面宽端（32毫米，见表8.2）即可，长度和高度一般都是够的。但是枫木的图纹应与旋轴盒能够很好地匹配，如果没有合适的，可以选用图纹更明显的。

1. 在嫁接料的指板表面上，画出两侧嫁接面的位置。

◇先环绕整块嫁接料画上中心线，再用直尺在旋轴盒的底面测量从颌弯弧的边沿到嫁接面上部整个嫁接口的长度。在加上10毫米的余量后，自嫁接料指板表面的顶端开始量出这一长度，并画一条与中心线垂直的B～B′横线，标出下端的位置。再从顶端向里10毫米处画一条A～A′横线，标出嫁接面上端的位置（图8.7）。

◇在旋轴盒壁内侧的顶端，测量嫁接面上部和下部的宽度，把这两尺寸分别标在A～A′和B～B′两条横线上，中心线两侧的距离暂时画成对称的。如果下端两侧盒壁削掉的量是不对称的，就以长的那侧离旋轴盒中心线的距离乘2为准。

◇把AB和A′B′分别连接成从顶端到侧边的直线，由此初步标出了两个侧面插入时的角度。但并未反映出盒壁从顶到底的角度，以及两壁到中心线处距离的不对称性，这要在匹配过程中逐步形成。

2. 在嫁接料的侧面画出底面的斜坡，即第三个嫁接面的角度。

◇在嫁接料的侧面离指板表面1.5毫米处，画一条从顶端到末端的直线，标出旋首与指板表面之间的间隙。

◇把旋轴盒壁留得较长的那侧顶端，对准预留的间隙线放在嫁接料的侧面，切口端对准B～B′线。在嫁接料的指板表面上立一直尺，并延伸到旋首上端，旋转旋轴盒使直尺的边与旋首之间有1.5毫米的间隙。

◇保持这样的相对位置不变，把直尺转移到旋轴盒底部的嫁接面上，使直尺与底面成同样的角度。顺着直尺的底边，用笔在嫁接料的侧面画出这一角度线，这就是嫁接料底面的角度。

3. 做出操作空间。

◇先顺着两侧的斜线把嫁接料两侧的余料去掉，由于嫁接口是上宽下窄，所以不会使底侧的料不够。

◇锯和刨嫁接料的侧面不会有什么问题，但是刨底面的木料时，常常因为木纤维的走向关系使刨子只能从一个方向刨。另外，若按底面的角度去掉余料，势必会把脚跟需要的木料也锯掉。所以必须做出个操作空间，解决这两方面的问题（图8.7）。

◇ 最理想的情况是把颈样板的颌位置(基准线)对准嫁接料上的 B～B′线。也就是说一开始匹配时就已达到了匹配的要求，但实际上这是不可能的。所以画第一个样板图时要把样板的基准线放得比 B～B′线适当靠后些。

◇ 把样板放在第一个样板图之后，画出第二个样板图。如果想操作空间大一些，可让第二个图靠前一些，但这会缩短用料范围。想要用料范围大一些，可让第二个图靠后些，但用料范围不可能无限地增长，嫁接料的长度和第二个图的颌限制了操作空间的大小(见图 8.7)。

◇ 完成匹配后把样板的基准线对准颌的位置另外画一个最后的样板图。

5) 匹配嫁接料

匹配的过程是对修复者技艺和耐心的考验，既要细心又要敢于下刀才能事半功倍。以下是操作过程中的一些参考建议，读者可结合自身的经验使工作做得尽善尽美。

1. 为了以后的修复工作和在指板表面制作倾斜面，需确保旋轴盒和旋首的顶面与嫁接料的指板表面之间有个空隙。所以要在指板表面上留出一定的余量，小提琴的间隙高度是 1.5 毫米，大提琴是 3～4 毫米。虽然底面的角度经测量后已画在嫁接料上，但匹配时还需要再度验证。沿着嫁接料的指板表面伸出直尺，观察直尺与旋首之间、指板表面与旋轴盒壁顶部之间的间隙是否都达到同样的宽度要求。如果未达到要求，可修改嫁接料底部斜面的角度，使两者的间隙既相等又符合要求的尺寸。这样才能保证嫁接料的指板表面与旋首和旋轴盒之间的相对位置正确。当然，修改旋轴盒底面的角度也可达到同样的目的。有时可能两者都要修改，以兼顾其他方面的条件。另外要注意当嫁接料两侧刨窄时，因嫁接料向前滑动会使指板表面升高，必然也会加大间隙。

2. 嫁接料的中心线必须与旋首的中心线对齐，刨掉嫁接料任一侧的木料都会使旋首的中心向另一侧偏移，或者说嫁接料中心线会向同侧偏移。

3. 旋首的两耳和整个旋首的翼，应与指板表面平行，如果耳与翼本身的并行度较差就要兼顾两者。可在指板表面横放一直尺，观察旋首与指板表面的平行度。必要时先修改嫁接料底面的左右倾斜度(不是底面的角度)，使平行度达到理想的程度，再匹配嫁接料的两侧。

4. 常遇到的问题是嫁接料的底面，在旋轴盒内摇摆。检查时首先要保证嫁接料的底面是平整的。把它滑入到位后，用两个大拇指交替压对角线的位置，观察其是否在摆动。再用同样方法检查相反的两个角。然后用涂粉笔灰的方法，检查旋轴盒底面的偏高点。最好用梯形的砂纸木块磨掉高点，好处是在旋轴盒内可同时碰到两侧的轨道。

5. 在旋轴盒平整的两侧和底面同时涂抹粉笔灰以做最后的匹配。开口两侧的盒壁与嫁接料会合处，要加工成羽毛边与嫁接料混为一体。匹配好后再次在嫁接料上用角尺对准颌倒边的中心画出基准线。放上颈样板，在嫁接料的两侧画出颈的侧面轮廓图。要保证颌与脚跟之间的距离正确，小提琴应为 10.8～11 毫米，不得小于 10.8 毫米，这样才能保证颈有足够的长度。

6. 根据接榫面宽端和弦枕的宽度、琴颈弦长和镶嵌深度，在嫁接料的指板表面对称地画出指板的轮廓图。然后按制作琴颈的步骤去掉余料，锯时要留下线条，请参考8.1.5节。

6）粘嫁接料

1. 把嫁接料轻轻地推入旋轴盒的嫁接口内，直到推不动为止。再次检查各处的相对位置和间隙尺寸是否正确，以免粘贴后重新返工。

2. 制作一个与旋轴盒背面形状一样、衬有软木的夹子座。可以利用制作新琴颈时从旋轴盒背面锯下的那块余料，将其加工圆滑平整后，粘一层软木即成。它的另一面本来就是平的，正好可压上夹子脚。另一个夹子脚压在嫁接料顶面的衬垫上，使两者底面紧密地合在一起，夹的位置尽可能靠近颌处。

3. 按旋轴盒侧面的形状，制作两片衬有软木的夹子座，衬上玻璃纸后垫在旋轴盒两侧。需要使用两个夹子，一个夹在旋轴盒嫁接面的开口处，另一个夹在嫁接面的上部，使盒壁与嫁接料紧密地合在一起。

4. 完成上述的准备工作后，取下夹子使间距保持合适的大小，夹子座放在随手可得的地方。用新鲜的热胶涂在嫁接料的插入面和旋轴盒的锥形面上。推入嫁接料时用的力不可比预演时大，动作要迅速而又稳妥，因为涂胶后极易滑动造成错位。放上夹子后用手指的力量收紧夹子，不可用力过大，软木衬垫有可弯性会贴紧旋轴盒的表面。用蘸热水毛笔擦掉多余的胶，并用布擦干之后待胶干燥。

7）完成琴颈

各个步骤和具体做法可参照制作新琴颈的操作过程，请参见8.1.4、8.1.5、8.1.6和8.1.7各节。

1. 对准指板并在嫁接料的指板表面画出指板的轮廓。先在指板正反面上画出中心线，把指板的顶端对准基准线，并使正反面的中心线与嫁接料上的中心线对准。用笔沿着指板的两侧在嫁接料的指板表面各画一根线条，这样就确定了指板在琴颈上的位置。

2. 用旋轴盒样板画出旋轴盒的外侧轮廓，再按壁厚画出里面的轮廓。然后雕空旋轴盒的里面，具体尺寸请参考表8.1。

3. 参照表8.2确定琴颈在面板之上的突出高度，小提琴常是6～7.5毫米。因为可能要求指板向高音侧倾斜，所以要在高音侧测量高度。如果指板表面向高音侧倾斜，这一高度要适当增高些。假如面板的拱较高，也要适当增加突出高度，最高可达9毫米，为的是使指板与拱保持一些距离。确定突出高度后，在高音侧的颈样板轮廓图上画一条高度标记线。

4. 按侧面样板轮廓的角度在颈脚上做出平整的平面。接榫面的高度等于突出高度、面板裙边的厚度、顶端的侧板高度和预留2毫米余量的总高度。按所画的指板两侧的线条确定接榫面上端的宽度，按钮的直径确定下端的宽度。在斜面上画出接榫面的轮廓，要注意整个轮廓在中心线两侧是对称的。然后锯掉两侧的余料，但要保留线条以作进一步的修整。

5. 琴颈脚跟底面的宽度不小于钮的直径，长度要比钮长些。在镶嵌琴颈时作

适当修整，粘好琴颈后与钮一起成形。

6. 指板对准中心线后，用稀胶点状粘到琴颈上。弦枕也点状地粘贴在指板的顶端。整个琴颈的细节最好在此时基本完成，因为安装到琴体上后操作会更困难些。

B) 大提琴和部分中提琴

大提琴颈的结构与小提琴有些差异，另有一些中提琴颈的结构也与大提琴相似，尤其是一些古代的中提琴。嫁接这类中提琴时的一些细节，与大提琴既相似又有些区别，所以有必要对两者另作介绍。

1) 大提琴

因为大提琴的旋轴盒有个肩，指板的顶端不与颌的倒边处在同一位置。所以从上往下锯旋轴盒时，不是从颌处开始，而是从肩向里 3～4 毫米处下锯，直达颌处的横向锯口。嫁接料的两侧与盒壁匹配，底面与盒的底面匹配，嫁接好之后在嫁接料上制作新的肩。横向锯切口仍然从颌的弯弧处往里锯，直到纵向的锯口处为止。锯口的位置要略高于盒的底面几毫米，并制作成与盒底面成同一角度的斜面。其他各步骤如填塞旋轴孔、做成锥形的匹配口和嫁接料等与小提琴是一样的。但有一重要的区别，就是锥形口的上部是在 A 旋轴孔处而不是 A 和 C 旋轴孔之间。新颈的尺寸请参考表 8.1 和 8.2，以及图 8.3A 和 B，制作过程请参考 8.1.4 和 8.1.5 节。

2) 中提琴

旋轴盒形状与小提琴一样的中提琴，嫁接过程完全与小提琴一样。有些中提琴的旋轴盒与大提琴一样，甚至一些琴连指板都与大提琴一样，其实 C 弦的振幅还不需要为它专做一个平坦的表面。这类中提琴颈的嫁接方法与大提琴是一样的，只是具体尺寸变化较多。尤其是古代琴，它们的颈既粗又短，为适应现代演奏的需要，必须嫁接上新的琴颈。考虑到演奏的舒适和方便，一般可做如下的改进：

1. 演奏中提琴和小提琴都是同样的手，所以琴颈没有必要因琴体大而粗大。只要保持正确的长度和比例，演奏时就会得心应手，所以表中所列的中提琴颈尺寸都偏小些。

2. 弦枕与旋轴盒的肩对准，在演奏大提琴时没有什么妨碍，但中提琴演奏者的手就会接触到旋轴盒，不仅不舒服而且碍手。改进的办法是让弦枕仍然与颌对齐，不过弦枕的上部会露出一部分颈的表面。虽然演奏起来效果很好，但从审美的角度来说不太理想。

3. 可以把旋轴盒肩上面的开口处，盒壁与颈交界的两个角修改成圆形，用装饰性修改的办法解决审美的问题。

4. 嫁接料指板表面应向高音侧倾斜，与大提琴正好相反。

8.2.7　修复断颈

断裂的琴颈单用胶粘的方法复原，其强度是远远不够的，因此必须加入一根镶嵌角度合适的木销钉，才有可能抵挡住四条弦的张力。因为修复时要取下弦枕和

指板，所以届时正好可以作些适当的调整，修复的具体过程如下：

1）把断颈正确地放到原来的位置上，指板和钮衬垫好夹子座，再用夹子把颈固定住。检查指板的投射高度、倾斜度和与码的对中等，并做好记录以便修复后查对。

2）取下夹子在颈的断裂面涂上热胶，把颈正确地粘到原来的位置上。

3）选择一个合适的钻头，大提琴需要直径约15毫米的钻头，小提琴和中提琴要求约7毫米。

4）确定木销钉镶入的角度见图8.8，基本要点如下：

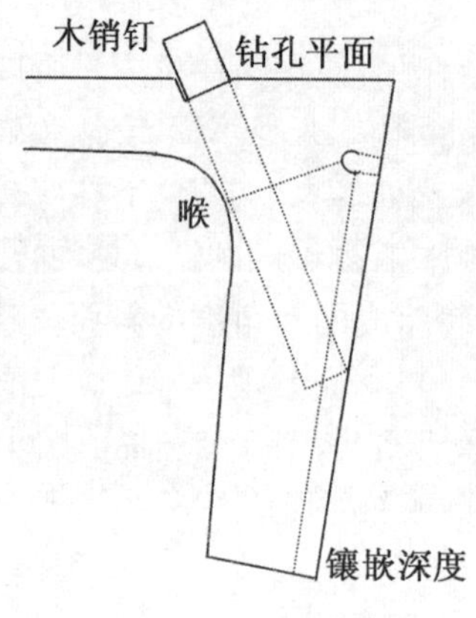

图8.8　修复断裂琴颈

1. 木销要有个角度，不可与颈脚并行以免颈受到张力后断裂部分导致错位，达不到固定的目的。让木销倾斜得尽可能靠近喉处的弯角。深度尽可能刚好到达上木块处，但不可进入上木块中。可用胶粘纸带等在钻头上作个记号，标出预计的钻入深度。

2. 用手动工具或不过分强力的电动工具钻孔，以控制好钻头进入的方向。操作时先在颈指板表面要钻孔的地方，用平凿雕出一个比钻头直径略大些的方形底盘，盘底的平面与钻头进入方向成直角。

3. 最好两个人同时操作，一个人站在琴的正面控制钻头的进入，另一个人扶住琴并观察颈的轮廓，按需要的钻入角度拿一把直尺，引导钻的人保持正确的角度。

4. 选一根比孔大而长的枫木，木料务必干透否则干缩后销钉会松动。按钻头的直径制作木销，必须匹配得非常服帖，但也不可过于紧密，因为涂胶后木料会膨胀。先把木销轻轻地敲入孔内直达孔底，紧靠底盘的平面处，在木销上做个记号为粘时的定位标记。木销也可做成锥形，匹配起来更为容易，请参考匹配旋轴和旋轴孔的方法。

5. 取出木销并在侧面刻一条槽，粘时可让多余的胶从这里挤出。木销和孔内涂上稠的热胶，迅速地把木销轻敲入孔内，不要旋转木销，注意到达标记处就要停止。待胶干后修削木销，使它的表面与颈的指板表面平齐。

6. 完成各种必要的调整后，把指板和弦枕粘好。

8.2.8　加固旋轴盒壁

旋轴盒承受着四条弦的巨大张力，故旋轴孔之间的盒壁容易产生裂缝。调音是演奏者日常必做的事情，由于旋轴孔磨损和多次用垫圈修复，所以旋轴盒壁更易损坏。如果再受到虫蛀，旋轴盒就会遭受崩溃的危险。遇到这类的损坏，可以在旋轴盒两侧粘贴加固面料，全部或局部地加固旋轴盒壁。

1）确定加固的范围

如果需要全面加固盒壁，小提琴的加固面料长度应能覆盖住A和G旋轴孔，

大提琴应能覆盖住D旋轴孔和肩(图 8.9)。局部加固盒壁,常常是配合修复两旋轴孔之间的裂缝区域。现以小提琴为例,说明如何全面加固盒壁:

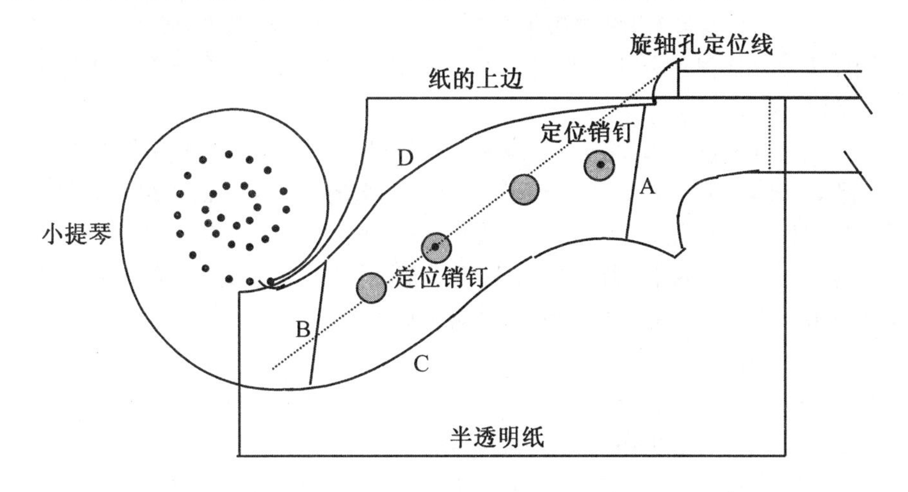

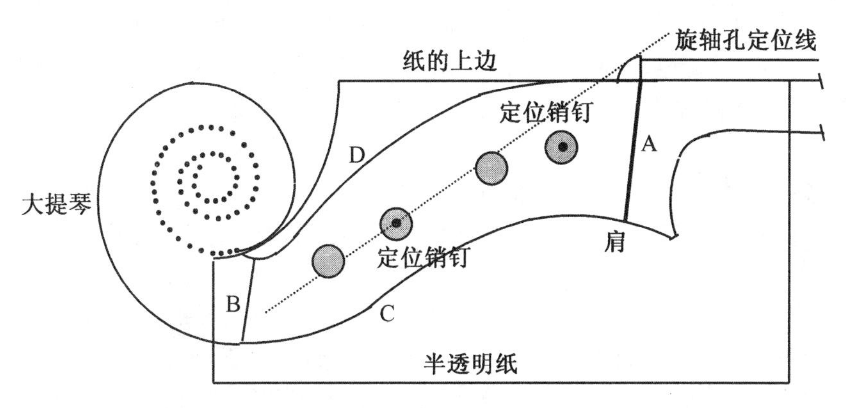

图 8.9　纸样制作过程的示意图(Weisshaar, et., 1988)

1. A和B线条确定了加固面料的长度,它们的倾斜度与盒壁的图纹一致。而且让它们处在图纹上可方便匹配图纹和润色。如果没有合适图纹的面料,可以用图纹更明显的枫木。

2. C线条应该沿着旋轴盒背面倒边的内侧来画。因为倒边的内侧高于外侧,面料粘贴上后能更好地隐藏接合面,之后再做出新的倒边。

3. D线条要按照盒壁的内侧来画,因为外侧既有倒边又易遭到磨损。

2) 预处理旋轴盒

1. 为了能安全地完成修复工作,先要把盒壁的裂缝粘好。用木销填塞各旋轴孔,但暂时不修削和加工成垫圈。在旋轴盒的内壁衬上锡(铝)箔,注意把木销也包住。盒内填塞热的牙科填充料,作为盒内壁的附加支撑。

2. 为了能更结实地加固盒壁,要尽可能多地去掉已损坏的木料。故需要制作粘贴加固面料的"床",方法如同制作音柱补片的"床" 那样,请参考 7.2.9 节。四边都做成坡度向中间凹下,连接成圆滑的下凹区域。这样不仅方便加固面料的匹

配，而且四个边也能隐藏得很好。为了边缘能有清晰的界限，匹配时不要用砂纸，要用刮片完成整个区域。

3. 最后阶段用稀胶水多次膨胀木料，尤其是垫圈的顶头丝，胶干后再修刮光滑。如此重复几次以消除膨胀和封住顶头丝，以便粘加固面料时粘贴面更加牢固。

3）做纸样

目的是把面料的木纹和图纹与原来的木料对齐。裁取一张长方形的半透明纸（硫酸纸），大小可覆盖旋轴盒和小部分琴颈。把纸的上边与颈的指板表面对齐，靠旋首处剪成弧形让纸能贴住旋轴盒。放上纸后用手指沾石墨粉（铅笔芯粉末），在需要修复区域的周边涂抹，并画出A和B线条，得到加固区域的轮廓图。沿A、C、B线条剪出纸样，但D线条处不剪，因纸边可作为基准线。

4）制作面料

1. 选择图纹的宽度、倾斜度、木纹和色泽与原木料相似的枫木作加固面料。如果没有合适的，可选用图纹更为明显的，但以后润色时会麻烦些。

2. 把制作面料的木料刨平整，选择合适的那面作为外表面。由于旋轴盒成梯形，所以原旋轴盒木料的木纤维与盒壁是不完全平行的。为匹配木纹和图纹的需要，也可能要顺着旋轴盒壁的角度，把木料斜锯成木片，使面料与盒壁能更好地匹配。然后把木板刨成均匀一致的厚度，而且要厚于1.5毫米，否则匹配时一夹就变形。

3. 如果面料不够厚，可以在表面贴一张纸，纸上再粘一片木料作为暂时的加固衬垫。面料与“床”匹配好后，连同纸一起把加固木料去掉，纸可使操作更为方便。

4. 让纸样的上边与面料的木纹平行，观察面料上的图纹是否与A和B线条对齐。如果难以把两者都对齐，就作些协调以兼顾外观和强度。

5. 把纸样粘贴在面料上，胶干后沿A、C、B和D线条，放出1～2毫米的余量后锯出加固面料。

5）匹配面料

1. 在加固面料上标出旋轴孔的位置，由于所有的旋轴孔都已填塞，故可以重新计划旋轴孔的位置。

2. 选择两根直径与钻头一样的铁钉或木钉，作为匹配时定位面料的销钉。在要匹配面料侧的对面盒壁上，选择D和G旋轴孔垫圈，在其上各标出一个引导孔的位置。引导孔的中心不必与垫圈的中心对准，但孔必须坐落在垫圈之内。

3. 把匹配侧的面料轻轻地夹到盒壁上，尽量不要让它有弯曲。按照另一侧标记的钻孔位置，把两侧的垫圈和对侧的加固面料都钻通。匹配面料时在孔中插入定位钉，每次取下面料修削后，都以定位钉为准再放上面料。

4. 匹配时从面料的中间开始，请参考音柱补片的匹配过程（见7.2.9节）。在床上涂粉笔灰，把面料以定位钉为引导放到位，轻敲面料使粉笔灰转移到面料上。面料上沾有粉笔灰的地方就是高出点，把它修平整，不断地进行匹配直到整个面料的匹配面上，都均匀地遍布粉笔灰为止。之后要轻轻地把面料夹到旋轴盒上，再轻

轻地敲面料，并用刮片完成最后的匹配。夹对面的盒壁时，要用粘有软木的夹子座垫好，保护好对侧的旋轴盒壁。

5. 面料匹配好之后，在两个匹配面上涂以新鲜的热明胶，粘贴后用夹子夹好，擦掉多余的胶，拔出定位钉，待胶干透后再匹配对侧的旋轴盒壁。

6. 匹配对侧的面料时，也以原来的定位孔作引导，在对侧的面料上钻孔。如果先把第一片面料完全修削好，在匹配第二片面料时，复制工作就会更容易些。为了能精确地修削和复制盒壁，盒内靠顶面的牙科填充料要去掉一些。

7. 新的盒壁修削好后就润色和刷漆。最后拿掉牙科填充料，修削垫圈和配旋轴。

第九章 附 件

琴体的主要构件至此已基本做成，合琴后琴体的雏形也就完成了。显然作为一个完整的提琴还缺乏许多东西，如琴上的各种各样配件，以及演奏弦乐器必不可少的琴弓。视提琴制作为艺术创作，并精益求精地完成自己艺术作品的专业制作者，既是虔诚的复古主义者又是一丝不苟的敬业者。无论主件或附件，从选材到完工都是亲自动手，不屑于使用商品生产的附件。但把提琴作为商品的生产者，或是业余制作者，一般都购买商品配件和琴弓。因为琴弓的技术要求较高，加上许多附件是金属加工件，如弓毛库中的调节螺丝和T形螺丝等。一些配件如微调音器、低音提琴的机械调音装置、腮托螺丝、大提琴的尾撑等，也都是金属加工件。一般擅长于木工的提琴制作者，既缺乏金属加工设备，又不善于钳工手艺，都要自己一手包办显然是有些力不从心。所以专门制造配件和琴弓，以及制作提琴专用工具的行业也就应运而生，成为提琴制作业的重要分支。阅读本章时关于木料的采用，请参考第二章的2.2.4节。

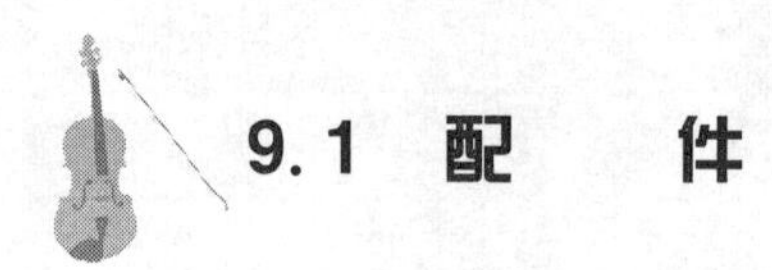

9.1 配 件

配件虽然只是处于配角的地位，但任何一台戏没有配角就唱不成戏。提琴没有配件就不可能发出声音，个别配件如音柱还起到画龙点睛的作用。配件的材质、制作和装配工艺，需要与琴体恰到好处地匹配，才能发挥出琴的潜在素质。配件也是制作者表现自己艺术构思和手艺的场合，无论是整体的形象还是精心镶嵌的装饰件，都能使人看到后爱不释手。

9.1.1 码

琴弦的振动首先是由码传递到面板，面板起振后不仅由中腰向两端传播振动，而且通过音柱使背板和侧板一起振动，从而使得整个琴体连同体腔内的空气一起产生共鸣，发出洪亮悦耳的优美琴声。

所以调音的第一步，就是选择和匹配合适的码。虽然一般认为码的材质以坚硬的为上选，但也并非绝对如此。调音时还是要根据提琴本身的材质和音响效果，选择相应材质的码和恰当的修削予以协调，使提琴发出令人满意的琴声。关于码的结构和原理，以及修削和匹配，请参考第十章的 10.2.3 节，本节主要介绍码的制作。

1）选材

选用无图纹但具有明显髓束（髓线）的枫木制作码，由于没有图纹所以木纹平直，材质比较坚硬，明显的髓束又使码具有美丽的外表。选择木纹疏密恰当，硬度和质量能符合调音要求的枫木为提琴度身定做码当然是最理想的。但也有选用与背板同一块木料的枫木，或中腰处锯下的余料制作码。商品码是最常用的码，而且有许多品牌的码可以选用，质量也能够保证专业使用的要求。所以专门制作码和其他配件，也是提琴行业中的一个重要副业。

2）制作

制作码的木材必须绝对径切，在分割径切的楔形料时，让码的顶端向着树干的中心，也就是楔形料尖而薄的那边。码脚向着树干的外表，即楔形料厚的那边。码的两侧向着树干生长的方向，即楔形料的上下两端。在挑选或检查码的质量时，除木纹平直材质坚硬外，还要看看码的背面，即将来面向弦总的那面是不是绝对径切面，这一面髓束的形状应该成长条形。因为髓束在树干内是横向生长的，所以如果不是绝对径切会横断髓束，在切面上看到的将是它的断面，成为圆或椭圆形的斑点。由于码需要修削成规定的厚度，而且码脚端厚、码顶处薄，修削面是在码的正面，也就是码向着指板的那面，故这一面就不可能保持绝对径切，所以该面髓束的形态都成为圆的或长度较短的斑点。在制作时还要观察年轮与径切面是否垂直，因为纵向锯开圆木时，如果锯口有些斜，不处在绝对径切面上，年轮就不会与切面垂直，以后在码的侧边上看到的年轮也将是斜的。如果自己制作少量的码必然是精益求精，如上所述的各种要求是不难达到的。但购买商品码，尤其是大批量制作的码，就不一定个个都能达到如此标准。

3）形状和尺寸

以前各章已介绍了各类全尺寸（4/4）提琴的技术数据，只是低音提琴例外为 3/4。比全尺寸小的各类提琴，习惯上都以几分之几命名。但这不是标准化的，即使最标准的 4/4 小提琴，标准长度是 356 毫米（14 英寸），其也有个可变的范围约 350～365 毫米。几分之几的小提琴尺寸，大致是从最大尺寸的琴逐阶减少约 8% 求得，如 4/4 的值乘以 0.92 即 3/4 琴，但它也有个可变的范围。大提琴的琴弓每减少一阶，尺寸短 6%。下列各表中所介绍的尺寸虽不能说是标准尺寸，却是很实用的近似尺寸。小提琴和中提琴的码也与琴体一样，虽然尺寸大小有区别，但形状是一样的。各种规格小提琴和中提琴码的形状和尺寸，请参考表 9.1 及图 9.1 和 9.2。大提琴码的形状和尺寸，请参考表 9.2 及图 9.3 和 9.4。

1. 小提琴

表 9.1 中所列的数据仅作参考，因为各位制作者使用的尺寸都略有差别。如

以4/4小提琴为例,如果顶部不做两侧窄的倒边,码的弦处厚度就可能是2毫米左右。指板投射角度会因面板弧高的不同而不同,调音时就需要适当地调整码的高度。由此也会影响到弦的长度,范围可能在328～330毫米之间。低音梁的长度随琴体长度会有些出入,中间的高度也可能在11～13毫米之间。无论弦枕或码1～4弦之间的间距,都会因演奏者的要求而改变。

表9.1 小提琴和中提琴码及相关部件的尺寸表

单位:毫米

项 目	小 提 琴						中 提 琴		
	4/4	3/4	1/2	1/4	1/8	1/16	小型	中型	大型
琴体长度	356	335	310	280	255	230	390	410	430
谐振弦长	330	310	285	260	235	215	355	375	390
琴体弦长	198	186	171	156	141	138	213	225	234
琴颈弦长	132	124	114	104	94	86	142	150	156
码到弦总弦长	55	52	48	43	39	36	59	63	65
指板长度	270	250	230	210	195	180	290	300	305
指板投射高度	27	25	24	22	20	19	30	31	32
弦总长度	114	105	95	89	82	75	125	130	135
码脚处宽度	41	38	35	32	29	27	46～50	48～50	50～52
码脚处厚度	4.2	3.9	3.6	3.3	3.0	2.8	5.0	5.3	5.5
弦处码厚度	1.3	1.2	1.1	1.0	0.9	0.9	1.4	1.5	1.5
码1～4弦的间距	33.5	31	29	26	24	22	36	37	38
弦枕1～4弦间距	16.3	15	14	13	12	11	16.5	17	17
音柱直径	6.0	6.0	5.0	5.0	4.0	4.0	6.0	7.0	7.0
琴弓长度	745	690	630	550	500	450	740	740	750
低音梁长度	277	260	241	218	198	197	303	319	334
低音梁宽度	5.5	5.1	4.7	4.3	3.9	3.6	6.0	6.3	6.6
梁的中间高度	12	11	10	9.4	8.6	7.9	13	14	15

图9.1和9.2画出了各种尺寸的小提琴和中提琴码,请注意各处结构的名称。在第十章介绍码的修削过程中,都会提到如何修削这些结构。由于码的各部分就如提琴那样,都是由多个不同曲率半径的弧相互连接而成,如果用机械制图的形式绘制,看起来将会更为复杂,所以还是采用米格纸的方法表示各处的尺寸,读者只需先按米格上的位置画出各个参比点,然后用曲线尺连接即成。图中的码是个毛坯,因此制作码时基本上只要做到这样就可以了,也能为以后的修削工作留有余地。码上部画的弧和各弦的大致位置,作为修削码时的参考线和点,因为最终还是要按照具体琴和琴主的要求作出相应的处理。

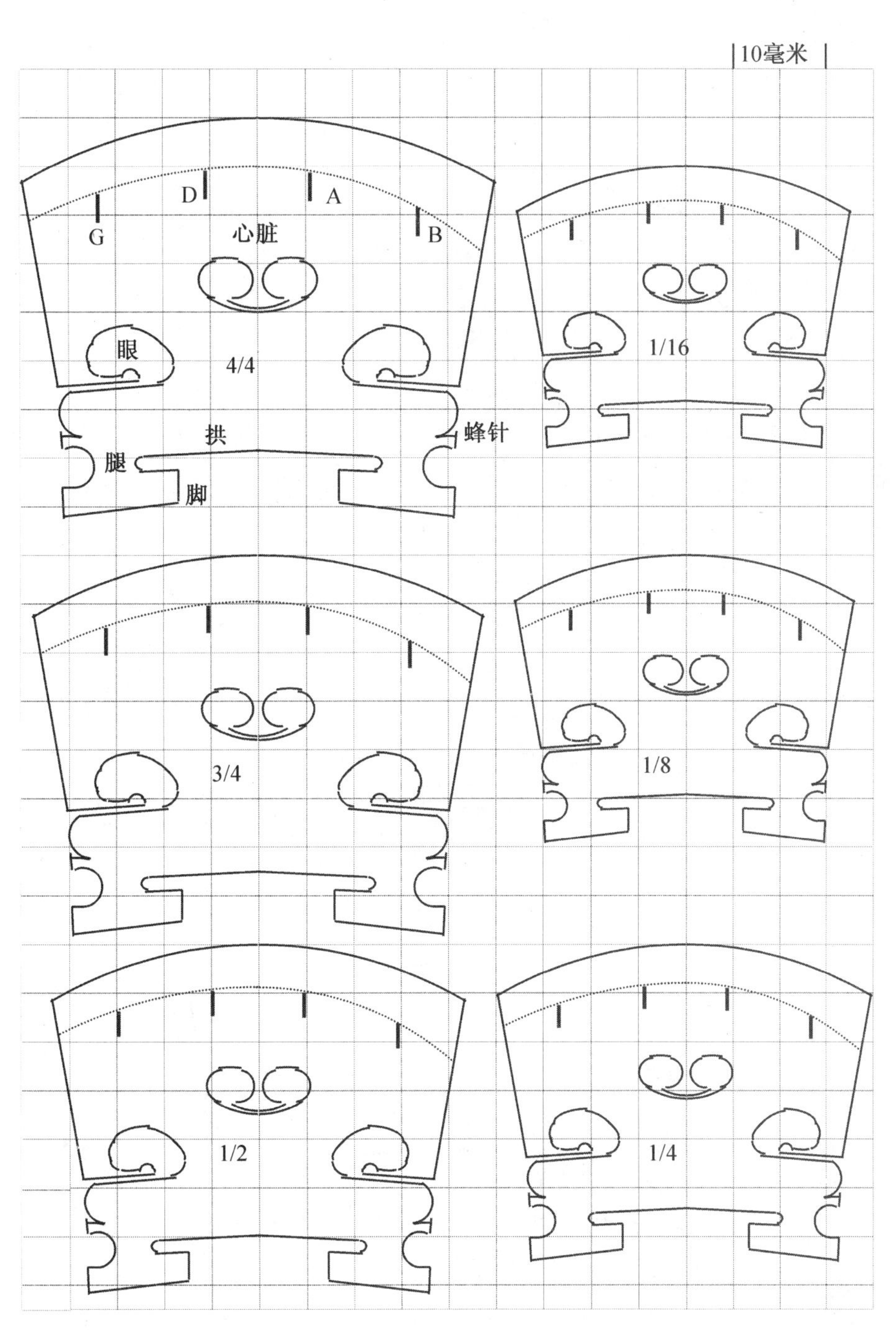

图 9.1 各种尺寸的小提琴码

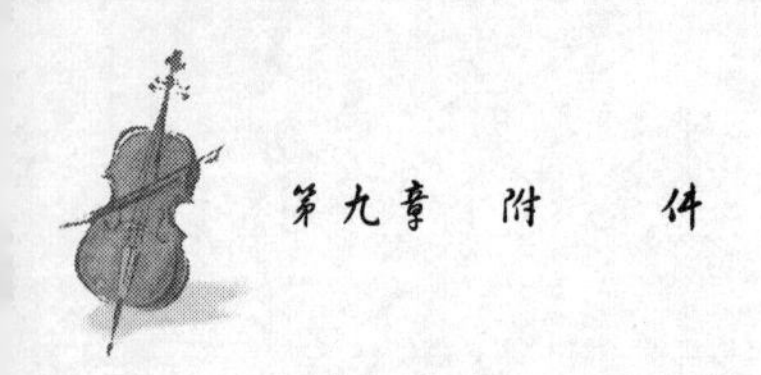

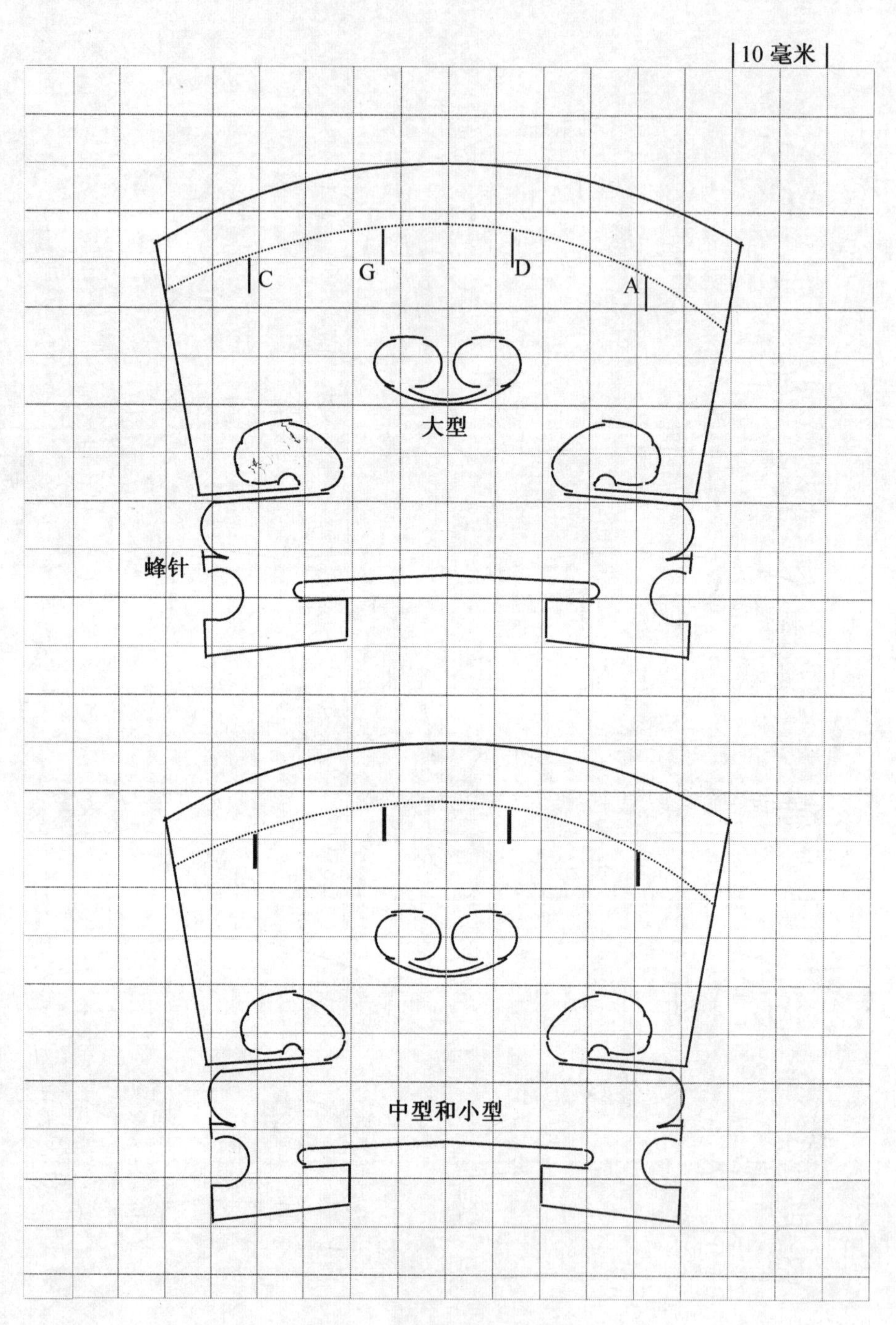

图 9.2 各种尺寸的中提琴码

2. 大提琴

大提琴码有两种类型,图 9.3 的法国式码是常用的大提琴码,它的两条腿比较长。如果修削码时拱的部分过于向上,眼的部分过于向心脏扩展,两条腿就会更长,强度也因此更加减弱。后来又发展出比利时式码(Jones,琼斯码,图 9.4),缩短了腿、加高了拱和心脏之上的部分,不仅增加了强度,而且传递振动的效果明显加强,减少了弦传来的振动能量的损耗,使大提琴的声音更加自由奔放。传递振动快可以使琴的反应敏捷,降低演奏的难度。由于腿短加强了刚性,码脚底面与面板拱匹配时更方便些。

表 9.2 大提琴和低音提琴码及相关部件的尺寸表

单位:毫米

项 目	大 提 琴					低 音 提 琴			
	4/4	3/4	1/2	1/4	1/8	4/4	3/4	1/2	1/4
琴体长度	755	690	650	580	530	1160	1110	1020	940
谐振弦长	695	635	600	535	490	1100	1060	975	900
琴体弦长	409	374	353	315	288	647	624	574	529
琴颈弦长	286	261	247	220	202	453	436	401	371
指板长度	580	530	500	450	410	890	850	780	730
指板投射高度	81	75	69	63	58	160	150	138	127
弦总长度	235	215	200	180	160	350	340	310	290
码脚处宽度	90	83	77	70	65	160	150	138	127
码脚处厚度	11	10	9.3	8.6	7.9	23	21	19	18
弦处码厚度	2.6	2.4	2.2	2.0	1.9	4.9	4.5	4.2	3.8
码 1～4 弦的间距	47	43	40	37	34	87	80	74	68
弦枕 1～4 弦间距	22	20	19	17	16	33	30	28	25
音柱直径	11	10	9.0	9.0	8.0	18	17	16	15
琴弓长度	715	670	630	590	560	725	725	675	675
低音梁长度	587	536	505	451	412	932	855	792	726
低音梁宽度	11	10	9.5	8.5	8.0	25	23	21	19
梁的中间高度	25	23	21	19	18	44	40	37	34

图 9.3 中的实线表示码的毛坯形状,虚线表示修削后的形状,具体内容请参考 10.2.3 节内大提琴码的修削法。图 9.4 中码的修削方法基本上与图 9.3 一样,只是心脏处略微修整一下形状就可以了,不必作更多的修削。

9.1.2 弦总

四条弦都钩在弦总的固定孔上,配合弦枕、指板、尾枕、尾钮和码,使弦以合适的角度跨在码上。一些配件如微调器就安装在弦总上,消除不协调音的配件可安

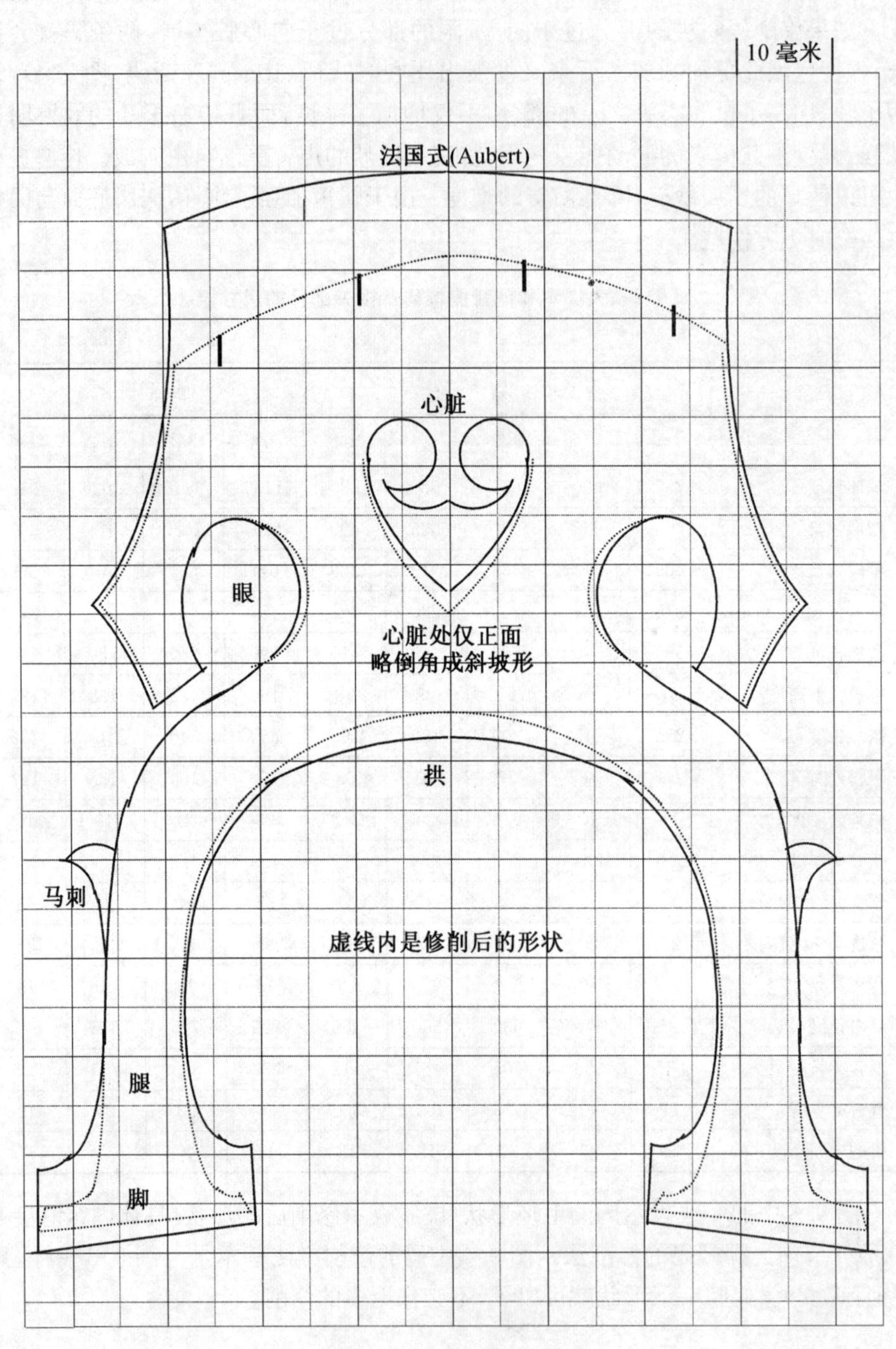

图 9.3 法国式大提琴码

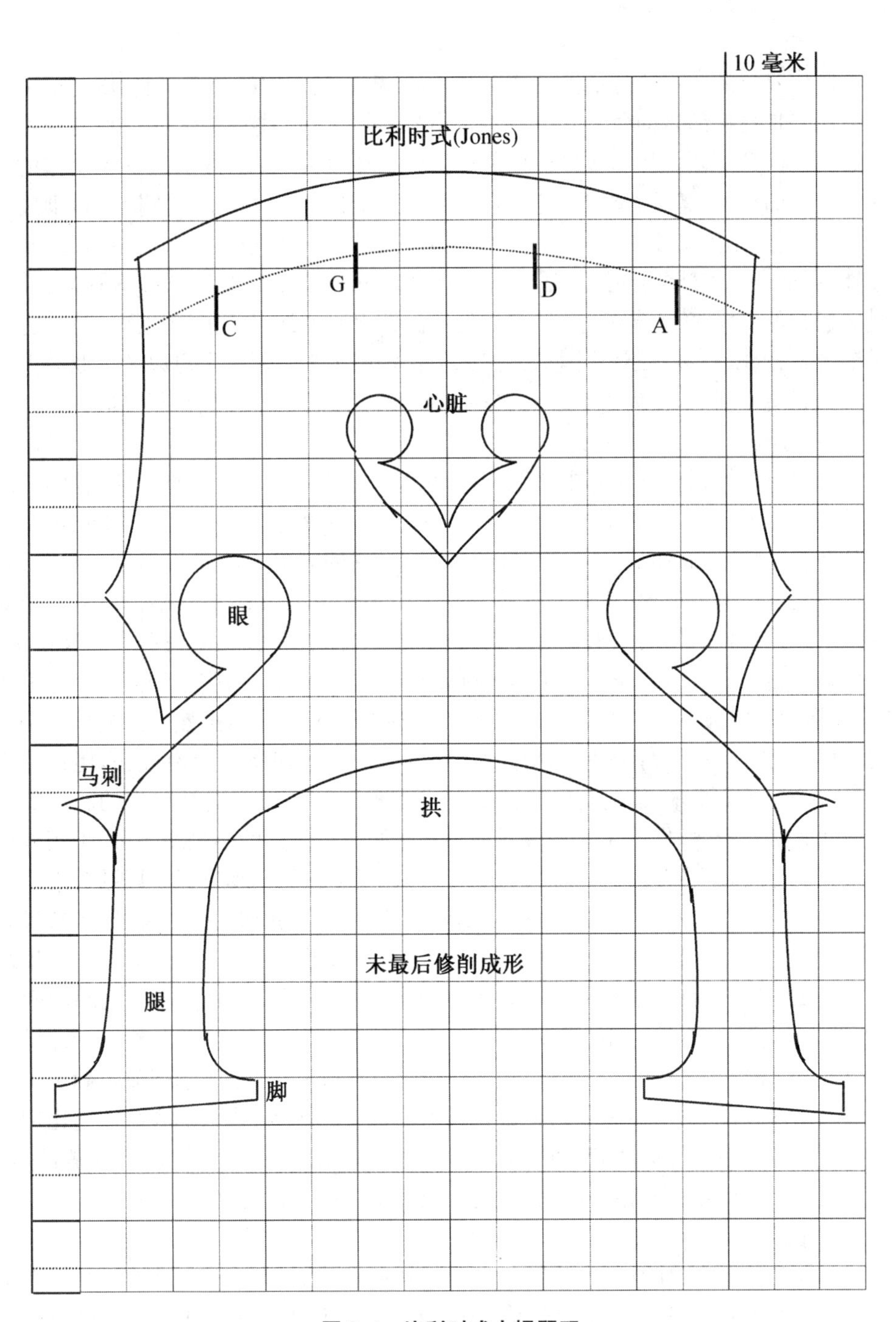

图 9.4 比利时式大提琴码

放在弦总与码之间的弦上，弱音器未使用时也可暂时放在这里。弦总安放的位置是否恰当，也会影响到提琴的音色。

1）材料

制作弦总的木料首选的是乌木和枣木，乌木是最常用的弦总木料，因为好的乌木本色就是乌黑油亮的色泽。枣木也具有较好的硬度，浅黄棕色的外观与常用的琴漆颜色极其协调。故高级琴的弦总、腮托、旋轴和尾钮，也常采用枣木制作的套件。之外如红木、乌杨、黄檀和色木，也可用于制作弦总。根据需要把木料染成黑色或黄棕色，用染羊毛的酸性ATT染料可把木料染成黑色，染时除需要加热水溶液外，再加入一些醋酸助染。用30%或更稀的盐酸或硝酸溶液涂抹木料，可使木料成紫红色、枣红色或黄棕色，酸液浓度和涂抹次数增加可使色泽加深。近代也有用铝合金、胶木和塑料制作弦总，显然此类材料用于学习琴还是可以的。弦总上的横梁常用乌木制作，但为了装饰和美观也有用象牙、兽骨或其他材料制成。

2）制作

各类提琴的弦总形状基本相似，只是尺寸上相差较大。个别地方略有些差异，主要是为了配合码、弦和尾根的尺寸。图9.5是4/4小提琴的弦总，用米格纸标出了各处的形状、剖面和尺寸。这里介绍的弦总，它的表面形状是带弧度的三角形，从剖面上看近似三角形，实际上脊的两侧表面无论纵向或横向都略带弧形。两侧的横梁是长度相同的两条平直的木料，镶嵌在弦总表面上，仅端头和脊处略倒圆，比较容易制作。弦总的表面也可做成圆弧形，这样就没有脊，整个表面是个完整的圆弧，横梁也成圆弧形。图9.6是各种尺寸小提琴的弦总图，虽然弦总的尺寸按比例缩小，但钩住各弦的孔不宜缩得太小，否则弦的固定钮将会穿不过去，尾根孔仍然要保持直径2毫米，因为现在常用的尼龙尾根是为4/4小提琴制作的。一般更小尺寸的学习琴，都借用4/4小提琴的弦和尾根。专业用的小型小提琴，配用专为小型琴设计的较粗的弦，以保证较大的弦张力，固定弦的孔其直径要以弦为准。

各类小提琴和中提琴的弦总长度请参考表9.1，大提琴和低音提琴请参考表9.2，宽端的尺寸与码脚处的宽度相近似。如小提琴弦总的长度是114毫米，顶端宽度是41毫米。弦固定孔圆心之间的总间距25.5毫米，两侧孔圆心之间的间距8毫米，中间两孔圆心之间的距离8.5毫米。尾根孔的直径是2毫米。各种尺寸小提琴、中提琴和大提琴的弦总，实际上只是根据琴的尺寸按比例缩放。确定了谐振弦长后，即可根据4/4提琴的谐振弦长求出两者的比例，弦总长度可按此比例大致算出。各处曲线的形状和弦固定孔圆心之间的距离，也只要按比例缩放即可。弦固定孔和尾根孔的直径，可根据弦固定钮和尾根的直径而定。

3）位置

小提琴弦总安放的位置，原则上是要求从弦总横梁到码顶之间的弦长相当于谐振弦长的1/6处，4/4小提琴即是55毫米，小尺寸的小提琴也基本上符合这一规则。但是中提琴、大提琴和低音提琴，只是接近这一规则。从表9.3就可看到有些差异。弦总的尾端不要超出尾枕的后缘，一般要求基本上与尾枕平齐，弦总长度也可由此大致算出。

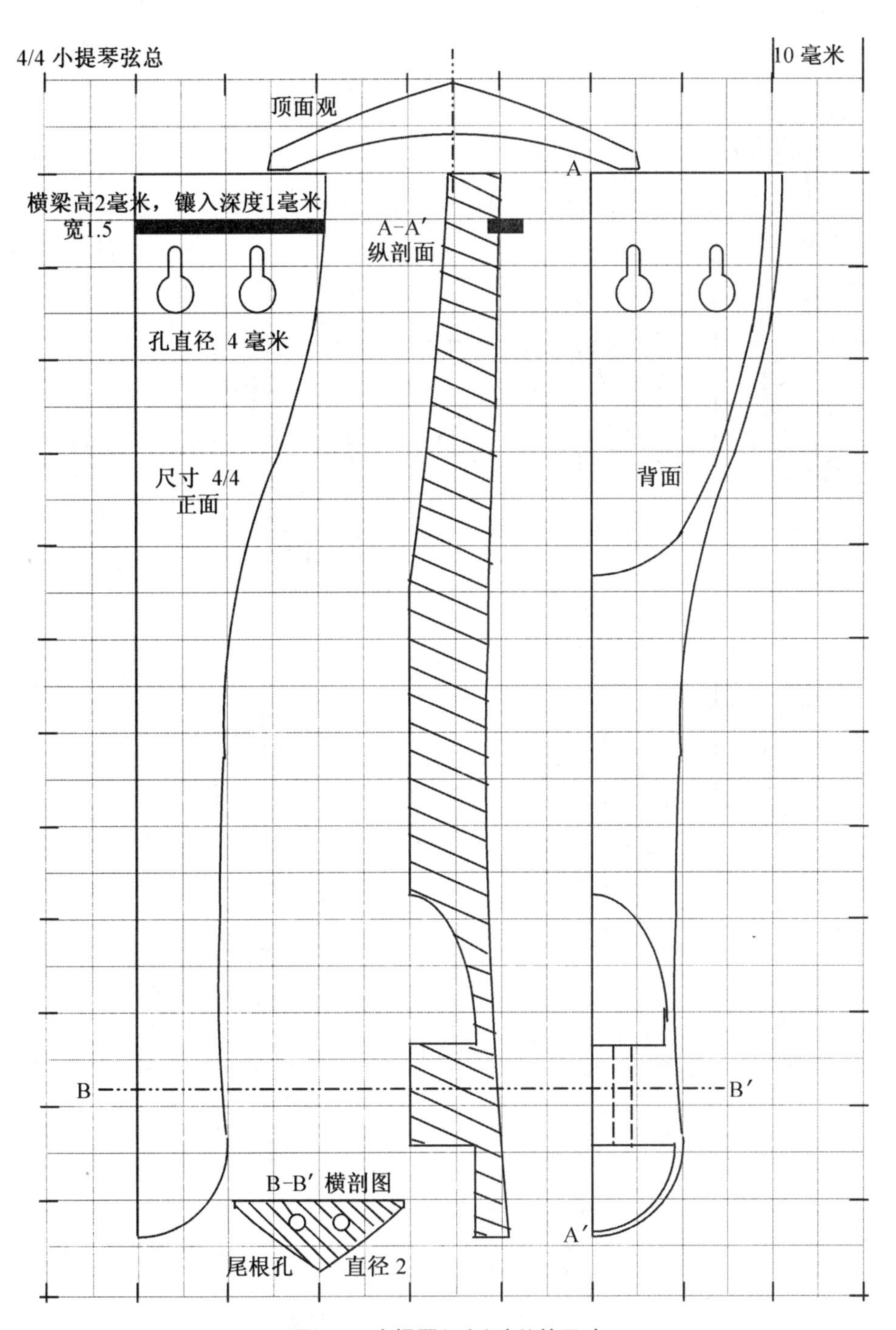

图 9.5 小提琴(4/4)弦总的尺寸

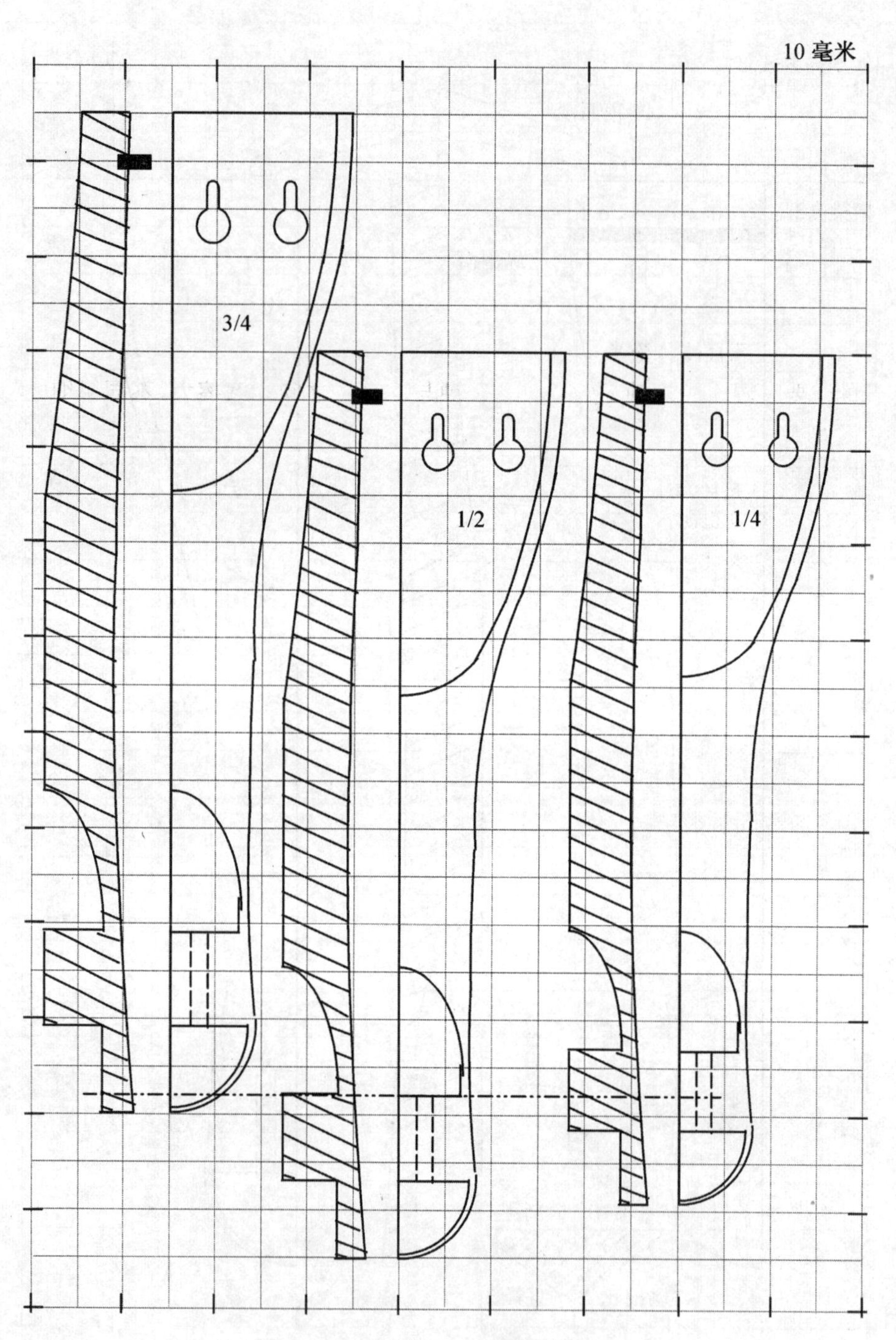

图 9.6 几种小尺寸小提琴的弦总

表 9.3 弦总横梁到码顶的弦长

单位：毫米

项 目	小提琴	中提琴	中提琴	大提琴	低音提琴
琴体长度	356	394	419	755	1110
弦枕到码的谐振弦长	330	356	380	695	1060
弦总横梁到码的弦长	55	60	68	120	200

9.1.3 旋轴

除低音提琴使用机械装置定音外，旋轴配合旋轴盒的旋轴孔，是其他各类提琴定音的重要装置。用旋轴定音靠的是旋轴与旋轴孔之间的摩擦力，不同粗细的旋轴，利用合适的锥度来调节摩擦力的大小，使旋轴在调音时既平滑灵活，又不会因演奏或气候变化，引起弦的张力变化而跑轴。在演奏时绝对不能出现跑轴的现象，否则将给音乐家带来极大的难堪。

1）材料

选择优质的乌木、枣木、红木、乌杨、黄杨或色木制作旋轴，虽然挑选的都是硬质的木料，其实旋轴的用料不宜用硬于旋轴盒的木料。调音几乎是天天要做的事，所以旋轴和旋轴孔是提琴上最易磨损的部件。更换旋轴是件容易的事情，修复旋轴盒和更换琴颈，显然要更复杂和更贵些。所以宁可经常更换旋轴，让旋轴盒更耐磨些为好。

2）制作

旋轴的主体由两部分组成，即锥形轴和拇指片，两者之间还有装饰环。拇指片的顶端有装饰珠，不过其可有可无。拇指片是调音的功能部分，让使用者能方便地转动旋轴。由锥形的轴体担当定音功能，它们的尺寸见表 9.4，颇具代表性的两种旋轴见图 9.7，它们的锥度如下：

1. 小提琴和中提琴

由于琴的个体大小相差不大，所以旋轴的锥度是一样的，都是 2 度 28 分。坡度是 30∶1，也就是每 30 毫米长度，直径减小 1 毫米。如 4/4 小提琴的旋轴，轴体长度是 45 毫米，粗端直径是 8 毫米，细端直径是 6.5 毫米。

2. 大提琴

旋轴的轴体锥度是 3 度 8 分，坡度是 23∶1，即每 23 毫米长度，直径减小 1 毫米。如 4/4 大提琴的旋轴，轴体长度是 78 毫米，粗端直径是 13.8 毫米，细端是 10.4 毫米。

因为轴体是以圆锥形为主，所以制作时要用直径比拇指片宽度略粗的棒料车制。把拇指片处车成球状使其初具雏形，轴体和装饰环则车制完成。然后再把球状的部分加工成拇指片，以及镶嵌好装饰珠。如此完工的旋轴，虽已可以作为商品出售，但在安装到提琴上时，轴体部分还要与旋轴孔匹配。其他部分则要作些修饰

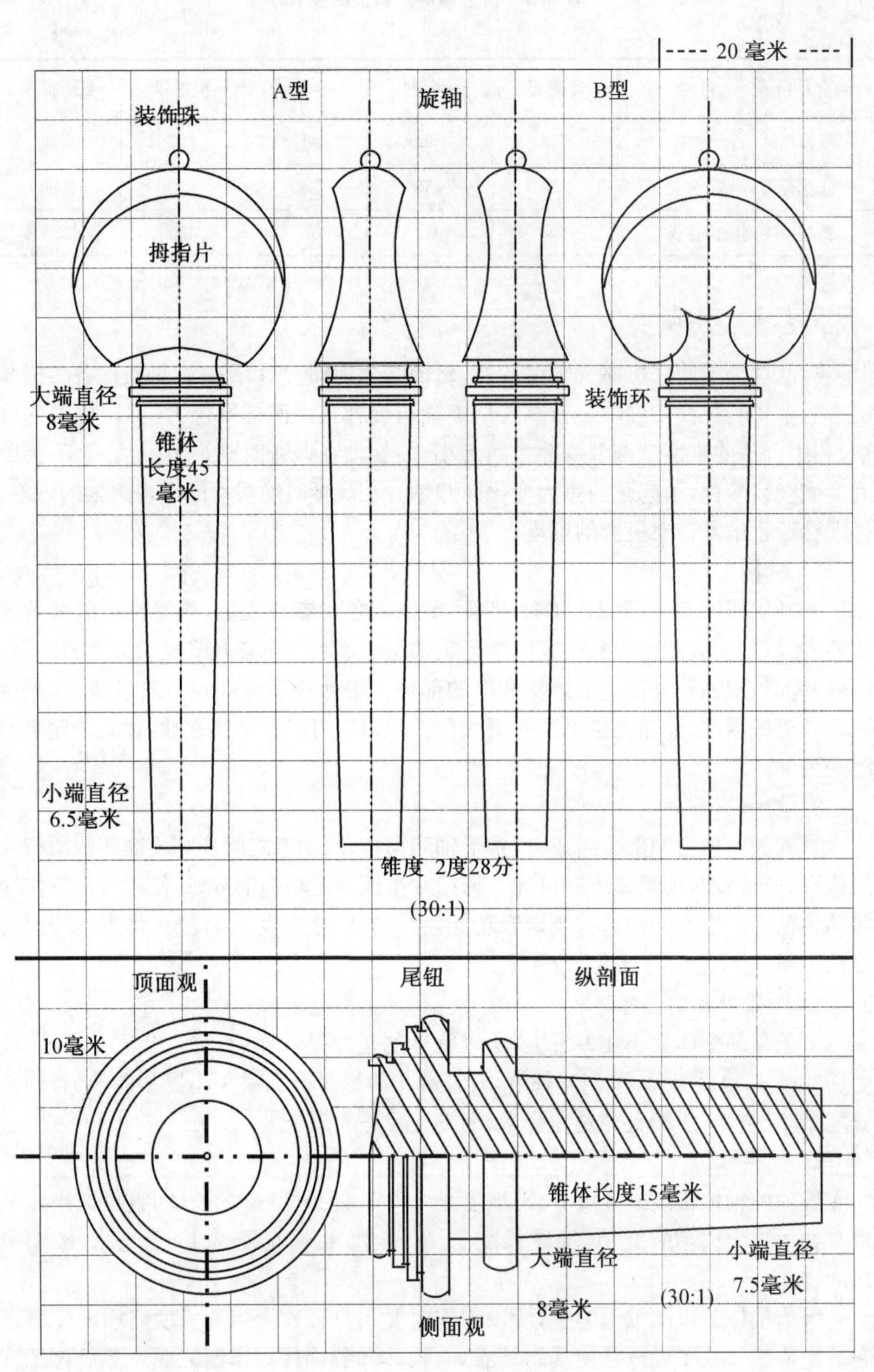

图 9.7 小提琴(4/4)旋轴和尾钮的形状和尺寸

和抛光，最后一道工序就是用布轮涂抹磨料抛光。装饰环和装饰珠可用不同质地和颜色的材料制作，如乌木、象牙和兽骨等。

3）匹配

旋轴与旋轴盒上轴孔的锥度必须精确地匹配，而且要安装得端正，不可有歪歪斜斜的现象。虽然钻引导孔时已经注意到旋轴孔要与琴的中心线垂直，而且与面板的平面相平行，以免旋轴前后和上下歪斜，各个旋轴之间参差不齐（请参考 8.1.4 节），但在铰旋轴孔和安装旋轴时，仍然要时时注意垂直度和平行度，并使各个拇指片的顶端离琴中心线的距离相同。表 9.4 中所列的拇指片离盒壁的距离，指的是 4 弦拇指片底端离盒壁的距离，它的拇指片顶端离琴中心线的距离是各个旋轴的参比点。实际上各个旋轴的拇指片底端，离旋轴盒壁的距离是不同的，因为旋轴盒壁是有坡度的。如果这里的距离都一样，各旋轴的顶端到琴中心线的距离就不可能都一样。

表 9.4 旋轴的尺寸

单位：毫米

项目			4/4	3/4	1/2	1/4	1/8	1/16
小提琴	拇指片宽度		22	21	20	19	18	17
	拇指片高度		18	17.2	16.4	15.5	14.7	13.9
	锥形轴长度		45	43	41	39	37	35
	轴体粗端直径	30∶1	8	7.6	7.3	6.9	6.5	6.2
	轴体细端直径		6.5	6.2	5.9	5.6	5.3	5.0
	拇指片底端离盒壁距离		16	15	14	13	11	10
中提琴	拇指片宽度		25 大	24 中	24 小			
	拇指片高度		20.5	19.6	19.6			
	锥形轴长度		51	49	49			
	轴体粗端直径	30∶1	9.1	8.7	8.7			
	轴体细端直径		7.4	7.0	7.0			
	拇指片底端离盒壁距离		18	17	17			
大提琴	拇指片宽度		38	36	34	32	30	
	拇指片高度		31	29.5	27.8	26.2	24.5	
	锥形轴长度		78	74	70	66	62	
	轴体粗端直径	23∶1	13.8	13.1	12.4	11.7	11.0	
	轴体细端直径		10.4	9.9	9.4	8.9	8.4	
	拇指片底端离盒壁距离		28	26	24	22	20	
低音提琴是机械调音装置								

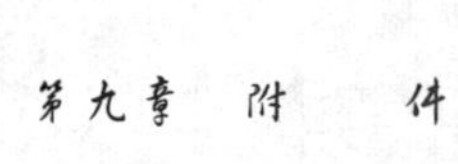

1. 旋轴孔

用铰刀把旋轴孔铰成与旋轴一样的锥度，时时从旋轴盒的正面和顶面，观察旋轴孔是否歪斜。开始铰时让细端的孔铰成与铰刀细端的直径一样为好。在匹配的过程中逐渐把孔铰大，孔适当小一些可为以后更换旋轴留有余地。另外，因为木料在匹配的过程中，还没有受到压力，一旦装上弦后，旋轴与轴孔都会受到压力，轴孔直径可能会变大，而旋轴的直径会变小。原来匹配好的旋轴细端就会超出盒壁，再次把它与盒壁修削到一样平时，旋轴的长度和拇指片底端离盒壁的距离都将变短。虽然不至于嫌旋轴太短，但使它可进一步调整的余地减少。各旋轴在旋轴盒上的位置和距离，请参考图 8.6、表 8.1 和 9.4，以及其他各章节中琴颈和旋轴盒的样板图。小提琴和中提琴用的铰刀规格是一样的，大提琴铰刀的锥度与前两者不同，现分别介绍如下：

◇ 小提琴铰刀的刀体部分长 98 毫米，坡度 30 比 1，锥度 2 度 28 分，粗端 R1 直径是 8.8 毫米，细端 R2 直径约 5.5 毫米。中提琴铰刀的锥度与小提琴一样，但 R1 和 R2 的直径更大些。

◇ 大提琴铰刀的刀体长度 195 毫米，坡度 23 比 1，锥度 3 度 8 分。粗端 R1 是 16.5 毫米，细端 R2 是 8 毫米。

2. 旋轴

表 9.4 中所列的旋轴尺寸，除轴体部分外都是完工后的尺寸，此时的旋轴只需略加修饰和抛光美化一下就可以了。但轴体的锥度和直径需要进行严格的修整，务必做到与旋轴孔精确匹配，否则会造成旋转困难或跑轴。轴体要用特制的旋轴卷削器，切削到规定的锥度和直径。如小提琴 G 弦旋轴孔的进口直径常是约 7 毫米，拇指片底端离盒壁的距离约 16 毫米。把这两个数据匹配好后，轴体细端伸出在盒壁之外的部分，必须修削得与盒壁相平齐，而且端头用细砂纸略微倒掉些棱角。旋轴往往不是一次就能匹配好的，在试奏的过程中，因木料受到压缩细端会伸出盒壁。虽然旋轴与轴孔因磨合会匹配得更好，但细端可能要修削好几次才趋向恒定。所以旋轴初次匹配好后，在钻穿弦的孔时不要把孔钻得太靠轴体的细端，否则穿弦孔可能会进入盒壁内，或者将弦挤在盒壁处。小提琴穿弦孔的直径约 2 毫米，可钻在盒内轴体的中部，或略靠近粗端的盒壁。

3. 旋轴卷削器

旋轴卷削器的结构与修削铅笔的卷笔刀是一样的。只是个体比卷笔刀大，锥度要严格地符合规定。旋轴卷削器有两种类型，其中一种可以调节卷削的直径大小，结构紧凑使用方便。但制作工艺复杂，而且都是金属加工件，所以可从专业提琴工具制作者那里购买。另一种是在基座上并列几个锥度相同而直径不同的卷削器。虽然个体大但很实用，而且提琴制作者有能力自己制作，细部的结构可参考卷笔刀。具体制作方法如下：

◇ 选择一条高约 30 毫米、宽约 85 毫米、长约 300 毫米的硬质木料做基座，上面可以并列 5 个直径不同的卷削器。把木料划分为五个相等的区域，离底面 20 毫米处，在侧面画一条横线，再在每个区域的左侧 20 毫米处画一条垂直线。

两线条的十字交汇点，就是卷削孔的圆心，用直径 5.5 毫米的钻头钻引导孔。然后用铰刀把各个区域的引导孔，铰成直径不同的圆锥形孔。让粗端也就是进口处的孔径，从左到右、由大到小地排列，以小提琴为例，第一个孔进口直径是 8.2 毫米，其后的各个孔，依次为 8.0、7.8、7.6 和 7.5 毫米。因为买来的商品旋轴粗端直径有可能大于 8 毫米，所以第一个孔应做得略大一些，不然的话开始铰时会很费劲。

◇ 离圆心垂直线右侧约 3 毫米，在顶面画一条与基座侧面垂直的线条。此线条偏离圆锥形孔的圆心，但与圆心轴是平行的。把线条左侧和右侧到下一区域分界线之间的顶面木料去掉一层，使这里的高度降到低于锥形孔顶约 1.5 毫米。去掉木料处的顶面必须仍然与基座底面平行，这个平面处在圆锥孔顶面切线之下约 1.5 毫米，切削刀片就安装在这个平面上。

◇ 采用最小规格的手用电动刨的刨铁做切削刀片，长度约 82 毫米。如果有更小尺寸的当然更好，因为实际长度有 45 毫米就够了，也可用机用锯条改制成刀片。刀片就固定在平面上，刀刃调节成 30 比 1 的坡度。实际上此时平面靠圆锥孔处的边，就是 30 比 1 的坡度。也可把铰刀塞在孔内，让刀刃抵住铰刀的最高点，然后固定刀片，不过要注意别碰坏两者的刃口。安装好后的刀刃，正好处在圆锥孔侧面的切线处，形成比较合适的切削角度。具体安装时可能需要作些调整，以获得最佳的切削效果。

◇ 使用时把旋轴由大到小地逐孔卷削，以获得需要的锥度和直径。

9.1.4 弦枕和尾枕

1）弦枕

从旋轴来的琴弦支撑在弦枕上，弦枕顶面的槽可使琴弦按规定的位置和距离分布。弦枕的高度与槽的深度相配合，使弦底面离指板表面的距离恰当，既不影响演奏又不会与指板发生摩擦。弦枕的制作和规格，请参考 8.1.7 节，表 8.3、9.1 和 9.2。一般现代小提琴弦枕长 23.5 毫米，底宽 6.0 毫米。中提琴弦枕长 29 毫米，底宽 7.0 毫米。大提琴的长 46 毫米，底宽 9.5 毫米。

2）尾枕

拉住弦总的尾根跨过尾枕后固定在尾钮上，尾枕的高度会影响弦跨在码上的角度，从而改变弦的张力。制作尾枕的木料也采用乌木、枣木、红木等硬质木材，因为弦也要由它支撑，木质软的话尾根会在其上造成压痕。尾枕的长度是下支撑木块长度的 3/5 左右，宽度是从面板底边到嵌线内侧的距离，高度要与面板的琴边厚度、拱高度、指板投射高度、码的高度相匹配，使弦跨在码两侧的角度相等，并接近规定的角度，请参考 10.2.3 节。制作尾枕时备料的方法与弦枕基本相同，只是最后的形状和所在的位置不同。如以小提琴尾枕为例，尾枕长度 30～36 毫米，下木块长度 47～50 毫米(见表 5.1)。宽度 5.5～6 毫米，从面板底端到嵌线内侧的距离约 5.5 毫米。高度 7.5 毫米，面板的琴边厚度 3 毫米，故突出在面板之上 4.5 毫米，如果拱高可再高一点。中提琴尾枕长 40 毫米，高 9.5 毫米，宽 8 毫米。大提琴

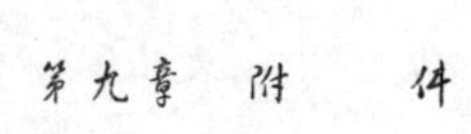

尾枕长 55～60 毫米，高 12.5 毫米，宽 10 毫米。

尾枕的位置在面板底端的正中间，直接粘贴在下木块上面。先把尾枕木料加工到规定的尺寸，并初步修削成形（见图9.8）。把它放到面板上，内侧刚好盖住嵌线，画出它镶嵌部位的轮廓，然后切掉轮廓之内的部分面板和嵌线。再把尾枕初步镶入后，观察尾枕需要继续修削的部位。尾枕的内侧要盖住嵌线槽，两侧削低的部分和底端要与面板的琴边融为一体。中间的部分修削成圆弧形，使尾根平滑地过渡到尾钮。

内侧与嵌线槽处的面板匹配
顶面观
A
后面观
A′
AA′剖面图

图 9.8 尾枕图

9.1.5 尾钮和尾撑杆

小提琴和中提琴的尾根套在尾钮上（见图 9.7），由旋轴和尾钮绷紧四条琴弦。大提琴由于演奏的需要，要用尾撑杆把琴体撑起，固定撑杆的部分同时也担任尾钮的功能。其实古代的大提琴没有尾撑杆，当时的大客户以教堂为主，故毫无例外大提琴都是大尺寸的。为了便于在教堂内行进时演奏，就在背板中央靠顶部处开个小孔，插入一根小轴。用绳或链条拴在轴上，再套在演奏者的肩上，把琴吊起来演奏。现代较小尺寸的大提琴和尾撑干，与腮托一样是后来逐步改进和发展而来的，从吊在肩上到放在凳上或夹在腿之间，然后才有尾撑杆。随着演奏技巧的发展，早期的大提琴过分长的弦和笨重的尺寸，以及声音传播较慢，限制了演奏者演奏快速乐段的技巧发挥。为了获得需要的音色和灵敏度，以适应快速演奏技巧的需求。提琴制作者们开始设计和制作较小尺寸的大提琴，但从最早类型的真正大提琴进化到较小尺寸的大提琴，从 1600～1700 年几乎经历了将近一个世纪。由于教堂依旧是大客户，仍然选购大尺寸的大提琴，阻碍了大提琴的演变。直到斯特拉第瓦利快去世的时代，即 18 世纪 30 年代，制作者们仍然没有放弃老的传统尺寸。斯特拉第瓦利大提琴的精美和杰出是无与伦比的，虽然琴的演化过程也是慢的，但最后达到了完美的境界。他的大提琴尺寸和比例，成为后世人的标准，不管哪方面偏离他的标准都是无益的。大提琴的音色特别圆润，具有歌唱性的感人效果，极适合于室内乐的演奏。A 弦宽广而哀诉似的音质，更易表达乐思和效果。所以独奏大提琴时往往把它的音定得高些，结果使 C 弦像小号那样地响，具有过分的金属声。而且忽略 D 和 G 弦的效果，其实这两条弦的音色圆润深邃，声音优美而另具特色，能够对音乐作出完美的艺术诠释。C 弦深沉而具有风琴般的音调，能卓越地演绎室内乐。

1) 尾钮

尾钮虽然是个小小的部件，但它的装饰性外形无论用图表达或车制都较复杂，所以必须放大比例尺才能显示它的细节。图 9.7 内画的尾钮成了个大家伙，希望由此能够表达清楚。小提琴和中提琴尾钮用乌木和枣木等硬质木料制作，锥体部分的坡度也是 30 比 1，锥度 2 度 28 分。图中是 4/4 小提琴的尾钮，锥体部分不必过长，与下木块的宽度相近即可。尾钮孔在下木块的正中，但孔的位置若略往下移

一点点，有利于弦绷紧后尾钮自然地倾向于滑入尾钮孔内。

2）尾撑杆

固定撑杆和套尾根的部分用木料制作，尾撑杆用螺丝固定并可调节长度。锥体部分的长度也与下木块相似，它的坡度是 17 比 1，锥度 4 度 26 分。铰刀的刀体长 160 毫米，粗端 R1 是 25.5 毫米，细端 R2 是 16 毫米。先用麻花钻头钻一个引导孔，可以在合琴前从内外两面钻孔。再用铰刀把孔铰成锥形，当尾撑杆的项圈离侧板 1 毫米时就停止，要不断地检查配合的状况。因为锥体部分直径较大，用手工铰孔很快就会疲劳，可把铰刀夹在电钻上铰，可能要两个人一起操作。铰刀要与琴的纵轴成一线，不过也可略向背板侧倾斜一点点，可克服演奏时尾撑杆从支撑点自然地向前滑移的倾向。

撑杆可用金属或乌木制作，常用的是钢杆。杆的端头磨尖一点，并配上个可取掉的橡胶头，或另做个撑杆支架，以防止琴滑动或损坏地板。目前发展的趋势是把大提琴放得更平，琴倾斜成 24 度角，把撑杆加长到 600 毫米。另一个途径是采用弯的撑杆，让杆向下倾斜。

9.1.6 腮托

古代演奏小提琴只用到第一把位，靠左手把琴抵住肩部即可演奏。随着演奏技巧的发展，尤其是在高把位快速演奏，需要把琴夹紧在下颌和肩之间，为方便夹持和保护琴体就需要用到腮托。小提琴和中提琴要用腮托，大提琴和低音提琴因演奏时持琴的方式不同，故不需要腮托。

1）材料

腮托必须与旋轴、弦总和尾钮的木料相同，而且要考虑到琴漆的色泽，这样才能与提琴的色彩相调和。腮托的有些部分比较薄，所以要用硬质的木材，用的木料也不外乎乌木、枣木、红木、乌杨、黄杨和色木等。

2）种类

常用的腮托有两种类型，一种是过桥腮托，安装的位置是两个脚跨在弦总之上。它的好处是腮托螺丝调紧后，腮托的两个脚与螺丝支架之间的压力大部分加在面板和背板之间的下木块上，从而减少了脆弱的侧板上的压力。另一种腮托是安装在琴的下端右侧，显然右侧的下侧板承担了全部压力。由于气候和汗水的影响，会降低侧板的支撑强度，容易使侧板变形或出现裂缝，因此这里介绍的是过桥腮托，请参考图 9.9。

3）制作

腮托的形状是线条多变，且以弧形线条为主。用机械制图准确表达，需要标出许多尺寸，手工制作时想丝毫不差也是比较难的。所以用米格纸形式表达可化繁为简，制作时也是意会多于精确。机械化生产可以做到精确无误，但要用数控或仿形机床，后者还需要一整套的模具。请注意图中的几条基准线，可大致对准两个脚的位置和弧形线条的起止点。

用刀、凿和锉把腮托的形状基本加工完成后，再用各种标号的砂纸将其打磨光

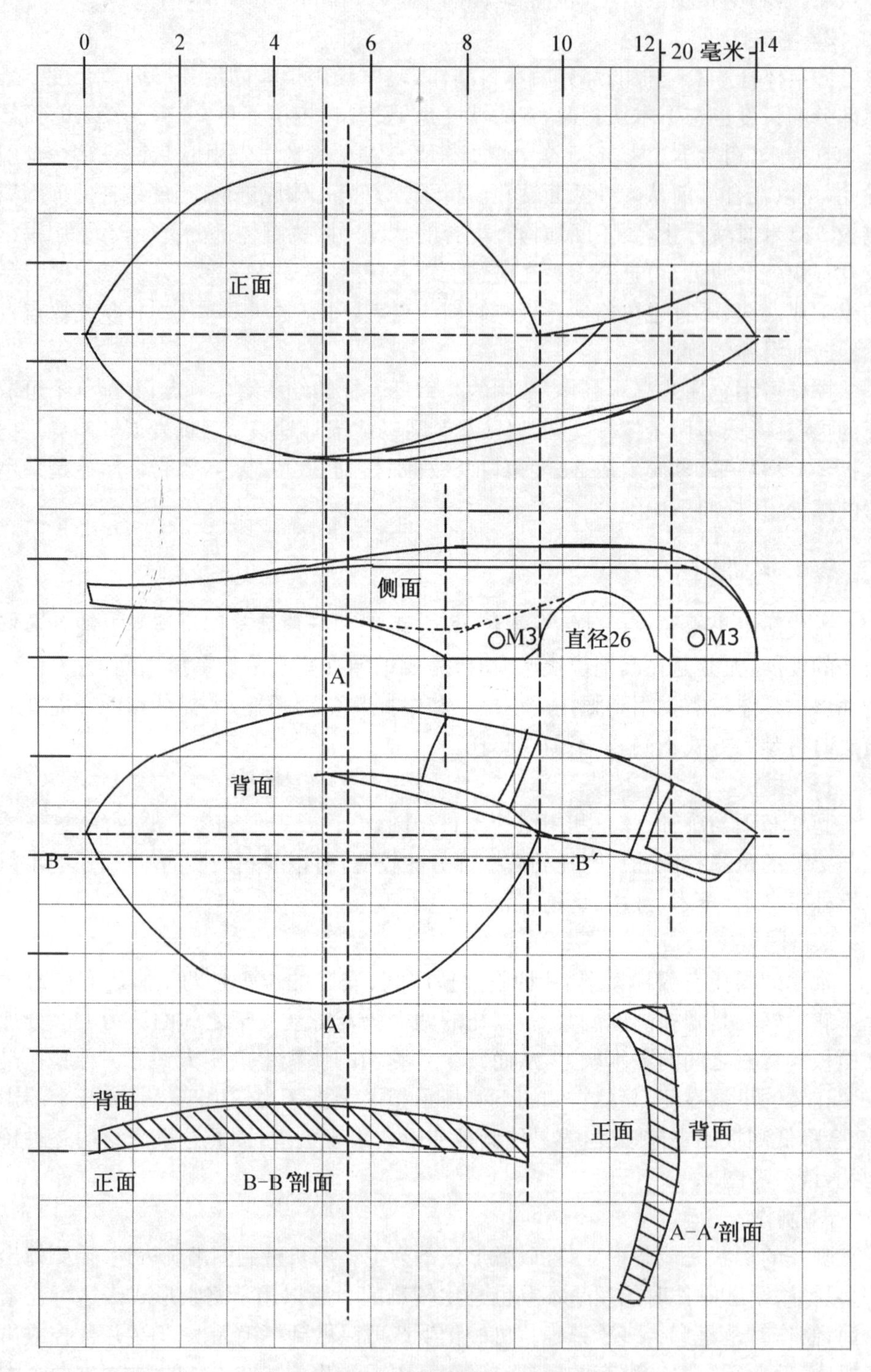

图 9.9 过桥腮托结构示意图

洁,最后擦拭亚麻油或机油,让乌木显出它黝黑的本色。黄杨等可用染料染成黑色,枣木和色木可用稀盐酸或稀硝酸调色。最后在两个脚的后端,按腮托螺丝间距的尺寸,各钻一个正扣的 M3 螺丝孔。两脚的底面各粘上一片形状与其一样的皮革或软木做的衬垫以保护面板。

9.1.7 腮托螺丝

腮托螺丝的功能是把腮托固定在琴体上。常用的腮托螺丝有两种类型,图 9.10 是其中的一种,另一种称作分脚螺丝,顾名思义这样的腮托螺丝没有联成一体的支架,两个螺丝单独分开。其好处是两个螺丝之间的距离可灵活调整,缺点是安装时更麻烦些,需要在腮托脚的底部开槽,把上端正扣螺丝的基座镶入,而且要用小螺丝固定。下端螺丝的基座较厚,突出在背板之外,如果演奏者衣服穿得单薄,在锁骨处会有硌的感觉。

腮托螺丝的结构有一些特别的地方,即为了旋转螺母时,能使两端的螺丝同时缩进或退出螺母,故上端的螺丝是正扣,下端的螺丝是反扣。这样当顺时针旋转螺母时,两端的螺丝都缩进螺母内,达到紧固腮托的目的;反时针旋转时,两端的螺丝都退出螺母,使腮托松开。腮托螺丝的零件全部是金属加工件,也有专业制作者提供商品,所以一般不需要自己制作。

9.1.8 微调音器

经常是左手大拇指配合食指或中指旋转拇指片,其他手指抵住旋轴盒进行调音。但当旋轴比较紧时,光靠左手手指的力量,不能很好地控制旋轴的转动。调节两条低音弦时,可以把高音侧的旋轴抵在大腿上,再用左手的力量达到准确调音的目的。两条高音弦就无法用这样的方法调音,尤其是音调差一点点时更困难,所以往往在弦总的弦固定孔中装上微调音器。先用左手弹拨弦,右手调节旋轴使它达到相近的音调,再用弓拉奏琴弦,左手调节微调音器使弦发出准确的音调。虽然有人对加上微调音器有不同的看法,认为会影响提琴的音质,但其还是广泛地为人们所采用。甚至于一些用铝合金制作的弦总,在每个弦固定孔上都有微调,不过它们的高度已降低到接近弦总的横梁,也许这样对音质干扰会小些。但是在提琴上使用过多的金属件,也是一些人们不太赞成的。

微调音器虽然个体不大,但它的结构还是有些复杂,由好几个部件组成,而且都是金属加工件。有专业的制作者提供该类商品,所以一般也不必自己制作。图 9.10 中画出了微调音器的零件图和总成图,图中的上支架是用 0.6 毫米的金属板制作的,所以画出它的展开图以作参考。上支架也可用金属块制作,虽然这里没有画它的剖面图,但差别只是固定穿心螺丝的部分不是个框架而是实心的。铆钉与上支架是紧配合,但与下支架是松配合起到轴的作用。调整调节螺丝在穿心螺丝内进出的深度可改变支架升降的角度,达到拉紧或放松琴弦的目的。显然加工腮托螺丝需要车工、钳工和电镀等工艺,故非规模生产的提琴制作者,配全这些工种似乎没有必要。

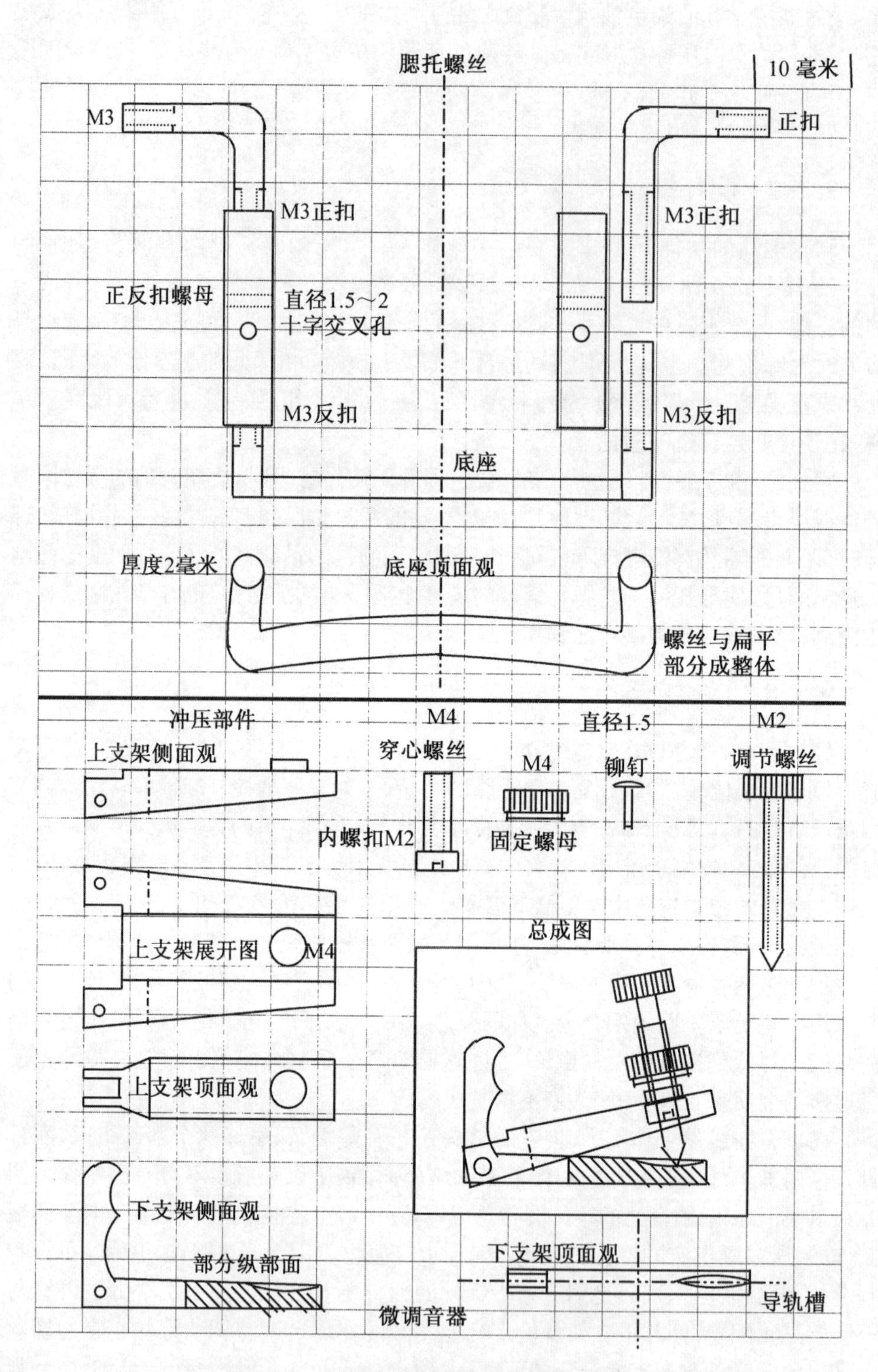

图 9.10 腮托螺丝和微调音器的结构示意图

9.2 琴　　弓

演奏弦乐器时少不了琴弓，而且琴弓的质量对演奏者来讲也是至关重要的。琴弓的全长、重量和平衡点等，并没有严格的标准，所以表 9.5 中所列的尺寸只是作为参考。往往由制作者或演奏者按个人的习惯和爱好来选择。演奏者往往非常重视弓杆的强度，因为其会影响到弓毛的张力，从而关系到音乐家能否自如地发挥技巧，以及按本人的乐感完美地表达乐思。

现代小提琴弓的全长约 745 毫米，中提琴弓反而比小提琴弓短，但是重量比小提琴弓重，弓杆具有更高的强度。表中平衡点可按音乐家的需要作变动，在弓大致完工时可选择不同的装配工艺，如适当地加重缠丝和弓尖的重量等，使平衡点略微地前后移动一点。平衡点是在弓毛库向前移动使弓毛松开后，从弓毛库前端开始计算的直线距离。小提琴和中提琴弓的弧高，应能做到在放松弓毛后，弓毛下垂成平面时，弓毛还能碰到或近乎碰到弓杆弧的最低点。但是大提琴和低音提琴，可以容许弓毛与弓杆略离开些。

弓毛松开后弓杆最接近弓毛的部位，即弓杆弧最高点的位置。从弓末端向前量，长度应相当于弓全长的 5/8。小提琴的弓杆弧最高点，位于离弓末端 466 毫米处，也就是离弓尖端 279 毫米处。当弓完全松开，弓毛库处于最前面的位置时，握弓点与弓毛库前沿之间的距离，应当小于 1 毫米。而且此时无论气候如何干燥，即使弓毛的长度因干缩而变短，弓毛仍然应该是松弛的。

弓杆要坚韧而富有弹性，并且整条弓的弹性都要均匀，弹性合适的弓有利于演奏跳弓。并使演奏者感到无论演奏到弓的哪个部位，弓毛对弦的压力变化都不大，全弓慢奏时能发出均匀细长而柔和的乐声，快速演奏时弓在各条弦之间转换自如。琴弓的一些参考数据见表 9.5。

表 9.5　琴弓的一些参考数据（Strobel，1997）

单位：毫米

项　　目	全长度	重量(克)	平衡点	弓毛库长度	金属箍宽度	钮长度
小提琴	745	60	185	45	13.5	16
中提琴	740	70	195	48	14	16
大提琴	715	80	170	51	15	18
低音提琴	725	125	140	68	18	30
法国低音提琴	750	150	120	70	19	60

关于琴弓的制作方法，国内已有著作详细介绍，请参考乐声先生编著的《小提琴制作》，轻工业出版社 1987 年版。

第十章
组装和调音

经过一段时间的努力和精心制作，对于一位初学制琴的人来讲，一个盼望已久的提琴即将诞生。但是分散的部件即使再完美，也还不是一个完整的提琴。必须经过仔细地组装和调音，才有可能发出令人满意的琴声。本章的内容虽然不多，并有些零乱，但却是非常重要，因为都是古今著名的提琴鉴赏家、制作和修复大师，以及史学家们探讨和考证得来的事实和经验。许多方面不仅要从字面上理解，而且只有亲手操作和领会后，才会悟出其中真实的涵义。不同的提琴制作者，会有不同的理解和发挥，并且开创自己的新学派。

10.1　组装琴体

到此为止琴体的各个部件都已基本加工就绪，但是部件之间还有一些细节需要相互匹配和协调，这必须在组装过程中才能完成。所以有必要单独另立一章作比较详细的叙述。琴体一旦组装完毕，琴的固有特性基本上已确定，调音的过程只是尽可能地发挥它的最大潜能，或定向地突出她的某些特性，使它更符合人们的要求。

10.1.1　侧板框

在合琴之前已制作好待用的侧板框，此时需要作进一步的检查和加工。可能需要与面板、背板和琴颈等作些协调，使提琴的声学效果、可演奏性和外观趋于完美。

1）检查

暂时把面板和背板合到侧板框上，用定位钉或夹子固定住。从各个方向观察琴体的形状，检查各部分的细节。由于侧板框不正引起的各种缺陷，有必要参照各章节内的修复方法予以修正。当然，假如制作者认为要保留本人的艺术构思或手工制作的特色，也就没有必要作任何修正，这些特色将会原封不动地保留在完工的琴上。

1. 对比一下侧板框的位置与样板上的外形图

是否重合，检查琴四周的裙边是不是一样宽窄。如果面板和背板的形状和尺寸是正确的，出现裙边宽窄不一的原因必然是在侧板框上。检查一下内模具上的定位孔是否精确地处在中心线上，若有偏离就会使侧板框两侧大小不一，裙边的宽窄也就不可能一样。

2. 观察原来画的侧板框图与现在侧板框的位置是否有变动，如果不一致很可能是当初弯曲侧板或衬条时两者没有烘干透的缘故。在放置的过程中逐渐干燥，过度的收缩会使侧板紧箍在模具上，后果是以后脱模会更困难些。而且侧板的中间过度地凸起，侧板框的上下尺寸变小，与原来的侧板框图不重合。如果上下边收缩程度不同，还会使侧板框上下大小不一。按不正的侧板框图制作琴边后，面板和背板的大小就会不一样，相互间的位置也可能错开。

3. 把琴体拿起来让琴的后端朝着自己，先琴体左侧朝上然后再右侧朝上，从后向前看，检查各片侧板是否与两块琴板垂直。任一片侧板不垂直，就会使那里的面板与背板不对称。更严重的后果是琴体扭曲，上、下琴角错开不在一条线上，把琴侧放在平台上，四个琴边不能同时着地，琴体可左右摇摆。问题可能还是出在模具上，如果模具任一处的边与基准面不垂直，侧板就会出现歪斜。另外，若夹持木块本身与基准面不垂直，或粘贴时未压正，侧板同样也会出现歪斜。

4. 把琴端平观察两块琴板的琴边是否平行，有没有两侧的侧板高低不一的现象。在磨平侧板框时如果两侧不一样高低，就会出现这样的问题。

5. 检查琴体顶端和底端处侧板的高度是否符合要求，面板和背板的底面与侧板框的上下边能否紧贴在一起。如果面板的斜粘合面限定在上角木和上木块之间，更要注意这里必须能紧密地合在一起。

2）加工

侧板框在粘贴到面板和背板之前后，还要作一些加工处理。如修削衬条、脱模、修削支撑木块等，但这些都是分阶段交叉进行的，为叙述方便这里先介绍一下。

1. 修削衬条

在脱模之前修削衬条，因有模具支撑故加工时有个依托，刀具也容易接近衬条。衬条经修削后增加了弹性，为脱模提供了许多方便条件。

◇ 修削时选用刃口略比衬条宽度长些的斜口尖刀，拇指和食指捏住刀把，中指抵住衬条的顶端以控制刀刃的长度，顺着衬条平滑地移动刀具。注意不要让刀尖割到侧板和模具，刀刃锐利的话切削会既顺利又流畅。

◇ 衬条的最后形状是多样的，这取决于制作者的要求，如廉价琴的衬条根本就不必修削。稍好些的工厂化生产的琴，衬条的下端预先用成形机器加工出一段弧形的边。手工制作衬条时可以在粘贴前于衬条下端加工出一小段成尖角形的斜边。以后修削固定在模具上的衬条时，把上面的那部分修出斜面与下端的斜边相接，这样可以避免刀尖削到侧板和模具。刀工熟练的制作者乐于一次完成斜面，使衬条成完美的直角三角形。不过技术略逊或粗心的制作者采用这样的方法，往往会在侧板的内面留下累累刀痕，甚至把侧板割穿。另有少数制作者，可能为更多地减轻琴的重量或突出艺术表现，把衬条削成下凹的弧形。

2. 脱模

虽然操作过程极简单，不过有时会觉得很难取下侧板框。不是支撑木块好像粘得过牢难以脱离模具，就是相对模具来说似乎侧板框太小了，其实熟练之后这些都不是问题。以下介绍几种常用的脱模方法，可以单独或交替地使用。

◇ 用小木棰敲击支撑木块，突然的撞击会使粘合面脱开。但是用力要恰当，过重的打击会把支撑木块敲裂。

◇ 用薄些的刀切割角木块与模具的粘贴面处，只切支撑木块不要损伤模具。因为角木块的这一面，以后要切割成吉他形的弧面，故留有充分的余料。但是上、下支撑木块处不能用切割的方法，因为它们基本上要保持原来的形状以增加强度。在侧板框粘贴到背板上之后，也只是把内侧的两个角修圆。

◇ 如果在模具的粘贴面处钻有孔，可以用合适的工具插入孔内撬开粘贴面。

◇ 用沾有温水的布敷在粘贴面处，使胶溶化再把它撬开。

◇ 虽然多层模板的模具制作时要花一番工夫，但在脱模时会非常方便。

◇ 如果先把侧板框粘贴到背板上然后再脱模，那么面板处的衬条可先加工好，但不粘贴到侧板上，只是放在它应在的位置上。待修削好背板处的衬条，侧板框粘贴到背板上，而且脱模之后，再将面板处的衬条粘贴到侧板上。粘时要特别注意衬条千万不可比侧板低，否则与侧板一起取平时，整个粘贴面都要降低高度，使整个琴的侧板高度降低。当然衬条也不可过分高，以免经磨平后，宽度会变窄使衬条强度降低。或者粘得高低不齐，经磨平后衬条的下端会高高低低参差不齐。

一旦角木块脱离了模具，中腰处就可有更大的空间。当上、下木块脱开模具后，整个侧板框就可从模具上顺利地取下。由于整个侧板框富有弹性，当共鸣板用定位钉临时固定在带弹性的侧板框上后，可以调整侧板和角木块的位置，在共鸣板和侧板框之间作些协调。如调整裙边的宽窄、重新确定共鸣板的几何中心、侧板倾斜度的改正、琴角位置的协调等，使原来制作好的部件减少返工和修改。

10.1.2　共鸣板

按照现在介绍的制作方法，面板和背板的里外都已加工完毕，仅留下琴边及其与槽的连接还未完成。但这可在合琴之前或之后予以完成，现介绍在合琴之前完成琴边的大致步骤供读者参考。

1) 首先检查面板和背板与侧板框之间能否很好地匹配在一起。如果匹配已没有问题，下一步的工作就是修削琴边。先把琴边(裙边)沿最后定下的侧板框图修削成一样的宽度，琴角尖处的裙边比较窄一些。小提琴的裙边宽度是 3 毫米，角尖处边宽 2 毫米。中提琴裙边宽 3.2 毫米，角尖处 2.2 毫米。大提琴裙边宽 4 毫米，角尖处 2.8 毫米。

2) 由于安装嵌线时是按未脱模的侧板框图把留有余量的琴边修削到同样的宽度，并以它为基准制作嵌线槽，所以如果侧板框脱模后调整过琴边宽窄，那么显然各处嵌线离裙边边缘的距离就会有些差异。好在差异不会太大，嵌线处又成弧形，一般肉眼不易觉察。但裙边的宽窄略有差异，拿起琴稍仔细观察就会发现。克

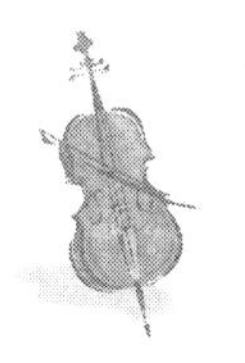

雷莫那学派在合琴后才修削琴边和制作嵌线，可把嵌线和裙边都做得很完美。不过音孔的定位是按未脱模时的侧板位置定的，侧板位置一经调整，音孔与嵌线之间的距离可能会有些差异。

3）裙边的宽度调整好之后，下一步工序就是修圆琴边。琴边同样是反映制作者工艺水平的部位，训练有素的制作者们，虽然风格各异但都能做到形状优美、尺寸精确。在合琴前修圆琴板底面的角更为方便些，如果想在合琴后修圆琴边，可以先把琴板底面处琴边的棱角修成一个斜边。

4）因为琴板的底面是基准面，所以如果此时发现琴边的厚薄不匀，可刨琴边的上面，使各处琴边达到规定的厚度，而且表面平整。虽然在修整周围的槽和嵌线时，为了制作脊已使边缘保留了规定的宽度，但一经刨平可能宽度会因各处刨掉的量不一而不同。需用圆规重新标出脊所在的位置，小提琴的脊离琴边缘 2 毫米，中提琴 2.2 毫米，大提琴 2.5 毫米。

5）先把琴边外缘上下的两个棱角用刀或锉修成斜边，再在上下两个斜边之间锉出多条斜边。最后用砂纸磨光各个斜边，使边缘成为光滑的圆边。用形状与周边槽相似的刮片或砂纸木块把槽和脊连接起来，一定要使脊的轮廓清晰，但不一定要非常锐利。这个过程全要靠制作者的艺术眼光和手上的功夫，让琴边各处都同样地优美和精确。

10.1.3 合琴

上述两项工作完成后就可合琴，合琴时需要用到专用的合琴夹具，夹具的形状和制作方法请参考第十一章。合琴的方法并不复杂，一般是先粘背板再粘面板，但必须认真操作才能事半功倍，操作不当有可能损坏侧板。

1）粘背板

1. 使用合琴夹子或合琴夹板时，一定要注意夹具的螺丝千万不可拧得太紧，只用手指的力量使粘贴面合拢就可以了。侧板干时非常脆弱，而受潮后木材发软，故稍大的压力就会破裂或弯折，一旦变形或破裂都很难修复。重换侧板牵涉到图纹和色泽的匹配，侧板框也要重新返工。

2. 支撑木块的上、下两面都是顶头丝，只涂一次胶往往不易全面渗透入木纹内，所以要先用稀胶涂几次让表面吃透胶，以后粘贴琴板才会牢靠。

3. 如果已制作了定位钉在合琴时就会更方便些，先粘背板再粘面板。若用单个的圆形合琴夹子，可以按照以下的步骤粘贴背板。把侧板框放到背板上，插入定位钉后调整侧板和琴角的位置，然后用夹子分别固定各支撑木块。粘贴时按需要临时松开某个夹子，先粘贴上、下木块及其两侧的一小段侧板，再分别粘贴两侧中腰的上下角木和中侧板，以及与角木相邻的上下侧板，最后把侧板的其余部分都粘贴好。由于夹子可单个松开或夹紧，粘贴时比较灵活机动，所以必要时可松开个别夹子，用薄金属片把胶推入侧板与背板的接合面处。最后用蘸热水的毛笔洗掉多余的胶，同时也可使胶再度溶化以挤出多余的胶，再用湿的布或海绵擦干净。

4. 如果用合琴夹板固定粘合面，一般是一次就把背板和侧板框全涂上胶，放

上侧板框后用合琴夹板，初步把整个琴全固定好。然后再根据情况作调整，松开夹板上某几个螺丝，用毛笔沾上热水使胶溶化，调整侧板或支撑木块的位置，或用薄金属片把胶推入接合面处。全调整好后用蘸热水的毛笔洗掉多余的胶，再用湿的布或海绵擦干净，放置一昼夜待胶干透再卸掉合琴夹具。

2) 粘标签

1. 标签虽然只是一张小小的纸条，但它的作用是不能忽视的。对于制作者来讲不仅是显示自己的成果，而且也是对自己的作品负责。古代琴虽然可从多方面的依据考证身份，但标签是无可比拟的最重要证据，一纸标签能使琴的身价百倍。标签同样也是检验仿制者和商人诚信的标记，道德品质低下唯利是图者，往往以假乱真以牟取暴利。

2. 标签粘贴的部位是在背板的内面，处在面板低音侧音孔之下，这样在合琴之后仍然可以清楚地看到。

3. 标签的内容包括制作者的姓名、地点、制作年份、签名和印记，年老的制作者有时还自傲地写上年龄。工厂生产的提琴，标签内容有厂名、品牌、生产年月、琴的编号、等级。一般等级的编号越大品质越好，每个等级中可能又分几挡，或者在规定的等级之外还有特殊的级别。

3) 粘面板

1. 如果侧板框是先粘到背板上，脱模之后再粘面板处的衬条，那么第一道工序就是修削衬条。否则是修削支撑木块，按克雷莫那学派的做法，把角木块的内面修削得与衬条连接成吉他形。不过古代把上、下木块内面的两个角修削得基本上成弧形，去掉的木料较多，削弱了对琴板的支撑力，往往会使琴板受到弦的张力后两端出现裂缝。现代做法只是把两个角略微修圆或不修削，以扩大与琴板之间的粘贴面。

2. 先参照修正背板的方法把面板处理好，不过侧板框已固定在背板上，所以面板只能按定形的侧板框修改。做好琴边后按粘背板的方法把面板粘好，至此合琴的工作基本完成。之后再全面检查一下是否还有遗漏的地方需要修正。

10.1.4 镶嵌琴颈

琴颈和旋首的制作工艺是比较复杂的，不过对初学者来说镶嵌琴颈同样也不容易，需要同时兼顾几个方面。琴颈在使用过程中会出现许多问题，其中有些与镶嵌工序有关。即使琴颈和旋首做得非常精确和优美，若镶嵌不当会导致旋首的两耳与面板不平行、指板的水平倾斜度不合适、指板投射高度偏高或偏低、在使用过程中指板的投射高度发生变动、琴颈弦长尺寸不正确、琴颈突出在面板上的高度不对、影响到弦跨在码上的角度等。

关于镶嵌琴颈的步骤和要求，在第八章8.2.5节(2)中的3和4内已作详细介绍，并请参考表8.2中的具体尺寸。因为琴颈处在接榫面的某一位置时，有几个方向可以移动的可能，因此必须能够想象到每次切削琴颈会怎样移动，一次变动究竟会有几种可能的后果。故本章内主要对镶嵌琴颈时的视觉判断，以及每削一刀的

后果作进一步的分析，希望对初学者会有化繁为简的效果，对资深望重的制作者起到抛砖引玉的作用。为了简单明了地表达，这里的示意图（图 10.1）还是简化了每一刀的作用。图中未能表达的一些后果，尽可能在文字中加以说明，不过也未必能面面俱到。留下的未尽事宜相信能依靠读者的想象力和创造力，以及大师们的丰富经验得到妥善解决。

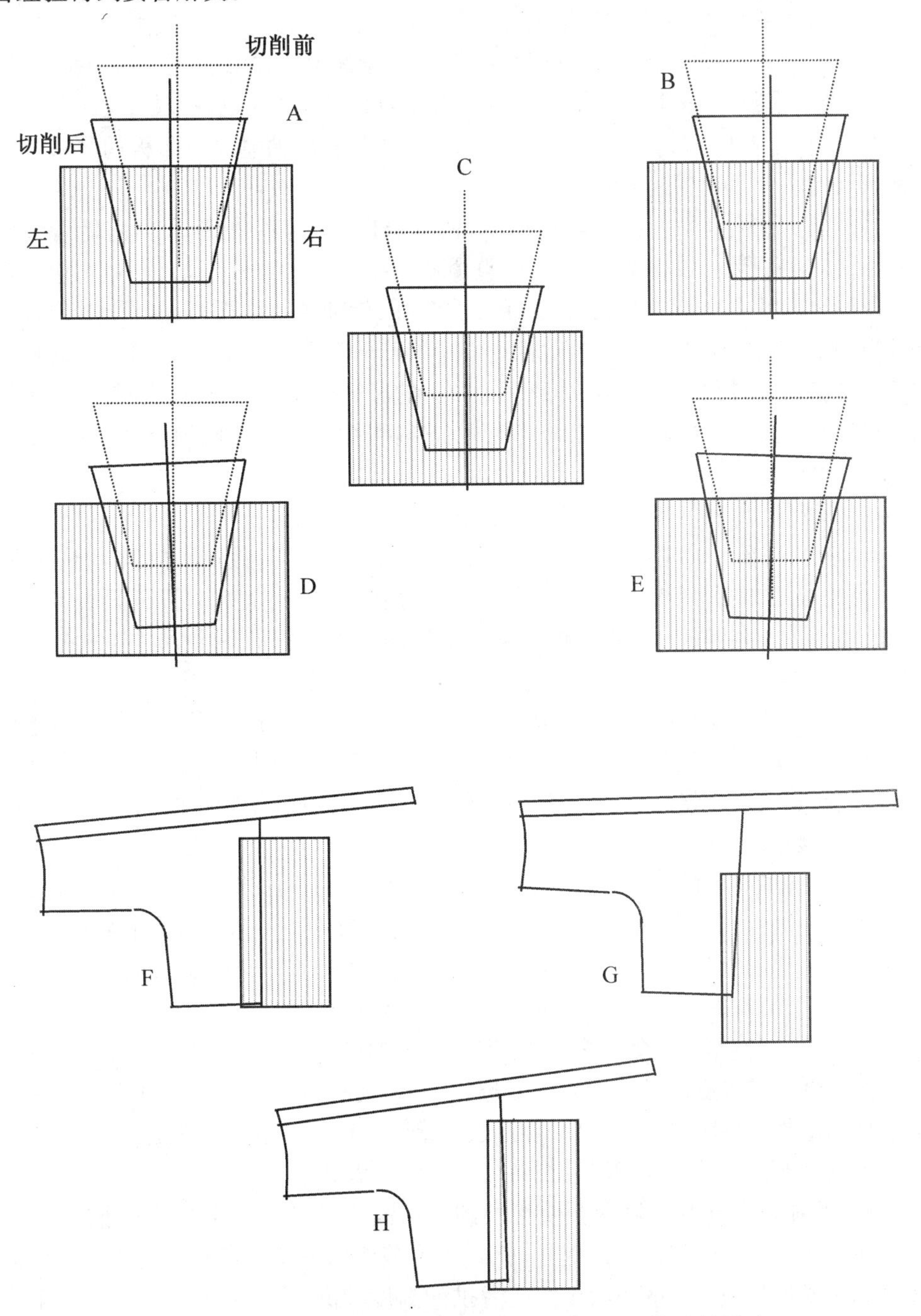

图 10.1　不同切削量和切削角度对琴颈位置和倾斜度的影响

图 10.1 中 A、B、C、D 和 E 图，是从旋首处向琴体观察榫眼。F、G 和 H 图是从琴体的侧面观察琴颈脚跟接榫面，图示接榫面与上木块榫眼底面的贴合状况：

A）榫眼的左侧（即琴体的左侧）增加切削量，琴颈就往左侧平移，琴颈中心线向琴体中缝左侧移动。图中的虚线图表示切削前的位置。

B）榫眼右侧增加切削量，琴颈往右侧平移，中心线向中缝右侧移动。

C）两侧的切削量一样多，琴颈向下移动，中心线仍然对准中缝。

D）同步改变榫眼两侧的切削角度，使整个榫眼倾斜，琴颈的指板表面发生倾斜。本图是榫眼往左侧倾斜，使指板表面高音侧低于低音侧，显然对大提琴是不合适的。而且这里是整个琴颈倾斜，包括旋首的两耳和旋轴盒也与面板的琴边不平行，这是镶嵌琴颈时要避免的情况。

E）同步改变榫眼两侧的切削角度，使榫眼向右倾斜。指板表面向低音侧倾斜，不仅对小提琴和中提琴不合适，对整个琴颈和旋首也都不合适。不过在修复提琴时，如果琴颈本身做得不规正，如旋首的两耳、旋轴盒及指板表面的相对位置不正，当旋轴盒或指板表面与面板的相对位置调整正确后，旋首的两耳就会与面板不平行，这就需要协调各个方面，达到兼顾的目的。又如琴颈中心线既要与下木块的中心对准，又要平分音孔上珠之间的距离，这时可调整底面两侧的深度，改变指板的左右角度。

F）此示意图表示琴颈镶嵌已接近完成：

◇ 突出在面板之上的高度已接近要求，脚跟底面已接触到面板但还不平整。镶入上木块的深度、指板投射高度、琴颈对中等基本上已经达到要求。只需要把脚跟底面修削到与背板上钮的表面一样平，与钮的表面紧贴住，其他尺寸也就基本到位了。

◇ 从图中还可见到在琴颈喉处做出一个角度的必要性，有了这个角度当指板投射高度正好时，琴颈两侧的粘贴面积最大。这个角度的大小与面板拱的高度相对应，拱高就把角度就做小一些，让指板投射高度提高些，使脚跟两侧仍然保持有最大粘贴面积。

◇ 琴颈突出在面板之上的高度也与拱的高度相关，如果突出高度偏低，或码处的拱较高而使码升高，就会使弦跨在码上的角度变小。一般小提琴和中提琴，弦跨在码两侧的角度都是 79 度，大提琴是 76.5 度，角度变小，弦对码的张力就会加大，而弦的张力对提琴的音量和音色都会产生影响。

G）开始镶嵌琴颈时如图中所示，榫眼仅削到最终深度的一半，琴颈的位置由高逐渐降低。榫眼底面的下端要比上端浅一些，使指板的投射高度低一些。到精配时才渐渐加深榫眼，使整个榫眼逐渐达到最终深度。把下端也逐渐削深，使指板的投射高度升高。精确匹配时才把各处的尺寸全做到位。

H）榫眼的下端削得过深会使指板的投射高度过高。另外由于琴颈翘起，脚跟的底面与钮表面之间的夹角变大，就必须更多地切削掉脚跟底面的木料。但修琴时如果发现琴颈喉处的角度偏大或者拱的高度较高，为达到要求的指板投射高度，就必须把榫眼底面的下端加深。

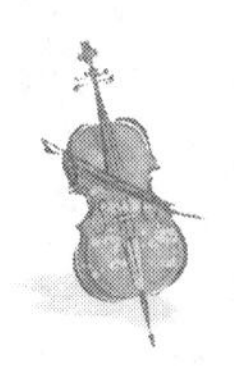

10.1.5　钮

琴颈镶嵌和粘贴好后，把琴颈脚跟与钮的连接部分按钮的形状修削并与钮联成一体，请参考 6.1.5 节。

1. 小提琴钮的直径是 20～21 毫米、中提琴 22～23 毫米、大提琴 29～30 毫米。钮的圆心位置以嵌线为基准的话，小提琴的是在嵌线外缘之上 5～5.5 毫米、中提琴 6～7 毫米、大提琴 12～13 毫米。所以钮的形状要比半圆大一些，用圆规画出钮的形状，半圆的下端与背板的琴边相连接。

2. 先按画的形状向琴颈脚跟方向修削，使脚跟的端头与钮的形状一样，再往上的部分请参考图 8.1、8.2 和 8.3，以及 8.1.5 的 3 节的内容。靠背板琴边处往上是窄的平直部分，它与从钮往上的圆形部分相连接。从颈脚跟到喉处，脚跟从半圆渐成半个椭圆形。

3. 喉的形状和尺寸对定位高把位甚为重要，弯角处不要成平坦的模样，既不美观又使左手的大拇指缺乏明显的感觉。

4. 钮与背板边缘的连接，是按圆的形状把琴边修掉一点点，成一小小的斜口把两者连接起来。最后在钮的边缘做出倒边，宽度与旋首相对应，钮的形状在倒边后看起来会更圆些和直径更小些。

10.2　调　音

调音实际上是在组装配件的过程中实现的，所以阅读本节时必须参阅第八章和第九章的内容。调音的作用包括两个方面，一是保证琴的可演奏性，即各处的尺寸符合大多数演奏者的习惯，使演奏者能充分发挥他们的技巧，并挖掘出琴的所有潜力。另一更重要的方面是让提琴发出动听的乐音，一个发音灵敏、声音洪亮有力、各弦音量均衡、高音清晰明亮、中音柔美典雅、低音浑厚深沉、双音纯净悦耳、传远效果佳和没有不协调音的琴，在技艺高超、乐感强、艺术修养深厚的演奏家手中，必然能发出抑扬顿挫、优雅抒情、激昂高亢、高山流水般的乐音。当所有的部件都安装到位，做好相互间的协调和匹配之后，基本上已能使提琴发挥出它固有的声学效果。但是对于提琴的音色和音量，不同的演奏者和听众，以及不同乐曲的内涵和演奏的环境条件会有大相径庭的要求，由此就需要对配件的质地和修削作些调整，配件特定位置的微调，以及完善配件之间的相互匹配和协调。虽然调音不可能从根本上改变一个琴固有的结构和声学特性，但是可以使它发挥出所有的潜能，或影响其某几个方面的性能，使它向演奏者和听众的需求靠拢。不过若是想通过调音化腐朽为神奇，得到点石成金的效果，这是过分地夸大了调音的作用。

调音时要不断地演奏，听琴的声音来指导调音。尤其是听别人演奏，能让你更好地判断声音的品质。不要专选共鸣条件好的场所听琴声，这样会听不到琴声的

真实缺陷，是鸵鸟的做法对调音没有好处。修复提琴时要仔细倾听演奏者的诉说，了解琴声变坏有多长时间了，琴曾遭到哪些变动，最近是否调过音，受到过什么样的撞击和损伤，以及环境条件和气候的变化等。另外演奏家的心理因素也要考虑，如大型演奏会前的紧张情绪，遇到的一些个人问题等，都会影响他对琴声的判断。特别是演奏会前不宜作大的变动，因为演奏者对任何变动都要有个适应的过程。如码的曲率、弦的间距、弦的张力、弦离指板末端的间隙、弦枕到码之间的弦长度等，若有变动演奏者就要改变原来的演奏习惯以作相应的调整，如果不适应的话会影响音准和演奏速度。

弦乐器对环境条件非常敏感，温度、湿度和海拔高度都会影响琴的声学特性。提琴对过干和过湿的条件尤其敏感，所以最好放在琴盒内保存，除非在适宜的恒温和恒湿条件下可悬挂在室内。夏天或冬天进出安装有空调的房间，提琴会遭受到温度和湿度的突然变化，不宜马上打开琴盒。有空调的房间一般湿度较低，提琴长期放置在这样的条件下，要经常注意琴的状况。如指板投射高度的变动、弦和旋轴的松紧、琴板有否开裂，以及音色和音量的变化。尤其是乐队集中保管的乐器，或时常出借而间断使用的提琴，更要经常检查和保养，以免需要用琴时才发现提琴出了问题。

10.2.1 琴颈和指板

琴颈与指板是紧密地粘贴在一起的，所以在调整时也要组合在一起考虑，但同时它们各自又是独立的组件，可以单独地调整或相互间协调。它们组合在一起时的质量和厚实程度、修削到最后的形状，都会影响琴的声音和可演奏性。

1) 琴颈

在镶嵌琴颈前先把它的各个方面加工到接近完成，比以后再加工显然要方便得多。在指板还没有粘上去之前，先把琴颈的厚度和底面的形状修削好，只是最后的修整待指板粘好后，或刷漆之后再次把指板粘上时完成。初学制作提琴的人在制作旋首和琴颈时，不能大胆地去掉多余的木料，做成的旋首显得肥大，颈部粗厚成木棍状。不仅不美观而且增加琴的总重量，过大的质量还会影响琴的音色。一定要按照表 8.1 和 8.2 中所列的尺寸及 8.1.5 节的内容，把旋首和琴颈修整一番。

2) 指板

具体的要求和尺寸请参考表 8.2 和 8.1.6 节的 3，指板的各方面都完成后，与琴颈对准中线粘贴在一起。再检查指板与琴颈一起时的厚度，也要达到表中所列的尺寸。指板上表面两侧边缘的棱角要修成圆滑的边。再把指板侧面连同下表面的两条棱，与琴颈一起修圆滑，并与琴颈底面的椭圆形相连接成一体。小提琴的指板两侧还需修削出纵向的下凹弧形，最低点在第五把位处，接近琴颈脚跟与面板顶端的接壤处，最深处下凹约 0.5 毫米。其目的是使演奏者在演奏高把位时，左手的食指能方便灵活地移动，以及小指能延伸到更高的把位。但不要修削到琴颈，因为指板是琴上的易磨损部件，修理和更换的机会较多，琴颈是经不起多次修削的。指板粘贴到琴颈上后再镶嵌琴颈，对控制指板投射高度、对齐琴颈与琴体几何中心

(中缝),以及提高人们的视觉判断能力,都会有很大的帮助。琴颈安装完毕,指板投射高度确定后才可修削码。修削时务必使码的高度能让各条弦离指板末端表面的间隙恰到好处。先调整好1弦和4弦的间隙,2和3弦的间隙大小介于1和4弦之间。肠弦由于较粗,比钢弦的张力也小一些,所以间隙要留得大一些。表10.1列出了各种类型和尺寸的琴在安装弦和修削码时要留的间隙。表10.2更简化一些,列出了常用的弦在指板之上的间隙和弦在码上的间距。

表10.1 琴弦底面离指板末端表面的间隙

单位：毫米

项目			4/4	3/4	1/2	1/4	1/8	1/16
小提琴	1弦离指板间隙	肠弦	3.5	3.2	3.0	2.7	2.5	2.3
		钢弦	2.5	2.3	2.1	1.9	1.8	1.6
	4弦离指板间隙	肠弦	5.5	5.1	4.7	4.3	3.9	3.6
		钢弦	4.0	3.7	3.4	3.1	2.9	2.6
中提琴	1弦离指板间隙	肠弦	4.5大	4.3中	4.0小			
		钢弦	3.5	3.3	3.0			
	4弦离指板间隙	肠弦	6.5	6.3	6.0			
		钢弦	5.0	4.8	4.5			
大提琴	1弦离指板间隙	肠弦	5.5	5.1	4.7	4.3	4.9	
		钢弦	4.0	3.7	3.4	3.1	2.9	
	4弦离指板间隙	肠弦	8.0	7.4	6.8	6.3	5.7	
		钢弦	6.5	6.0	5.5	5.1	4.7	
低音提琴	1弦离指板间隙	肠弦	12	11	10	9.3		
		钢弦	7.6	7.0	6.5	5.9		
	4弦离指板间隙	肠弦	17	16	15	14		
		钢弦	9.5	8.7	8.0	7.4		

10.2.2 弦和弦枕

1) 弦

弦是经常要更换的部件,它的品质对发挥提琴的潜力具有相当重要的作用。采用不同种类的弦或相互间搭配恰当,可修饰提琴的声学效果,平衡各条弦的音色和音量。

1. 制作弦的材料有羊肠、金、银、铝、合金钢、生丝和尼龙等,不同的材质对弦的特性和品质有较大的影响,似乎金属愈贵重音色愈好。可以采用标准产品的钢丝或合成的尼龙纤维。钢弦一般用于练习琴,小提琴的E弦常用钢弦,大型的全尺寸提琴也常用钢弦。好的尼龙弦较耐用,定住音的性能也比肠弦好。如果配用专门的防滑旋轴或使用旋轴膏,旋轴的调音和防止跑轴的效果会更好。

2. 高质量的肠弦还是为人们所乐于采用的，因其发出的声音较为纯正有力。好的羊肠弦是白色半透明且没有污斑的，黄色或带污斑的质量较差。不过显得过于白的肠弦可能是漂白过的，不仅耐用性较差，而且调到同样音调时张力较低。肠弦需避光密封保存且不宜久存，因其易变干发脆。可以在弦上涂杏仁油使它滋润变软，但用前要擦干净，否则弓毛沾上油会在弦上打滑而拉不出声音。生丝制的弦碰到手汗后会变差，而且较易磨损。

3. 由于肠弦很难做到整体粗细均匀，大提琴弦因为更长，故误差比小提琴弦更大。要尽可能多地试用不同制作法和规格的肠弦，以得到最佳的声音。

4. 弦的结构可以是单根的或绞合的，并可在其上再缠绕不同金属的外皮，或者镀上金或银。同样长度的弦，弦的粗细会影响谐振频率，所以高音弦比较细，愈趋向低音弦就愈粗。

5. 对于某一给定的音调，弦愈粗张力就愈大，声音就愈响。肠弦由于强度较低，要达到同样的张力就必须加粗直径。同一种类的提琴，尺寸小的琴因弦的长度较短，故用较小的张力即可达到大尺寸琴同样的音调。想要加大张力以提高音量，就需要加粗弦的直径，如小型中提琴常用粗的C弦。有专为小尺寸琴制作的粗弦，但细的弦响应灵敏易于演奏。过大的张力对面板的拱是有害的，不过任何一种弦都会产生压力，经历长时间后会使拱下沉。选择弦的最重要准则是声音品质，以及符合音乐家或听众的品位和需求。

6. 测量弦的粗细就是量它的直径，用专用量规表示弦粗细的单位是PM，它比毫米单位小20倍，即千分之几英寸的一半。量规并不能测出弦的重量和张力，重量和张力是由材料的强度、重量和结构决定的。如小提琴的D弦(17 PM)有时比G弦(16 PM)粗，因D弦缠的是铝外皮，而G弦外皮是银的。弦的规格会标有直径的细、中、粗，质地的硬和软，发音的强、中、柔等。如大提琴的A弦往往发音比D弦强，故通常选用发音强的钢弦D和发音中的A弦。凡是符合规格的琴弦，同一标号的弦相互间的误差是小的，故没有必要一根根地挑选。

7. 优质的琴弦振动时看起来就像有两条平行的弦，出现不规则振动线的弦质量就较差。一根粗细不均匀，圆度不规则的弦，不会发出高品质的声音。单根的钢丝弦如小提琴的E弦，如果圆度不匀或表面不光滑，常会在拉空弦时偶尔不发声，显然会影响演奏效果。用细粒度的金相砂纸打磨接触弓毛的那段，可以消除这个隐患。弦的外皮松动会产生杂音，一根低质或损坏的弦会扰乱其他弦的音色，或者使各弦的发声不均衡，破坏了整个琴的声学性能。如果琴的声音有了缺陷，在结构和安装上找不到毛病，就要想到可能是弦的问题。

8. 如果天天或略有间断地演奏提琴，不要每次演奏完都把琴弦松开。这样对琴弦和提琴都没有好处，使它们保持在演奏状态更好些。若长时间不演奏或要长途运输，可把弦放松些但仍然保持一些张力，使码对音柱略有压力以免音柱脱落。因为安装音柱时基本上是让它自然地进入应在的位置，仅稍稍地把它拉紧一些，所以若没有弦的压力，稍一震动音柱可能就会脱落。如果演奏者没有安装音柱的经验，想找到音柱的合适位置是要费一番工夫的。

9. 指板末端处琴弦底面离指板的间隙，因弦的种类和粗细不同要作适当的调整。张力大的弦间隙要小一些，否则演奏者会感到硌手，弦粗间隙要大一些。所以钢弦要比尼龙弦的间隙小，尼龙弦比肠弦小，高音弦比低音弦小。如果指板的曲率半径合适，指板表面各条弦之下的纵向下凹间隙做得恰当。各条弦离指板末端的间隙可适当小一些，尤其是大提琴和低音提琴。张力低的弦由于振动幅度大，间隙过小会与指板表面发生摩擦产生噪声（表 10.1 和 10.2）。

表 10.2　指板末端弦的间隙和码上弦的间距

单位：毫米

项　目	小提琴	中提琴		大提琴 4/4	低音提琴 3/4
		394	415		
1 弦的间隙　肠弦	3.5～4.3	4.0	4.5	5.5～6.2	9～11
1 弦的间隙　钢丝弦	2.5～4	3～4	3.5～4	4～5.5	6～7
4 弦的间隙　肠弦	4.8～5.5	6.0	6.5	8～8.2	12～16
4 弦的间隙　钢丝弦	4～4.7	4.5～5.5	5～6	6.5～7	7.5～8.7
码上 1～4 弦间的距离	33.5～34.5	37.5	39	48.5～49.5	84
码上弦与弦之间的距离	11.5	12.5	13	16.5	28
码顶处厚度	1.3	1.4	1.5	2.6	4.5
码脚处厚度	4.2	5.0	5.5	11	21

2）弦枕

弦枕的尺寸请参考表 8.3 和 8.1.7 节，弦枕上弦槽的形状和直径必须与选用的弦相匹配。槽的表面必须圆滑使弦能自由滑动，否则调音时会损坏弦。尤其是缠有金属外层的低音弦，由于槽的形状不合适，或弦进出槽的出入口处有锐边或束口，弦的外层会被剥离。槽成半圆形，深度是弦直径的 1/3，宽度是弦直径的 1/2。但不要过小，如小提琴的 E 弦不要小于 0.25 毫米，大提琴的 A 弦不要小于 0.55 毫米。如果演奏者的手较大或指尖宽，弦的间距大些会感到更舒服，演奏双音也更方便。弦枕处弦离指板的间隙也要与弦的张力、粗细、材质和指板表面的纵向下凹深度，以及演奏者的习惯等综合在一起考虑和安排。如果弦在槽内滑动不顺畅，可在槽内涂些软铅笔芯的粉末作为固体润滑剂。弦枕是经常要取下的部件，所以不用粘得很牢。

10.2.3　码

弦的振动是经过码传播到琴体的，故码的重要性是不言而喻的，换码对琴声的影响有时甚至超过换音柱。由于每个提琴的形状和尺寸多少会有些差异，所以商品码只是个标准码，不是适合于每一个琴的码。也可以说是标准码的毛坯，必须经过修削才能与具体的琴相匹配，这也是任何手工艺术品的特点。为了码的材质能与琴相匹配，讲究的制作者往往自己做码，用与背板同一块的木料，或从中腰处锯

下的余料制作。阅读本节时请参考图9.1、9.2、9.3和9.4,及表9.1和9.2。

1) 结构和原理

原始的码可能就是一块实心的木片,下端有两个脚。之后随着不断地探索和发展,在码上雕刻出了心脏和眼。阿玛蒂制作的码上已有了这样的雕刻,斯特拉第瓦利所采用的也极其相似。不过阿玛蒂的码在均衡性上有缺陷,斯特拉第瓦利码的性能更为完美。虽然那时不一定能从理论上解释,为什么要这样做的明确理由,但是码的功能确确实实地更为完善了。近代人们对码的工作原理作了推理和剖析:

1. 心脏和眼的作用是减少各弦振动到达面板的时差。如果在码的背面测量4弦和3弦从码顶到码脚底面的直线距离,4弦到低音侧码脚的距离比3弦短些,但到高音侧码脚的距离又比3弦长,1和2弦也是同样情况。为了各弦的振动能同时到达面板,所以特意雕刻了心脏和眼,巧妙地使各弦的振动必须迂回相同的距离到达面板,这对克服弦或琴本身的不均衡性是很重要的。演奏双音时琴的和声特别响亮而优美,与这样的安排也是不无道理的。两条弦的能量同时冲击面板,激发的共鸣在弓离开弦后,仍然滔滔余音延绵不绝,丝毫不亚于高品质的弹拨乐器。不过在应用实践中,为了可演奏性的需要,无论何种提琴总有两条弦离指板更近些,使码的高度在这里会低些。由于两侧心脏的顶部是等高的,故必然是心脏之上的部分两侧不等高,如此显然影响到这两条弦产生的振动在到达码脚时会有时差。

2. 小提琴码的正确高度,是由两条腿中心之间距离决定的,这个距离是一又四分之一英寸,约相当于31.75毫米。从码顶面G弦处到面板表面的直线距离应该与它相等。如果码的高度有离散现象,很可能是琴的结构有缺陷。

3. 小提琴码是用比云杉硬而重的枫木制作的,在匹配码脚底面的弧度时,脚的重量要与脚下面板的厚度相对应,以达到质量均衡。尺寸修削得正确的码,心脏之上、心脏与眼之间,以及两条腿加上拱的木材质量,三者应该是相等的。音孔上珠内侧弧之间的距离,决定了码脚处的宽度。

4. 修削心脏和眼时各学派的制作大师各有自己的风格。如果顺着码的木纹方向修削,即横向地向外侧扩大眼,就加长了G和E弦振动所走的路程。若加宽心脏,则加长了D和A弦振动的路程。如果心脏修削得正确,眼处少向上修削点,就可保留更多的心脏与眼之间的木料,并保持码的质量均衡性。另一种修削法是把眼向上修,向着心脏方向扩大。其结果是减少心脏与眼之间的木料。对于大提琴来讲实际效果是加长了码的两条腿,不仅使码的强度减弱,并影响质量均衡及振动传导的一致性。大提琴配备了这样的一个码,显然不能充分发挥琴的潜力。

2) 码的修削

修削码所产生的效果太复杂,这里只能作些简化的分析和叙述。修削码也是提琴制作者展示艺术风格的机会,随制作者的见识和经验会有不同的表现。完成后的码本身就是一件小艺术品,制作者会在码的正面签上自己的名字。码的修削

过程是艺术性多于科学性，因为有太多的变量相互综合作用，既无法解释也难以合理说明。

1. 量一下码脚处的宽度，将码的中心与琴体中线对准后，立在音孔内侧两个定位口角尖的联线处，码的横向中心线与此联线对准。如果低音侧码脚不能覆盖住低音梁外缘，达到要求的尺寸（见下节），就要换一个更宽些的码。若码太宽就把码修削到需要的宽度，一般小提琴码脚处的宽度是 41 毫米，大提琴是 90～92 毫米。

2. 大提琴码的腿既长又略可弯动，受到弦的压力后会沿着拱的弧形张开。故修削码脚时，码的腿要预先用扩张器把它们撑开至一定的距离。码站在面板上时码的背面要与面板底面垂直，要在垂直的条件下把码脚底面修削得与面板上安放码处的拱相匹配。用平口凿或刀削，要保证底面平滑流畅，既要让底面与拱的弧度一致，使两者密切地贴合在一起，又要使码脚高度降低（减薄）。小提琴降到 1 毫米高，大提琴 2 毫米高，薄的码脚与面板拱之间微有弹性及质量相当的配合，使两者贴合紧密步调一致。另外码脚高度降低后，下一步的修削就不会使码的顶面太靠近心脏。初学者如果刀功还不够熟练，可以用砂纸磨合。把砂纸面朝上放在码应在的位置处，一手压紧砂纸边缘，另一手拿住码使它背面垂直，沿着面板的中心线小距离来回摩擦。先用中细的碳化硅耐水砂纸，后用细砂纸，使码脚底面磨得既光滑又与拱相匹配。如果还做不到整个码脚密切贴合，或边缘不能很好地贴合，可用凸的弧形刮刀修整，使底面的中心部微凹，四周的边缘就会密切地贴合拱。

3. 码脚底面的高度做好后，才能正确标出码的高度。可选择一支半径相当于 1 弦在指板末端处间隙大小的铅笔，这个间隙小提琴是 4 毫米，大提琴是 5 毫米。把码放在正确的位置处，铅笔平放在指板上 1 弦和 4 弦的位置处，分别用笔尖在码的正面画出标记。无论是小提琴还是大提琴，1 弦处的标记都正好接近 1 弦处的码高度，4 弦处的标记需要在它之上再加 2 毫米另做个标记，这才是 4 弦处码的高度。用这两个标记定位码样板的位置，并把样板顶部的弧形画在码的正面。但这并不是弦在码上的最后高度，顶部的弧形也不是最后的形状。以后要根据弦的类型和演奏者的习惯作最后的修正。

4. 把码的顶部按所画的弧形留些余量后修削成形，在码的背面按正面的标记位置也画上标记，因为修薄码时一般只修削正面。毛坯码保留有一定的厚度，为的是匹配时有修改的余地。修削码时所去掉的木料，对减轻码的质量作用不大，而削弱码的硬度的作用较大。修薄码可降低码的固有振动频率，减少高频谐次噪音。但过薄不仅削弱码的硬度，而且音量也会减弱。一般码脚处的厚度小提琴是 4.2 毫米、大提琴是 11 毫米，腿之上拱的部分小提琴厚 4 毫米、大提琴是 8 毫米，顶部的厚度小提琴是 1.3 毫米、大提琴是 2.6 毫米。用平凿削掉木料，再用细砂纸磨光和连接不同厚度的部分。

5. 完成修削

小提琴和中提琴的码，无论大小还是形状都与大提琴码差别较大。虽然修削

时有某些相同的地方，但还是有些不同的处理，为叙述方便予以分别介绍。

a）小提琴码

小提琴和中提琴码在大小上略有差异，但形状和修削的要求大致相似，故以小提琴码作为例子（参考图 9.1 和 9.2 及表 9.1）。用锉按样板的弧形修平码的顶面，再把顶面两侧的锐边锉成很窄的斜边，并与顶面平滑连接，但不要让顶面窄于 1.3 毫米。

◇ 用刀或锉把码上部的正面修平整，修时由下往上削渐与倒边相连接。必须使各条弦从码到弦枕的距离相等，最后可用细砂纸磨平整。

◇ E 弦到 G 弦的间距是 33.5～34.5 毫米，弦与弦之间的间距约 11.5 毫米，A 和 D 弦处在三等分处（表 10.2）。按样板的标记或用分度规定位各弦的位置，在码的顶面用铅笔画出标记。一般在安装弦后靠弦的张力就会在标记处压出沟。也可先用鼠尾锉在标记处修出弦沟，沟的深度以弦不向两侧滑动为准。沟的两侧不可有锐边，尽可能使弦在调音时，能够在沟内顺利地滑动。

◇ 用小刀修削腿之上的拱，不用削掉过多的木料，否则腿会变长，只要使拱与面板拱的弧度相匹配即可。腿的内侧用圆锉或窄的小刀修圆，与拱的弧形和脚内侧上表面的弧形相连接。之后腿的外侧也修圆，与脚外侧的上表面相连接。腿的顶部靠蜂针处要斜着向外修削，蜂针有 0.5 毫米的高度就够了，要保证腿的宽度大于 5 毫米。两腿中心线之间的距离，与 G 弦处从码的顶面到面板表面的高度大致相等。两个码脚的长度都修正到 11.5 毫米。

◇ 扩大心脏周围的曲线，下端曲线往下扩展，上部稍稍横向扩展，心脏与眼之间的木料尽量少削，小心不要碰坏里面的结构。这样既可减少码的质量，又不降低码的强度。

◇ 把眼向外和向上扩大，注意眼与心脏之间狭窄部分的宽度不可小于 5 毫米，否则会削弱码的强度，码长期受到弦的压力就会在这里弯曲。用小刀修削眼下部的点，正反两面都从外侧向着点的尖端连同横梁斜着削掉一些木料，使点不会勾住擦琴的布。连接点的横梁高度也可适当修低些（扁薄些）。

◇ 修整一下蜂针使它更美观，豁口处用刀切深些，但不要扩大豁口。

◇ E 弦的沟处可粘一层薄薄的羊皮纸，以免弦嵌入沟内，它也起到高频滤波器的作用。有些制作者在这里镶嵌一小块乌木，以免弦嵌入码内。在沟内可以涂些软铅笔芯的粉末作为固体润滑剂，调音时可使弦在沟内自由滑动。

b）大提琴码

由于码的两腿较长故略可弯动，受到弦的压力后码脚会向拱的两侧滑动，必须预先把腿撑开一定距离，使码脚站在正确的位置处。以下的内容凡是与小提琴一样的地方不再重述，不同处将予以说明，特有的部分会重点叙述，请参考图 9.3 和 9.4 及表 9.2。

◇ 码腿的扩张器可以是很简单的一根木棍，按需要长度把两腿撑开。也可利用小提琴的腮托螺母改制成扩张器，反扣螺丝端用原来的螺丝，正扣端另配加长了的螺丝。把两端的螺丝顶住靠脚处的腿，调节螺母使两腿撑开到需要的距离。

◇ 脚的底面与拱匹配好后，把脚的两端修成斜面。

◇ 码的最后高度和顶面的曲线形状，要在安装弦时试验决定，这取决于选用的弦的类型、指板的曲率及投射高度和演奏者的习惯。

◇ 不必扩大心脏周围的曲线，但在码正面需把下侧的边缘倒角成更长的心形。内部的结构倒出光滑的斜边，以免勾住擦琴布。码周缘的锐边都略微倒光滑，马刺的正面和背面也倒出斜边。

◇ 修高腿上部的拱与修窄腿一起进行，眼也可略微扩大些，但向着心脏扩大就等于加长了腿。究竟该去掉多少木料，要根据码的材质、强度、质量和音色的调整来决定。这里很难作定量的说明，因为还要与琴的各方面相配合。

◇ A 弦到 C 弦的距离是 47～48.5 毫米，弦与弦的间距约 16.5 毫米，D 和 G 弦处在弧的三等分处(见表 10.1 和 10.2)。

◇ A 弦和 D 弦下可垫羊皮纸或镶嵌乌木，以免弦嵌入太深，纸和乌木宽度比小提琴宽些。

3) 调整位置

码在面板上应有它固定的位置和高度，其与低音梁、音柱、指板、颈突起高度、弦总、弦的张力等有密切关系，是调音过程中很重要的一个环节。如果以表 10.3 所列的小提琴和大提琴尺寸作为标准，码和与码相关的各部件的位置安排如下：

表 10.3　作为标准提琴的尺寸

单位：毫米

项　　目	小　提　琴	大　提　琴
琴体长度	356	755
指板长度	270	580
指板投射到码上的高度	27	81
码高度	33	90
琴颈突出在面板上的高度	6	19
弦总长度(拖尾板)	114	235
谐振弦长	328～330	695
琴颈弦长	130	280
琴体弦长(Stop)	195	400
从码到弦总横梁的弦长	55	120

1. 码脚与低音梁之间的相对位置对琴声的影响是举足轻重的。低音侧的码脚必须跨在低音梁上，而且码脚的外侧边缘离低音梁外侧边缘的距离要适中，小提琴是在低音梁边缘之外 1～1.5 毫米，中提琴是 1.5～2 毫米，大提琴是 3～5 毫米。高音侧码脚的位置与音柱相关。实际上低音梁和音柱在码脚下的位置是一样的，只是反了一个方向互成镜像。

2. 为老琴配新码时可调整码脚的宽度，以匹配码脚与低音梁之间的相对距

离。小提琴的码脚处宽度是39～41.5毫米，常用尺寸是41毫米。中提琴大型的是50～52毫米，中型48～50毫米，小型46～48毫米。大提琴是87～94毫米，由于大提琴弦的张力大，码受到弦的压力后码脚会沿着拱的弧形张开，故匹配时要用特制的扩张器，预先把码腿撑开需要的距离。

3. 码的背面也就是髓束成长条形的那面，必须与面板的表面和码脚的底面垂直。由于码的正面是斜的，所以从琴的侧面看，好像码向弦总方向倾斜。码脚的横向中心线，必须与音孔内侧定位口处两尖角的联线对准。

4. 定期检查码的位置和角度，如果码的背面不与面板垂直，码长期受到弦的压力后上部容易压弯。码变弯后会使琴的音质变差，后果与音柱移离码脚相似。弯曲的码可用局部烘烤的方法，使它恢复挺直。具体做法是在码凹下的那面沾点水，湿的一面朝下放在平的木片上。用热的灯泡烘烤码的表面，烤几秒钟后再把码弄湿，之后再烤。如此重复这样的过程，直到把码弄直为止。

5. 以码为中心平分弦跨在码两侧的角度，以第二根弦为标准，这个角度小提琴是158度，即每侧各占79度。大提琴是153度，每侧各占76.5度。该角度变小会提高弦的张力，变大则降低张力。角度的变动与多方面因素相关：

◇ 如果琴颈突出高度偏低，想要达到要求的指板投射高度，必然要使指板更加上翘，其结果是码靠指板侧弦的角度变小，弦的张力提高，当然琴的音量也随之增大，不过对码的压力也加大。有的制作者为提高琴的音量，特意把琴颈突出高度做低些。但此高度不宜太低，否则演奏高把位时，面板顶部会妨碍左手的动作。

◇ 尾枕的高度会影响码靠弦总处弦的角度，同样也会影响到弦的张力。码两侧弦的角度偏大或偏小，或者不相等，从理论上来讲都是不合适的。不过在应用实践中也非尽然，如果各部分的尺寸和调整都恰当的话，弦的角度也会令人满意的，不必作严格的测量，有经验的制作者会加以灵活应用。

6. 从码到弦总横梁的弦长是谐振弦长的六分之一。达到这个长度时，弦总的末端应刚好与尾枕后缘对齐，可通过调整尾根的长度达到这一要求。不过有很多因素会影响这个长度，如弦总的长度、琴体长度、加了调音的微调器，以及弦的特点等。

7. 根据琴的类型和面板拱的丰满或陡峭程度，以及对音色和音量的要求，调整码的高度。根据运弓习惯确定码顶面的曲率半径，定位2弦和3弦的高度，必要时还需要调整指板的曲率半径。

8. 装琴弦之前必须先把音柱安装好，装弦时先装4弦和1弦，再装2弦和3弦。拧紧琴弦时要各条弦轮流地一点点收紧，不要单独一条弦先收紧。随时注意码的倾斜度，使码的背面始终与面板底面保持垂直。此时对码顶面曲线的形状和码高度作最后的调整，如果琴已有琴主就要询问琴主的要求。曲线的形状牵涉到运弓的习惯，码高度与弦底面离指板末端的间隙有关，影响到演奏者手指对弦张力的感觉。

4）与琴匹配

虽然选择制作码的木材时，要求材质紧密、木纹平直、硬度高、绝对四等分、优

美的黄褐色、有阻尼作用等,但是具体到某个琴时就要与琴相匹配,根据琴的个性来选材和修削。制作者的经验和声学直觉,以及修削和匹配过程中不断地聆听琴声,是最重要不过的事情。

1. 码的质量要与琴相配合,琴的木材坚硬而沉重、共鸣板的厚度较厚、琴声蒙眬发闷或发音柔细,可把码修削得轻薄些,肩部宽一些,使琴声更为洪亮清晰;琴的木材木纹稀疏质量轻、共鸣板的厚度较薄、琴声响而发噪或尖锐刺耳,则要用厚重粗大或阻尼较大的码,或把码的肩部修窄些,以抑制高次谐波杂音。

2. 发声不灵敏的琴,可把码脚底面高度修削得低些(薄一些),让它与面板拱有更好的弹性配合。在可能的情况下,只要码脚不会断裂,尽可能修低些,薄的码脚使提琴发音更灵敏。心脏之上的部分高一些,有利于弦的振动能量更多地向下传导。

3. 面板拱弧度低的适用较高的码,反之用较低的码。

4. 由于季节变化和受到干湿度的影响,无论是码或琴都会有细微的变化。有时变化之大不得不更换码来适应琴的变动,因为改动琴将是件更复杂的事情。所以一个琴有时要准备几个码,以适应不同情况的需要。

5. 一个与琴匹配多年的老码,除非它有致命的缺陷不能再用,总是比新配的码效果更好。新配的码要经过多年不断地演奏,才会逐渐与提琴相互融合。

6. 如果提琴做得很不规正,或长期使用后发生变动,琴颈和指板偏离了最合适的位置,匹配码时必须作些协调。虽然不会太令人满意,但也是个权宜的办法。

◇ 如果码脚下的面板下陷或指板倾斜度不合适,可把一个码脚修削得更低些(薄些),使码向需要的方向倾斜。

◇ 若指板未对准琴的几何中心,可先让码与指板对准到一定程度,再把码上的弦略微偏离码的中心,使弦在指板上的位置尽可能理想,然后在码上部的一侧削掉些木料。

◇ 若低音梁的位置不准,可考虑把码略偏离面板的几何中心,对准码与低音梁之间的相对位置。

10.2.4　音柱

人们称音柱为提琴的心脏,不言而喻它主宰着提琴的声学品质。只要稍微改变一下它的直径、位置或木材的品质,就会使琴的声学性能发生大的变化。音柱必须用直木纹、劈开的云杉制作。秋材宽而纹理致密,木质坚硬的音柱,与木质松软的音柱会产生绝然不同的效果。

1) 音柱的位置是在高音侧的码脚之后,大体位置见表 10.4。表中所列的只是近似值,对于具体的琴要用试验误差的办法,找到最合适的位置。音柱必须直立安放,长度以弦放松之后,松紧度仍然能使它牢靠地站住为准。若尺寸和形状匹配得合适,安装音柱时它会自然地滚入预期的位置,只需略把它拉紧一点点就不会再掉下来。千万不要用猛力拉紧音柱,否则会损坏面板,对声学效果也没有好处。

表 10.4 音柱的位置和尺寸

单位：毫米

项　目	小提琴	中提琴	大提琴
音柱在码脚边缘之内的近似距离	1.5	1.5～2	3～5
音柱在码脚之后的近似距离	2～2.5	2.5～3	8～12
音柱的直径	6～6.5	6.5～7	10.5～11

2）先按音柱的直径把直木纹的云杉加工成圆棒，截面处应可见到木纹，以 1 毫米 1 条的间隔整齐地排列，木纹的密度也可因琴而异。棒的侧面木纹也应是条条笔直整齐排列，这对音响效果的影响是举足轻重的。

3）用专用的音柱长度测量器（见十一章），通过音孔在琴体内测量音柱应有的长度。或者用外径卡尺测量音柱处琴体的厚度，然后减去面板和背板的厚度得出音柱的大致长度。可略微加长一些，因为音柱两端要与琴板的弧度匹配。先把音柱两端修削成略带弧度的斜面，修削时要让音柱的木纹与面板的木纹相互垂直，然后放入琴体内测试长度和两端的弧度是否合适。

4）取直径约 1.5～2 毫米的硬金属棒，长度按琴的种类而定，以扣掉伸入琴体内的长度后，手尚能牢靠地拿得住就可以了。把棒的一端锉成扁而尖的形状，在音柱的侧面下 1/3 处刺入，使音柱牢靠地固定在棒的尖端。从孔体开口或下珠孔处把音柱送入琴体内，从音孔处观察音柱，把它初步放到应在的位置处。不要把圆棒去掉，从音孔和尾柱孔观察音柱，并用音柱安放器调节它的位置，如果长度和两端的形状不合适，就把它取出进行修改，可能要修改好几次。两端的斜面必须与拱很好地匹配，边缘不要有破裂的毛刺，最后用细锉修整。有金属圆棒在的好处是，不会因音柱安放器的触动使音柱倒下，减少了音柱放进和取出的次数。

5）开始时把音柱放在高音侧码脚之后靠近码脚的中心线处，音柱的前缘离码的背面约是音柱直径的一半。初步定位后先沿琴的纵向前后移动音柱，要轮流一点点地移动，用音柱安放器勾动音柱的上下两端。因为纵向移动时琴板的弧度变化较小，所以音柱的松紧度不会有太大的变化，容易调整好音柱的纵向位置。这样的移动能改变琴的音色，特别是高音弦的音色。音柱越移近码，琴声越强、越明亮，但太近时声音会变得高而尖，音质变坏，此时向后移动使它离开些码，琴声会变得丰润、柔软。通常高拱的琴，让音柱离码的后面远些，琴的音色会更好些。面板薄可放近些，面板厚则放远些。经常从音孔和尾柱孔处观察音柱，音柱任何时候都应该是直立在琴体内。

6）再把音柱横向移动，使它靠近低音梁或靠近高音侧音孔。由于中腰处拱的横向弧度变化大，故音柱的紧固度随位置的变动而改变，产生的效果更为复杂。音柱向低音梁方向移动，有利于低音域自由振动，4 弦会变得既高又强，但同时减弱了 1 弦的音量，因此移动音柱可均匀各弦的音响效果。音柱若安装得太紧，琴声会短促而生硬，低音域发闷。琴板的拱两侧低于中间，故把音柱向音孔方向移动时，

常需要把音柱削短,音柱才不至于太紧。音柱向音孔方向移动会增强高音域,但对低音域也有好处。因为面板有更大的面积,受到码通过音柱传来的振动。侧面的最后位置与低音梁基本上一样,音柱外缘离码脚外缘的距离与低音梁相似。如果太靠近音孔,1 弦的音色就会变得尖锐刺耳,4 弦会变得沉闷。一旦找到最佳的位置和松紧度,而且从音孔和尾柱孔观察到的音柱垂直度也合乎要求,就不要再移动音柱免得画蛇添足。

7) 安装音柱的过程中,人们总是想知道音柱究竟离码有多远。有个简单而又实用的方法(H. A. Strobel, 1997)测量码的具体位置和距离。取一张长方形的硬卡片纸,沿长的方向在纸中间用剪刀剪一条笔直的长缝。测量音柱在码之后的距离时,把豁缝上侧的纸片插入音孔内,并使它的下沿碰到音柱。这时处在面板之上豁缝下侧的纸片,它的上沿离码的距离,就是音柱离开码的距离,可用直尺量出具体尺寸。测量音柱外缘离码脚外缘的距离时,把下侧的纸片插入音孔内,使它的顶端抵住音柱。让上侧纸片的下沿碰到码脚的正面,纸片尖角离码脚外缘的距离,就是音柱外缘离码脚外缘的距离。

8) 因季节和干湿度的变化会影响到音柱的松紧度,故随季节和干湿度的变化要作适当的调整。调整时首先要放松弦,否则会损坏面板。而且只可略微把音柱的底端移动一点点,想作大的变动就必须重新匹配音柱。而且要注意从音孔处观察音柱的垂直度,因为是从琴的侧面看,所以前后方向的垂直度会是正确的。但由于拱的弧度会使音柱的底端看起来更靠近侧板,故观察左右方向的垂直度,必须从尾柱孔观察才不会产生这样的错觉。

9) 调整音柱是调音的重要手段之一,协同其他调音手段可使各条弦的声音平稳,不会在某个频率时声音特强。四条弦振动的力度均衡、发声灵敏,不用重压弓毛就能发出洪亮而又清晰的声音。用手指拨动任一条弦,琴声可连绵不断历时悠长。演奏高把位时琴声也要同样清晰明亮,低音弦不应发闷或缺少共鸣,高音弦不应发涩刺耳或发不出声。琴声优美均匀的琴,虽然新琴时不够响亮,只要坚持不懈地演奏,以后琴声会既响亮又优美的。

10.2.5 不协调音

不协调音是共鸣现象的结果,因此一些音色和共鸣俱佳的提琴最会受到不协调音的困扰。当琴体的固有频率与不协调音的频率一样时,强烈的共鸣干扰了弦的振动,就会出现"孪生共鸣"扰乱琴声,由此产生的涡音就是不协调音,实际上是过度振荡的结果。表现为脉冲或节律性跳跃,但与开胶引起的格格声要区别开。琴板的厚薄不均匀或面板太薄时易出现涡音,太重的指板也会加重涡音,可从指板的底面去掉些木料。小提琴的涡音常出现在 G 弦的 C 或升 C 音处。大提琴在 G 弦的降 E 和升 F 音之间,或空弦之上八度,另外就是 G 弦的第四把位。消除涡音的办法大致有以下几种:

1) 大提琴用的商品涡音消除器,最普通的类型是放在码和弦总之间的 G 弦上,也可以用一根黄铜管套在 G 弦上,把它沿着弦移动直到涡音减轻或消失,然后紧固在这个位置上。当涡音消除器移到中间位置时频率最低，移向码处频率升高。若增加它的重量频率会降低，但没有必要时不要加大重量。

2）另一种涡音消除器是要粘贴在大提琴面板里面的，调试时可用蜡或油灰暂时粘在外面，位置在音孔之下约45毫米处。相对于大提琴不同的涡音范围各有一种消除器，可利用的商品有针对涡音范围在D～E、降E～F和E～升F的。

3）可稍微调整一下音柱的位置，使涡音处在两个音调之间，但这样很难完全消除涡音。另外音柱细一些，也可能减轻涡音。

4）试试用细一些规格的G弦，可能也有作用。

5）在码和弦枕之间的弦上放一个弱音器，移动它的位置使涡音减弱。

6）演奏者可用揉指和弓法降低涡音，如多揉几下、弓离码稍远一些、用更大的弓压力、改变弓速、用双膝略挤琴等。以及用谐音降低涡音的方法，如当涡音是在G弦的F音处，可用手指碰一下C弦上的谐音F音。

7）临时的解决办法是把软木削成楔形，垫在弦总下面。

10.2.6　杂音

正常的提琴是不会有杂音的，如果听到琴声中有杂音，必然是琴的某个部分出了问题。有些杂音让人捉摸不定，难以找到产生的原因。这里也只是就可能的原因提供一些线索，主要还是靠个人的经验和细心寻找，再根据杂音的缘由对症处理。

1）粘合缝脱胶、琴板和侧板出现裂缝、老的裂缝开胶等，可以说是经常会碰到的问题。尤其是细如发丝的裂缝、嵌线松开、琴内补片或贴片开胶、虫蛀、孔道内的填充物收缩松动，由于难以肉眼觉察或是在琴体内，常会带来较大的麻烦。

2）敲击琴边检查粘合缝时，常会感到有接缝松动，但是又看不见哪里脱开。碰到这样的情况往往可能是衬条松开，因为低音梁不太会松开，即使有松动也不会引起杂音。可以把琴板与侧板的接缝打开重粘一下，也许会把松开的衬条也粘好。

3）弦总上调音器的螺丝或调音杆松动，会产生金属杂音。尾根的端头或弦总碰到面板、弦总本身裂开或横梁松动，也会产生各种各样的杂音。

4）弱音器在弦或码上卡得不够紧、腮托碰到面板或弦总、琴弦脱皮或套在E弦上的小管子松开、指板松开、大提琴的撑脚松动、旋轴或其他部件上的小装饰件松动，也会产生杂音。

5）由于面板码所处的区域振动十分强烈，所以如果码上的弦沟太深、码脚底面与拱的弧度未配合好、码脚下有杂物或漆膜脱开、码背面未与面板表面垂直等，很可能也会产生杂音。

6）指板的纵向凹陷不够深或弧度不合适，使按住音符之后的弦与指板磨擦产生杂音。弦枕的高度过低，或弦沟因磨损而变深和变宽，弦碰到指板表面产生杂音。

7）弓毛太松或演奏时弓杆过于倾斜，弓杆碰到了弦必然会产生杂音。若弓杆缺乏弹性或弓毛偏短，弓毛已绷直但弓杆离弓毛的距离太近，弓杆也容易碰到弦。

10.3 关于音色

古提琴和琵琶的制作者,谈到琴需要多少年后才能老化到最佳声音。他们认为因情况和条件的差异而需要不同的年数,一般要二十到四十年,但有些很有名的琴,具有好的音色和共鸣,历经八十年还没有进入它的最佳状态。古提琴是提琴的祖先,所以这条规律显然也适用于17世纪前后的提琴以及现代的提琴。

刚做好的新琴可能具有好的音色和音量,但离它的最佳状态往往还需要几十甚至上百年。所以只能说当它上了年纪和成熟之后会是个好琴,将来能更自由轻快地振动,发出抒情甜美而又丰满的声音。年龄会使木制的乐器变得更加完美,所以古老的提琴和琵琶,比新制的琴具有高得多的身价。一个品质好的新琴,等它老化后无疑会更优秀。老化提琴的所有部件和材料,特别是漆会随年龄增长而日渐干透,材料的组织结构变得稀疏而又坚固,组织空隙中可能充有空气,使琴体更容易自由振动,振动能在琴板内广泛传播,微弱的能量即可产生绵延不绝的共鸣,具有更好的可演奏性。

提琴演奏者的经验是年代和演奏都会改善乐器的品质,演奏可能是比年龄更为重要的因素。老琴如果在它逐年成熟的时期,未经连续而又具有活力的演奏,声音的熟化将是缓慢的。但人的生命会有盛衰这是自然规律,每个琴也会遭受到不同的经历,所以琴常常会被搁置在一边,声音的熟化过程处于间歇状态。长时间未演奏或是拙劣的演奏技巧,就很难使提琴在短时间内变得更好。演奏意味着增长琴的声学年龄,也是琴声成熟的真正要素。有时即使十几年不间断地演奏,也不一定能达到目的。放置得年代久远而没有演奏的琴,虽然材质老化也会对改善音色起到一定作用,但与不断演奏的琴比较,声音熟化还是远处于幼年阶段。即使制琴名家用极其老化的木材制作提琴,也不会发出经几十年如一日,不断有活力地演奏的琴那样的声音。一些收藏保管得很好的斯特拉第瓦利琴,全新而未演奏过,外观也像刚做好的那样。虽然它们的声音是有力丰满的,但仍然是新琴特有的声音,至少要再演奏十年以上才会改善。一个新琴需要每天演奏十小时,不间断地演奏十年以上,才会使琴的声音逐渐成熟,显然间断演奏的琴可能需要几十年。

音乐的发展趋势和演奏技巧的进展,促使提琴制作者顺应潮流的需求,不断地改进提琴的某些方面。随着提琴音域范围向上扩展,资深的独奏家热衷于追求在高把位上演奏的速度和力度,要求提琴在高把位能演奏出尖锐而又明亮的音色,使公众在演奏会上能清晰地听到他们灵巧的演奏技艺。但数量更多的一般水平的提琴演奏者,大部分的时间是在乐队内演奏,需要提琴的音质具有穿透力和传远效果。

提琴制作者都明白琴的声学效果牵涉到许多因素,这些因素有些已经知晓,而另一些还需要不断地探索。同一制作者做的琴彼此都会有差异,而不同制作者的

琴，由于采用的工艺和规则都是一脉相承，琴的品质具有亲和性。另外，具备完美素质的琴只是极少数，各种优秀品质常难以共存，如琴声的明亮会被丰厚所替代，发音清晰的琴会不太响亮，具有强的穿透力又会丰厚不足。要想让一个琴表现出众多的优点，如绝对美好的音质、辉煌的音量、完美的清晰，显然是一种奢求。但是斯特拉第瓦利 1715 年制作的的小提琴“Alard”，几乎集合了所有的优点。琴的音色特征与演奏者的技能更有密切的关系，演奏者的天赋和演奏方法会是决定性的因素。一位演奏家在某个琴上能发出洪亮而又宽广的音色，另一位在同一琴上可能会演奏出相反的效果，甚至用了不同的琴弓也会得到不同的效果。拙劣的演奏者即使拥有世界上最名贵的琴，发出的琴声也可能会比普通的琴都要差。即使人们能够从演奏乐曲的风格和琴声中，识别出是哪位优秀的演奏家在演奏，也很难说单从琴声就可识别是在演奏哪个琴。有才华的艺术家能够得心应手、运用自如地演奏，让提琴以本人的风格解释古典和现代的音乐作品，演绎出原作者最高雅的灵感和灵活多变的旋律。琴与演奏者之间的融合，也是要经久不息地演奏才能达到升华的境界。

对提琴声音的判断也会带有人们的主观性，吸引某些听众的音色特征可能正是另一些听众所批评的。琴声的传远效果常是人们所关注的，试听时注意于测试琴的共鸣。当然在大的音乐厅和广场中演奏，提琴必须具有好的传远效果。琴声的传播必须在弓离开弦后，弦依然振动使琴发出有力而又绵延的声音，此时弦的振动不再受到弓的牵制和阻尼。多数演奏者认为运弓力度愈大琴声会传得愈远，确实许多琴可以用强的力度演奏，而且演奏者本人听来也完全满意，但是听惯室内乐的听众，就不会因琴声的洪亮和辉煌而有迷人的感觉。虽然人们都肯定斯特拉第瓦利和瓜内利，以及其他著名提琴制作家的琴，在音色和音量上都各有特色，但是具体到个人还是会偏爱某位制作者的琴。甚至于偏爱的原因并非声学效果和制作工艺，只是因为制作者的名声或产地的缘由。就如能够演奏名琴是一些演奏者的奢望，其实使他们获奖和成名的提琴，正是那些名不见经传的普通琴。

由于我们对于古琴原来的声音没有太多的感性知识，加上历代众多受人赞赏的伟大演奏家用了斯特拉第瓦利的琴，从乐器华丽的琴声中获得了他们的名望，但几乎没人留下任何关于琴声和个人见解的文字记载。即使他们写了自己的传记，也完全没有描述和分析过提琴的声音，也没有一个字表示对他们的嘉奖。所以近代对于斯特拉第瓦利琴的声音的任何定义，都是根据目前尚存的数量很少的琴所作的带有些主观臆断的揣测。又因斯特拉第瓦利的成就和名声，19 世纪初期的提琴制作和修理大师，除了对老琴作必要的修改以符合现代音乐发展的需求之外，还按照斯特拉第瓦利的琴板厚度，对许多古琴都作了修改。包括瓜内利·台尔·杰苏的小提琴，甚至于他本人的个别琴也未能幸免。故对各位大师制作的琴进行音色特征的相互比较，更因为这些不负责任的修改，变成了一个较为复杂的问题。

近代人们企图复制古代大师们的提琴以获得好的声音效果和高的商业价值。但在复制阿玛蒂和斯坦因纳的提琴时，过度地夸张了拱的高度，使琴声缺乏力度，音质不稳定。与此正好相反的是，在仿制其他大师的提琴时，又总觉得拱不够平

坦，如此光凭眼睛观察就下结论是不对的，其实即使受过严格训练的眼睛也会受骗。无论琴边是宽的或窄的、隆起的或平坦的，木材的图纹是卷曲的或平直的、条纹是宽的或窄的，以及漆的颜色和光泽，所有这些特征单独地或联合在一起，都会导致眼睛出错。提琴的结构要素，如不同部位处琴板厚度的逐渐变化、侧板高度、音孔的位置和形状、结构的稳定性和整体尺寸，都要设计得与拱的形状相适应。不同的配合会影响琴的音色，而对音量的影响将更是难以估量的。

斯特拉第瓦利的一生始终在探索如何能获得既符合提琴自身发展规律又能吸引顾客的琴声。他不断变动着琴的尺寸、外形、结构和拱的形状及其所占的面积，但是具有特色的声音始终保持不变，说明他已解决了一生中所追求的目标。从1704—1720 年的十七年间，他把先辈们乐器的长处，恰如其分地汇合成整体的优点。琴声既如玛基尼琴那样地广阔和洪亮，又如阿玛蒂琴那样明亮和具有木质感，整个音色显得柔顺，但比阿玛蒂琴更为辉煌、丰满和有力度。由于琴的尺寸较小，所以降低了演奏难度。因此在一般水平的演奏者手中演奏时，会有伟大的和富有灵感的演奏家的效果。从 1720 年直到他去世，其间制作的琴虽然是中等尺寸的，但由于略带方形的外形轮廓和音孔，平坦的拱等，显得不寻常地茁壮和坚挺，初看起来有些不太精致但其实不然。其声音特点是有生气和穿透性的洪亮，但音色不够柔顺，并略带尖锐的金属声，发声也不太灵敏。不过具有超常感染力的声音效果，极适合演奏能手使用，训练有素的演奏家能够克服发音不灵敏的弱点，使提琴清晰地发出声音。在他们的手中各具特色的名琴，发出的音质能使人兴奋，力度和深度能使人惊讶。能运用琴的不同表达能力，恰如其分地诠释乐曲的内涵。

10.4 克雷莫那学派的方法

古代提琴的制作过程与现代有些不同，克雷莫那学派的方法当时在意大利是主流。通常都认为阿玛蒂家族开创和发展了克雷莫那学派的制作方法。四代人跨越了近乎两个世纪，包含了整个克雷莫那古典提琴制作时期，直至 18 世纪上叶。他们的影响是人们所公认的，古代克雷莫那提琴制作者都遵循他们的设计和制作方法。著名的斯特拉第瓦利家族和瓜内利家族也是秉承了他们的传统和基本制作规则。阿玛蒂传统工艺的许多方面仍然是现代提琴制作者所遵循的，只是在琴颈、低音梁和琴弦等方面作了改进，以适应现代的音乐和演奏技巧的需要。

1）模具

使用内模具是阿玛蒂系统的核心，是克雷莫那制作法的精髓。17 世纪时很难找到除克雷莫那外的提琴制作者始终不渝地使用这样的模具。在内模具上粘贴六块支撑木块，并按样板切削各木块。斯特拉第瓦利用两个独立的琴角样板，一个是上琴角，另一个是下琴角，对侧的琴角只要把样板翻个面即可。

2) 侧板

用整条的上侧板是克雷莫那的惯例,因为琴颈是固定在上侧板和上支撑木块上的。由于它的长度与背板木料差不多,所以往往是从同一块木料上取材。下侧板如果采用整条的,由于背板木料的长度不够,故必须从另外的木料上取得,图纹与背板和上侧板可能会不一样。先从中腰处开始修削琴角支撑木块和粘贴中侧板,待中腰侧板完成后再次修削琴角木块,分别粘贴下侧板和上侧板。

3) 衬条

中腰衬条的两端镶嵌入角木块中,在侧板框脱离内模具之前,就粘好背板和面板的衬条,并修削好衬条,使侧板框脱离模具后有较好的强度和弹性,既便于脱模又可在粘到背板上时,根据需要作各种必要的调整。脱模之前先把侧板与支撑木块一起刨平,侧板高度以下木块的高度为准。待侧板框粘到背板上之后,从上角木到上木块一起加工出一个坡度。以后粘面板时在面板的上部加一定的压力,使它带些坡度地粘牢在侧板框上,有人推测这样的做法对声学性能会有好处。

4) 背板和面板

背板用径切或弦切的枫木制作,既有拼板也有独板。面板用径切的云杉制作,都是拼板的。先刨平琴板的底面,独板的还需要画出中心线,拼板的中心线常与拼缝是一致的。侧板框未脱去模具时,在上木块和下木块上,为背板和面板钻好定位钉孔,位置相当于在中缝的嵌线处。用定位钉固定琴板在侧板框上的位置,然后分别画出侧板框的轮廓,不过这并不是琴板的最后形状,可能只是琴板外形的参考。

5) 琴颈

古代小提琴的颈较为短而粗,而且是直的,琴颈弦长是123毫米。其与琴体上端不是用接榫镶嵌和粘贴在一起,而是用三个铁钉,穿透上木块和上侧板,把琴颈的脚跟钉牢在琴体上。所以上侧板都是用整条的,现代做法就没有必要用整条的上侧板。固定琴颈前先脱模,使各个支撑木块都悬空,便于在上木块上打孔和钉钉子。被打开的侧板框其内部面积变得大于模具,中腰部分可极度伸展,使衬条能越过模具。深深镶嵌的中腰衬条,会很牢固地使角木块与侧板结合在一起。

脱模后修削各支撑木块的内侧,使侧板框的内侧成吉他形。把琴颈脚跟向着琴体的那面,修削得与琴体顶端上侧板的形状相匹配,古代的琴颈脚跟较厚重。虽然只用三个穿透上木块和上侧板的铁钉固定琴颈,但为了避免钻孔和钉琴颈时出现滑动,有时另加两个不穿透上木块的定位钉。琴颈固定好后,脚跟与钮相结合处刨得与侧板和上木块底面平齐,待粘到背板上后再与钮一起修削成形。

侧板框连同琴颈的整个构件,依靠定位钉定位后放到背板上。利用侧板框的弹性,使琴颈的中线与下木块的中线对成一线,而且更重要的是这条中心线必须两等分背板的中腰。然后把六块支撑木块夹在背板上,同时参照未脱模时的侧板框图形,分别松开夹子调整位置。位置确定后把侧板框夹住,再在背板上画出侧板框里面和外面的轮廓,以及琴板的外形轮廓。

6) 制作拱和厚度

先制作背板的拱,做拱时可能琴板的周缘没有挖槽。加工厚度时在背板的中

间区域，从底面钉入一个圆锥形的木钉。钉子的直径约1.5～2.5毫米，钉孔刚好到达拱表面。由于木钉的粗端是在拱里面，外端尖细所以从拱的表面上看不明显。木钉的位置表明这里是背板的最厚点，也是加工厚度时不会被工具削掉的永久性标记，背板的厚度分布是以钉为圆心画分的。钉孔的位置也可能离琴体顶端更近些，比离底端的距离短约几个毫米。

拱和厚度完成后，就在还没有挖槽和镶嵌线的背板上，参照定位钉和侧板框外形，永久性地粘上连同琴颈的侧板框。由于琴颈的脚跟面是与侧板平齐的，所以要在脚跟上切个槽，以容纳面板顶端的琴边。面板也要用木制的定位钉定位，对准中心线后按侧板框的轮廓，画出侧板框外侧、内侧和面板外形轮廓图，然后制作面板的拱和厚度。由于侧板框已粘在背板上，所以整个结构很牢固，已不能协同面板作任何调整。如果侧板在背板上粘得歪斜，就会使面板的形状与背板不一致，把琴体侧过来从后向前看，琴体也会是歪扭的。

7）音孔和低音梁

琴颈中心线与下木块中心线的联线，应使音孔上珠等距地分布在中腰几何中心线的两侧，不过几何中心线不一定与拼合缝一致，但两个上珠离中腰琴边的距离是相等的。因为琴颈中线与下木块中线的联线，已调整到两等分背板的中腰，而且上珠是由面板中腰琴边处的圆规孔定位的，所以面板上音孔的位置一般不会有太大的误差。克雷莫那学派非常重视的规则是，必须使琴颈与音柱、低音梁、弦总以及音孔上珠之间的区域排成一线。

音孔上下珠之间的距离，在同一琴上往往是一致的，但琴与琴之间可能略有些差异。上下珠的位置定好后，用切割孔的工具与拱的弧面成直角钻孔。上下珠之间是用实体的孔体纸样板予以连接，实体样板比空心的外模样板具有更大的灵活性。用钉固定样板的一端或两端，参照码的位置画出音孔体。如果上下珠之间的距离有误差，可以移动样板改变孔体的长度，灵活地画出整个音孔。

开好各个珠的孔后修削孔体就比较方便，削好整个音孔后在下端的翅上用半圆凿从翅尖向上挖出槽，而且与中腰琴边处的槽融为一体。最后在码的位置处开两个缺口，缺口分布在音孔高度中心上下的内外侧，内侧的缺口将来与码的横向中线对齐。

音孔完成后粘贴低音梁，古代小提琴的低音梁高度是7毫米、宽为4.5毫米、长度为240毫米。在合琴之前粘贴标签，虽然只是一张纸条，却是判定琴身价的重要依据之一。

8）嵌线和琴边

面板和背板都是在粘到侧板框上之前，先把琴边靠底面处的边缘倒成斜边，这样可避免修圆琴边时工具伤及侧板。在面板和背板都粘好后才做嵌线，嵌线是用两片黑色的木皮，中间夹白色的白杨木或山毛榉木皮，一起预先粘合而成，使用时按照琴边的形状弯曲成形。

用双刀片或单刀片的嵌线刀，把嵌线槽切割到需要的深度，再用窄口平凿雕去槽中的木料。放入嵌线并用胶粘好后，用半圆凿削掉嵌线突出的部分。再用宽度

与琴边槽相似的半圆凿,连同嵌线一起修削出琴边周围的槽,槽外侧平的琴边要留出一点宽度,小提琴是 2 毫米,以后是脊的位置。

槽开好之后开始修圆琴边,先把琴边的上边缘也倒出斜边,然后把整个琴边修圆。最后用刮片修整周边的槽,使槽和嵌线与琴边以及拱的弧融为一体。槽与琴边内缘交界处,也就是 2 毫米处应修成脊,脊的外侧是圆的琴边,内侧就是槽的外缘。

9) 指板和钮

剩下的工作是粘指板和修削钮,因为古代琴颈的指板表面与侧板是垂直的,所以在指板与琴颈之间粘一块楔形的枫木板。改变楔形板的坡度,可调节指板指向码的投射高度。由于指板不用乌木或仅镶嵌些乌木,而且较短仅长 215 毫米,故比较轻。弦枕处的宽度是 25.5 毫米,下端宽 40 毫米,表面的曲率半径是 52 毫米。因为码比较低仅 29 毫米,故指板安装得较平坦。指板粘好后连同楔形板修正颈和指板的形状,把指板两侧的上边缘修圆,下边缘和侧面与琴颈一起修圆滑。

用圆规在背板上画出钮的形状,连同颈脚跟的底面一起成形,使钮与脚跟融为一体。再把钮的背面修薄,最后在钮的边缘做出倒边。

10) 弦枕、尾枕和尾柱

弦枕的宽度为 25.5 毫米,指板粘好后在顶端粘上弦枕,并修出弧形和开出定位弦的槽。在面板的底端切出尾枕的位置,切口刚好抵达下木块表面,把尾枕镶入并粘好。在下侧板中线的中心处,略微偏下一点点钻尾柱孔,这样在尾柱受到弦的张力时,尾柱会偏向孔内滑动。

11) 音柱和腮托

古代的音柱比较细,直径为 5 毫米。古代不用腮托因为演奏小提琴和中提琴时,基本上都只用到第一把位,腮托是后来演奏技巧发展之后才有的。所以在古琴的面板右下边漆面上,常常会有被胡须磨损的痕迹。

第十一章 工　具

制造任何物件都少不了使用各种各样的工具，提琴是用木材制作的，所以用到的工具大多是木工工具。除了手工用的工具之外，一些小型的电动工具也是不可缺少的。此外还需要一些专为制作提琴而设计的工具，其中有些已由专业制作者做成商品出售，但有些需要自己制作。其实工具不在于多，少而精是提琴制作者必须遵循的原则。制作提琴是细木工中的精细木工，要选用最好的、具有专业质量的工具。而且必须精通使用和保护它们的方法，再好的工具未能正确地使用，就发挥不了它们应有的功能。愈是精细的工具，往往愈是容易受损，粗暴和过度地使用，很快会使它们变得粗糙。提琴修复者和制作者都非常珍惜他们的精细工具，把其当作自己最得力的助手和朋友。有想象力和创造力的提琴制作者和修复者，还会设计和制造许多有用的工具。

11.1 测量工具

制作提琴需要遵循已标准化的，或已为制作者和音乐家所认可的尺寸，所以尺寸是制作提琴的主题之一。各类提琴都有自己的音域，调音时每条弦都定到应该发出的音调，故定音和频率测量是制作提琴的主题之二。因此度量和调音的工具和仪器，是制作提琴时必备的工具。

11.1.1 度量工具

度量工具是提琴制作者必不可少的工具，没有方圆就没有精确的形状和比例，也就无法想象做出的提琴会是什么样子。常用的工具如下：

1）钢板直尺

尺面的刻度可测量长度，尺身用于画线，尺的直边可测量表面的平整度或下凹度。常用的是150毫米、300毫米和500毫米长度的直尺，另可备一把1000毫米的直尺。

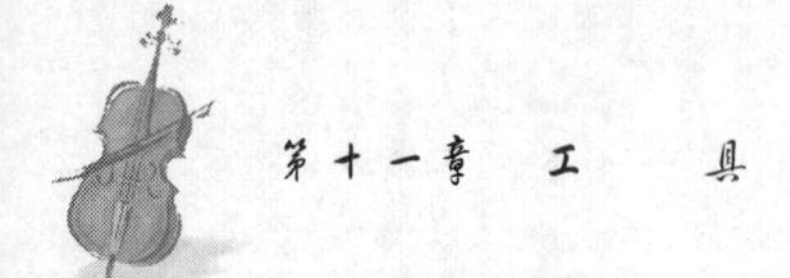

2) 钢卷尺

钢卷尺体积小,携带方便,尺身富有弹性,无论直的或跨拱的尺寸都能测量。一般选用两米长的卷尺,最好标有公制和英制两种尺寸,这样可直接把英寸转换成毫米。若另备一把半米的钢卷尺,使用的频率可能会更高些。

3) 卡尺

1. 游标卡尺

选用量程 150 毫米和 200 毫米的较合用,能够直接读数,精度为 0.02 毫米。可测量外部尺寸如旋轴盒外侧的宽度、琴颈厚度、音柱直径、低音梁厚度等,内部尺寸如旋轴盒内部的宽度、孔的直径、琴上的侧板高度、弦的间距等。并可测量深度和高度如旋轴盒的深度、码的高度、指板投射高度、低音梁高度、表面的凹度等。

2. 普通卡尺

有内径卡尺和外径卡尺两种,虽然没有刻度无法直接读数,但两条腿有各种规格的长度,可以跨入大宽度物件的中间测量尺寸,游标卡尺因腿短是做不到这一点的。在初步制作共鸣板的弧度和厚度时,使用普通卡尺比厚度规更方便。一次调好两脚的跨度尺寸,就不需要每量一次就得读一次数值。

4) 测微尺

量程 0～25 毫米,精度 0.01 毫米的测微尺,用于测量侧板和嵌线的厚度,以及弦的直径等。

5) 厚度规

制作共鸣板的弧度和厚度时,用它可精确地直接读出具体数值。两条长臂有不同的规格可以选用,可跨入板的中间,精确地测量弧度和厚度。如果量程大于 10 毫米,就选用读数精度为 0.1 毫米的十分表,它的最大量程是 20 毫米。测量琴板的厚度时,如果要求读数精度为 0.01 毫米,就选用百分表,它的最大量程为 10 毫米。

6) 角尺

有宽座角尺和刀口角尺两种,用于精确测量 90 度角。如把木块刨成方方正正的木料时,用它可测量各个面是否都相互垂直。拼合琴板时,测量板的内面是否与拼合面垂直。制作内模具时,测量模具的周边是否与基准面垂直等。

7) 量角器

可精确测量各种角度,如琴颈的角度、弦跨在码上的角度、指板两侧的角度、大提琴旋轴盒肩的角度等。

8) 绘图仪

圆规用于画各种直径的圆,是制作样板和模具时不可缺少的工具。分度规可画等分的距离,如弦之间的间距。在尺和工件之间转移尺寸,如画琴边宽度和槽的位置,以及找中心,如圆的圆心和琴板的中心线等。

9) 厚薄规

是一整套不同标准厚度金属片的组合,用于测量间隙的大小,如弦枕处弦与指板之间的间隙。制作共鸣板的厚度时,用相应厚薄的金属片组合成需要的厚度,确定钻头尖端与木钉之间的距离,可方便地控制钻孔的深度。

10）螺纹规

是一套不同尺寸和螺距的模板，可测量螺丝和螺母的尺寸和螺距，用于测量琴弓和腮托等的螺丝和螺母。

11）公制秤

天平秤或小秤，称量范围约 500 或 250 克以下，感量 0.02～0.1 克，配漆和胶时用于称量各成分的重量，以及称量弓的重量。

12）量筒和量杯

配制胶和漆时用于度量水和酒精等的体积，度量范围从 5 毫升到 250 毫升。

13）标准平板

标准平板能提供作为基准的平整平面，制作模具、琴板、琴颈、侧板框等，都需要有个标准平面作为基准面。所有的其他尺寸和位置，都要从这个标准平面开始测量和计算。

11.1.2 调音工具

提琴是个乐器就免不了要定音，否则每条弦上的指法将无法定位，也就奏不成乐曲。一个交响乐队如果没有标准音，每个乐器各有一调，整个乐队奏出的就不是音乐，而是乱七八糟的噪音。

1）定音叉

定音叉虽然是比较传统的定音工具，但简单可靠且价格低廉，故至今还是为人们所乐用。常用的定音笛价格更为低廉，不过与定音叉相比音准将大为逊色。

2）电子频率计

由于集成电路和数码技术的高度发展，许多复杂电子仪器的体积大大缩小，功能却更为强大。过去乐器或乐队定音只能靠定音叉，现在可用体积如半个巴掌大小的电子频率计。功能包括标准的 A 440 赫兹，自动定音阶和以百分比表示的半音阶。有连续可调的音频，可用于准确测定琴板的叩击声。

11.2 切削工具

切削工具指的是只有单个切削刃口的工具，如刀、凿、半圆凿、刨和刮刀，切割时只削掉单片木屑或木皮。磨快这些工具是比较费时费工的，但是锐利的工具才是最安全的。想要使这些工具磨锐利后，使用的时间能够长一些，就必须使它们不过载。也就是说不要切得太深，也不要撬得过分，这样做既损伤刃口也易损坏木料。一旦感到刃口不锋利，必须立即重磨，性急只会浪费时间。

11.2.1 刀

刀是斜刃的切削工具，对提琴制作者来说是最万能的工具，各种大小尺寸的刀

都各有用处。若采用扁平的刀柄在磨刀时比较方便，如果刀柄是活动的，在某些场合用起来更为得心应手。如嫁接琴颈时，因为没有刀柄的阻挡，刀可更深入工件。刀应分为切割硬木材的和软木材的，刀刃的陡度与钢的硬度要配合适当，这对保持刀刃锐利是很重要的。切割硬木的刀，刀刃斜面的角度要陡些，使刃口处的钢厚些，这样刀刃不易崩裂，能更长时间保持锐利。根据砂轮上磨出的火花可判断钢的硬度，橘黄色火花的钢硬度适中，火花颜色浅表明钢的硬度更高些，火花颜色偏橘红表明钢的质地较软。根据不同场合的需要，刀可磨成两侧是斜面或仅一侧是斜面，单斜面刀的斜面可在左面或右面。利用各种类型的旧锯条改制刀是最为合适的，刀的各种形状见图 11.1。

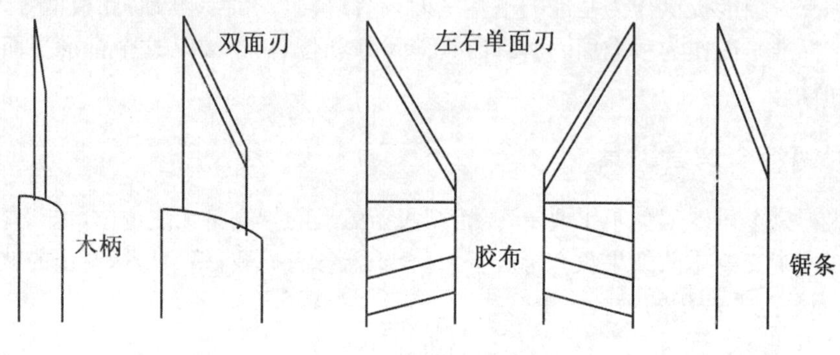

图 11.1　各种各样的刀

11.2.2　凿

各种规格的凿也是使用率很高的切削工具，制作弧度和厚度、开槽、挖空旋轴盒、雕刻旋首、修复琴板和侧板等，都少不了各种各样的凿，凿与刀的不同处是凿仅一侧有切削斜面。

1) 平口凿

平口凿是直刃的切削工具，需要备一套不同宽度的平口凿，最常用的是 8 和 14 毫米。最窄的仅 1.2 毫米用于挖嵌线槽，最宽的 32 毫米用于切削较大的平面，如琴颈脚跟两侧的斜面。

2) 斜口凿

斜口凿与刀一样也是斜刃的切削工具，它的主要用途是修平切削面。另在某些场合下，直刃的平口凿因凿柄的阻挡很难操作，而用斜口凿会很方便。而且刃口可磨成左斜面或右斜面，使用起来有更大的灵活性。

3) 半圆凿

半圆凿的形状虽然是半圆的，但也属于直刃的切削工具。在切削槽时为了减少木材碎裂，应把刃口中间部分磨得稍向内凹下些。而雕刻旋首时为了避免切入太深，应把中间磨得稍向外凸出些，两个角略带些圆，在这样的情况下刃口就不是直的。半圆凿除了不同宽度之外，同样宽度的还要有不同的曲率半径。切削圆柱形的半圆凿，刃口的斜面在外侧，凿的内侧壁是直的，这样可凿出直上直下的切割

面。如雕刻旋首的眼和螺旋的柱形翼，就要求加工成直上直下的柱形。用于挖空木料的半圆凿，刃口的斜面在内侧，这样有利于切入木料，而且外侧的切削面较平整。所以半圆凿的数量会很多，可选购常用的几种规格，不必整套地购买。不过究竟需要买哪些规格，要根据制作的提琴类型和尺寸而定。但最常用的是初步加工弧度时用的、宽度约 28～32 毫米的半圆凿，凿柄要长些，而且木柄的端头车成一个大直径的扁圆形，让肩部可顶住凿柄向前推动。开槽时常用的是宽度 8～14 毫米的半圆凿，让凿的宽度与槽的宽度相似，开槽时既省时又省力。

11.2.3 刨

大多数刨是直刃的切削工具，但是圆底刨的刃口呈圆弧形，如小的圆底拇指提琴刨。常用刨的刨铁切削斜面在底面，但木块刨的切削斜面在顶面。前者的刨铁与刨底面之间的角度比较大，后者的安装角度比较小。另外，刨硬质木料时刨铁也安装得比较陡，以减小进刀深度。另有小角度的刨，除可调节刨铁的左右倾斜度，使刃口与切削面精确平行外，还能调节木皮出口处的窗口大小，使切削出的木皮极薄。

若使用铁制的木工刨，当刨铁被夹紧时，要注意刨身的底面是否变弯，刨铁的刃口与刨子窗口处的底边之间是否贴住，有没有形成台阶。如果刨铁的钢材较软，或木材的质地较硬，磨刨铁时刃口的斜面要窄而陡一些，使刃口有较高的硬度。

11.2.4 刮刀和刮片

刮刀和刮片只是个体大小和用材厚薄区别，它们的功能基本上是相同的。用刀、凿、锉和砂纸加工过后，在木材上都会留下痕迹，必须用刮刀或刮片修整才能使表面光滑如镜，而且枫木的图纹经刮片处理后会更明显。琴板内面加工到最后，一定要用刮刀刮光后再作其他处理。提琴在上漆之前需要用水和刮刀，对所有的表面作多次膨胀和刮平整的处理。刮刀的刃口与刀不同，用厚于 1 毫米以上的钢板制作的刮刀，实际上是使用钢板边缘的两个直角边作为刃口，所以磨刮刀时是把钢板的边缘磨成直角，再用钢制的磨刀圆棍，把两侧推成 15 度角的窄斜面，可用于刮粗糙的表面。用薄钢片制作的刮刀或刮片，刃口磨成约 45 度的斜面，再用钢制的磨刀圆棍，把刃口推成 15 度角的单个窄斜面，也可不做出斜面。窄刃口的功能是刮而不是切，适用于刮平较浅的纹路。要获得光滑而又平整的表面，可用刃口锐而富有弹性的薄钢片制成的刮片，不必再推出第二个斜面。

用中硬度的弹簧钢制作薄而有弹性的刮刀或刮片，厚度约 0.25 和 0.5 毫米。各种类型的锯条，从机用锯条到手工用的锯条，都可改制成厚薄和软硬不同的刮刀或刮片，以适应各种用途的需要。刮刀和刮片可做成各种各样的形状，这取决于工件的形状和需刮的面积大小。

11.2.5 斧

使用斧的场合并不多，但是想要得到木纤维走向一致的木料，就必须用斧劈开

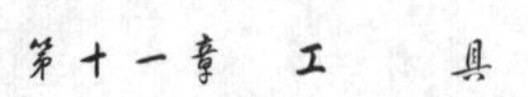

木材才能达到目的。另外想去掉较多余料时,用斧劈是最快的方法,所以即使用的机会不多,也必须备一把大小合适的斧。

11.3 锯割工具

各种各样的锯如木工锯、美工锯、镘(钢丝)锯、阔背锯、钢板锯等,多是有一组切削口的工具。

1) 木工锯

大、小木工锯用于锯圆木、分割楔形料、锯侧板等,是最普通而又常用的锯割工具。

2) 美工锯

美工锯的锯条走向,可利用两端的固定螺丝调节。故而可控制锯条沿着轮廓线移动,在锯琴板和琴颈等时非常合用。不过锯弓的跨度较小,碰到线条复杂些的部位或工件较大,锯条就可能拐不过弯来。

3) 镘锯

镘锯的锯条可以是钢丝,安装在用竹制的弹性锯弓上。也可以是细窄的锯条,安装在普通的木工锯上。前者的跨度较大,可锯形状复杂而又较宽大的物件,如大提琴的琴板等。后者的锯条较结实,能沿着轮廓锯较厚的木料如琴颈和旋首的毛坯,效率也比前者高些。

4) 阔背锯

阔背锯的锯背相当宽,因而具有很好的硬度,锯口是一排直的细齿锯刃,锯侧板时能保证锯口非常平直,使侧板两端对接时更为方便,缺点是不能锯得太深。

5) 钢板锯

锯齿排列在锯口的斜坡上,所以锯背靠把手处宽,另一端较窄,形状是梯形的一半。钢板锯有大小不同的尺寸,小的适合锯三夹板和枝条等,大的可锯各种各样的木料。

6) 镂空锯

结构与美工锯相似,但锯弓部分的横跨度比美工锯长1~2倍。用的锯条较短,仅120毫米左右,但比较细,适用于镂空木料,如提琴上的音孔用它镂空是最合适的。

11.4 锉磨工具

锉的功能部位是由多组大小规格相似的切割刃组成,刃口的排列也有一定规则。锉的个体大小相差较大,形状也是各种各样。常用的是平板锉、圆锉、半圆锉、

三角锉,如果是什锦锉还有更多的形状。一般用高碳钢制作锉,它属于宁折不弯的材料。有些用合金钢制作的锉能够弯曲,可以按照工件弯成需要的形状。另有在表面复合了金刚石细粒,而且粒度可以有各种规格,虽然其主要用途是对付硬质合金钢的,但是制作琴颈和琴边时,用来锉枫木效率极高。

锉的主要功能不是切削或割断物体,而是把物体表面不平整的微小突出物,经刃口的撕扯而断裂。经不同粗细规格的锉逐个锉削后,物体的表面就适合于做下一步的抛光工序。如果想用锉的办法去掉大块材料,那是吃力不讨好的做法。同样它也不可能把物件表面锉得像抛光后那样的光洁,撕扯的后果必然是毛糙的。

11.5 抛光工具

抛光工具对小提琴制作者来说也是必不可少的,它的种类有很多,如砂纸、矿布、布轮等。砂纸、砂布和磨料的切削刃,虽然可以控制它们的粒度,以及采用不同的基底材料,制成不同的类型和规格,但是砂粒总是呈不规则的形状,在同一颗砂粒上会有多个不同的刃。控制砂粒的粒度,可在一定范围内限制刃的不规则度。砂粒的化学成分有多种,如硅酸盐、刚玉、碳化硅、氧化铝等,基底材料有纸、耐水纸和布。纸基的硅酸盐砂纸(玻璃砂)虽然廉价,但只能用于木料,而且纸基略微受潮就失去功效。以耐水纸作为基底材料的砂纸,如氧化铝耐水砂纸,可沾水或机油磨光漆面。另有碳化硅耐水砂纸,由于磨料的质地坚硬,而且具有无堵塞功能,用于磨平侧板框或磨光琴板内外面非常好用。刚玉砂布以布作为基底材料,适合于打磨金属物件,当然也可用于木材。由于有连续成卷的产品,使砂布的长度不受限制,把它粘在平整的表面上,也可用于磨平侧板框。还有纸基的金相砂纸,用于抛光金属的表面非常好用,刀具磨快后用金相砂纸抛光,既方便效果也好。单股的金属弦如小提琴的 E 弦,若圆度和光滑度不够好,有时在演奏过程中会突然拉不出声音。可用细粒度磨料的金相砂纸,打磨指板和码之间的那段弦,修整弦的圆度和光滑度就可能排除这一障碍。

此外,电动的布轮和毡轮,涂上合适粒度的磨料也可用于抛光,而且效率极高。

11.6 磨 刀

俗话说得好,“磨刀不费砍柴功”,作为提琴制作者无论是专业的或业余的,首先必须掌握好磨刀技术。开始时可能要较多的辅助工具,也可选用各种各样的设备。详细的工具目录,可为您提供一大堆的磨刀工具,但关键并不是用哪些工具,重要的是您如何完美地使用它们。要使自己培养出一种感觉,熟练后凭感觉就能

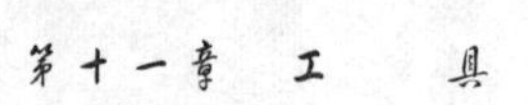

知道是否已经磨快了。因为真正起切割作用的刃口部分既窄又薄,肉眼往往是看不清楚的。开始时可利用角度引导装置,使磨出的斜面角度和平整度完全一致,找到感觉后就不再需要该装置了。

11.6.1 方法

磨刀的第一道工序是,用手摇或电动砂轮或者磨刀石磨出个初始的斜面,斜面的宽度和角度取决于工具的类型和材料,一般初始斜面为12～20度,切削硬木料时角度可再大些。钝角的斜面使刀口的硬度提高,切削硬木料时可延长使用寿命,但切削时不太方便。此时用的是粗砂轮或800粒度的磨刀石,为的是能很快地磨出第一个斜面。不过只有新的或刃口损坏了的,以及在细磨刀石上磨过好多次的刀具,才需要如此打磨。若使用电动砂轮,要让砂轮的转速低于每分钟1800转,并采用白色的氧化铝砂轮。而且时时把刀具浸入水中冷却,为的是防止刃口过热而退火。如果刃口变成蓝色,就要把它磨掉后再重新磨斜面。如果采用电动的环形砂布磨,那既快又可保持低温。

第二道工序是磨光滑第一个斜面,并且形成第二个斜面,这里才是真正的切削刃,刃口非常窄而且角度也只是再增加1～2度。当然也可只有一个斜面,不过磨时费的工夫更多,而且刃口没有两个斜面的耐用。先用约1200粒度的磨刀石磨,再用细的6000或8000粒度的磨刀石磨。如果磨得好的话,就不需要下一道抛光的工序。

第三道工序是用毡轮抛光,在毡轮上涂抹细的氧化铬磨料。用极小的压力,目的只是抛光和去掉细线样的边缘,千万不要把刃口弄卷。也可在多层复合的皮革上放些细磨料,用手工磨和抛光。把细粒度金相砂纸放在平整面上,手工抛光刀具也能得到很好的效果。

除双斜面的刀两面多有斜面外,一般刀具的背面不需要磨出斜面,但要磨得平整光滑,这样刃口才不会出现厚薄不匀的现象。外斜面的半圆凿磨时可以边磨边转,内斜面的可用直径合适的圆形或锥形的砂棒,或钉在圆木棍上的湿的或干的砂纸磨。刀具的各个边缘往往会有毛刺或快口,最好把它们磨掉,以免使用时伤到手,而且操作起来也更方便。

11.6.2 工具

1）砂轮

电动或手摇砂轮是高效的磨刀工具,但只能用于磨粗糙的表面。为了磨时能使刀刃的斜面保持平整和宽度一致,可以对砂轮作些改装。在砂轮的前面装一个可控制角度的支架,磨刀时把刀具依托在支架上,这样可平稳地左右移动刀具,保证磨出的斜面角度和宽度一致。

2）磨刀石

磨刀石是最传统的古老磨刀工具,至今仍然是必不可少的,是磨直刀刃的最佳工具。规格多种多样,有天然的也有人工合成的。天然的有较软的白色磨刀石,较硬的黑色磨刀石。人工合成的水磨刀石,规格从粗到细品种较多。可用800粒度

的水磨刀石磨初始斜面，1200 粒度的磨光滑第一个斜面和磨出第二个斜面，再用更细的 6000 或 8000 粒度的水磨刀石，磨快第二个斜面并把它抛光。用人工合成的圆形或锥形的长条水磨刀石，磨半圆凿的内侧斜面。

3）电动环形砂布

环形砂布有不同规格的商品出售，把它套在专用的电动设备上迅速转动，不仅效率高，而且不会像砂轮那样发高热，是现代胶粘剂发展后衍生的产品。

4）钢制圆棍磨光器

也是传统的厨房磨刀工具，若购买西式的整套切菜工具，其中就有它。它在肉铺中也是常用的工具，可随时磨磨切肉刀的刀刃使其保持锐利。

11.7 电动工具

这里指的都是小型电动工具，小巧实用、效率高、不损伤木料，对提高工效是必不可少的。虽然有些比较传统的提琴制作者，反对使用某些电动工具剧烈而迅速地去掉多余的木料。但对如今的提琴制作者来说，小型电动工具已是他们必不可少的助手，只是各人的选择和要求不同而已。

1）电动台钻

可夹 1～12 毫米钻头的电动台钻是必需的，最好工作平台能够上下调节高度，并带有平口台钳，可以钻出各种角度和直径的孔。必要时再配一台，可夹0.5～6毫米钻头的台钻。因为较大台钻上的钻头夹，在多次夹持大直径的钻头后，往往会夹不住 2 毫米以下的钻头。

2）手电钻

手电钻的优点是比台钻更灵活机动，如修复大提琴的琴颈，需要钻加固木销的孔。这时候台钻将是无能为力的，必须使用手电钻。不过要有一定的操作经验，才不会使钻的孔偏离位置和方向。

3）电动角向磨

虽然其主要功能是安装上砂轮以切割或磨金属物件，也可装上砂纸轮或毡轮以抛光物件。但是安装上切割石料的合金钢锯片，在加工大提琴或低音提琴的共鸣板时，利用它的多个刃口切削多余的木料效率极高，而且不会像砂纸轮那样细木屑到处飞扬。

4）圆盘电锯

工厂化生产时圆盘电锯是不可缺少的工具，无论分割圆木或锯半成品，电锯都能成倍地提高工效。小型台式圆盘电锯，锯割小块木料时使用起来很方便，少量制作提琴时可提高效率。

5）手电锯

锯割大而宽的板料，尤其是厚的多层夹板，使用手电锯更为灵活机动。而且在小的工作间内即可完成，不像台式圆盘电锯需要较大的车间面积。

6）带锯

带锯由于锯条窄长成环形，故没有往复运动。锯割琴板时锯条能很好地沿着轮廓线移动，使用起来极为方便。切割侧板料时，能够锯出薄而平整的板料。尤其制作琴颈和旋首时，木料厚而且轮廓线和形状多变。若用手工锯或钢丝锯，不仅要求较高的技巧，而且工效也难提高。带锯的功能在这样的场合，表现特别出色。

11.8　夹具和夹子

从前面的章节中就可领会到，夹子在提琴制作和修复工作中是不可缺少的重要工具。尤其是修复提琴时，处处用到各种各样的夹子，几乎是没有夹子就无法工作，其中还包括许多经过改良的夹子。只要走进木工工具商店，就会见到琳琅满目的木工夹子，所以这里不必作过多的介绍。有一点必须特别强调的是，夹的概念对提琴制作者来讲另有不同的含义，意思是仅微微用点力把物件拿住。木材是受不了大的压力的，初学者往往会把调节螺丝拧得很紧，唯恐夹不住或粘不住，结果先是侧板弯曲或破裂，再加大压力琴板也会受损。

1）台钳

木工台钳、小台钳和手持虎台钳是常用的夹具，许多场合下一手拿住工件，另一手操作工具会感到很不方便。尤其是工件形状特异或过小时，既拿不住也无法操作。有了几个合用的台钳，不仅可提高工效，而且操作时更为安全。

2）C形夹

C形夹的形状就像拼音字母C，有多种尺寸规格。但它们的形体一般不太大，夹子的跨度和距离是固定的。依靠调节开口处的螺丝间距，把工件夹持在两个臂之间。这种夹子在制作和修复提琴时用得最多，粘侧板框、指板和琴颈，替换侧板在模具上定形和粘贴都需要C形夹。所以提琴制作者的工具箱内，会备有一堆各种尺寸的C形夹。

3）F形木工夹

形状与拼音字母F相似，两个臂的长度也是固定的，因此受到臂长的限制跨度也不大。但是它有一个臂可在滑轨上滑动和固定，因此距离可任意调节，调节范围取决于滑轨的长度。所以不同的臂长与不同的滑轨长度相互配合，派生出了许多种规格的木工夹。制作大提琴和低音提琴时，因它们的间距较大故比C形夹更合用。

4）拼板夹

不同类型提琴的共鸣板宽度相差很大，小提琴或中提琴拼合琴板时，较大尺寸的木工夹一般就能应付。但是大提琴和低音提琴，可能会嫌木工夹的距离不够大，就需要用到拼板夹。这种夹子购买时只有两端的固定装置，买回来后还要配上直

径与固定装置内径相匹配的镀锌管(自来水管)。把有调节杆的那端拧紧在镀锌管的一端,带固定弹簧的那端套在镀锌管上,利用弹簧的弹力定位在镀锌管上。使用时先调节带弹簧的那端,使两端之间的距离与所要夹持的工件宽度相似。然后旋转调节杆调节两端之间的距离,使工件受到合适的压力固定在两者之间。

拼板夹两端相对的面是平整的平面,虽然跨度不大但面积较大,夹持物体时比较平稳。所以若把这两个面作进一步的平整并衬上软木,可以利用拼板夹帮助拆卸嵌线。用两个平整面的边夹在琴边嵌线的外缘,相当于刚好是侧板的外侧。略微拧紧夹合面,琴边与嵌线的粘贴面,就会脱开细微的距离,有利于下一步的拆卸工作。

11.9 其他工具

这里介绍的各种工具,大多是提琴制作者们在长期工作中创造和研制的专用工具或夹具。大部分工具的结构不是很复杂,但它们的专用功能可达到事半功倍的效果。由于专用工具的种类较多,这里不可能都一一介绍。所以仅介绍几种常用的特殊工具,待以后有机会时另作专门的介绍。

11.9.1　砂纸木块

砂纸有各种各样的粗细粒度和基底材料,而木块可以按需要切割成各种各样的形状。若将砂纸粘在木块上,就可把两者的优点结合在一起,做成特殊形状的打磨工具。当砂纸的打磨效果变差时,可很方便地调换砂纸。譬如把砂纸粘在平板锉样的木板上,就可做成各种大小和粗细规格的平板锉。粘在不同直径的圆棍上就是很好的圆锉,可以做成很粗而又很轻巧的大直径圆锉,在修整琴角和角木块的弧度时非常好用。嫁接琴颈时要磨平旋轴盒的梯形底面,常规的锉即使什锦锉,也很难匹配到需要的形状。若使用图 11.2 中所示的菱形砂纸木块,不仅形状匹配,而且砂纸面非常平整,又可从粗到细换用不同粒度的砂纸,工作起来就方便很多。图中的弧形砂纸木块,适宜于修整槽、嵌线和琴边的棱。在最后使用刮刀之前,先用砂纸木块做到需要的形状,和一开始就用刮刀相比,既方便又能保证线条流畅。

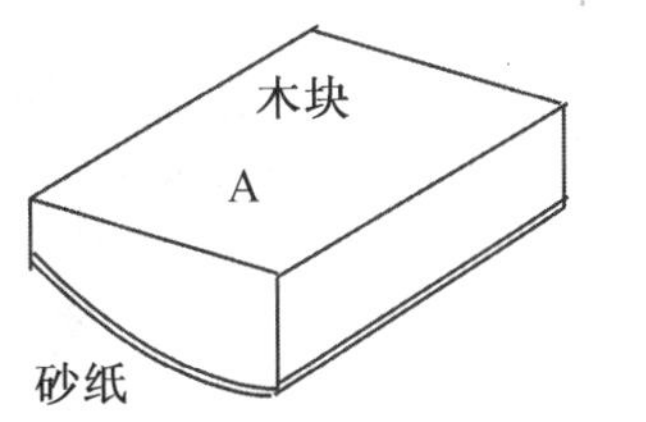

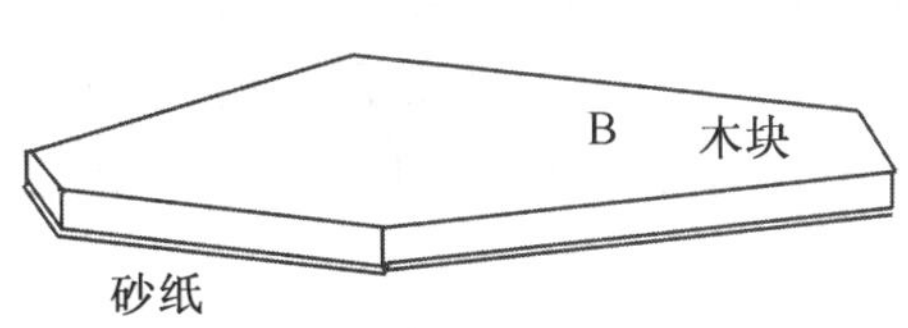

图 11.2　砂纸木块

11.9.2 音柱长度规

安装音柱时虽然可以先测量音柱处面板和背板表面之间的总高度，再扣去琴板的厚度，计算出音柱的大致长度。但使用音柱长度规，可方便地测量出特定位置处的音柱长度。图 11.3 所示的音柱长度规由 4 个主要部件构成，固定杆是固定在开缝套管上的，不能移动也不能转动。在开缝套管上安装有固定可移动杆的固定螺丝和它的底座。套管上的开缝，容许可移动杆在管内左右移动一定的距离。但由于杆的直角弯，使它受到开缝的限制，故而不能在套管内转动。整个结构特点是无论可移动杆在管内左右移动多少距离，A—B 的间距始终与 C—D 的间距相等。使用时把 A—B 间距调到最小，把这两端放入音孔内，再将长度规立在音柱位置处。拉动可移动杆使 A 和 B 端分别顶住面板和背板的内面。然后拧紧固定螺丝，把可移动杆固定住。此时测量可移动杆 C—D 之间的距离，就是音柱的长度，因为 A—B 与 C—D 的距离是相等的。

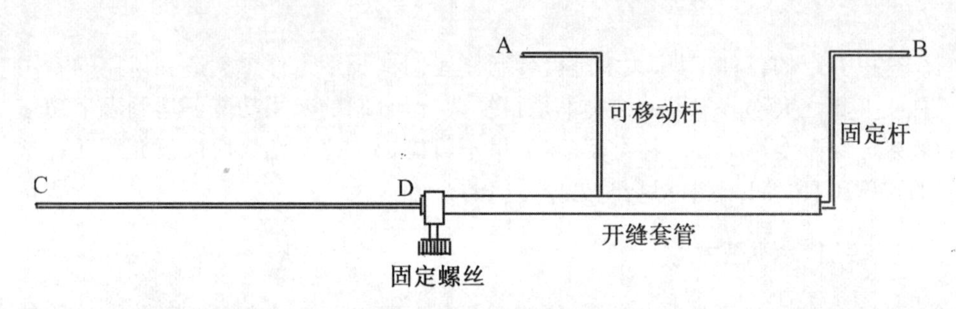

图 11.3 音柱长度测量规

11.9.3 合琴夹

合琴时侧板框与琴板之间有很长的粘贴面，而且要求位置对得准确无误，动物胶的开闭时间常控制在 1～1.5 分钟之间。所以没有合适的夹具，工作难以尽善尽美。常用的合琴夹有两种类型：

1）合琴夹板

按琴体左、右的上部、中腰和下部的形状做出六对夹板。每对夹板之间用长的螺丝和元宝螺母穿在一起。合琴时先逐段涂胶，分别用相应的夹板固定侧板框和琴板。全部夹板都夹上后，再根据需要放松几个螺丝，用蘸热水的毛笔使胶再度溶化，调整侧板框与琴板的相对位置，使各处粘得更为正确和牢固。合琴夹板的优点是可使各螺丝的压力均匀地分布在侧板框与琴板之间，不至于因各处松紧不一，造成粘合后的琴板不平整。缺点是灵活机动性较差，尤其是修理提琴时无法局部固定琴板，往往扩大了粘贴的面积。

2）合琴夹

实际上就是把整体的夹板，分散成一个个小夹板（见图 11.4），在固定螺丝上穿有两片圆形的小夹板。小夹板可用硬木料、尼龙或聚氯乙烯等材料制作。

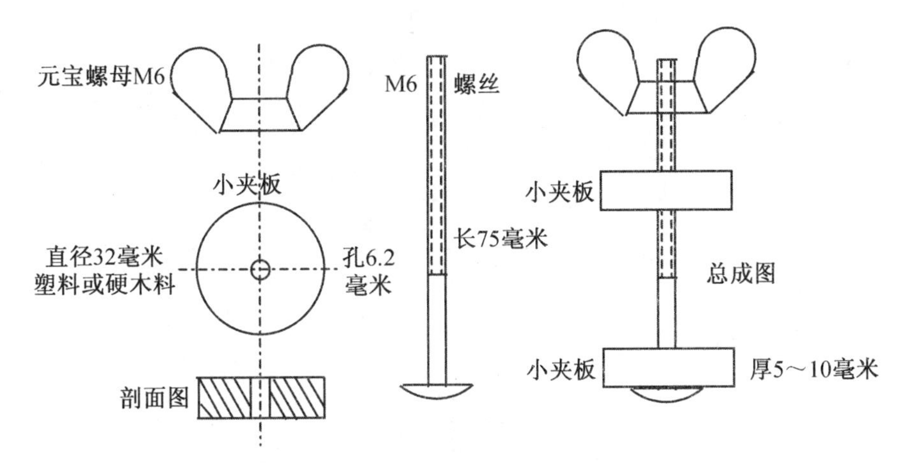

图 11.4 小提琴和中提琴用的合琴夹

小提琴和中提琴的夹板，直径有 30～32 毫米就够了，厚度 5～10 毫米。可选用棒材或板材制作，不过购买直径合适的塑料棒，切割成片再钻孔制作起来较方便。粘贴琴板和侧板框时，可先粘上木块和下木块，以及与它们相邻的部分侧板，用多个合琴夹局部夹住。再粘琴角和中腰并夹住，最后粘其他部分的侧板，可用薄钢片把胶推入缝隙。都粘贴和夹好后，分别检查各处是否粘贴妥当，可放松几个夹子进行调整，用毛笔蘸热水使胶局部溶化后再夹住。修理提琴时为了减少需要把胶脱开的范围，可用合琴夹把缝的两端或琴角固定好。使用合琴夹需要注意的是拧紧螺母时，只能用手指的微小力量，而且尽量使各个合琴夹的压力分布均匀。

11.9.4 拼缝夹

在清洗或粘合琴板两端或侧板的裂缝时，用拼缝夹拉开或压紧裂缝，可使修复工作更为方便。但图 11.5 中介绍的拼缝夹因跨度较小，对琴板中部的裂缝就无能为力。如果把两个滑块改得像手持台钳那样，成为两条可调节间距的臂，就可增大跨度，臂的前端装上压紧螺丝和活动压脚。图 11.5 的拼缝夹由以下几个部件构成：

1）滑块

拼缝夹的基架是两个滑块，用铜或不锈钢制作。左滑块上有三个 M6 的螺丝孔，用于安装滑杆和调节螺丝。顶面有个 M5 的螺丝孔，是压紧螺丝所在的位置。右滑块上有两个直径 6 毫米的滑杆孔，中间有个直径 5 毫米的调节螺丝尾端定位孔，顶面也有个 M5 的压紧螺丝孔。虽然结构看似简单，但加工精度要求较高。左滑块上的螺丝孔与右滑块上的三个孔，必须精确对准中心，不然的话装上滑杆和调节螺丝后，滑块将不能平稳地移动。压紧螺丝孔必须与滑块的底面精确垂直，才能使活动压脚的压力均匀地分布在工件上。

2）滑杆

滑杆有螺扣的那端固定在左滑块上，固定好后滑杆的中心线，必须与左滑块的

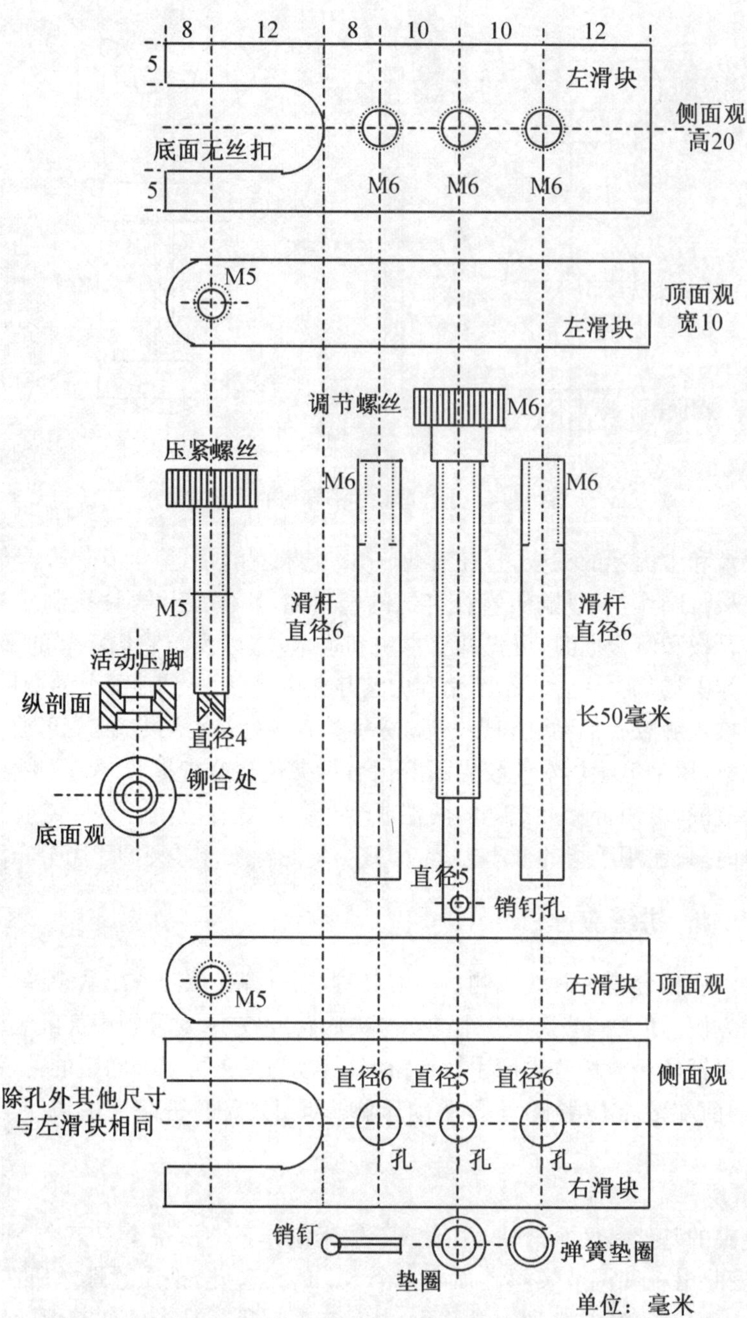

图 11.5 拼缝夹

平面严格垂直，不可歪斜。杆身插入右滑块的孔内，右滑块就在其上滑动。杆身与滑杆孔的尺寸必须精密匹配，杆身在孔内既不能卡住也不容许晃动。

3) 调节螺丝

调节螺丝的功能是使右滑块上下移动，当它向下移动时把裂缝拉开，向上移动时使裂缝压合。由于拉开和压合时，裂缝两侧的木料仅仅移动很小的距离，故调节

螺丝与左滑块上的螺丝孔要精密匹配。调节螺丝尾端的轴与右滑块上的孔也要精密配合，使它既能灵活转动又不会晃动。在右滑块外侧用弹簧垫圈、垫圈和销钉，使调节螺丝紧贴在右滑块内侧。

4）压紧螺丝

利用压紧螺丝底端的喇叭口，把压脚冲合在其上，但压脚应能灵活地转动。先调节好两个滑块间的距离，然后拧动压紧螺丝，使压脚以合适的压力压住裂缝两侧的木料。当压脚对木料已微有压力时，再拧动压紧螺丝它就不应该随螺丝转动。为了避免压坏木料，压脚下可垫些软木或塑料片。而且绝对只能用手指轻柔地拧动压紧螺丝，只要裂缝两侧的木料能随两个滑动块开合，就不要再加大压力，以免琴板表面出现压痕。

11.9.5 琴板拼缝夹

为了修复靠近琴板中间或长度较长的裂缝，就需要多个大跨度的琴板拼缝夹（见图 11.6）。它们的基本结构如下：

1）调节螺丝和基座

调节螺丝的长度可取 45～50 毫米，基座连同固定基座的滑轨部分，总厚度约 5～8 毫米，故实际可推动夹持垫的距离约 45 毫米。但这样的结构只能起到压紧裂缝的作用，不可能有拉开裂缝的功能。

2）滑座和琴板夹持垫

琴板夹持垫用铆钉固定在金属滑座上，使它能随滑座一起向前滑动。用尼龙块制作夹持垫，垫的中间有个容纳琴边的槽，使用时一般不需要再用其他软垫。夹持垫配合滑轨的尾钩，即可夹紧琴板上的裂缝。

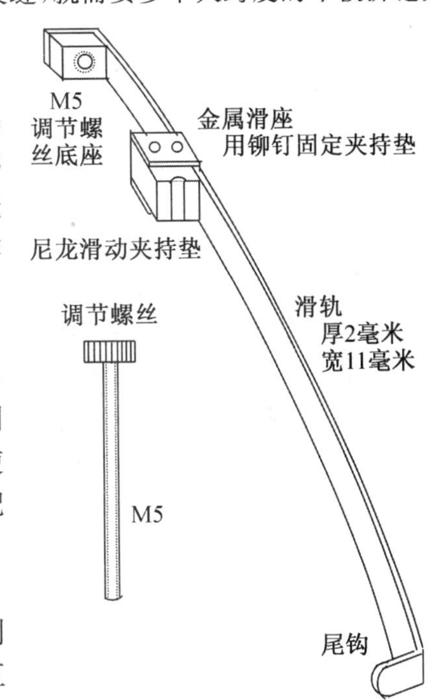

图 11.6 小提琴和中提琴的琴板拼缝夹

3）滑轨

由于琴板各部位的宽度不同，故需要制作一套滑轨长度不同的拼缝夹。一般是五个拼缝夹，分别对应于上宽、上腰、中腰、下腰和下宽的尺寸。如用于小提琴的五个拼缝夹，滑轨长度从调节螺丝基座外侧到尾钩外侧，分别为 220、210、165、240 和 260 毫米。如果想要与中提琴相互通用，可再增加一个滑轨长度为 300 毫米的拼缝夹。滑轨采用 2 毫米厚的铜板或不锈钢板制作，宽度约 11 毫米，弯成与琴板相似的弧度。用于大提琴和低音提琴的拼缝夹，只需要按合适比例放大尺寸就可以了。

11.9.6 开琴刀

修理和修复提琴时经常要打开胶的粘贴面，使用开琴刀能使工作做得尽善尽

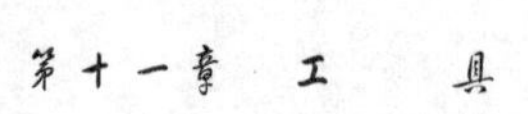

美，不留下任何打开过的痕迹。开琴刀虽然称之为刀，实际上不能切割任何物件，而且尽量使它不要过于锐利，以免打开缝隙时刀片进入木材内。可用油漆工用的油灰刮刀改制，根据用途决定它的尺寸大小。最常用的还是用最小号的油灰刮刀改制的开琴刀，把原来平直的刀口先在砂轮上磨成圆形，然后把刀口磨成单斜面或双斜面，双斜面的有利于插入细窄的缝道，单斜面的可保证缝道一侧的木料保持平整。

使用开琴刀时一定要极度谨慎和注意安全，尤其是拆卸指板时指板常常会突然脱落，开琴刀会措手不及地伤及琴或人。

11.10 胶

制作提琴必须使用动物胶粘贴各个部件，动物胶创始于 3300 年前的古埃及，但直到 1690 年才在荷兰首次商品化生产。动物胶是结构极其复杂的天然聚合物，从化学观点来讲是由含有长链蛋白质的有机大分子所组成。从动物皮、结缔组织和骨骼等物质中提炼而得。动物胶的级别到 1827 年才予以标准化，以克强度或凝胶强度作为商品的标准。以克表示的凝胶强度指的是，用布朗凝胶计测定一个标准尺寸的塞子，把它压入凝胶溶液表面达一定深度时所需要的重量。最弱的凝胶强度是 30 克，最强的是 500 克，其间每级差 30 克。制作和修复提琴用的动物胶，用 192 克强度就可以了，在胶溶液变成凝胶之前，约有一分半钟的工作时间。胶的粘度或流动性以毫泊表示，即胶溶液恒定在一定的浓度和温度之下，以已知的常数流过一个孔的粘滞度。最稀的也就是含水量最多的胶是 25 毫泊，最稠的胶是 200 毫泊。国内的产品名称为食用明胶，在销售食品添加剂或化工原料的商店内可以买到。

凝胶强度和粘度决定了加水的量，让胶在使用时有适当的流动性，以及合适的开闭时间，控制好胶膜形成的速度。实际上所有级别的胶，都能提供比最坚固的木料更强的干态结合力，所以不必选择最高级别的胶。胶与被粘物体分子之间的电子吸引力，是胶牢固结合力的基础。胶在贴合得很好的木材表面，形成薄而连续的胶膜，成为整体的胶合面，在胶和木材之间产生最大的吸引力。古老的椅子会散架是因为在接榫处塞满了胶，而木材与木材之间的贴合面太少。动物胶不是填充剂，两个胶合面必须很好地贴合。动物胶是用热水溶解的粘合剂，冷却后就成为最难拔掉的钉子。当胶的湿度与木材平衡时，产生最后的结合力。适当的胶浓度由几方面的因素决定，胶的温度、木材和房间的温度、胶的开闭时间即形成胶膜的时间。不同克强度的凝胶，想要配成相同的开闭时间，就要调节水的比例。如需要 1 分钟的开闭时间，192 克强度胶的配比是 1.6 份水配 1 份胶，250 克强度的胶则是 2 份水配 1 份胶，135 克强度的是 1.25 份水配 1 份胶。

想要延长开闭时间，或因木料温度和室温较低使胶较快凝结，可加入凝结抑制

剂。抑制剂是各种各样的酸,这类物质可延长开闭时间,但同时也降解了蛋白质链,使胶的强度变差。而且有可能会完全破坏动物胶,使它失去粘性。不过若加入相当于干胶重量10%的尿素(Urea),也可延长开闭时间而不破坏胶的粘合强度。商品液体动物胶即加有尿素,不过保存期不超过6个月,因为尿素最终还是会水解蛋白质的。干的动物胶只要密封不受潮,储存寿命可以说是无限期的。

配制胶最好遵循下述步骤,选用玻璃或铝制的器皿配动物胶,不可用铁制的器皿,否则胶会变成灰黑色。把称量好的干胶,放入盛有规定配比冷水的容器中。要让胶至少吸水膨胀30分钟,然后把容器放入温度为60～63摄氏度的电热恒温水浴中。温度不可过高,更不可用开水去煮它,否则蛋白质链会水解断裂。待胶溶解后即可使用,最好每个工作日配一次胶。容器加上盖以减少水分蒸发,保存在60摄氏度的恒温水浴中可用一整天。动物胶相对于其他工具是很便宜的,但在提琴上是非常重要的一员。开胶是最常见的损坏,其他的损坏可能就是开胶引起的。

粘贴的表面必须干净、平整、光滑,粘贴面要匹配得很好,匹配得差是无法用胶来弥补的。不论是冬天还是夏天,粘贴之前都必须用电热吹风机加热两个粘贴面,使它们接近60摄氏度。把胶涂在一个粘贴面上,胶的涂布量刚好够粘湿和布满另一面,在两者之间形成薄而连续的胶膜。操作要迅速,因为只有约1分多钟的开闭时间,如果粘贴面的温度低,可能时间会更短些。当胶已冷却成玻璃体状态时,就不可能转移到另一个粘贴面上,粘贴的效果也不会好。此外,若夹上夹子后在粘贴面边缘,挤出一条成半凝胶状连续的脊,说明涂胶量正好。如果有多量的胶流出,则不是胶涂得太多,就是胶配得太稀。

干固后的动物胶可抵御177～204摄氏度的高温,形成的膜硬于人工合成的聚乙烯胶或酯属树脂,而且不溶于有机溶剂如松节油和矿物油。它的物理性能如干燥速度、强度、可控制性、可用热水再溶性,以及能方便地清除,都非常适合制作提琴或家具。不像环氧树脂和白胶干固后很难清除,白胶虽然是水溶性的,但干固后不再溶于水,要用毒性很大的二甲亚砜才能清除。而且这类人工合成的胶不能润色,漆和颜料都改变不了它们的本色。但动物胶是很容易润色的,17和18世纪的一些黑红色漆,就是动物胶与漆结合在一起使用的产物。用315克强度的动物胶兑入8份水,可用于膨胀木料使它的尺寸固定。如果想用它使琴板能抵挡潮湿,可在开始刷漆之前用稀胶水刷琴,再在湿胶膜上刷福尔马林(30%甲醛水溶液)使它固化即可达到目的。

第十二章 漆

关于古代提琴的制作技术有很多传说和推测，尤其是对斯特拉第瓦利的制作工艺和才能的描述近乎神化。讲他具有超自然的力量，能辨别木料的音色品质。认为他用的漆配方是已经失传的艺术秘密，他的漆不仅色彩美丽、透明度高、有闪烁的质感，并且使琴声动听悦耳，所有这一切现代人都已无法重现。但是也有人经多方调研后认为，从1550—1760年约两百年间，意大利制琴者都用这样的漆，但这种漆只是在意大利被广泛使用，而且之后就停止用在提琴上。漆的组织十分柔软不耐压，而且受到冲击时会碎裂，色调都是棕、红和黄色，完全透明，树脂和色料都溶解在油内。从达萨罗(Gasparo da salo)到斯特拉第瓦利时代有几百种漆的配方，虽用料名称各异但都能溶于同样的溶剂，配成清亮透明的和带色的漆。其实当时意大利的画匠、漆匠和镀金匠，以及家具和建筑物上也都用这样的漆，之后也同样改用更光滑、有光泽和耐久的漆。

早期意大利制琴者用的漆，颜色为棕琥珀色，色泽明亮浓艳。后来渐渐采用淡棕和深金黄色，以及淡橘黄、淡红和深红色。虽然木料因年代久远会变成深棕色，但古代意大利提琴表面掉下的碎漆片是红色的，而裸露的木料中都渗有不同浓淡的橘黄色，显然木料是刷过漆的。所以有人认为底层的漆与表面的红漆是非同质的，底层是油漆呈黄色，能渗入木材的微孔内使木纹明显，刷一至两遍即可，很少超过四遍。而表层是酒精漆，红漆会掉下来就是因为与底层漆没有化学亲和性。近代研究者企图发现老意大利提琴漆的成分，一种方法就是用棉布擦琴使漆的成分挥发，可嗅到乳香胶、亚麻仁油和安息香的气味。也有用不同的溶剂溶化琴上的漆，观察漆的化学性质，如酒精能溶化老琴上的漆。

提琴刷漆不仅是为了外观美丽，对保护提琴免受虫蛀、防止脱胶和琴板开裂也有作用。提琴漆用的材料和色料必须能形成透明的漆层，使木材的漂亮图纹不被遮盖，而且将其渲染得更加美丽动人。漆对提琴外观的重要性有时胜于它对声音的影响，

人们在挑选提琴时首先看到的是漆，注意它的色泽和色调要符合个人的爱好。专业演奏者和鉴赏家还会欣赏琴的风格和雕工，之后才把琴弓放到弦上倾听提琴的音色和音量及传远效果。一些声学效果优秀的提琴，有可能在放上琴弓之前就被挑选者淘汰了。所以从这方面来考虑的话，漆首要的是决定琴的外观，其次是表面的耐久性，最后才是对声音的作用。当然对于提琴制作者和专业演奏人员来讲，优美动听的音色，抑扬控制自如和传远效果优秀的提琴，才是毕生追求的目标。对于漆的选择标准也就决然不同，首先是对琴声的影响，其次才是外观，而且往往这两者是兼容的。

12.1 制漆用的材料

无论是油漆或酒精漆都是粘稠状的液体，在溶剂中溶解有固体或油状的溶质，有时溶剂本身就是漆的成分。油漆与酒精漆的区别，就在于是以松节油或亚麻仁油还是以酒精为溶剂。但是酒精漆中也会含有松节油，而配制油漆时也会用到酒精，有些溶质既可溶于酒精又可溶于松节油，所以既是酒精漆的成分也可是油漆的成分。因溶质的硬度和可溶性的不同，作适当的配合可以配制漆膜软硬度不同的酒精漆或油漆。漆膜的软硬度对提琴的音色明暗和声音洪亮程度有较大的影响，漆膜过软琴声会发闷，太硬会影响发音板的振动，软硬适中才能得到最佳的效果。因为漆膜在溶剂蒸发后成泡沫状薄膜，当所有可挥发的物质挥发殆尽后，会沉降在琴板的表面，与表面的微孔、木纤维纹理以及琴板软硬度结合成一体，达到最佳的振动效果。

酒精漆的优点是配制方便又可长期保存，漆层易干可节省工时，且不易沾上灰尘，漆层明亮透明、表面平滑、色泽可配得较深而美丽。缺点是室温较高时酒精挥发过快不易刷匀，而且漆层之间会互溶容易使色泽变花，漆层的强度和持久性较差。油漆的优点是挥发较慢易于刷匀，内含物的氧化过程会持续许多年，漆层坚韧而富有弹性，年代愈久愈显出它的优良品质。内含的干性油若含量高，刷漆后几天就不再溶于溶剂中，所以新漆层不会渗入以前的漆层中，比较容易得到平滑一致而又薄的漆层。缺点是干燥较慢，亚麻仁油要经太阳晒后才会干，因而易沾上尘土，必要时需制作一个带玻璃盖的盒子用于晒琴。但无论是油漆或酒精漆都有好的和差的，而且刷同一个琴时可能两种漆都会用到。

12.1.1 溶剂

有许多种溶剂可溶解配制提琴漆的原料，但提琴漆只有两类即酒精漆和油漆。酒精漆主要以无水酒精作溶剂，油漆则用松节油和亚麻仁油作溶剂，而且亚麻仁油是必不可少的原料。

1）无水酒精

配制酒精漆必须用无水酒精，因为若用含水酒精溶解虫胶及其他树胶，在漆层表面会形成乳白色雾状外观。刷酒精漆时如果空气湿度极大，有时也会出现这种现象。为克服酒精漆干燥过快流动性差的缺点，可在漆中加入适量氧化松节油、威尼斯松节油、薰衣草油或丁香油。

2）粗制松节油

配制油漆的溶剂主要是粗制松节油，它是松柏属树木的油脂，其原始产物内含挥发性成分松节油精和50%的树脂酸，能溶解亚麻仁油以及各种色料和树胶。粗制松节油作为溶剂能调节漆的粘稠度，增加漆的流动性使漆膜光滑，而内含的树脂酸与亚麻仁油一起氧化成柔韧的漆膜，并能增加漆的可干性。

3）氧化松节油

把粗制松节油放在广口瓶内，不加瓶盖任其与空气接触，但要避免尘土飘入，每天摇晃几下瓶子。天长日久后可挥发成分的蒸发，伴之以固态物的氧化，液体的体积不断减少，剩余物变稠变黄，再变成红棕色。经氧化的松节油其化学和物理性能发生变化，掺入漆后不会使已溶化的色料析出，这对油漆尤其重要。不溶或微溶于松节油和亚麻仁油的色料，可用无水酒精加氧化松节油溶解，然后加入亚麻仁油内，这样可使色料溶入亚麻仁油或加深色泽。

4）威尼斯松节油

是落叶松的原始渗出物也是油性树脂，含有20%可挥发油即松节油精，以及80%的树脂酸，经蒸馏后分离。威尼斯松节油和粗制松节油可用于配制油溶性天然树胶或亚麻仁油的油漆。但是经人们研究发现，古代意大利的松脂酸金属盐琴漆不直接用它配制，而只是把它作为提取松节油精和松香的原料，否则制成的金属盐液混浊且发粘。

5）亚麻仁油

油漆的主要原料之一就是亚麻仁油，它虽是一种干性油但干燥缓慢，要经日晒加速氧化作用才会干燥。为促使它快干可加入重金属氧化物如一氧化铅，或文火熬炼使它熟化便会有催干作用，如美术用的熟化亚麻仁油。亚麻仁油不溶于95%酒精，但可溶于无水酒精。油漆中少不了亚麻仁油，但是漆中加入亚麻仁油后往往会使色料褪色。想要加深色调可以试试先用一比一的无水酒精和氧化松节油溶解色料，要求更深的颜色还可让酒精挥发掉些，然后再加入亚麻仁油中。古代用亚麻仁油预处理琴板，德国学派至今还采用这种方法。

6）丁香油

可以增加漆的可刷性，但会延缓干燥时间，用量一定要适当。不要与薰衣草油相混淆，是不同植物的产品。丁香油是 *Lavendula spica* 的产物，而薰衣草油是 *Oleum lavandulae* 的产物。

7）薰衣草油

用于稀释油漆降低粘稠度，但与松节油不同的是用它稀释油漆，不会使已溶入油漆的色料析出。它不是挥发性油，但可与树胶结为一体。如果因松节油加入过多使漆的成分析出，可加入薰衣草油作补救，因为粗制品薰衣草油的本色是琥珀色。

12.1.2 溶质

很多种天然树胶可以用于配制提琴用漆，但适用于配酒精漆还是油漆，就取决于它们在无水酒精或松节油和亚麻仁油中的溶解度。各种树胶的软硬度不一，作适当搭配即可配制硬度和性能不同的酒精漆或油漆，不过性能的差异往往是相对于乳香胶和安息香来考虑的。

1）松香

松树的原始产物经去除松节油及杂质后得特级松香（WW 级），内含 90%松脂酸主要是松香酸和海松酸，10%非酸类物质是高分子醇类和酯类以及一些碳水化合物。两种酸具有同样的分子式，但松香酸是单碱基并有两个不饱和链可以溶在碱液中，而海松酸可以氧化，这两种性质正是提琴漆所需要的。松香的酸值在 160～170 之间，固体状态时性脆，但配入漆中就是软性的，可调节漆的硬度。松香在酒精和油中的溶解度都很好，可直接配制酒精漆和油漆。古代制作颜色提琴漆时，经化学处理过的松香是极好的媒染剂。

2）乳香胶

也称为天泽香，产于希腊，是漆树的产物，性质较软与硬树胶配在一起可调节漆的硬度。因产地不同在溶剂中的溶解度也不同，英国和德国进口的乳香胶，能溶于无水酒精和松节油内，但国产的完全不溶。乳香胶是高品质树胶，加入它后形成的漆膜细腻有光泽，所以是各种树胶中价格最昂贵的。

3）珂巴胶

国内可买到的德国进口的制品，成微黄色透明块状物，无水酒精中的溶解度极好，也能溶解在松节油精中，但溶解度低些。不是所有变种的珂巴胶都能完全溶于酒精，而且有些会一直带有粘性。珂巴胶的性质比虫胶硬，形成的漆膜光亮度好且耐久。也有性质较软的变种，如马尼拉珂巴胶。

4）达玛胶

油画中用作上光剂，是漆树的树胶，在松节油中的溶解度高，但完全不溶于酒精，即使加热也无济于事。性质软于珂巴胶，硬于乳香胶。

5）山达胶

也称为柏胶，产于北非，能溶于无水酒精，常与乳香胶配合调制酒精漆，它比珂巴胶软而比乳香胶硬，能改善漆的光泽度。用无水酒精调制的稠胶，可用于修补裂缝和填补凹陷。

6）虫胶

紫胶虫 *Tachardia lacca* 的分泌物，覆盖虫体和它所寄生的树枝，形成棍棒状硬而厚的外壳。干燥的原始虫胶用无水酒精溶解，经过滤后得深棕色粗虫胶液，可直接配制酒精漆。稍经提炼即成紫红色虫胶片，可用于配制家具用漆和提琴漆。经精炼后成橘黄和黄色虫胶片，若再予以漂白即成粉状白虫胶。虫胶性质较硬，越提纯的制品越硬，原始虫胶内含有蜡，故制品有脱蜡和不脱蜡之别，提琴漆以不脱蜡的更合用。虫胶在酒精中的溶解度很好，但完全不溶于松节油。我国云南省盛产虫胶，但品质以印度产的最好。

7）橄香脂

性质较软，可用作增塑剂以降低漆的硬度，但是它会硬化，而且老化后会变脆。

8）安息香

产于东印度，可溶于无水酒精和松节油。但产于苏门答腊的安息香只能微溶于松节油，加热并不促使溶化反而会使安息香变脆。

9）蜂胶

是蜜蜂的产物，树胶样物质具有香味，成琥珀色块状物，用于修补蜂房。能溶于酒精和松节油，古代就已用来配制漆，漆的本色金黄，若与乳香胶、山达胶配在一起则漆的品质更佳。国产的蜂胶可能因蜂种和蜜源的不同，或者收集时带有杂质较难配制成漆。蜂胶中可适当地含些蜂蜡，但含有蜂蜜配制的漆就不会干。

12.2 着色剂

提琴的基本色调是棕、黄、橘黄、橘红和红色，所以选择的色料不管是何种性质，它们的色泽都是以棕、黄、红或蓝为本色。因为提琴漆必须是透明的，所以色料也必须是透明的，而且要求尽可能不褪色。来自矿物的无机土质颜料不会褪色，但是它们不透明并且一般都是在特殊需要时才用。

古代意大利提琴漆的颜色，布雷西亚的漆是浓艳的棕色，质地如天鹅绒般柔软。克雷莫那的漆早期主要是琥珀色，渐变成淡红色和深黄色，后又回到布雷西亚的浓艳棕色，质地较软而透明。威尼斯漆是意大利漆中最硬的，主要是淡红和亮红色，极其透明。那不勒斯的漆十分透明，主要是黄色，比克雷莫那的漆略硬些。近代一般都用酒精漆加些油性成分，意大利漆为橘红色，德国漆偏棕色，法国漆偏黄色，美国琴的颜色则五花八门。

12.2.1 天然色素

有机色素来源于植物或动物，可配制成溶于或有微细颗粒悬浮在浆料中的透明漆。后者由于有微细颗粒的反光，而使有色清漆具有闪烁效果，在不同光线投射角度或亮度时，会显示不同的色调。无机色素取自矿物，不能溶解在溶剂中，只能悬浮在浆料中。

1）植物

◇ 藤黄　是 *Garicinia* 属，*Guttiferae* 科植物的树胶，有毒性，原产东印度，17世纪时才传入欧洲。品质以胶块状的为好，粉状的可能有添加剂。可溶于酒精，溶于水中就成乳液状，经加热也可溶于松节油和亚麻仁油。色泽明亮近乎柠檬样的黄色，常用于打底色，也是国画颜料。

◇ 姜黄　从东印度产的植物根中提取，是食用色素，在调味品商店内可以买到。成极不透明的绿黄色，一般用于打底色。

◇ 芦荟　是鳞茎植物的深棕色提取物，可完全溶于酒精，不溶于松节油，形成的漆膜成棕黄色。

◇ 龙血　人们认为古代克雷莫那的深红色漆用的是纯龙血，所以色泽如红玉、清亮如晶体、火辣辣地像红宝石。产于印度、马来西亚和菲律宾，是从棕榈树中提取的，可溶于酒精，微溶于松节油中，酒精漆中单独用它可配成红棕色漆。以红棕色块状晶体为上品，粉末状的品质较差。它也是中药，称为血竭，有活血化淤的功能。但用它配制的红色漆并无闪烁效果，因它是溶在溶剂中的，好像与古代的红漆不一样。而且它的颜色在漆后会褪掉，由深红棕色变成浅棕红色。

◇ 山枝　是山枝灌木树的果实，虽然开的是白花，但果实的外皮和种子都成鲜艳的橘红色。果实烘干压碎后用无水酒精萃取，得到橘红色溶液可用于打底色。它也是一味中药，具有疏通血脉的功效。但是中药店中买到的山枝已经泡制，色泽变得很淡，故以初冬时直接采摘后烘干的果实更合用，初春时果实即散开弹出种子。

◇ 紫檀　产于东南亚的树木，用于制作高级红木家具，种类有酸枝木和黄梨木。用无水酒精萃取它们的锯末或刨花可得橘红色溶液，若是紫色的就不合用。配制的颜色漆经久不褪色，经日晒发生氧化作用后色泽更深。龙血中加入紫檀后，红色将更为鲜艳。

◇ 苏木　提琴制作业中用它做琴弓，用无水酒精萃取它的锯末或刨花得橘黄色溶液，但萃取液的色泽较浅，因为它只能微溶于酒精中。主要成分以葡萄糖甙的形式存在于木材中，部分是游离态，干的提取物是晶状体，可溶于热水、碱溶液和松脂酸钾溶液中，但不溶于松节油。

◇ 藏红花和红花　是两个不同科的植物，产物的颜色都是金黄色。

◇ 紫草根　色素成红棕色，可溶于松节油和酒精内，可直接用它配制有色酒精漆，漆膜成红棕色不易褪色。但用亚麻仁油配制的油漆，因亚麻仁油氧化时会对它产生还原作用使它褪色。

◇ 巴西木　最早发现在南美所以称为巴西木，它的提取物含50%固体和水溶物，需要媒染剂才能显色，红色巴西木素由氧化作用与氢氧化铝生成红色颜料。含有巴西木素的树木还有苏方、棘云实红木、菩提木和桃木等。

◇ 靛蓝　从产于印度的植物中提取，天然产品是半透明蓝色块状物。1850年起从煤炭中衍生出更稳定的产物。

2）昆虫

胭脂虫、紫胶虫和胭脂红的色素都是鲜红色，全是雌性虫的产物，将近七万个虫体才重一磅。色素可溶于热水，胭脂红的洋红酸其化学结构与茜素相似，都含有蒽醌基。它与松脂酸铝或松脂酸锌反应可生成亮红色的松脂酸，在亚麻仁油内不会褪色，配成油漆的漆膜成透明的红色且不易褪色。

3）矿物

大多是不透明的无机色素,取自矿物、矿砂和沉积矿,如深褐色的富铁煅黄土、赭色的粗浓黄土、赤黄土、煅棕土、粗棕土、重晶石、赭石、黄赭石和金赭石。加入漆内会使漆更不透明,要慎用,一般用于润色。蓝色的有群青,是把天青石磨碎后提炼而得,1828年起有合成的产品可使用,是半透明而又持久的蓝色。

12.2.2　颜料

人工合成的颜料有碱性和酸性两类,明快的苯胺颜料色泽鲜艳可配制任何色彩和色调的透明漆,但大多不太稳定,在日光下会降解而褪色使色调变冷,所以较少用于提琴漆。修琴润色时用的蓝色颜料肽青是1935年合成的,成强烈的青色(绿蓝色),较耐久。

油画用的颜料既可作染色剂又可作填充剂,琴颈旋轴盒的内壁和音孔的内沿,都是用黑色的油画颜料涂刷。印度黄、靛蓝和茜草红等颜色的油画颜料用于润色,用一点点赤赭红、茜草棕、印度红、铁棕和赭石等颜色可调色泽的深浅和透明度。直接从管内挤出的油画颜料的颜色太深,可用经太阳晒稠的亚麻仁油加入少量干燥剂,或者熟化亚麻仁油。经用松节油或丁香油调稀后加入油画颜料内,用调色刀调和到所需的颜色深浅和透明度。

12.2.3　沉淀染料

茜草是 *Rubiaceae* 科植物 *Rubia tinctorum*,用的是它根的提取物。它有四种主要的有色制剂,即茜素(红)、茜素紫红、茜素黄和茜素绿,现代用的茜素是人工合成的同类产品。茜草和茜素本身不能直接染色,需要媒染剂即各种金属的氢氧化合物帮助显色。不同的金属媒染剂,会与茜草形成不同颜色的沉淀染料。茜草加入松脂酸金属盐溶液中,使相应量的松脂酸游离,茜素与金属形成更稳定的有色化合物,而游离的松脂酸具胶态特性,使茜素金属盐悬浮在有机溶剂如松节油精和亚麻仁油中。

1868年成功地人工合成茜素(红),是黄色的化合物,化学名称为二羟基(蒽)醌,可溶于碱性水溶液内,使水溶液成为鲜红的溶液(pH 4～6.3 由黄变红)。与金属氢氧化物或氧化物一起,生成深色泽的不可溶化合物,沉积在织物纤维中形成沉淀染料。茜素不溶或微溶于有机溶剂,若把它固着在松脂酸金属盐上,形成的有色复合物松脂酸盐就可溶在有机溶剂中,茜素金属盐悬浮在胶态溶液中,可用于配制各种有色漆。因为茜素金属盐一般是不会褪色的染料,所以配制的提琴漆也是不会褪色的。由于茜素不像茜草提取物那样含有杂质,所以制成的漆干燥得更快。自从有合成的茜素后,人们不再种植茜草提取茜素,故也就没有必要介绍茜草的提取方法了。

许多种现代的合成颜料和染料以及它们的中间体,都有可能用松脂酸金属盐作媒染剂,制成各种颜色的沉淀染料。古代用的颜料也只有靛蓝例外,它的颜色是由氧化还原反应生成的。

12.3 漆的配制

12.3.1 各种漆的配方

1）酒精漆

◇ 乳香胶酒精漆　42%乳香胶酒精溶液50克、36%安息香酒精溶液25克和蓖麻油6克。要让树胶溶液全溶后再过滤并澄清，蓖麻油要最后加入。漆膜透明使木材的纹理比用亚麻仁油更清晰，但也要晒太阳才会干。

◇ 紫草红漆　42%的乳香胶酒精溶液12克、蓖麻油2克和紫草根2克，放置4天后滗出清亮的红色液体。制成的漆具有酒精漆的缺点，难以刷光滑和色调一致，漆膜是红棕色，不会褪色。

◇ 虫胶甲醇漆　虫胶片60克、乳香胶60克和达玛胶15克，溶于240毫升甲醇中，再加入少量威尼斯松节油。

◇ 虫胶酒精漆　虫胶片30克溶于120毫升无水酒精中，松香10克溶在40毫升无水酒精内，两液混合后再加入约8毫升（约5%）氧化松节油或威尼斯松节油。如果发现漆膜在闷热潮湿的环境里发粘，可适当减少氧化松节油和松香的含量。

2）油漆

◇ 乳香胶油漆　本身是清漆也可配成有色漆，它的颜色就是颜料或树胶的本色。可以先用松节油精溶解色料，也可以在无色漆中加色料或松脂酸盐沉淀染料。取25克41%的乳香胶松节油精溶液，加入10克亚麻仁油，搅拌均匀后装入容器内静置约两星期，沉淀析出后成为清亮的漆。漆在溶液中始终稳定，漆膜要3～4天才能干到手可碰，晒太阳或加温和紫外线照射可加速干燥。41%乳香胶-松节油精的配法是取粉状乳香胶40克，溶于60毫升松节油精内，置于玻璃瓶内经常摇晃。三天后从胶状沉淀物中滗出近乎清亮的溶液，没有必要澄清即可使用。

◇ 乳香胶清漆　将乳香胶6克和珂巴胶3克分别溶在20毫升松节油内，把两液混合后再加入10毫升亚麻仁油。

◇ 珂巴胶清漆　将珂巴胶10克溶在20毫升丁醇内，再加入10毫升松节油和5毫升亚麻仁油。

◇ 珂巴胶油漆　珂巴胶30克和乳香胶10克，溶于松节油40毫升和亚麻仁油20毫升的混合液内。

◇ 松香油漆　特级松香25克、松节油精50克和亚麻仁油25克，混合后成琥珀色溶液，若太稀可减少松节油精的用量。可刷得很薄而不流淌，干燥需要4～5天，日晒可加速干燥，形成透明的膜。

◇ 树胶油漆　精制亚麻仁油一份，加热到有些变稠。松节油能溶解的树胶

(或树胶的组合)一份,加热使其熔化。把热亚麻仁油倒入树胶内,并继续加热,直到用棒粘漆使其下滴,在冷却过程中能拉出约30厘米长的细丝。把漆降温到加入热松节油不会爆的程度,用松节油稀释到合适的粘度。必要时加入少量丁香油或松香水,改善油漆的可刷性。必须在户外操作,因这些原料在加热时容易着火。可以配成清漆或透明的色漆。

3) 蜂胶漆

◇蜂胶清漆　蜂胶4份和威尼斯松节油1份溶于无水酒精,全溶解后滤出清液。滤出液水浴加热使酒精挥发后即成浆状,因松节油不易溶解它,故先用薰衣草油稀释,再用松节油调节稠度。由于蜂胶和薰衣草油都是琥珀色,所以漆的本色是金黄琥珀色清漆。加入红色的茜草松脂酸金属盐即成红色漆,且色料微粒悬浮在清漆中能反射光线而具有闪烁的效果,使形成的漆膜在金黄、橘红和红色之间变幻。

◇蜂胶色漆　蜂胶30克、生石灰处理过的威尼斯松节油20克(或用山达胶20克)、粉状茜草根15克、姜黄粉10克和无水酒精100毫升。各成分放入烧杯内用水浴加温使其溶解,然后加入30毫升15%明矾液使茜草显黄色,继续加温十分钟并不断搅拌,趁热用棉布过滤,残渣放烧杯内用25毫升酒精漂洗后再过滤。合并滤出液在水浴内加温使酒精挥发而成浆状,放凉后去掉表面漂浮的杂质,先用薰衣草油调开,然后用松节油精稀释到可涂刷。

4) 硝酸纤维素清漆

迈克尔曼(Joseph Michelman;1946)感到亚麻仁油干燥太慢,而现代的漆也同样有装饰和保护作用,故研制了硝酸纤维漆并得到满意的效果。

硝酸纤维素15克、松香甘油酯(酯胶)10克、磷酸三磷甲苯酯10毫升、乙酸乙酯30毫升、丁醇10毫升,混合后制成无色的硝酸纤维素漆。溶入红色茜素松脂酸锌2克即得红色的清漆,茜素红色松脂酸锌的制备方法参阅12.3.2节。酯胶和松脂酸金属盐都是用松香制成,因化学性质相似故相溶性好,如果想要颜色加深可增加红色松脂酸盐的量。

12.3.2　仿古漆

古代用的提琴漆因为其中含有亚麻仁油,故干燥缓慢,需要日晒后才会干透,这由古代制琴者与顾客之间来往的信件就可证明。所以从1750年起意大利提琴制作业用漆改为以酒精漆为主,酒精漆干燥迅速,初漆时就透明度较高,对提高提琴的产量大有好处,可以说是用漆方面的一大进步。但是1850年前后人们发现1750年前的提琴音色好,古代的提琴漆随时间推移透明度会提高,色泽美丽耐久而且愈来愈优雅动人。酒精漆时间一长各方面都愈变愈差,使人们认识到漆对提琴的音色、音量和美观有举足轻重的作用,但是古代的配方由于长期放弃不用而失传,被认为是已经失去的艺术秘密。因此人们孜孜不倦地探索古代琴漆的制作和使用方法,当然研究得越早的人们越是权威。因为古代的琴随着时间的推移而分散到全世界,受到很多人的演奏和修理,磨损和补漆有可能使古琴的外观和内涵都已面目全非,使研究工作更加困难。另外,想要仿古就不能脱离当时的历史条件,

必定要采用当时能够利用到的原料和工艺，并且要排除一些不确切的传说免得误入歧途。例如，古代提琴漆最早的颜色，在布雷西亚大多是浓艳的棕色，而克雷莫那主要是琥珀色。但是并没有可靠的证据能证明，琥珀可作为一种树胶用于配制漆，而只是漆的颜色像琥珀色。原因是琥珀的价格昂贵，意大利的制琴者是用不起的。而且它即使加热后也不能溶于漆中，一经热熔就成为黑棕色不透明的物质。

这里介绍的主要是约瑟夫·迈克尔曼（Joseph Michelman；1946）的工作，他用茜素作为着色剂，松脂酸金属盐作媒染剂，形成不易褪色的沉淀染料用于配制油漆。配方中的松节油精是作为溶剂，由松脂酸松节油溶液加上软化剂亚麻仁油配成漆，以减少松脂酸的脆弱性，增加漆的可刷性和耐磨性。所以与现代漆的加工过程不同，油与松脂酸不加热。松脂酸盐初配时能溶于松节油精，经光处理成膜后就不溶于松节油，但会有一段时间能溶于醇，再进一步老化后醇也不能溶解。

1）研制的依据

因为古提琴漆从1550—1750年间在意大利存在了约两百年，达萨罗（Gasparo da salo）在1500—1612年间奠定了小提琴制作的意大利风格，所以谈到漆都是从他的琴开始，他的前辈都已无据可查。那时期制备这种漆能够利用的原料有：

◇ 威尼斯松节油和粗制松节油，用于提取松节油精和树脂酸（包括特级松香）。

◇ 碱性钾溶液是用石灰水处理草木灰水溶液制作的，草木灰中的碳酸钾变成氢氧化钾，碳酸钙与过量的石灰一起沉淀下来。

◇ 明矾（硫酸铝钾）、白矾（硫酸锌）和绿矾（硫酸亚铁）用于染色和制作色素，植物色素用碱液提取，再与各种矾一起沉淀制作漆的中间体。

◇ 粗亚麻仁油用作增塑剂和软化剂，把它与树胶一起加热可制作油漆。

◇ 无水酒精是把乙醇蒸馏后用碳酸钾脱水，可制作酒精漆。

◇ 茜草根提取物加入不同的媒染剂，即成各种颜色的沉淀染料。

◇ 媒染盐即各种松脂酸金属盐。

2）各种原料的制备

制备各种原料和配漆时要用玻璃器皿，搅拌时用玻璃棒或木棒，绝对不可碰到任何铁的物品。除掉硫酸亚铁之外，任何试剂不可含有铁的成分。如果不遵守这两点，配的漆或多或少地会带点棕褐色。当然如果想要漆带点棕褐色，只要用铁棒搅拌一下原料或漆就可达到目的。

1. 松脂酸钾溶液

特级松香60克溶解在1000毫升1%的氢氧化钾溶液内，松香不要用粉状的，因为已经氧化。松香实际上是过量加入，所以溶液在密封的瓶内经四至六天，其间经常摇荡一下，大部分松香溶解后还会有一些沉淀。溶液最后成琥珀色，滗出上清液即松脂酸钾溶液。

2. 松脂酸铝

用不含铁的结晶盐明矾（硫酸铝钾）配成5%的水溶液，取110毫升加到200毫升的松脂酸钾溶液内，得到的白色沉淀即松脂酸铝。用棉布过滤出沉淀物，并用蒸馏水冲洗 3～4 次，沉淀物放在玻璃平板上使其干燥。注意绝对不可碰到铁的物品，否则以后配的漆会变成不同程度的棕褐色。

3. 松脂酸铁

用结晶盐的硫酸亚铁(绿矾)配成 5%的水溶液，此溶液初配时成绿灰色，放置一段时间(约三周)经氧化后即成棕色。取 110 毫升氧化过的溶液加到 200 毫升的松脂酸钾溶液中，得到棕色的沉淀物，过滤和冲洗后干燥待用。

4. 松脂酸铝-铁

取 96 毫升 5%明矾溶液与 14 毫升氧化过的 5%硫酸亚铁溶液混合，再加入 200 毫升松脂酸钾溶液，得到淡棕色沉淀物，经过滤和冲洗后干燥待用。实际上只要改变明矾液与硫酸亚铁液的比例，所得沉淀物的棕色即可有不同的深浅，铁的含量增加，色泽就变深。由此得到的棕色色泽非常稳定，因为是氧化铁的颜色，而且由于松脂酸铁的存在可加快漆的干燥。此配方是用于配制淡棕色的漆，可参考表 12.1 的比例配制不同深浅的棕色。

表 12.1 不同深浅棕色漆膜的配比

5%明矾溶液	5%绿矾溶液(氧化过)	漆膜的色调
0%	100%	十分深
75%	25%	中等棕
80%	20%	淡　棕
90%	10%	琥珀色
95%	5%	棕褐色

5. 松脂酸锌

用白色结晶盐硫酸锌(白矾)配成 5%的水溶液，取 110 毫升加到 200 毫升的松脂酸钾溶液中，得到的沉淀物即松脂酸锌，过滤和冲洗后干燥待用。

6. 茜素松脂酸

茜素与松香一样对金属有较大的亲和性，可与不同的金属产生不同颜色的松脂酸。不过刚沉淀的茜素松脂酸的颜色，与配成漆后的颜色可能不一样，因金属遭到氧化或还原后会改变最终漆膜的颜色。茜素是最令人满意的有色制剂，颜色持久能满足做有色漆的所有条件。胭脂红因有与茜素相似的蒽醌基团，故效果也与它相似，但其他色料会褪色故不会用于古意大利漆。

◇ 橘红色松脂酸　取 10 毫升 2%茜素水溶液加到 200 毫升松脂酸钾溶液内，再加入 110 毫升 5%明矾溶液，所得沉淀物即橘红色松脂酸。过滤和干燥的步骤，参见松脂酸铝的制备方法。

◇ 黄色松脂酸　取 2 毫升 2%茜素水溶液加到 200 毫升松脂酸钾溶液内，再加入 110 毫升 5%明矾溶液，沉淀物即黄色松脂酸。

◇ 红色松脂酸　取 10 毫升 2%茜素水溶液加到 200 毫升松脂酸钾溶液内，再加入 150 毫升 5%硫酸锌水溶液，得到红色松脂酸沉淀物。

◇ 红棕色松脂酸　取 10 毫升 2%茜素水溶液加到 200 毫升松脂酸钾溶液内，再加入 5 毫升氧化过的 5%硫酸亚铁溶液和 145 毫升 5%硫酸锌水溶液，得红棕色松脂酸。

也可最后加入茜素溶液，这样可以增减茜素的量以调节颜色的深浅。

3) 漆的配制

以下配制的各种漆都必须配后即用，时间稍长就会变成冻胶状而无法使用。在温暖的季节刷大提琴或倍低音提琴，可能要分几次才能完成。或者可以试试在配方内加入一些松香，松香的酸性与氢氧化物结合形成新的松脂酸盐，会使松香游离从而抑制胶态作用。

1. 底漆

干透的松脂酸铝 2 克可完全溶解在 5 毫升松节油精内，成为清亮、淡琥珀色的溶液。再加入 3 毫升亚麻仁油，充分搅拌后用棉布过滤，此配方刚好可刷一个小提琴。形成的漆膜清亮透明，但需几天才会干燥，暴露在光线下会干得稍快些。如果放在阳光下晒会变得完全不溶于松节油，这一特性对刷有色漆非常有利。

为避免配制后过快变成冻胶状，可以试用这个配方：10 毫升松节油精、3 克松脂酸铝、3 克松香和 6 毫升亚麻仁油。此配方可在 48 小时内不变稠，而且保持透明，配制有色漆时也可按同样的比例试试。

2. 淡棕色漆

◇ 重量法　取干燥的松脂酸铝 1.7 克、松脂酸铁 0.3 克，两者一起溶入 5 毫升松节油精内，再加入 3 毫升亚麻仁油，充分搅拌后过滤，立即使用。

◇ 体积法　取干燥的松脂酸铝铁(两种盐液一起沉淀的产物)2 克，溶入 5 毫升松节油精内，再加入亚麻仁油 3 毫升，搅拌和过滤后立即使用。与重量法相比体积法在混合两种松脂酸溶液时可更精确地控制比例，从而更易配准所需的色调。

3. 淡橘红漆

取橘红松脂酸 2 克溶入 5 毫升松节油精内成深橘红色溶液，加入 3 毫升亚麻仁油，搅拌和过滤后立即使用。

4. 黄色漆

取黄色松脂酸 2 克溶入 5 毫升松节油精内成橘红色溶液，加入 3 毫升亚麻仁油，搅拌和过滤后立即使用。

5. 深红色漆

取红色松脂酸 2 克溶入 4 毫升松节油精内成深红色溶液，加入 2 毫升亚麻仁油，搅拌和过滤后立即使用。如果要淡红色漆，可以减少红色松脂酸的量。松脂酸锌比松脂酸铝稳定，粘度也较小，不太会成为冻胶状，比较好刷。但干燥得较慢，所以减少亚麻仁油和松节油精的量，光晒可加速干燥。漆膜成血红色，像玻璃那样透明，平滑如天鹅绒。

6. 红棕色漆

取红棕色松脂酸 2 克溶入 4 毫升松节油精内，加入 2 毫升亚麻仁油，搅拌和过滤后立即使用。此配方含有松脂酸铁所以干得较快些，但松脂酸锌的含量相对来

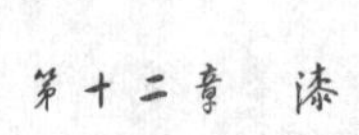

说最高。因底漆用的是铝漆，与红色锌漆的伸缩率和粘附力略有差异，加上用的亚麻仁油量较少，所以红漆较易剥落。

12.3.3 润色漆

润色漆通常由酒精漆充当，因为用油漆润色会带来一些麻烦，它比酒精漆稠故漆层较厚，可刷的层数较少，势必要在层间刷更深的颜色使配色更难控制。而且油漆比酒精漆干燥慢得多，使修理工作拖拖拉拉，浪费时间，这是顾客和修理者都不希望的事情。由于修理的区域一般都较小，故酒精清漆能刷得很薄，配色时一层颜色用一层薄的清漆固定住，漆层愈薄颜色愈易控制和修改。而且酒精漆干得快使漆层既薄又光滑，如果想使润色漆更有光泽可加入些山达胶。因为颜色层和漆层都很薄，所以层间不用磨光，否则也将成为无休止的循环。

1. "1704"配方　是一种优秀的虫胶酒精漆，据威依斯哈(Weisshaar, etc.; 1988)说是萨柯尼给他的配方。由于维奥里尼年事已高眼光不济，所以请萨柯尼为他刷琴，用的就是这个配方：粗虫胶(磨成细粉)45克、榄香脂(也可不用)7.5克、丁香油9毫升和无水酒精180毫升。把所有成分都放在硬质玻璃烧瓶内，天天摇晃，经几星期后，取掉瓶盖放在水浴中加热约15分钟，之后立即过滤。如果因酒精挥发漆变稠，可加入无水酒精稀释到容易刷的稠度。

2. 白虫胶漆　老琴的漆色已褪成苍白色，用粗虫胶漆又会使其颜色过于金黄，故"1704"配方中改用白虫胶，漆色淡而透明，干得十分快。把粗虫胶放在氢氧化钠溶液内洗，再用氯气漂白成白虫胶。由于粗虫胶内含有蜡，故用它制成的白虫胶溶在无水酒精中时会成云雾状。脱蜡的虫胶有更好的光泽和透明度，但性质变硬。

3. 珂巴胶和乳香胶　溶于酒精，也是很好的润色漆。珂巴胶比虫胶更硬些，但不同的变种性质有差异，不仅溶解度不一样而且有的会成为粘性的不干胶，马尼拉珂巴胶比较合用，性质较软。可试试以下的各种配方，都能刷成薄而透明的漆层：

◇ 在"1704"配方中可改用相同分量的粗虫胶和白虫胶。
◇ 白虫胶4份、马尼拉珂巴胶1份和山达胶1份。
◇ 白虫胶2份、山达胶1份和少量丁香油。
◇ 白虫胶1份、珂巴胶3份和少量丁香油。
◇ 乳香胶与珂巴胶以不同份数配合，再加入一些丁香油。

以上各个配方中各种成分的每一份，都用同一重量的物质与同样体积的无水酒精一起配制，即每一份的浓度都一样。在配合时以体积计量份数，既方便又准确。

12.4 刷漆技术

木料的物理结构较复杂，纤维之间和各种管道都是中空的，有必要使它们更为

连贯和一致。所含的化学成分也多种多样，会影响木料含水量的变化，未处理过的木料其含水量由大气中的湿度决定，失水、吸水、达到平衡的过程不断地交替进行。木料干燥就收缩、吸水就膨胀，缩和胀是横跨木纹的方向大于纵的方向。所以木料需要预处理，使它同质化和减弱吸湿性。

完美的漆应该有四方面功能，即保护表面、保存木材、装饰外观和改善音质。提琴刚制成尚未刷漆时声音有力而丰满，但若一直不刷漆，在不太长久的时间内音色和音量就会变差。白胚琴上了底色和底漆只是加了个保护层，不会渗入木料之中。另外琴内部不作处理，大气和各种环境条件会通过音孔对它影响和造成腐朽。仅仅琴的外表刷漆，漆膜干后成为硬的或半硬的表面，使琴板外表的密度和弹性与内面不一样。有一些用作预处理的涂料，可使木料的内外面甚至中心受到同样的作用。

一般都用毛刷刷漆，但为了更易获得光滑的漆面，或者工厂化大批量生产，也可用喷漆的方法。

12.4.1　新琴刷漆

1）准备工作

取掉装琴颈时暂时粘上去的指板，如果已试装了尾柱和旋轴也要拿掉。琴颈粘指板的表面用一点胶粘上木片或硬纸板，或者裹上结实的纸再用胶粘带粘住，在油漆时可保护它免受损坏。检查琴体的整个表面，由于加工失误或木材本身的缺陷造成的坑凹，可局部沾上热水使凹下的地方膨胀出来，或用填充料修补平滑。仔细观察琴颈的曲线，必要时修整一下，尤其要注意喉处弧形的最低点，距颈根处面板顶端的跨度是否精确。然后用干净的棉布沾上水涂抹整个琴体，湿润全部木料，待木料膨胀并干燥后用锐利的刮片轻柔地把琴体表面刮光滑。这样的操作需进行2～3遍，可以使枫木的图纹更明显、表面更光滑。云杉面板的表面用刮片顺着木纹刮，刮时会把软的春材压平，而硬的秋材被刮掉，在预处理琴板时春材又会膨起使秋材低于春材，秋材处就会有更厚的色漆使木纹更明显，从而增加面板的美观。砂纸的效果正好相反，所以尽可能不用砂纸修整面板的平滑表面。细砂纸用于修整和清洁侧板和琴颈，修整琴边时要非常细心。最后堵住旋轴孔和尾柱孔，以免刷漆时漆进入孔内。刷漆时拿住琴颈，晾干时用铁丝钩住琴头旋首或旋轴孔把琴悬挂起来。也可在尾柱孔内塞一木棍，既堵住了孔又可作为刷漆时的把手和晾干时的支撑棒。

在刷漆开始之前，提琴的所有木工活都要已经做到尽善尽美，琴体的外表平整光滑如镜。局部的色差临漆之前用漂白的方法处理好，不可留下任何瑕疵。总之不要认为刷漆能够弥补这些缺陷，如果这时候缺乏耐心，那在刷上第一遍漆之后将会对刷漆者的耐心作出更大的考验，甚至于把涂好的漆统统去掉重做或者无休止地修补，拙劣的漆工会毁掉一个好琴。刷漆是表现艺术风格的极好机会，漆的颜色、材料、组织结构、明暗和透明度有很大的范围可供选择。刷漆要求操作细致而有耐心，在获得经验和熟练的技艺之前，想做好刷漆工作是比较困难的。

2）琴板的预处理

刷漆之前对琴板作预处理的方法和用材，各制琴学派之间有不同的见解，所以只能尽可能都介绍一下以便选择。其实目的都是想使琴板的内外表面及木料的表里一致，因为加工过程中需要制作弧度和厚度，故即使是劈开木料，其平行的木纤维也有部分被切断，想通过预处理让它同质化恢复为整体。琴板同质化之后有更好的振动效果，这对琴的共鸣极为重要，使琴声绵绵不断有利于演奏者换把位和多弦同时发音。

预处理用的材料应该能防水和抗腐蚀，无论酒精漆或油漆都不能溶解它。能渗入木材之内使它同质化，使琴板更易振动和加大振幅，即使无底漆琴的音色也良好。材料有光泽，使木材纹理和图纹有反射作用，使漆增加透明度和闪烁感。还应有牢固度，即使漆剥落，它也不会脱离，而且使木材始终保持洁净，想要去掉它会连木材一起去掉。

1. 亚麻仁油

用亚麻仁油处理白胚琴的表面，一次涂抹足够量的亚麻仁油，使油渗入木材一直达到内表面。不但对木材有良好的保护作用，而且使纹理和图纹更明显，有深度感，增加了木材的美观。更重要的是亚麻仁油干得相当慢，需要4～5天的干燥时间，所以油会渗入木料的各处把木材封住，使底漆不能渗入。木材内干亚麻仁油形成的弹性物，把木料的各种成分和组织结构干封成一致而均匀的琴板，木材纤维连贯而有弹性，使琴板容易振动，而且降低了琴板内表面的吸湿性。经亚麻仁油处理后的琴会变轻，因为油置换了木料内的水分，而油的比重小于水。为使亚麻仁油干燥，需要加温和照光，但照光只对外层油有效，加温对吸收进木料的油也有效，所加的温度不比日晒的温度高(155华氏度，68.3摄氏度)。加温处理要一次完成，不可断断续续地加温，要一次让琴体全干，否则会有油滴渗出，加温时可辅以紫外线照射。亚麻仁油经如此干燥处理，再加上本身被氧化之后，就不再溶于松节油和酒精。现代的德国提琴还是采用亚麻仁油预处理。

2. 鸡蛋清

将新鲜鸡蛋清打起泡沫后取其稀薄的清液，滴入一些2.5%的阿拉伯树胶水溶液，加入少许白砂糖和蜂蜜，搅拌均匀后立即使用。蜂蜜可以增加弹性但加入过多会发粘，糖有抗氧化作用可保护木材，蛋白和胶会封住木材表面的微孔和纤维间的空隙，上底色时就不会色泽不均匀，刷底漆时漆不会渗入木材。为使琴板内外表面一致，在粘合面板之前就要在琴板、侧板、衬条和木块的内表面刷2～3遍，要刷得薄而均匀，不要形成厚膜，否则会影响琴板振动，第三遍刷好时擦掉多余的鸡蛋清。合琴后在刷漆之前琴体外表也要作同样处理，鸡蛋清干后变硬而且完全透明，具有使琴板同质化和不再吸湿的功能。

3. 明胶

用5%的明胶水溶液涂刷木材表面，与传统的刷漆打底方法一样。对防止吸收颜料不均匀和底漆渗入是有效的。若在刷胶后再刷上福尔马林，使胶固化封住琴板表面的孔隙，就可减少潮湿的影响。但因用的是水溶液可能对琴有不好的影响，所以有些人不爱采用。

4. 树胶

上底色常用的树胶是藤黄或山枝的无水酒精溶液，可起到上色和上胶一次完成的作用。

5. 丝胶

蚕茧的蚕丝间有使丝粘在一起的丝胶，把蚕茧剖开去掉蚕蛹，将茧衣放入热水中使其膨胀，让丝胶溶解在水中，浓缩后即得丝胶液。古代用它保护纸张和文件，丝胶干后在纸上留下浅黄色透明膜，由于害虫不吃丝绸所以可防虫蛀，另可防水和防腐。用它预处理提琴的木材也有同样的功效，还可防止底色不匀和底漆渗入木材。

6. 水玻璃

现代工业产品水玻璃是硅酸钾和硅酸钠的水溶液，硅酸钾的碱性弱些故更合用，色泽带绿黄色为冷色调。古代用葡萄藤和渣烧成草木灰与石英粉和碳粉一起加工制成，现代工业品不太合用。一般新琴上不用，修琴时若琴板过薄，可在内表面涂上几层稀溶液增加板的硬度。

3）底色

由于枫木与云杉之间有色差，云杉的色泽一般较淡，而枫木常常会偏红色，故要调整一下底色。古代克雷莫那的提琴，在木材和漆之间有美丽的浅黄色物质存在，通过透明的面漆可看到金黄色的反射。一般在琴板预处理之后才上底色，或者底漆中加入色料。不管如何处理，底色必须是淡色调，颜色一深整个漆的外观会有脏的感觉，而且影响漆的透明度。千万要记住底色的反射在任何时候都会对外层漆的颜色产生作用。用得适当会使提琴的色彩具有双色效应，因光线变化而颜色不断变幻，如季节、昼夜、日光或灯光，以及照射角度的差异，会看到不同的色调和色彩。所以无论用哪种色料，都要在与提琴同一木料的木片上试一下颜色，达到满意的效果后才刷到琴上。常用的底色材料如下：

1. 藤黄　用它的无水酒精或松节油溶液上底色，稀释到涂在木片上成淡黄色为宜。

2. 山枝　较浓的无水酒精溶液呈橘红色，稀释后成浅橘黄色。

3. 姜黄　无水酒精溶液呈黄色，但用它作底色容易褪色。

4. 黄色配方(Weisshaar etc.，1988)

藤黄10克、芦荟10克、番红花5克和姜黄5克，加入酒精100毫升。放入玻璃瓶内，经常摇晃一下混合物，待溶液变浓后滤出有色液体待用。

5. 茜素　在偏碱性的水溶液内呈红色，浓度偏高时会成深褐红色，也许就是常说的美丽的琥珀色。不过直接用水溶液无法染色，需要媒染剂助染。

6. 紫草根　用它的酒精或松节油溶液上红底色。

7. 重铬酸钾　也是传统的底色颜料，用水溶解后成明亮的橘黄色溶液，要用稀释后极浅色的溶液。在光线作用下与木料反应成棕褐色，色泽过深会使木材呈现淡绿色，常用于琴颈染色。

8. 高锰酸钾　它在蒸馏水中是亮紫色，涂在木料上会迅速氧化成棕色，现较

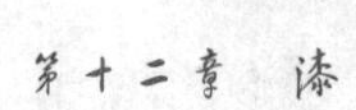

少使用，因为稍不慎会弄得很难看，随时间一长会变成灰绿色。一些工厂制作的提琴，以及那不勒斯学派的低级琴制作者的作品就是如此。

9. 苯胺颜料　使用水溶性的苯胺颜料调整底色，要配得非常淡而且涂上后立即用餐巾纸擦掉多余的颜料。

4）刷漆的规则

为了使刷漆顺利完成免得中途返工，下面的一些建议可能会有些用处：

1. 把漆刷到琴上之前，总是先在与提琴用料相同的木片上预演一番，在刮光滑的木片上作预处理、上底色、刷底漆、干燥、取平磨光、刷有色漆、取平抛光。每一步都观察刷漆的效果，如干燥速度、色彩、明快度、二色效应、磨光和抛光后的平整度和光泽度。

2. 每次刷漆时把漆倒在小的一次性容器内使用，用剩的漆就废弃不再使用，不要直接从盛漆的容器内沾漆涂刷。如果漆有沉淀，倒入小容器时用棉布或亚麻布过滤。

3. 使用高质量的漆刷，刷毛的宽度在25～40毫米之间，酒精漆因为干得快，故适合用较大的刷子，油漆要少沾以便刷得薄而匀，故小刷子更合用。也可用大号的尼龙笔毛的画笔，如果不够宽可以用两枝笔拼合成漆刷，用起来比其他刷毛的漆刷更合用。

4. 为防止新漆刷掉毛，用前先把漆刷浸透溶剂再浸入漆，然后用纸巾吸掉漆，待漆干后再用溶剂化开刷毛后使用。漆刷用后如果是酒精漆就用无水酒精清洗，再用纸巾吸干，让刷毛平直状态下晾干，下次用时再用无水酒精软化开。油漆用松节油、二甲苯或松香水清洗漆刷，再用酒精或丙酮洗，洗后用纸巾吸干，使刷毛在平直状态下晾干，下次用时用松节油或松香水软化。软化漆刷时不可性急地压刷毛，要让它自然软化，否则会损坏刷毛。如果漆刷天天用，可以挤掉漆后放入内有一些合适溶剂的聚乙烯塑料袋内，注意让刷毛保持平直，袋口与刷柄接触处密封住，下次取出即可使用。

5. 要在通风良好、灰尘少、光线明亮和温暖的房间内刷漆。刷的次序为侧板、背板、面板、旋首的背面和正面、旋轴盒壁的两条边、旋首和旋轴盒的侧面。注意琴颈的指板表面和它之下的颈，以及旋轴盒内壁和音孔内侧都不刷漆。稀而薄的漆比稠而厚的漆好刷，刷的层数取决于漆的稠度和漆层的厚度。漆不可刷得过厚，厚重的漆会使琴声减弱和发闷。每一层漆尽可能刷得越薄越好，想要厚些可多刷几层，绝对要避免漆发生流淌的现象。

6. 酒精漆由于干得快，只要氧化松节油、丁香油或薰衣草油不是加得过多，一般不会流淌，而且在一天之内就会干到手可碰。有色酒精漆若加入植物色素如龙血等过多或色漆层过厚，有可能要干透就比较慢，往往在调音时因手拿或演奏，会在漆面上出现手指印、压印或在琴边处漆堆在一起。天热时酒精漆刷得薄会出现部分漆膜花裂的现象，可以试试漆刷得厚一些，或增加增塑剂的用量。

7. 油漆可能刷得很薄但是往往还免不了流淌，可以漆后用半湿的漆刷先纵向来回刷，再横向交叉着来回刷，使漆层取平，并用刷子吸掉多余的漆。在漆发粘之

前轻轻地纵向来回刷使漆层表面光滑，把漆推向侧板角落和音孔处，用刮掉漆的刷子吸掉琴边和下淌的多余漆。漆好后利用琴颈和尾柱孔内的木棍，把琴横架在有玻璃盖的晒琴箱内，这样晒琴时不会沾上灰尘和杂物。每天把琴翻个身，交替地晒正面和背面。

8. 每刷一层漆必须待其全干后才可擦灰尘或磨光滑，然后再刷下一道漆。

9. 在日光下才能看到真正的颜色，要认识到颜色与光线之间的复杂关系，漆好的琴在阴影下看是棕色的，紫外光下看是绿色的，钨丝灯下是红色的，日光下是金黄色的。

10. 酒精漆不可暴晒在日光下，否则会干得太快。但是含亚麻仁油的油漆如仿古漆等，必须日晒或加温及照光后才会干燥。

11. 如果有地方漆得不尽如人意想去掉漆时，酒精漆用无水酒精，油漆用松香水。首先把有色漆弄掉，以免它渗入木材内。油漆因前一层漆可能已硬化而不溶于溶剂，操作起来比较方便。

5）底漆

琴板预处理固然有许多好处，但不同的学派用的方法不尽相同，对各种方法的效果看法也不一致。有些方法较费工费时，所以对于批量生产的练习琴也就不那么讲究，往往是预处理就用带色的底漆代替，或者上底色后直接刷清漆作为底漆。但是对于手工制作的提琴，无论是制作者或购琴者想要的都是精品提琴。所以都是预处理后才上底色和刷底漆，这样就不会因木材吸收不均匀而使底色深浅不一，底漆一般都是使用清漆，然后刷有色漆。这样做法的好处是使漆层看起来有深度，二色效应会更明显。

6）面漆

一般底色都用黄色或橘黄色，再刷上几层清漆作为底漆。但底色也可只是匹配一下枫木与云杉之间的色差，然后用黄色漆作为底漆。底漆之上用红色漆作为面漆，红色是暖色使漆层具有温柔的感觉。因为清漆一般都带点琥珀色，红漆刷得淡些提琴的颜色就偏向黄棕色，随红漆色泽加深而偏向橘黄、橘红、深红、红棕和红褐色。色调一般较难精确控制，看到已经是想要的颜色就立即停止，不过由于有些色料本身会褪色，最终究竟会变成什么样的颜色，完全要凭试验或经验来判断。面漆的颜色配得浅一些就较易控制，但想得到较深的颜色，刷漆的遍数就要增加。

如果底色用的是红色或橘红色，一般就用黄色漆或清漆作面漆，有些清漆如较粗制的虫胶漆，本身色泽较深也就不必再加入黄色，最终的颜色会是美丽的琥珀色。

7）磨光和抛光

刷漆过程中要多次把漆层磨光，最后要把漆面抛光，必须记住一定要等漆层干透而且变坚硬后才可操作。

1. 磨光

刷漆过程中究竟需要磨光多少次，各人的做法不完全相同，但所遵循的原则是一样的，即必须等漆层干透坚硬后才能磨光。用 600～1200 粒度之间的耐水砂纸包在绘图橡皮上，沾上水和肥皂或缝纫机润滑油磨，油漆可用松节油。或用粗细合适的磨料、硅藻土或浮石倒在厚6毫米的小块毡上，沾上水或缝纫机油来磨。也有用厨房用品细的不锈钢毛团来磨。因为磨的过程中漆面会被磨料和漆的浆状物盖住，故要经常用纸巾或棉布揩干净后检查，以免磨穿漆层露出木材表面，一旦磨穿想要补好将费一番周折。耐水砂纸沾水磨效率较高，但沾油磨比较好控制，尤其是用细粒度的砂纸沾油磨，可大大减少磨穿的几率。磨光滑后一定要把整个琴体擦干净才可刷下一层漆，否则遗留的磨料与漆结合在一起变硬后就很难处理。

磨光的目的是去掉漆层上的瑕疵和碰坏处，使得漆层平整而光滑，有利于下一层漆的附着和刷平。并非是想要去掉许多漆，否则会变成无休止的循环。可以在底漆刷4～6层后才磨光，然后刷色漆7～10层，色漆的层数可因对颜色的要求而增加，其间可再磨光一次以求色泽更匀称，但整个漆膜不可过厚。最后再磨光，然后刷清漆2～4层罩光。也有人认为总共要刷30层漆才能令人满意。

有的做法是每层漆之间都要磨光，操作时磨光还不如说是擦光，不一定每次都要擦所有的表面，主要是针对瑕疵、隆起点和碰伤处，在擦琴边和面板突起的木纹处时要小心谨慎处理，擦时用细的磨料或细粒度的耐水砂纸。擦云杉面板的第一层漆时要特别当心，轻轻地顺着木纹擦，不要破坏灯芯绒样的组织结构。以后的漆层可以横过木纹擦，低谷处的漆只要取平滑即可，不必要使漆层一样厚薄，实际上也很难做到。

2. 抛光

面漆刷好后刷2～4层清漆罩光，目的是使漆层加厚一些，在最后磨光和抛光时不影响到颜色层，并且提供一层较耐久的外层。也可不用罩光层，直接抛光有色的面漆。此时的漆层已较厚，而且要求取得大面积较平滑的表面，如果漆表面高低不平可用1000目粒度或更细的耐水砂纸磨光取平，但要非常小心不要磨过头。一般来说此时已较平滑，用细粒度砂纸更安全些，沾上缝纫机油细心地擦，经常用纸巾揩干净检查，达到要求就不要再擦了。然后用砂蜡或细目磨料除去砂纸的擦痕，再把牙膏挤在棉布上，沾上水和软性的肥皂进行抛光。抛光的方法也较多，可以用商品清洁抛光剂如碧丽珠，或提琴专用的乳剂清洁抛光剂，内含清洁剂、蜡或溶剂，并悬浮有非常温和的抛光粉。也可用棉布包住棉花做成棉布球，沾上酒精和缝纫机油的混合液（酒精漆），或含70％酒精和30％松香水的混合液（油漆）擦整个漆表面，不要只擦一处而是轮流擦遍各处，同样会有良好的抛光效果。

12.4.2 修琴润色

润色是门复杂的艺术，也是修琴的重要步骤，木料的匹配和修削是润色的基础，润色又使修理过的区域与琴体的其他部分和谐地混为一体。润色与新琴刷漆用的是完全不同的方法，新琴刷漆用的是色料与漆混合在一起的有色漆。润色是在调色板上用酒精化开色料，调好色彩和明暗后涂在要润色的区域，再刷薄薄的一层清漆。涂色和刷清漆交替进行，这样较易控制润色的全过程，清漆作为色层之间的附着剂。实际上在匹配木料时就已开始了润色过程，在刷上第一层清漆前，替换

木料与原来的木料应该已很难辨别，那么就会以最少的麻烦得到最佳的润色效果。即使最好的润色技术，也隐藏不住没有匹配好的木料。

当然操作者对颜色的感觉是必不可少的，色盲的人显然是胜任不了这项工作的，即使是正常的人对颜色些微变化的识别，也是要经过训练和实践才能掌握的。耐心也是必要的，其实制琴和修琴的整个过程，都要求有极大的耐心。润色和刷漆更是对耐心的考验，失去耐心的结果是使整个修琴工作看起来做得极差，即使前面的工作做得尽善尽美。

1）润色过程

1. 清理整个琴体使琴漆的真实颜色显露出来，要在自然光下观察颜色。

2. 用湿布或海绵湿润替换木料，待其膨胀和干燥后用刮片刮光滑，粘合处要取平。用稀明胶液预处理替换木料，干燥后刮光滑，必要时重复此过程。

3. 如果原来的漆与替换木料之间界限分明，那么对润色区域处原来琴上的颜色漆要进行淡出处理。把接壤处的颜色漆处理得逐渐向修过的区域变淡，到连接修理区域处已成原来木料的本色，但千万不要触及原来的木料，这样的一个颜色过渡带可使润色工作更容易些。这个接壤带要尽可能窄，以免扩大了要润色的区域。

4. 在淡出处理过的漆面上刷一层薄薄的清漆直到接壤处，这样在替换木料染色时不会影响到原来的木料。

5. 如果替换木料的颜色还是比原来木料淡些，就选择一种或多种底色料在试验木片的一小部分上染色，染色时要先把木片弄湿。试验木片得到满意的效果后，就涂抹已弄湿的替换木料，要在试验木片和替换木料湿时对比颜色。替换木料应匹配得与原来木料的颜色尽可能接近。

6. 木料干后刷第一层清漆，漆干后检查一下木料是否已封住，如果没有就再刷清漆。

7. 开始涂颜色层，一层薄的颜色由一层薄的清漆固定住，交替地刷颜色层和清漆层进行润色。颜色要慢慢地一层一层地加深，这是能否完美润色的关键。要注意的是底色不管是什么颜色，随着颜色层的色泽逐渐加深它也会随之加深，而且色调和色彩也随之而变。所以润色时要时时细心观察新老区域颜色和二色效应的对比，润色是对耐心的考验。其真正的涵义是，不得不重做将比一开始就正确地做花更多的时间。润色实际上是个蒙骗眼睛的精巧技艺，目的是不让眼睛被吸引到修理过的区域来。不要过分地注意颜色的一致，让修理过区域的颜色比原来的淡一些，因为人眼会本能地受到深颜色的吸引，淡出效果就是利用人眼这样的生理特点。在接壤处留条淡色带，也能分散观察者的注意力。

8. 润色完成后在修理区域处刷几层保护清漆，决不要在修理之后用清漆刷整个琴，使它有个光亮的美丽外观。这种做法会弄糟提琴原有的高雅风格，使它显得品位低下。

9. 最后一道工序是磨光和抛光，先用 1000 粒度的耐水砂纸沾水或油磨，再用更细的砂纸磨光滑修理的区域。最后用细目的磨料、硅藻土或牙膏与水和软肥皂一起，放在棉布上抛光提琴的漆面，当然商品的清洁抛光剂如碧丽珠和提琴专用的

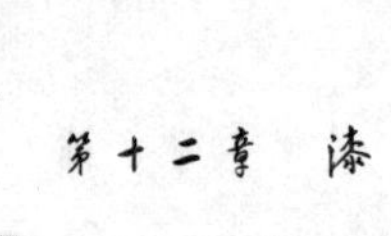

清洁抛光乳剂也有同样效果。但保持原来漆的组织结构和颜色是首要的，不要过度地抛光，否则会改变漆的外观和结构，使精美的提琴受到有害的影响。

2）颜色料的配合

要用白色的不会受到溶剂影响的调色板，先在调色板上分开放一些粉状的红色、黄色和蓝色的颜色料。用小刷子沾点无水酒精，在调色板上混合各种色料以得到所要求的色彩，可以在指甲上试看颜色。如红与黄得到橘红色、红与蓝得紫色、蓝与黄得绿色，这三种色料混合可得到偏向不同颜色和浓淡的棕色。最易控制和最精确的调色是从黄色开始，先调到某一特定色彩，再加入些蓝色或红色得到需要的颜色。黄色是强度最低的颜色，最易把它改变，而且是大多数提琴的底色。提琴的底色也往往带点黄绿色，黄色中加入些蓝色就可得到幽雅的绿底色。不要把红色和蓝色加得太多，否则会失去控制而前功尽弃。在未调到正确的色彩之前，千万不要涂到提琴上去，否则将犯难以弥补的错误。

3）固定颜色

润色时每层颜色之间需要刷漆固定颜色，有3～4把漆刷就够用了，小的平刷用于刷漆，最宽的平刷为20毫米宽。圆刷用于涂色，有＃3、＃5和＃10就可以了，既能涂宽的又能涂窄的区域，用刷的侧面就可涂较大的面积，用刷的尖端可画木纹。木纹可用酒精颜料或水颜料画，要用最强的颜色，几条木纹成一组组地画出，不要单条木纹从头到尾一次画完，木纹愈宽愈要分段画。木纹之间的底色用另一把刷子，刷子不要在各种溶剂之间来回地换，否则刷子就易损坏。画模拟嵌线和污点用黑颜色，但污点并非是纯黑的，用蓝色调出棕黑色会更逼真些。

4）做旧

修理过的区域必须与琴体的其他部分融为一体，所以修理有时也包括做些人工的磨损，但不要做得过分，做旧要做得自然而又让人信服。随时要作出正确的判断和具有高雅的品位，琴的年龄和条件会表明怎样是恰到好处。磨损处理的过程要细心而谨慎地操作，要做得像随时间推移而自然发生的不同程度的磨损。例如划痕的老化可以是把它弄脏、围绕划痕的边缘做些磨损、清理掉脏的部分或再次润色。因使用不慎会造成凹痕，有些凹痕仅在表面未碰破漆膜和影响下层的木料、浅的划痕影响到漆但未达及木料、较深的划痕使漆掉下碎片而且损及木料。老划痕周围漆的边缘，因重复地清理和抛光而磨损严重，并且会掉点颜色。近期划痕的漆边缘有清晰界限，划痕周围的颜色未掉或掉得很少。琴上原有的划痕因漆已硬和脆故外观模糊不清，若有可能的话润色漆应复制成同样的硬度，做出划痕之前也要让新漆干透。又如应考虑好，如何处理和在哪里会有自然的污点出现在漆和木料里。不要单独用黑色来模拟污点，因为污点不会是纯黑的，用蓝颜料代替黑颜料来配色，使污点带点棕色会更仿真些。

大提琴与小提琴和中提琴的磨损部位是不同的，因为琴的拿法是不一样的。古代琴与现代琴的磨损也有差别，古代小提琴不用腮托，演奏者的胡须会碰到面板，大提琴没有撑脚故拿法也不一样。大多数的磨损是在演奏部位，因为接触到演奏者的手或身体，汗水和手的热气会使琴体上左部的琴边和侧板受到磨损。汗水

的酸性侵蚀木料纤维与胶的粘合面，而且会加速琴体的腐蚀。拿动琴时也会使琴体磨损，如演奏者习惯在大提琴的中腰处拿起琴，故中腰侧板处会有磨损。小提琴和中提琴因拿琴的下部右侧，故面板或背板上会有手指造成的磨损。

由于几十年的清理和抛光，操作时未拿掉各个配件，容易擦拭到的地方褪色就明显，如整个背板和面板的两侧以及码脚周围，各块侧板的中心区域。而不易擦拭的地方会留下更多的漆和堆积脏物，如旋轴周围、靠近弦枕的旋轴盒壁、侧板的边缘、紧靠码处、弦总和指板之下、尾柱或撑脚周围。

表 12.2 常见的磨损情况 （*表示磨损）

小提琴	中提琴	大提琴	磨损部位
*	*	*	旋首和旋轴盒
*	*		肩膀引起的背板下部的磨损
*	*		手接触引起的背板上部的磨损
		*	胸部接触的背板右上部
		*	下琴角和侧板
*	*		拨弦造成的面板损坏
*	*	*	微调音器对面板的损坏
*	*	*	琴弓对面板中腰琴边的损坏
*	*	*	面板码的区域损坏
*	*	*	各处琴角和琴边的磨损，要仔细观察
*	*		因未用腮托而引起的弦总两侧的磨损
*	*	*	上左侧板的磨损

（Weisshaar，etc.；1988）

新制作的提琴同样也可参照上述方法做旧，模仿古提琴的磨损和漆的脱落，甚至于原样克隆某个名琴。选材时就完全采用具有相同木纹、图纹和瑕疵的木料，制作时无论尺寸和磨损都一丝不苟地模仿古提琴。刷漆后在一些部位用溶剂擦掉些漆，做出划痕、裂缝和污点等。

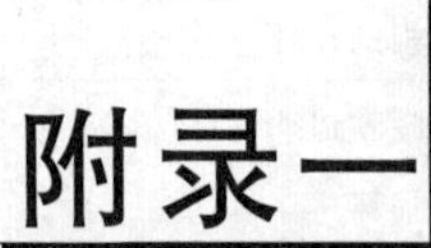

附录一 参考文献

艾丁　编译，1952 年，《小提琴及大提琴的制造与修理》，中华书局出版。

乐声　编著，1977 和 1987 版，《小提琴制作》，轻工业出版社。

安腾由典　著，杜尔云　译，1994 年，《小提琴的秘密》，武汉音乐学院学报，1994 年 2 期。

Fleisher，P.，et.，1993，《The Master Violinmaker》，Houghton Mifflin Co. Boston.

Hill，W. H.，et.，1903，《Antonio Stradivari：His Life and Work》，William E. Hill & Sons.

Hill，W. H.，et.，1931，《The Violin～Makers of the Guarneri Family》，William E. Hill & Sons.

Holloway，J.，et.，1998，《Giuseppe guarneri del Gesu》，Peter Biddulph，London 1998.

Michelman，J.，1946，《Violin Varnish》，Joseph Michelman，Ohio，USA.

Mocali，M. C.，《Jokobus Stainer：Vita e Leggenda》，Arte Liutaria，Italia.

Sacconi，S. F.，1979，《I "Segreti" di Stradivari》，Libreria del Convegno，Cremona.

Strobel，H. A.，1997，《Useful Measurements for Violin Makers》.

Strobel，H. A.，1992，《Art & Method of the Violin Maker》.

Strobel，H. A.，1996，《Violin Making，Step by Step》.

Strobel，H. A.，1995，《Cello Making，Step by Step》.

Vettori，C.，《I Fori Armonici》，Arte Liutaria，Italia.

Weisshaar，H.，et.，1988，《Violin Restoration》，Weisshaar～Shipman.

附录二
图片索引

附录三
表格索引

图书在版编目(CIP)数据

提琴的制作与修复 / 陈元光编著. -- 上海：上海教育出版社，2005.5（2018.1重印）
ISBN 978-7-5444-0081-7

Ⅰ. ①提… Ⅱ. ①陈… Ⅲ. ①弓弦乐器－乐器制造
Ⅳ. ①TS953.33

中国版本图书馆CIP数据核字(2005)第038267号

责任编辑 李世钦
封面设计 郑 艺

提琴的制作与修复

陈元光 编著

出版发行 上海教育出版社有限公司
官　　网 www.seph.com.cn
地　　址 上海市永福路123号
邮　　编 200031
印　　刷 启东市人民印刷有限公司
开　　本 787×1092 1/16 印张 19 插页6
字　　数 380千字
版　　次 2005年4月第1版
印　　次 2018年1月第6次印刷
书　　号 ISBN 978-7-5444-0081-7/T.0001
定　　价 （精装）58.00元

如发现质量问题，请向本社调换 电话 021-64377165